P

Vertrieb und Workflow mit SAP R/3®

Paul Wenzel (Hrsg.)

Vertrieb und Workflow mit SAP R/3®

Betriebswirtschaftliche Anwendungen mit SD, SAP Business Workflow, Internetanbindung (ITS), e-Commerce

Die Deutsche Bibliothek – CIP-Einheitsaufnahme
Ein Titeldatensatz für diese Publikation ist bei
Der Deutschen Bibliothek erhältlich.

1. Auflage Januar 2001

SAP R/2, R/3, ABAP/4, SAP EarlyWatch, SAPoffice, SAP Business Workflow, SAP ArchiveLink, Accelerated SAP, SAP R/3 Retail sind eingetragene Warenzeichen der SAP Aktiengesellschaft Systeme, Anwendungen, Produkte in der Datenverarbeitung, Neurottstr. 16, D-69190 Walldorf. Der Herausgeber bedankt sich für die freundliche Genehmigung der SAP Aktiengesellschaft, die genannten Warenzeichen im Rahmen des vorliegenden Titels zu verwenden. Die SAP AG ist jedoch nicht Herausgeberin des vorliegenden Titels oder sonst dafür presserechtlich verantwortlich.
Für alle Screen-Shots (Bildschirmmasken) dieses Buches gilt der Hinweis: Copyright SAP AG.

Der Verlag Vieweg ist ein Unternehmen der Fachverlagsgruppe BertelsmannSpringer.

www.vieweg.de

Höchste inhaltliche und technische Qualität unserer Produkte ist unser Ziel. Bei der Produktion und Auslieferung unserer Bücher wollen wir die Umwelt schonen: Dieses Buch ist auf säurefreiem und chlorfrei gebleichtem Papier gedruckt. Die Einschweißfolie besteht aus Polyäthylen und damit aus organischen Grundstoffen, die weder bei der Herstellung noch bei der Verbrennung Schadstoffe freisetzen.

Konzeption und Layout des Umschlags: Ulrike Weigel, www.CorporateDesignGroup.de
Gedruckt auf säurefreiem Papier

ISBN-13: 978-3-528-03159-6 e-ISBN-13: 978-3-322-89862-3
DOI: 10.1007/978-3-322-89862-3

Inhaltsübersicht

Inhaltsverzeichnis

4 Internetanbindung – ITS 271

Vorwort

„Wir machen gerade einen entscheidenden Schritt. Die Richtung heißt Internet, und damit ist für einen Bewerber ab jetzt der nächste Arbeitgeber nur einen Mausklick weit entfernt." (Heinrich, Claus (SAP-Vorstand): sapinfo.net, das Magazin der SAP-Gruppe, 12/99)

Es wurde erkannt, dass das Internet auch in diesem Feld neue Potentiale für bereits bestehende Anwendungsfunktionalitäten bringt. So kann durch Workflow-Management-Systeme, ausgeweitet auf das Internet, jeder von einem Prozess betroffene Teilnehmer, in den Arbeitskreislauf integriert werden. Durch die zusätzliche optische Archivierung von Geschäftsdokumenten, durch e-Commerce und den Aufbau von integrierten Workflow- und Intranet-Systemen wird der Nutzen für die Unternehmen auf der einen und für die Bewerber auf der anderen Seite nochmals wesentlich erhöht.

Dieses Buch wurde von den Studenten/-innen der Wirtschaftsinformatik der Fachhochschule Konstanz als Projekt-Vorlage zu **SAP R/3®, Release 4.5B**, zusammengestellt.

Durch eine praxisnahe Bearbeitung des R/3-Systems werden die nachfolgenden Teilbereiche sehr anwendungsnah vorgestellt:

- **Vertriebssystem (SD)**
- **SAP Business Workflow**
- **Optische Archivierung**
- **Internetanbindung – ITS**

Dabei werden neue SAP-Begrifflichkeiten, wie u. a. Internet-Application-Components, Prozedurale Tags, Workflow-Manager, SAP@Web Studio, XML und viele andere Neuerungen vorgestellt.

Begleitend zu diesem Buch stehen - ergänzend zu den schriftlichen Ausführungen - zahlreiche Video-Sequenzen, Hilfe-Texte und Präsentationen auf einem Web-Server an der Fachhochschule Konstanz, im Fachbereich Informatik, für den interessierten Leser bereit (siehe hierzu Beispieldateien Seite XVIII).

Die anzuwählende **Adresse im Internet** lautet:

http://www-home.fh-konstanz.de/~wenzel/sapinfo

Nach der **Einwahl über einen Browser**, z. B. MS-Internet-Explorer, Netscape Navigator, stößt man auf eine Datenbankübersicht mit Beispieldateien, die den Interessenten in die einzelnen Teilbereiche der SAP-Software leitet und weitere elektronische Dateien zur Verfügung stellt (siehe hierzu Beispieldateien Seite XVIII).

„Datei-Name"

Dargestellt mit dem **Symbol** und dem **„Datei-Namen.scm"** neben den jeweiligen Textstellen erkennt der Leser, dass es weiterführende Informationen und Ergänzungen zum beschriebenen Sachverhalt im Internet - unter der o. g. Adresse - gibt. Insbes. längere Einstellungen im System und Prozessabläufe werden per Screencam-Film, HTML-Shows und PowerPoint-Präsentationen anschaulich gezeigt. Fast alle betrieblichen Anwendungsmodule, insbes. HR, FI, CO, AM, MM, PP, SD und Workflow, werden mit Fallbeispielen videogestützt vorgestellt, damit der User einen deutlich größeren und umfassenderen Überblick über die R/3-Anwendungen erhält.

Ergänzt wird dieses Buch durch weitere Bände mit SAP-Themen, deren Inhaltsspektrum folgende betrieblichen Anwendungsbereiche abdecken:

- **Betriebliche Anwendungen des Systems SAP R/3®** mit einer SAP-Einführung, Customizing, ABAP/4, AcceleratedSAP (ASAP) und Projektsystem (PS);
- **Personalwirtschaft (HR)** mit Personalstammdaten, Organisationsmanagement, Personalentwicklung und -beschaffung, Zeitwirtschaft, Lohn- und Gehaltsabrechnung, Reisemanagement, Internetanbindung;
- **Rechnungswesen** mit Finanzbuchhaltung, Anlagenbuchhaltung, Kostenrechnung und Controlling;
- **Logistik** mit Material- und Fertigungswirtschaft, Qualitätsmanagement sowie „Vorkonfigurierte SAP-Systeme – LIVE MASTER";

Dieses Buch bietet einen umfassenden Funktionsüberblick über die Möglichkeiten in **Release 4.5B** des R/3-Systems, der über eine Bedienungsanleitung hinausgeht. Die angegebenen Menüpfade können sich bei anderen Releases ändern, oftmals sind mehrere Wege über das Menü zum gleichen Ziel möglich. Als **Bedienungsanleitung sei auf die SAP-Online-Dokumentation** verwiesen.

Danksagungen

Von Seiten der Autoren und nicht zuletzt der Hochschule gilt unser **Dank der SAP AG**, Walldorf, für die großzügige Überlassung der Software R/3, der vielen Beschreibungen, Unterstützungen und Hinweisen zum System R/3, die in diesem Buch praxis- bzw. systemnah eingearbeitet wurden.

Für die geschätzte Mitarbeit und das **enorme Engagement** der 32 Autoren, insbes. der Wirtschaftsinformatik-Studenten/-innen der Fachhochschule Konstanz (siehe Autorenverzeichnis, S. 358), bedanke ich mich herzlichst.

Zuletzt **danken wir besonders meiner lieben Frau Martina** (StR) und unserem **Vater Wendlin Wenzel** (StD a.D., Hainburg), die in vielen Tagen und Wochen das Lektorat für dieses Werk übernommen haben.

Paul Wenzel, Konstanz im Dezember 2000

http://www-home.fh-konstanz.de/~wenzel/sapinfo

„Datei-Name“

Vertriebssystem

1. Kapitel:

„Debitor.scm“
„Material.scm“
„Staffel.scm“
„Interessent_anlegen.scm“
„Ansprechpartner_ anlegen.scm“
„Mailing_anlegen.scm“
„Angebot_anlegen.scm“
„Auftrag_anlegen.scm“
„Auftrag_aendern.scm“
„Autrag_anlegen_mit_bezug.scm“
„Bestand.scm“
„Folge_1.scm“
„Folge_2.scm“
„Folge_3.scm“
„Einzellieferung.scm“
„Liefervorrat.scm“
„Verpack1.scm“
„Genehmigung_simulation.scm“
„Standardaufriss.scm“
„Benutzerdef_Aufriss.scm“
„Standardanalyse.scm“
„Summenkurve.scm“
„Korrelation.scm“
„ABC-Analyse.scm“
„seg.scm“
„Vorjahresvergleich.scm“

SAP Business Workflow

2. Kapitel:

„Workfl1.scm“
„Workfl2.scm“
„Workfl3.scm“
„Workfl4.scm“
„workfl_office1.scm“
„workfl_office2.scm“
„workfl_office3.scm“
„workfl_office4.scm“
„workfl_office5.scm“
„NeueMappeAnlegen.scm“
„Startkonfiguration-Aendern.scm“
„DokumentKopieren.scm“
„Dokument mit Rueckruf.scm“
„Forms1.scm“

1 Vertriebssystem

Das R/3 Vertriebssystem SD (Sales and Distribution) deckt mit seinem Leistungsumfang gängige Vertriebsanforderungen eines Unternehmens ab und gewährleistet die Optimierung aller im Vertrieb anfallenden Aufgaben und Aktivitäten, sowie die Optimierung der Informationsverfolgung entlang der logistischen Kette. Das Vertriebsmodul (SD) verfügt auch über internationale Einsatzfähigkeit. Die durch dieses SAP-Modul für einen Unternehmensvertrieb zu erwartenden Verbesserungsaspekte, wie Reduzierung der Routinetätigkeiten, Beschleunigung der Arbeitsabläufe sowie jederzeitige Verfügbarkeit von aktuellen Informationen verhelfen einem Unternehmen zur Erhöhung seiner Vertriebsflexibilität durch kurzfristige Reaktionen auf Marktveränderungen, zur Qualitätssteigerung bei der angestrebten Kundennähe und zur Besserung seiner Lieferbereitschaft und Lieferservice. Diese SAP-Anwendung trägt zur Sicherung und zum Ausbau der Marktposition des Unternehmens bei.

Branchenneutrale Gesamtlösung

Mit dem Vertriebsmodul (SD) des R/3-Systems bietet die SAP AG eine branchenneutrale Gesamtlösung für die Vertriebsaufgaben, die ein Unternehmen beim Verkauf seiner Produkte an Geschäftspartner und beim Erbringen von Dienstleistungen zu bewältigen hat.

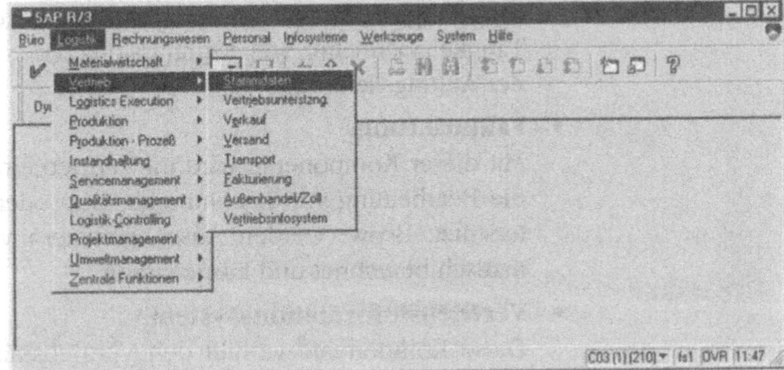

Abb. 1.1 Einstiegspfad in das Vertriebssystem SD

Der Leistungsumfang dieses SAP-Moduls umfasst somit die Bereiche des Verkaufs, des Versands und der Fakturierung und wird im R/3-System anhand folgender Vertriebsmodul-Komponenten den SAP-Anwendern zur Verfügung gestellt:

- **Stammdaten**
  Mit dieser Komponente wird die Verwaltung von vertriebsspezifischen Daten zu den Produkten, Dienstleistungen und den Geschäftspartnern eines Unternehmens als Stammdaten ermöglicht. Diese vertriebsspezifischen Stammdaten bilden die Grundlage für alle Tätigkeiten in der Vertriebsabwicklung und somit die Basis zur Nutzung der weitgefächerten Funktionalitäten des Vertriebsmoduls (SD).
- **Vertriebsunterstützung**
  Diese Komponente des Vertriebsmoduls (SD) bietet einem Unternehmen eine umfangreiche Unterstützung im Bereich der Akquisition und Kundenbetreuung und kann somit als ein effizientes Instrument zur Verbesserung der Markttransparenz verwendet werden.
- **Verkauf**
  Die automatischen Systemfunktionen dieser Komponente ermöglichen die Abwicklung von unterschiedlichen Geschäftsvorfällen im Verkaufsbereich eines Unternehmens, wie Anfragebearbeitung, Angebotsbearbeitung, Bearbeitung von verschiedenen Auftragsarten und Rahmenverträgen und entlasten dabei die Vertriebsmitarbeiter durch Unterstützung beispielsweise bei der Preisfindung, der Prüfung der Verfügbarkeit oder dem Druck der Dokumente.
- **Versand**
  Diese Komponente macht im Bereich der Versandabwicklung eines Unternehmens eine Versand- und Transportterminierung möglich und bietet eine effektive Unterstützung für die Tätigkeitsbereiche, wie Kommissionieren und Verpacken einer Auftragslieferung.
- **Fakturierung**
  Mit dieser Komponente wird im Vertrieb eines Unternehmens die Bearbeitung von Rechnungen, Gut- oder Lastschriften unterstützt. Bspw. werden Ausgangssteuern vom System automatisch berechnet und ausgewiesen.
- **Vertriebsinformationssystem**
  Diese Komponente verhilft den Vertriebsmitarbeitern bei der Entscheidungsfindung im Tagesgeschäft sowie bei der Ausarbeitung strategischer Planungen, indem ihnen aussagekräftige Daten und variable Auswertungen aus den Vertriebsinformationen zur Verfügung gestellt werden.

1.1 Organisationsstrukturen

Die Organisationsstrukturen innerhalb von R/3 dienen der Abbildung des Aufbaus von Unternehmen im System. Sie stellen das Gerüst für weitere Abläufe und Vorgänge dar. Stammdaten werden bspw. in Abhängigkeit dieser Organisationsstrukturen im System abgelegt.

Mandant

Das übergeordnete Element aller Organisationsstrukturen ist der Mandant. Ein Mandant entspricht einem Konzern. Dieser kann sich bspw. aus mehreren Tochterfirmen zusammensetzen. Innerhalb eines Mandanten wird auf dieselbe Datenbasis zugegriffen. So werden z. B. Kundenadressen nur in Abhängigkeit des Mandanten abgelegt.

Innerhalb des Vertriebs sind insbesondere folgende Strukturen von Bedeutung:

- die Vertriebsorganisation (Außenorganisation)
- die Verkaufsorganisation (Innenorganisation)
- die Versandorganisation

1.1.1 Vertriebsorganisation (Außenorganisation)

Die Vertriebsorganisation gliedert sich in drei Organisationselemente:

- Verkaufsorganisation
- Vertriebsweg
- Sparte

Verkaufsorganisation

Die Verkaufsorganisation bildet eine verkaufende Einheit im rechtlichen Sinne ab. Sie ist bspw. gegenüber dem Kunden für Regressansprüche und Produkthaftung verantwortlich. Über die Verkaufsorganisation kann eine regionale Untergliederung des Marktes, z. B. in die Bereiche Süd und Nord, berücksichtigt werden.

Vertriebsweg

Der Vertriebsweg beinhaltet den Vertriebskanal bzw. die Absatzschiene, über die der Markt versorgt wird. Der Einsatz unterschiedlicher Vertriebskanäle ermöglicht eine optimale Versorgung des Marktes und der Kunden. Ein Vertriebskanal wäre bspw. der Vertrieb über Großhändler, an Großkunden oder Endverbraucher.

Sparte

Die Sparte bildet einen Bereich des Produktspektrums ab. Ein Produktspektrum, das die Bereiche Fahrrad und Automobil enthält, hätte demnach genau zwei Sparten. Jedes Material wird genau einer Sparte zugeordnet. So gehört bspw. ein Fahrradöl in die Sparte Fahrrad.

Die Kombination dieser drei Organisationselemente wird als **Vertriebsbereich** bezeichnet.

Innerhalb eines Vertriebsbereiches werden alle vertriebsrelevanten Daten eines Kunden definiert. So werden im Bereich der Stammdaten z. B. die Versandbedingungen und die zugrundeliegende Preisliste definiert.

Abb. 1.2
Vertriebsorganisation

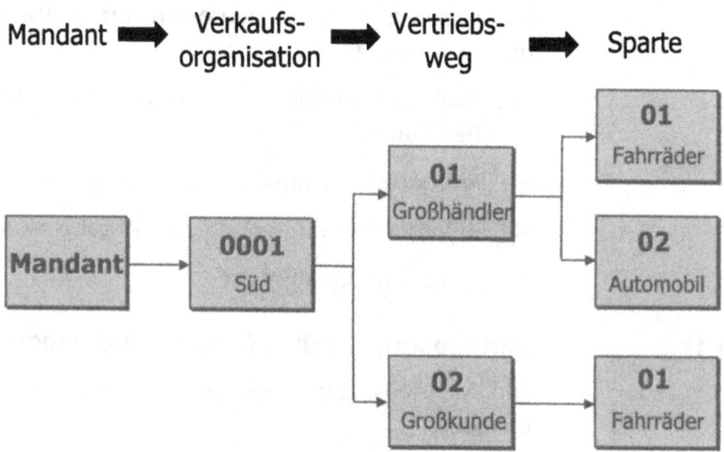

Ein **Vertriebsbereich** würde hier bspw. aus allen Großhändlern (01) bestehen, die in die Verkaufsorganisation Süd (0001) fallen und im Bereich Fahrräder (01) Produkte beziehen.

1.1.2 Verkaufsorganisation (Innenorganisation)

Die Innenorganisation innerhalb von Akquisition und Verkauf gliedert sich in die drei Organisationselemente:

- Verkaufsbüro
- Verkäufergruppe
- Verkäufer

Verkaufsbüro

Das Verkaufsbüro stellt die räumliche Komponente der Innenorganisation dar. Jede Verkaufsniederlassung eines Unternehmens wird als Verkaufsbüro im System dargestellt.

Verkäufergruppe

Die Verkäufergruppe bildet die Einteilung der Verkäufer ab. So kann bspw. für jede Sparte eine Verkäufergruppe zuständig sein. Zu jeder Verkäufergruppe gehört eine bestimmte Anzahl von Verkäufern.

Verkäufer

Dem Organisationselement Verkäufer ist jedes Individuum, das im Verkauf tätig ist, zuzuordnen. Die Zuordnung eines Verkäufers zu einer Verkäufergruppe und einem Verkaufsbüro erfolgt über den Benutzerstammsatz.

Abb. 1.3
Verkaufsorganisation

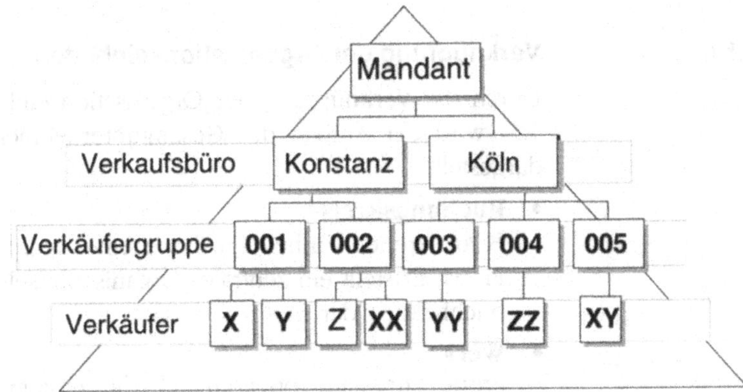

In diesem Beispiel bestünde eine Niederlassung in Konstanz aus zwei Verkäufergruppen, denen jeweils zwei Verkäufer zugeordnet sind.

1.1.3 Versandorganisation

Die Versandorganisation (siehe Abb. 1.4) gliedert sich in zwei Organisationselemente: Versand- und Ladestellen.

Abb. 1.4
Versandorganisation

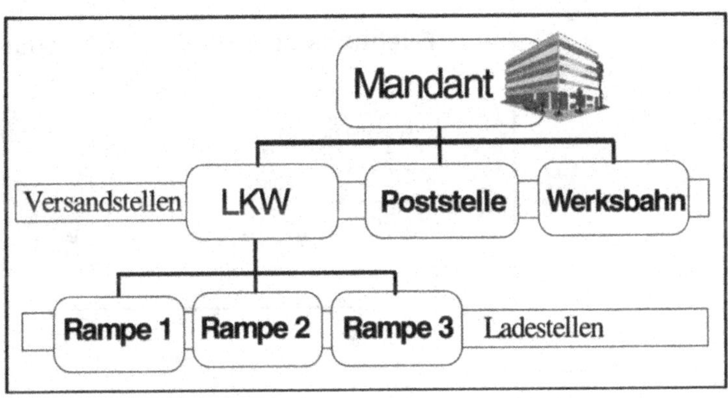

Versandstelle

Die Versandstelle stellt einen räumlichen Ort innerhalb eines Werkes dar, der die Warenlieferungen bearbeitet. Für den Bearbeitungsvorgang ist genau eine Versandstelle zuständig, z. B. die Poststelle oder ein LKW.

Ladestelle

Die Ladestellen beinhalten die technische Ausstattung einer Versandstelle.

So können bspw. zu einer Versandstelle mehrere Rampen gehören, von denen eine mit einem Gabelstapler und eine andere mit einem Kran ausgestattet ist.

1.1.4 Verknüpfung der Organisationseinheiten

Durch die Verknüpfung der Organisationseinheiten (siehe Abb. 1.5) wird der Aufbau des Gesamtunternehmens im R/3-System dargestellt:

- **Buchungskreis**
  Bilanzierende Einheit im Sinne einer rechtlich selbständigen Firma. Er stellt ein zentrales Organisationselement der Finanzbuchhaltung dar.
- **Werk**
  Produktionsstätte oder einfach die Zusammenfassung räumlich nahe zusammenliegender Orte mit Materialbestand (= Lagerorte). Das Werk bildet eine disponierende und bestandsführende Einheit und ist somit zentrales Organisationselement der Materialwirtschaft.

Abb. 1.5 Organisationseinheiten

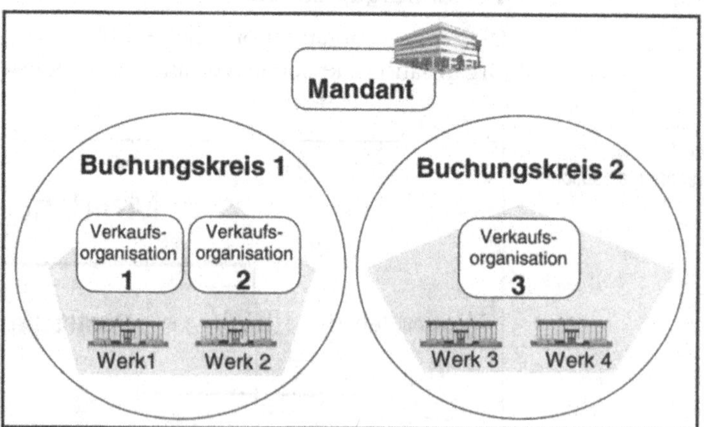

1.1.5 Geschäftsarten

Besonders im Vertrieb sind die unterschiedlichsten Abwicklungsformen vertreten. Daher muss es möglich sein, in den Vertriebsbelegen sowohl einfache Geschäftsvorgänge, die keiner weiteren Klärung bedürfen, als auch komplexe Anforderungen unter der Berücksichtigung von branchenspezifischen Anforderungen darzustellen.

Um diese verschiedenen **Geschäftsvorgänge** im System SD zu behandeln, werden sog. Geschäftsarten mit unterschiedlicher Funktionalität definiert (siehe Abb. 1.6).

Abb. 1.6 Standardversion der Geschäftsarten des Verkaufs

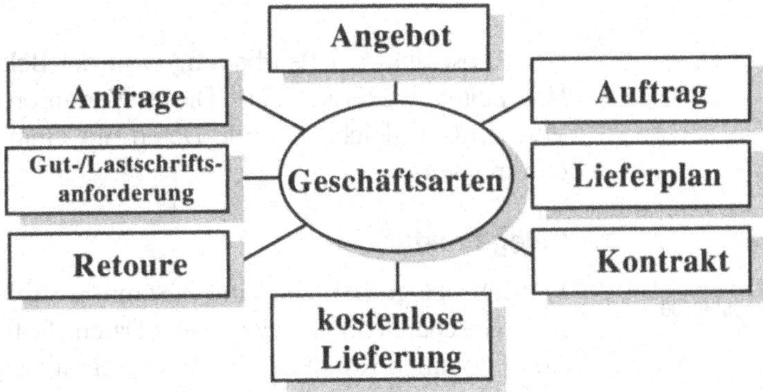

Analog dazu werden auch im Versand und in der Fakturierung Geschäftsarten unterschieden, die diese entsprechend ergänzen.

Die Geschäftsarten (siehe Abb. 1.6) werden in **Vertriebsbelegen** für Vertriebsunterstützung, Verkauf, Versand und Fakturierung abgebildet. Kundenkontakte, Anfragen, Angebote, Aufträge, Lieferungen und Fakturen enthalten jeweils alle relevanten Informationen zu einem Geschäftsvorgang und seinem Status.

Der Geschäftsvorgang wird durch **sechs Vertriebsbelege** (siehe Abb. 1.7) dargestellt. Jeder Vertriebsbeleg enthält die relevanten Informationen, die zur Bearbeitung des Geschäftsvorfalls notwendig sind. Sie „verknüpfen“ quasi die einzelnen Vorgänge: verschiedene Mitarbeiter können die einzelnen Belege bearbeiten und bekommen hierfür alle notwendigen Daten an die Hand.

Abb. 1.7
Sechs Stufen eines Geschäftsvorganges

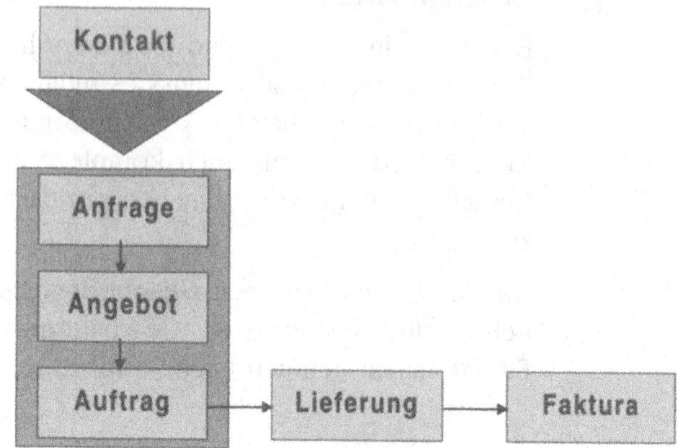

Nach Abschluss der Bearbeitung wird der Beleg an den nächsten Mitarbeiter „weitergereicht". Dieses Verfahren hat außerdem den Vorteil, dass gleichbleibende Daten nur einmal eingegeben werden müssen.

1.1.6 Belegstruktur

Vertriebsbelege

Vertriebsbelege besitzen eine bestimmte Struktur, um alle für einen Geschäftsvorfall relevanten Daten festhalten zu können. Ausgenommen Kundenkontakte weisen alle anderen Vertriebsbelege prinzipiell die gleiche Struktur (siehe Abb. 1.8) auf, um alle für einen Geschäftsvorfall relevanten Informationen zu beinhalten. Dadurch können Angebote leicht in Aufträge kopiert und Aufträge ohne jeglichen Aufwand in Lieferungen und Fakturen übernommen werden. Dies führt zur Reduzierung des Erfassungsaufwandes bei der Vertriebsabwicklung und zur Verringerung der Durchlaufzeit für einen Kundenauftrag im Vertrieb. Die Bestandteile eines Beleges sind **Belegkopf** und ein oder mehrere **Belegpositionen** sowie die **Einteilungsebene.**

Abb. 1.8
Belegaufbau

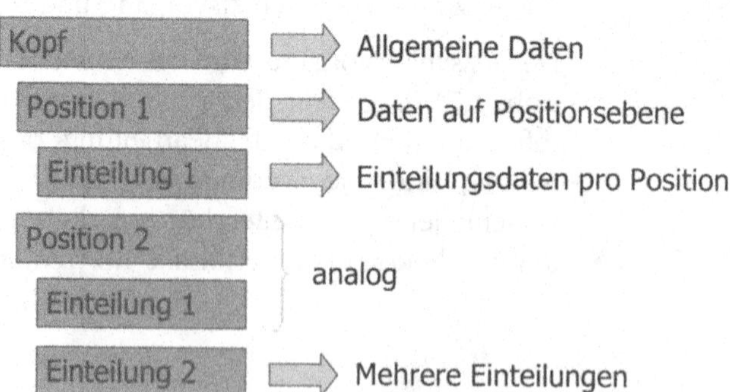

- **Kopfdaten**
  Allgemeine Daten, die für den gesamten Beleg gelten.

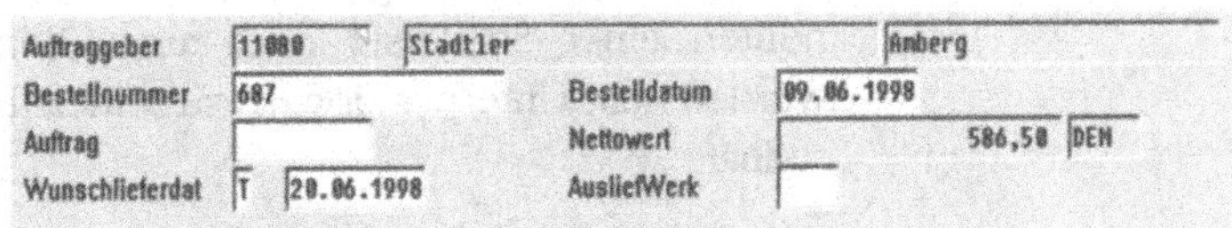

Abb. 1.9
Kopfdaten

Im Belegkopf werden die allgemeingültigen Daten für den gesamten Beleg festgehalten, wie z.B.

- Nummer des Auftraggebers
- Nummer des Warenempfängers und Regulierers (im Detailbild)
- Belegwährung und Kurs
- Preiselemente für den gesamten Beleg
- Lieferdatum und Versandstelle
- Bestelldaten
- Angaben zu den Geschäftspartnern (im Detailbild)

- **Positionsdaten**
  Die Belegpositionen enthalten Daten zu Produkten und Dienstleistungen, die für die einzelnen Positionen gelten.

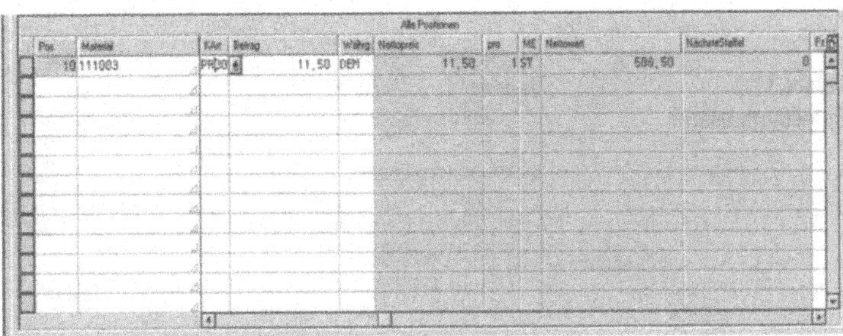

Abb. 1.10
Positionsdaten

Zu den Positionsdaten zählen z. B.:

- Materialnummer
- Zielmenge bei Rahmenverträgen
- Nummer des Warenempfängers und des Regulierers (auf Positionsebene in Detailansicht können diese Gruppen pro Position abweichend angegeben werden)
- Preiselemente für die einzelnen Positionen

Handelt es sich bei diesem Beleg um einen Auftrag, können auf der Positionsebene, wie im Belegkopf, die Daten gespeichert werden. Abhängige Positionen, wie z. B. die Komponenten einer Stückliste oder auch Verpackungsmaterialien, werden als Unterpositionen zu einer Hauptposition dargestellt.

Die Texte auf der Kopf und Positionsebene können mehrsprachig mit Hilfe des SAP-Textverarbeitungsprogramms erstellt und jederzeit während der Belegbearbeitung manuell hinzugefügt werden.

- **Einteilungsdaten**
  Durch die Einteilungsdaten (siehe Abb. 1.11) besteht die Möglichkeit jede Position nach Termin und Menge weiter zu unterteilen, z. B. wenn eine bestellte Position zunächst nur teilweise ausgeliefert werden kann. Fällige Einteilungen aus den Verkaufsbelegen werden als Positionen in die entsprechenden Versand- und Fakturabelege übernommen. Das SAP-System orientiert sich konsequent am Belegprinzip. Hierbei wird von der Einzeldarstellung Abstand genommen und der Beleg mit Kopf und Position als Ganzes betrachtet. Das Belegprinzip bringt Vorteile beim Zugriff auf Daten, indem dem Anwender nur vollständige Belege zur Bearbeitung angeboten werden.

Abb. 1.11
Einteilungsdaten

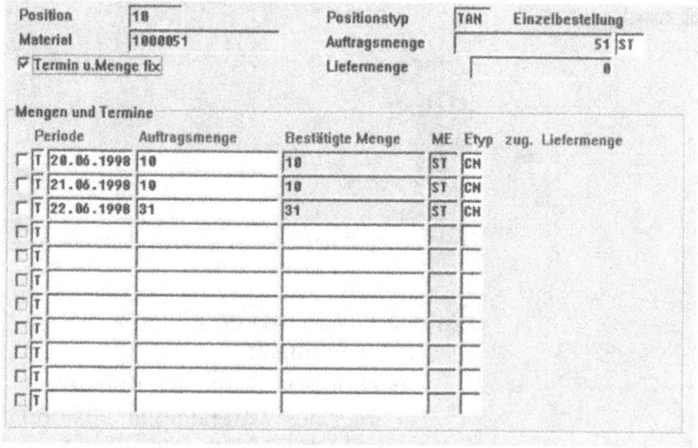

Position 10
Material 1000051
Termin u.Menge fix
Positionstyp TAN Einzelbestellung
Auftragsmenge 51 ST
Liefermenge 0

Mengen und Termine

	Periode	Auftragsmenge	Bestätigte Menge	ME	Etyp	zug. Liefermenge
T	20.06.1998	10	10	ST	CN	
T	21.06.1998	10	10	ST	CN	
T	22.06.1998	31	31	ST	CN	
T						
T						
T						
T						
T						
T						
T						
T						

Zusätzlich besteht die Möglichkeit sich **Detailbilder** der Übersichtsbilder anzeigen zu lassen. Das kann entweder auf Kopfebene mit allgemeinen Daten oder auf Positionsebene mit speziellen Daten zu den Belegpositionen erfolgen. Dies geschieht über die **Detailicons** in der Menüleiste:

Abb. 1.12 Detailbilder auf Kopfebene zu Kaufmann und Partner;

Detailbilder auf Positionsebene zu Kaufmann, Einteilung, Kondition und Konfiguration

Um die Integration aller Informationen entlang der logistischen Kette im R/3-System zu ermöglichen, zeichnet sich das Vertriebsmodul (SD) durch einen automatischen aufeinander aufbauenden Belegfluss aus, der durch Datenübernahme aus den Verkaufsbelegen in die Versandbelege und Datenübernahme aus den Verkaufs- und Versandbelegen in die Fakturabelege realisiert wird. Dieser Vorgang wird im R/3-System als *Belegfluss* bezeichnet, d. h. die notwendigen Daten fließen aus einem Vertriebsbeleg in einen anderen und bilden somit einen Geschäftsvorfall komplett ab. So wird z. B. aus einem Angebot ein Auftrag, der mit der Zeit in eine Lieferung und eine Faktura übergeht. Dieser Ablauf wird vom SAP-Anwender anhand entsprechender Vertriebsbelege, die somit alle relevanten Informationen zu einem Geschäftsvorfall enthalten, im R/3-System festgehalten. Durch den Aufbau eines transparenten Belegflusses anhand des Vertriebsbelegs kann der Anwender ausgehend von einem Kontakt, einer Anfrage, einem Angebot, einem Auftrag, einer Lieferung oder einer Faktura jederzeit den aktuellen Status zu einem Geschäftsvorfall entlang der logistischen Kette erzeugen. Dies gibt dem Unternehmen die Möglichkeit, schnell und flexibel auf sich verändernde Marktanforderungen zu reagieren.

Belegfluss

1.2 Stammdaten

Die Komponente „Stammdaten" des Vertriebsmoduls (SD) ermöglicht eine vollständige Verwaltung von Stammdaten, die als Ausgangspunkt für die Aktivitäten im Vertriebsbereich eines Unternehmens dienen und die Basis für eine effiziente Nutzung der Funktionalitäten des Vertriebsmoduls bilden. Es handelt sich dabei um die Daten zu Kunden, Produkten und Dienstleistungen eines Betriebes, Kunden- und Materialstammdaten sowie Stammdaten zum Konditionsbereich und einige weitere vom Vertriebsmodul (SD) benötigten Stammdaten.

Im R/3-System erfolgt die Datenverwaltung nach dem relationalen Datenbankprinzip, so dass die Daten grob zu klassifizieren sind in **Stammdaten** (Daten, die sich wenig im Laufe der Zeit ändern), **Bewegungsdaten** (z. B. Bestellungen, Warenbewegungen), die in einem Unternehmen vorgefallen und zeitlich von kurzer Dauer sind und **Steuerdaten**, die zur Steuerung betriebswirtschaftlicher Anwendungen im R/3-System benötigt werden.

Abb. 1.13 Einstiegspfad zur Bearbeitung von Stammdaten

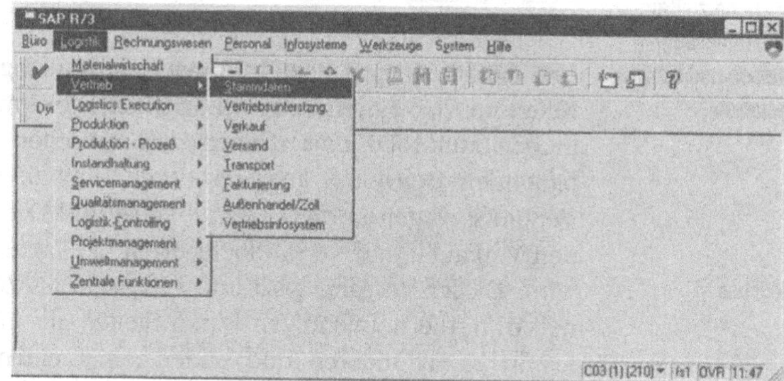

Zur Bearbeitung der Stammsätze stehen die Funktionen *anlegen*, *ändern* und *anzeigen* zur Verfügung.

Zur Erfassungshilfe kann beim Anlegen eines neuen Stammsatzes auf einen schon bestehenden Stammsatz referenziert werden. Dies erleichtert die Neuerfassung, da die auszufüllenden Werte mit denen des schon vorhandenen Satzes gefüllt werden und lediglich bei einer Abweichung vom Anwender manuell eingetragen werden müssen.

Abb. 1.14 Menüleiste des Bereiches Stammdaten

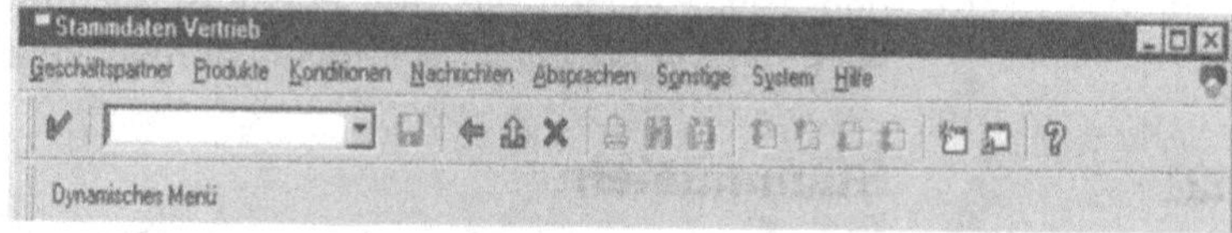

Innerhalb des Vertriebs wird auf folgende Stammdaten (siehe Abb. 1.14) bei der Vorgangsbearbeitung zurückgegriffen:

- Geschäftspartnerstammsätze
- Materialstammsätze
- Konditionenstammsätze

1.2.1 Geschäftspartner

Innerhalb ihrer Geschäftstätigkeit hat eine Firma mit verschiedenen juristischen und natürlichen Personen zu tun. Ein Kunde bestellt Ware, der zuständige Vertriebssachbearbeiter bearbeitet die Bestellung und die Geschäftsvorgänge, der Spediteur befördert die Ware ordnungsgemäß zu dem Kunden.

Jede Rolle, die eine juristische bzw. natürliche Person einnehmen kann, wird innerhalb des R/3-Systems in Geschäftspartnern abgebildet.

Abb. 1.15 Geschäftspartner

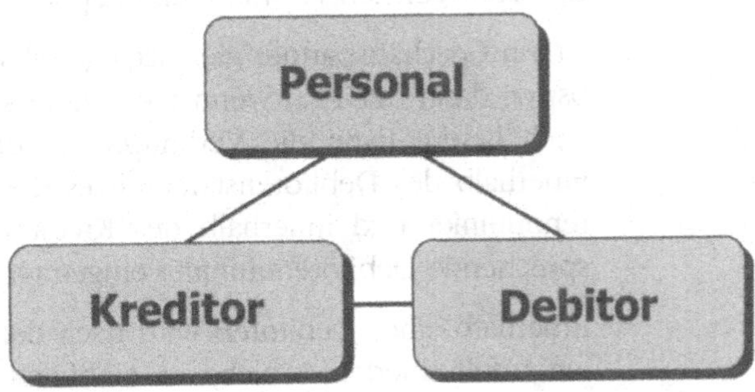

1.2.1.1 Personal

Zum Personal zählen Mitarbeiter des eigenen Unternehmens. Für jeden Mitarbeiter wird im Modul HR ein Personalstammsatz angelegt. Bei Anlage des Stammsatzes wird eine innerhalb des Systems eindeutige Personalnummer vergeben. Über diese Nummer kann im Vertrieb auf den Personalstammsatz zugegriffen werden. Verwaltet und gepflegt werden die Stammsätze von der Personalwirtschaft (HR).

1.2.1.2 Kreditoren

Kreditoren sind Geschäftspartner, die mit der Firma in Kontakt stehen und von denen eine Lieferung oder Leistung erbracht wird.

Für jeden Kreditor wird im Modul FI ein Kreditorenstammsatz angelegt. Bei Anlage dieses Stammsatzes wird eine innerhalb des Systems eindeutige Kreditornummer vergeben. Über die Nummer kann bspw. im Vertrieb auf den Kreditorstammsatz zugegriffen werden. Die Buchhaltung (FI) verwaltet und pflegt diese Stammsätze.

1.2.1.3 Debitoren

Debitoren sind Geschäftspartner, die mit der Firma in Kontakt stehen und die von der Firma eine Lieferung oder eine Leistung erwarten.

Für jeden Debitor wird im Modul SD ein Debitorenstammsatz angelegt. Bei Anlage dieses Stammsatzes wird eine innerhalb des Systems eindeutige Debitorennummer vergeben. Über diese Nummer kann dann bspw. bei der Auftragsbearbeitung auf den Debitorenstammsatz zugegriffen werden. Diese Stammsätze werden vom Vertrieb verwaltet und gepflegt.

Ist ein Geschäftspartner gleichzeitig Debitor und Kreditor, dies ist bspw. dann der Fall, wenn ein Kunde sowohl Ware bezieht als auch liefert, kann die Verknüpfung hergestellt werden, indem innerhalb des Debitorenstammsatzes die entsprechende Kreditorennummer und innerhalb des Kreditorenstammsatzes die entsprechende Debitorennummer eingetragen wird.

Innerhalb eines Debitoren wird nach den unterschiedlichen Rollen unterschieden, welche er einnimmt. So kann es bei einer komplexen Unternehmensstruktur der Fall sein, dass sich Waren- und Rechnungsempfänger unterscheiden. Dies ist bspw. der Fall, wenn ein Kunde mehrere Fertigungsstätten betreibt, die Rechnungsbegleichung aber immer in derselben Zentrale getätigt wird. Innerhalb des R/3-Systems unterscheidet man folgende Partnerrollen:

Partnerrollen

- Auftraggeber
- Warenempfänger
- Rechnungsempfänger
- Regulierer

1.2.1.4 Ansprechpartner

Ein Kunde ist beim Kontakt zum Unternehmen durch seine Ansprechpartner vertreten. Die Informationen zu diesen wie der Name des Ansprechpartners, seine Telefonnummer usw. werden nicht in einem separaten Debitorenstammsatz festgehalten, sondern im entsprechenden Debitorenstammsatz zum Geschäftspartner selbst. Dabei wird jeder Ansprechpartner anhand einer eindeutigen Nummer identifiziert.

Für die Partnerrolle „Auftraggeber" benötigt man die Verkaufszahlen, z. B. die Zuordnung zu einer gültigen Preisliste oder die Zuordnung zu einem Verkaufsbüro. Da in den meisten Fällen der

Auftraggeber

Auftraggeber gleichzeitig auch Warenempfänger, Rechnungsempfänger und Regulierer ist, umfasst die Funktion „Auftraggeber" im R/3-System die Daten zu allen Rollen.

Abb. 1.16
Einstiegspfad zum Anlegen eines Auftraggebers

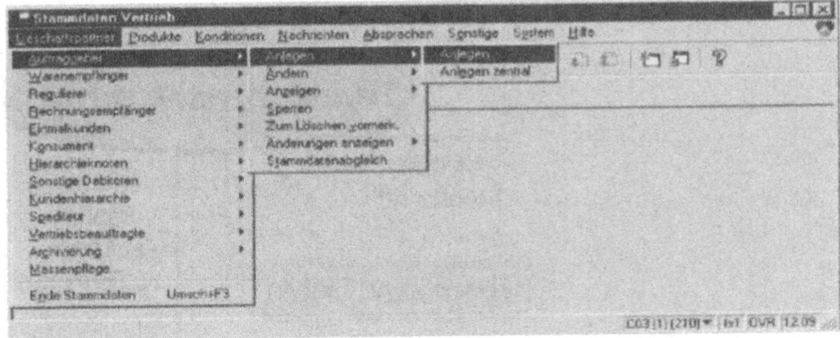

Warenempfänger

Zum Anlegen des Warenempfängers benötigt man die Daten zum Versand, z. B. die Abladestellen oder die Warenempfangszeiten.

Rechnungsempfänger

Regulierer

Die Daten für den Dokumentendruck, die Adressen oder Informationen zum elektronischen Datenaustausch bspw. werden für den Rechnungsempfänger benötigt. Zur Anlage des Regulierers benötigt man z. B. die Daten zur Festlegung der Rechnungstermine oder die Kontoverbindung.

Auf den **Debitorenstammsatz** (siehe Abb. 1.16) greift neben dem Vertrieb auch die Buchhaltung zu. Um Datenredundanzen zu vermeiden, werden alle Daten sowohl die buchhalterischen als auch die vertriebsspezifischen in einem Stammsatz hinterlegt. Daher besteht der Stammsatz aus:

- **Allgemeinen Daten:**
  z. B. Anschrift, Kommunikation. Diese Daten werden lediglich durch die Kundennummer identifiziert, sie gelten sowohl für die Buchhaltung als auch für den Betrieb. Die Pflege der Daten ist von der Buchhaltung oder vom Vertrieb aus möglich.
- **Vertriebsdaten:**
  z. B. Informationen zur Preisfindung oder zur Belieferung. Diese Daten sind nur im Vertrieb relevant, sie gelten jeweils für einen Vertriebsbereich und werden vom Vertrieb gepflegt.
- **Buchungskreisspezifische Daten:**
  z. B. Kontoführung, Zahlungsverkehr, Korrespondenz, Versicherung. Sie sind für die Buchhaltung von Bedeutung. Diese Daten gelten jeweils für einen Buchungskreis und werden von der Buchhaltung gepflegt.

Abb. 1.17
Debitorenstammsatz

Einmalkunden

Nicht für jeden Kunden muss ein eigener Stammsatz angelegt werden. Für einmalige oder sehr seltene Geschäftsbeziehungen mit einem Kunden steht ein **reduzierter Sammelstammsatz** (siehe Abb. 1.18) zur Verfügung: für sog. **Einmalkunden = CPD** („Conto pro Diverse").

Abb. 1.18
Reduzierter Kundenstammsatz

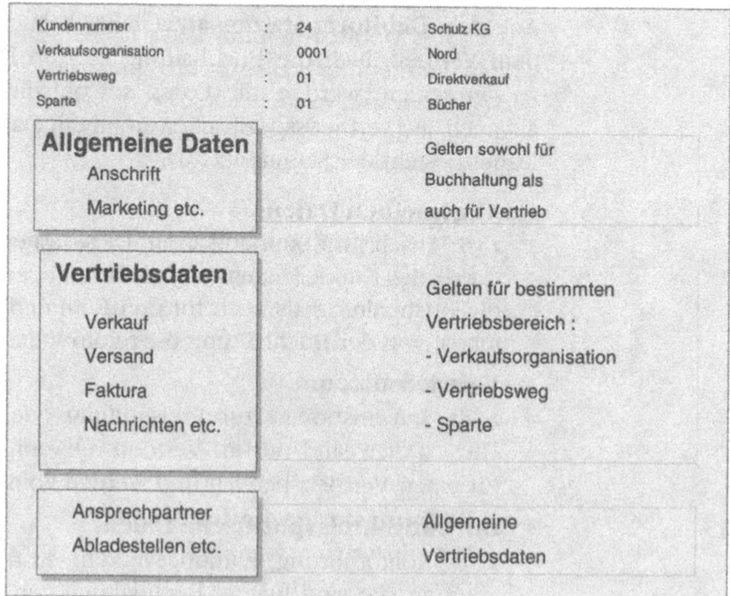

Ansprechpartner eines Kunden können im Debitorenstammsatz hinterlegt werden. Für sie muss nicht extra ein eigener Stammsatz angelegt werden. Soll ein Ansprechpartnerstammsatz angelegt werden, so ist dies im Rahmen der Vertriebsunterstützung möglich.

Fallstudie:
Debitor anlegen

Die **Firma Maurer** soll als neuer Kunde im System hinterlegt werden. Es wird ein Debitorenstammsatz angelegt. Der neue Kunde ist als Großhändler in der Sparte Fahrräder tätig.

„Debitor.scm"

Funktionsüberblick:

Logistik ⇨ Vertrieb ⇨ Stammdaten ⇨ Geschäftspartner ⇨ Auftraggeber ⇨ Anlegen

Es erscheint die Maske *„Einstieg Vertriebsbereich"*. Dort kann man den Vertriebsbereich für den Kunden festlegen. Folgende Felder sind auszufüllen:

- Debitor
- Verkaufsorganisation
- Vertriebsweg
- Sparte
- Kontengruppe

Um einen Debitorenstammsatz anzulegen und dabei die Kopierfunktion zu nutzen, können in die Felder *Vorlage* die Daten des Stammsatzes eingegeben werden. Dies ist bspw. sinnvoll, wenn ein Debitor innerhalb mehrerer Sparten tätig ist. In diesem Fall müssen zwei Debitorenstammsätze angelegt werden. Beim zweiten Stammsatz kann das Anlegen durch die Kopierfunktion wesentlich beschleunigt und erleichtert werden.

Nach dem Ausfüllen der Felder muss man den Button ✔ betätigen, und man gelangt in die Maske *Anschrift*.

In dieser Maske kann man die Daten zu der Anschrift des Debitors hinterlegen. In das Feld *Suchbegriff* kann ein Kürzel oder etwas ähnliches eingegeben werden, um den Kunden bei Suchvorgängen leichter zu finden.

Nach dem Ausfüllen der Felder den Button ✔ betätigen, und man gelangt in die Maske *Steuerung*.

In dieser Maske müssen vom Vertrieb nur folgende Felder ausgefüllt werden:

- Umsatzsteuer
- Ust-Id.Nr.

Nach dem Ausfüllen der Felder muss man den Button betätigen und gelangt in die Maske *Marketing*.

In dieser Maske können Daten zum Marketing hinterlegt werden. Es müssen jedoch vom Vertrieb aus keine Felder ausgefüllt werden.

Man kann über den Button in die Maske *Abladestellen* springen. Hat der Kunde mehrere Abladestellen, so können diese hier hinterlegt werden. Der Debitor Maurer hat nur eine Abladestelle, daher ist diese Maske nicht relevant.

Durch Betätigen des Buttons gelangt man in die Maske *Ansprechpartner*, in der der Ansprechpartner hinterlegt werden kann. Alternativ können diese Daten auch im Rahmen der Vertriebsunterstützung im System angelegt werden.

Über den Button gelangt man in die Maske *Verkauf Vertriebsbereich 1*.

Hier sind folgende Felder ausfüllbar:

- Kundenbezirk
- Verkaufsbüro
- Verkäufergruppe
- Kundengruppe
- Währung
- Auftr.Wahrsch. (Auftragswahrscheinlichkeit)

Des Weiteren sind in dieser Maske die Daten zur Preisfindung zu hinterlegen:

- Preisgruppe
- Kundenschema
- Preisliste
- StatGruppeKunde

Nach Ausfüllen der Felder und Betätigung des Buttons gelangt man in die Maske *Versand Vertriebsbereich 1*.

Versand

Im Abschnitt *Versand* müssen folgende Daten eingegeben werden:

- Lieferpriorität
- Versandbedingungen
- Auslieferungswerk
- AuftrZusammenführung
- Chargensplitt erlaubt

Im Abschnitt *Teillieferungen* sind folgende Felder auszufüllen:

- Komplettlieferung
- Teillieferungen/Pos
- Max. Teillieferung (Vom System wird hier die Anzahl 9 vorgeschlagen, dieses Feld kann jedoch überschrieben werden.)

Im Abschnitt *Allgemeine Transportdaten* ist das Feld *Transportzone* relevant.

Nach Ausfüllen der Felder und Betätigung des Buttons gelangt man in die Maske *Fakturieren Vertriebsbereich*.

Faktura

Im Abschnitt *Faktura* werden folgende Felder gefüllt:

- RechnungsNachb.
- Bonus
- Preisfindung
- RechTermine (Hier wird der Fabrikkalender hinterlegt, auf welchen sich die Termine beziehen.)
- ReListen Termine (Fabrikkalender wird hinterlegt, auf den sich die Termine beziehen.)

Im Abschnitt *Liefer- und Zahlungsbedingungen* sind folgende Felder mit Daten zu versehen:

- Incoterms (Der Text muss manuell eingetragen werden, auch wenn er im System hinterlegt ist.)
- Zahlungsbeding.

Im Abschnitt *Buchhaltung* wird das Feld *KontGruppe* (=Kontengruppe, der die Erlöse zuzuordnen sind) gepflegt.

Nach Ausfüllen der Felder und Betätigung des Buttons gelangt man in die Maske *Steuern Vertriebsbereich 1*.

Hier wird das Feld *Steuerklassifikation* ausgefüllt.

Durch zweimaliges Betätigen des Buttons ✔ gelangt man in die Maske *Nachrichten Vertriebsbereich*. Hier werden sämtliche Felder vom System vorgeschlagen.

Nach Bestätigung mit dem Button ✔ gelangt man in die Maske *Partnerrollen Vertriebsbereich 1*. Hier werden ebenfalls alle Felder vom System vorgegeben.

Nach Drücken des Buttons ✔ erscheint eine Abfrage, ob der Debitor gesichert werden soll. Durch Bestätigung der Anfrage mit „Ja“ wird der Debitor angelegt.

1.2.2 Material

Unter Material fasst das R/3-System **Produkte und Dienstleistungen** zusammen. Auf die Materialstammsätze greifen unterschiedliche R/3-Module zu. Im Vertrieb werden bspw. bei der Anfrage, beim Auftrag und bei der Rechnung die Materialstammsätze benötigt.

Materialien werden in verschiedene Materialarten unterteilt, damit wird ein Material genau einer Materialart zugeordnet. In der Standardversion sind im R/3-System folgende Materialarten möglich:

Materialart

- Handelsware
- Nichtlagerware
- Dienstleistungen
- Verpackungsmaterial
- Sonstige Materialien

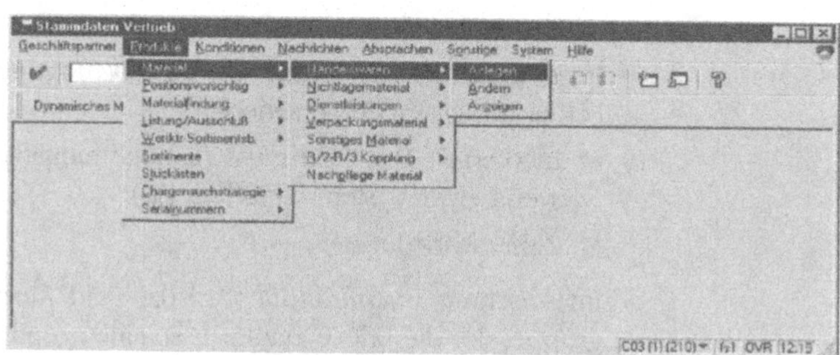

Abb. 1.19 Einstiegspfad zum Anlegen eines Materialstammsatzes

Zur **Handelsware** zählen Materialien, die von der Firma eingekauft und unbearbeitet weiterverkauft werden. Sie werden im R/3-System mit dem Schlüssel „HAWA“ geführt.

Zur **Nichtlagerware** zählen Materialien, die physisch auf Lager liegen, jedoch bestandsmäßig nicht geführt werden. Sie werden im R/3-System mit dem Schlüssel „NLAG“ geführt.

Zu den immateriellen Gütern zählen die **Dienstleistungen**, bei denen Produktion und Verbrauch zeitlich zusammenfallen, bspw. Versicherungsleistungen. Sie werden im R/3-System mit dem Schlüssel „DIEN“ geführt.

Verpackungsmaterial sind alle Materialien, die zur Verpackung der zu verkaufenden Güter benötigt werden. Sie werden im R/3-System mit dem Schlüssel „VERP“ geführt.

Zu **sonstigen Materialien** zählen Materialien, die keiner Standardmaterialart zugehören. Mit dieser Funktion können zusätzliche Materialarten gepflegt werden. Beim Anlegen eines Materialstammsatzes muss bei diesem Einstieg auf dem ersten Datenbild eine Materialart angegeben werden. Beim Anlegen eines Materialstammsatzes kann die entsprechende Funktion ausgewählt werden.

Zusätzlich besteht die Möglichkeit, ein Material (unabhängig von der Materialart) einer Branche zuzuordnen. So können branchenspezifische Anforderungen berücksichtigt werden.

Im Materialstamm wird eine **Basismengeneinheit** hinterlegt. Diese Basismengeneinheit kann über Umrechnungsfaktoren in andere Mengeneinheiten umgerechnet werden. So entspricht bspw. 1000 Gramm einem Kilogramm.

Abb. 1.20
Mengeneinheiten

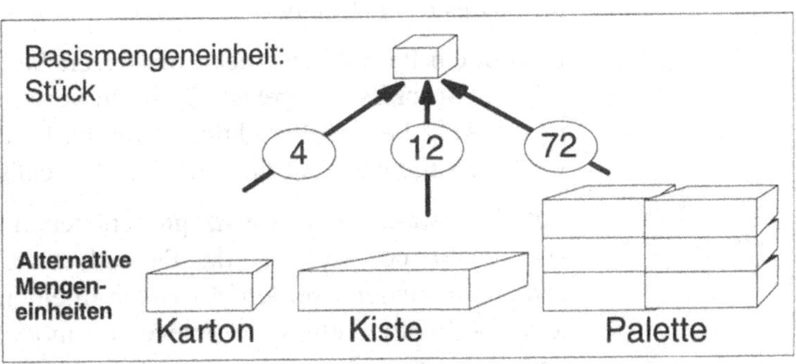

Ebenso kann im Materialstammsatz für jeden Vertriebsbereich eine **Mindestauftrags-** und eine **Mindestauflagemenge** hinterlegt werden. Damit kann ermöglicht werden, dass die Mindestauftragsmenge bei Großhändlern höher ist als die bei Endverbrauchern.

Produkthierarchie

Oft ist es sinnvoll Materialien zu gruppieren. Dies ermöglicht bspw. eine gemeinsame Preisfindung. Eine Gruppierungsart ist über die schon erwähnte Einteilung in die Materialarten gegeben. Zusätzlich können Materialien in eine 3-stufige Produkthierarchie unterteilt werden. Der Aufbau dieser Hierarchie orientiert sich an bestimmten Merkmalen der Materialien.

Abb. 1.21
Produkthierarchie

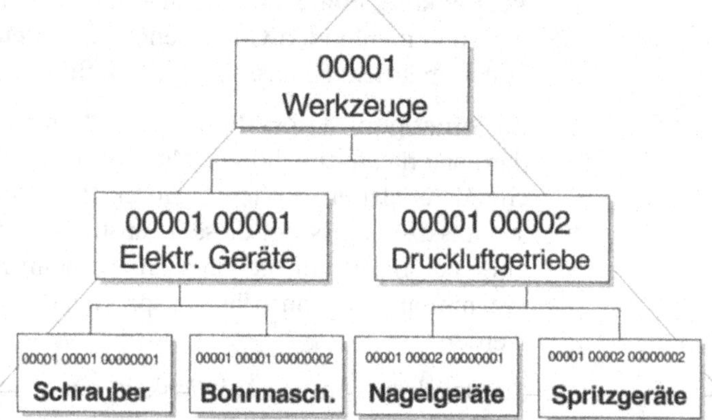

Über ein **Statuskennzeichen** kann definiert werden, welchen Status das Material momentan innerhalb des Vertriebs hat. So kann bspw. gesteuert werden, dass Materialien für die Anfrage freigegeben sind, zur Auftragserstellung jedoch nicht zugelassen sind. Dies kann bspw. während der Entwicklungsphase eines Produktes der Fall sein.

Besteht ein Produkt aus mehreren Materialien, so wird im Modul PP eine **Stückliste** angelegt. Diese zu verwalten und zu pflegen ist die Aufgabe der Produktionsplanung. Innerhalb des Vertriebs wird im Kundenauftrag die hinterlegte Stückliste aufgelöst.

Auf den **Materialstammsatz** greifen neben dem Vertrieb auch andere Module, wie z. B. der Einkauf, zu. Um Datenredundanzen zu vermeiden, werden alle Daten in einem Stammsatz hinterlegt. Die Verantwortung der Pflege von modulspezifischen Daten liegt beim jeweiligen Fachbereich. So ist für die vertriebsspezifischen Daten der Vertrieb zuständig. Die Anlage eines Stammsatzes kann zentral oder dezentral erfolgen. Bei der zentralen Anlage müssen die Sichten, die angelegt werden sollen, ausgewählt werden. Ein vollständiger Materialstammsatz besteht aus:

- **Allgemeinen Daten**
  z. B. Materialnummer, Materialbezeichnung, Mengeneinheiten. Diese Daten gelten für alle Sichten, d. h. für alle Bereiche, die auf den Materialstammsatz zugreifen.
- **Vertriebsspezifischen Daten**
  z. B. Auslieferungswerk, Verkaufstexte, Versanddaten, Mindestauftrags- und -liefermenge. Diese Daten werden in Abhängigkeit von der Verkaufsorganisation und dem Vertriebsweg hinterlegt.
- **Werksspezifischen Daten**
  z. B. Herstellkosten, Exportdaten, Dispositionsprofile. Diese Daten werden in Abhängigkeit von einem Werk hinterlegt. Sie sind Informationen für Disposition und Fertigung.
- **Lagerortspezifischen Daten**
  z. B. Temperaturbedingungen, Raumbedingungen. Diese Daten sind Informationen zur Lagerung und Bestandsführung.

Abb. 1.22
Materialstammsatz

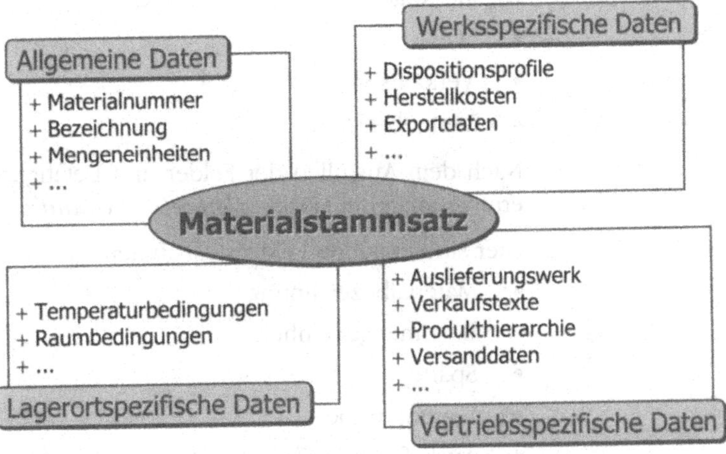

Fallstudie: Materialstammsatz anlegen

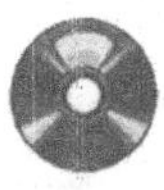

„Material.scm"

Für das Produkt „Ökooil" soll ein Stammsatz angelegt werden. Das Öl soll vorerst nur an Großhändler verkauft werden. In den einzelnen Sichten können für den jeweiligen Vertriebsweg unterschiedliche Daten erfasst werden.

Zum Anlegen der Handelsware wählt man den folgenden Pfad:

Logistik ⇨ Vertrieb ⇨ Stammdaten ⇨ Produkte ⇨ Material ⇨ Handelswaren ⇨ Anlegen

In der Einstiegsmaske können die Felder „*Material*“ und „*Branche*“ ausgefüllt werden. Das Feld „Material“ kann vorerst unausgefüllt bleiben. In diesem Falle wird die Materialnummer bei Anlegen des Stammsatzes automatisch vom System vergeben. Will man die Kopierfunktion nutzen, so kann in das Vorlagefeld die Materialnummer eines bestehenden Stammsatzes eingetragen werden.

Nach dem Ausfüllen der Felder muss der Button betätigt werden, und man gelangt in die Maske „*Sichtenauswahl*“.

Hier können die Sichten markiert werden; im Falle des „Ökooils“ sind dies folgende Sichten:

- Vertrieb – Verkaufsorg. Daten
- Vertrieb – allg./Werksdaten
- Vertriebstext

Nach dem Ausfüllen der Felder ist der Button zu betätigen, und man gelangt in die Maske „*Organisationsebenen*“.

Es sind folgende Felder auszufüllen:

- Werk
- Verkaufsorg.
- Vertriebsweg

Nach dem Ausfüllen der Felder und Betätigung des Buttons  erreicht man die Maske „*Vertrieb – Verkaufsorg. Daten*“.

Hier sind folgende Felder auszufüllen:

- Materialbezeichnung
- Basismengeneinheit
- Sparte
- Warengruppe
- Auslieferungswerk
- Skontofähig
- Produkthierarchie

Durch Scrollen der Maske werden die nachfolgenden Felder sichtbar:

- Steuerklassifikation
- Mindestauftragsmenge
- Mindestliefermenge

Diese werden ebenfalls mit Daten versehen.

Danach Betätigung des Buttons [✔] und man gelangt in die Maske *„Vertrieb – allg./Werksdaten"*.

Hier werden folgende Felder ausgefüllt:

- Basismengeneinheit
- Bruttogewicht
- Nettogewicht
- Verfügbarkeitsprüfung
- Transportgruppe
- Ladegruppe

Nach Bestätigung erreicht man die Maske *„Vertriebstext"*, in der materialspezifische Texte eingegeben werden können.

Nach Betätigung des Buttons [✔] erscheint eine Abfrage, ob das Material gesichert werden soll. Nach Bestätigung der Meldung mit „Ja" wird der Materialstammsatz angelegt. Sollte zu Beginn keine Materialnummer angegeben sein, so wird diese jetzt vom System vergeben. Man sieht die vergebene Nummer in der unteren Statuszeile (blaues Feld) der Maske.

Ergänzende Funktionen zum Materialstammsatz

Es besteht die Möglichkeit, im System **Sortimente** zu hinterlegen. Dies ist bspw. sinnvoll, wenn bestimmte Materialkombinationen oft verkauft werden. Im Sortiment kann neben der Materialnummer der einzelnen Produkte auch eine Vorschlagsmenge hinterlegt werden. Bei der Auftragserfassung kann dann auf ein Sortiment referenziert werden.

Kunden-Material-Satz

Zu Materialien kann ein Kunden-Material-Satz hinterlegt werden. In diesem können kundenindividuelle Daten, wie die Kunden-Materialnummer und -bezeichnung und spezielle Lieferdaten und -toleranzen, hinterlegt werden. Bei der Auftragserfassung werden die Daten aus dem Kunden-Material-Satz vor den allgemein gültigen Daten berücksichtigt.

Materialfindung

Die Funktion der Materialfindung ist in der Standardversion von R/3 von den Kriterien Vertriebsbereich und Material abhängig. Die Materialfindung ermöglicht es, in den Vertriebsbelegen ein Material nach externen Kriterien vom System suchen zu lassen. Wichtig ist hier, dass das Material nicht über die Materialnummer identifiziert, sondern über einen anderen Schlüssel angegeben wird. Dieser Schlüssel kann bspw. die EAN- oder die Kundenmaterialnummer sein. Das System sucht bei Angabe des externen Schlüssels dann den jeweiligen richtigen Materialstammsatz und benutzt bei der weiteren Bearbeitung diese Daten. Die Vorgaben zur Materialfindung gelten für einen beliebigen Zeitraum.

Materialsubstitution

Für die Funktion Materialsubstitution werden in der Standardversion von R/3 die Kriterien Vertriebsbereich und Material benötigt. Die Materialsubstitution ermöglicht es, ein Material in den Vertriebsbelegen automatisch vom System durch ein anderes Material zu ersetzen (substituieren). Die Vorgaben zur Materialsubstitution werden zuvor im R/3-Modul SD hinterlegt und gelten für einen beliebigen Zeitraum. Die Materialsubstitution kann z. B. im Zuge einer Werbeaktion sinnvoll sein.

Materiallistung

Die Materiallistungsfunktion greift auf die Kriterien Material und Kunde zurück. Durch die Materiallistung ist hinterlegt, welche Materialien von einem bestimmten Kunden bezogen werden können. Dieses Listing gilt für einen beliebigen Zeitraum. Wird in einem Verkaufsbeleg (bspw. im Auftrag) ein Material verwendet, welches nicht in der Materiallistung enthalten ist, wird diese Position vom System abgelehnt.

Materialausschluss

Die Funktion des Materialausschlusses ist analog der Materiallistung in der Standardversion von den Kriterien Material und Kunde abhängig und ggf. für einen beliebigen Zeitraum gültig. Durch den Materialausschuss kann festgelegt werden, welche Materialien ein bestimmter Kunde nicht beziehen darf. Wird in einem Verkaufsbeleg (bspw. im Angebot) ein Material verwendet, welches im Materialausschuss enthalten ist, wird diese Position vom System abgelehnt.

1.2.3 Konditionen

Zur Unterstützung der Preisfindung können mit Hilfe der Konditionstechnik verschiedene Materialpreise, Zu- und Abschläge (Kunden- und Mengenrabatte), Frachtgebühren und Verkaufssteuern berücksichtigt werden.

Außer Unterstützung bei der Verwaltung von normalen Stammdaten zu Kunden, Produkten und Dienstleistungen eines Unternehmens wird den SAP-Anwendern mit der Konditionstechnik des R/3-Systems ein flexibles Instrument zur Preisgestaltung zur Verfügung gestellt.

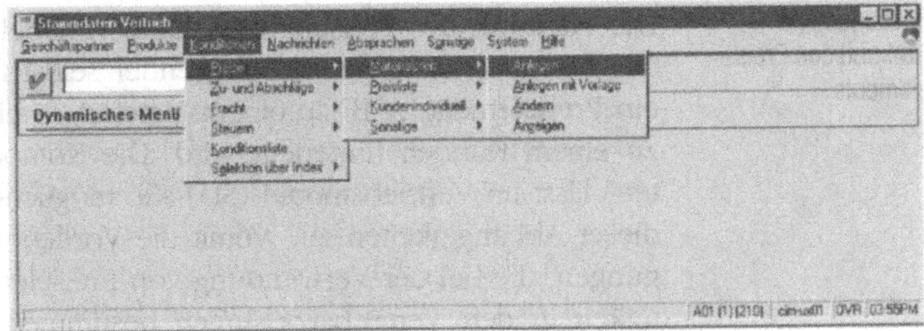

Abb. 1.23 Einstiegspfad zum Bearbeiten von Konditionen

Unter Konditionen – siehe nachfolgende Abb. 1.24 - versteht man innerhalb des R/3-Systems **Preise, Zu- und Abschläge**.

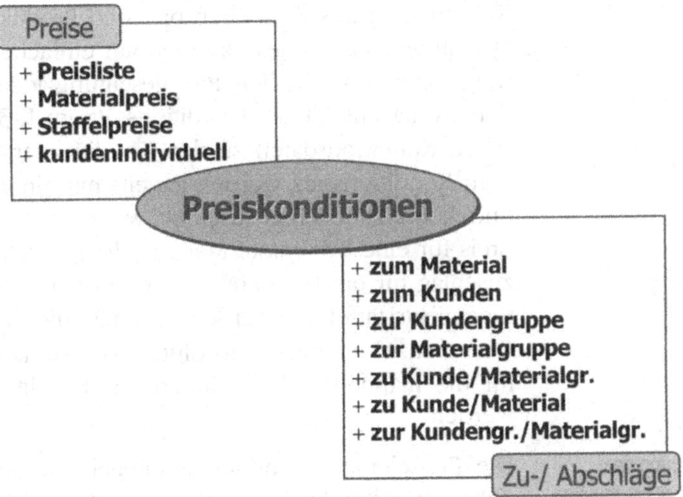

Abb. 1.24 Konditionen

Mit Hilfe von Konditionen können einfache Preise und auch komplexe Zusammenhänge dargestellt werden. Die Konditionssätze werden in der Standardversion in den oben abgebildeten Ebenen hinterlegt. Zusätzlich zum Standard besteht die Möglichkeit, die vorgegebenen Abhängigkeiten zu erweitern und so eine individuelle Preisgestaltung zu realisieren.

Definition der Konditionsart

Zuerst wird für jedes Preiselement eine Kennung festgelegt, die Eigenschaften und Merkmale eines Preiselements nach seiner Verwendung vorgibt. Dadurch wird im R/3-System die Unterscheidung, z. B. eines Rabattes vom Netto-/Brutto-Preis, ermöglicht. Im Vertriebsmodul sind Konditionsarten, wie z. B. Verkaufspreis, Kundenrabatt, Mengenrabatt oder Frachtzuschlag vorhanden. Somit wird jedes Preiselement als Konditionsart im R/3-System abgebildet.

Festlegung der Herkunft des Preiselements

Die Herkunft des Preiselements kann variabel definiert werden, das bedeutet, dass der SAP-Anwender selbst festlegen kann, ob ein Preiselement, z. B. zu einem Material, in einer Preisliste oder zu einem Kunden hinterlegt wird. Die Komponente „Stammdaten" lässt im Vertriebsmodul (SD) alle möglichen Kombinationen dieser Abhängigkeiten zu, womit die Vordefinierung von Bedingungen, die bei der Verwendung von Preiselementen deren Gültigkeit in den Vertriebsvorgängen bestimmen, ermöglicht wird. Diese Bedingungen, wie z. B. das aktuelle Tagesdatum, Name des Kunden, Bestellmenge, werden im R/3-System über die sogenannten Preisvereinbarungen/Konditionen abgewickelt und in einem Konditionssatz abgespeichert. Es sind bereits einige dieser Preisvereinbarungen (z. B. Kombination aus Kunde und Material, Kombination aus Kundengruppe und Produkthierarchie) im R/3-System enthalten. Diese können auf einfache Weise zur Realisierung einer individuellen Preisgestaltung jederzeit erweitert werden. Somit enthält ein Konditionssatz im R/3-System die spezifischen Konditionsdaten zu den Konditionsarten. Die Werte in einem Konditionssatz werden jeweils mit einer Währung versehen und können beliebig gestaffelt werden, wie z. B. der Materialpreis für eine bestimmte Menge (Mengenstaffel) oder der Frachtzuschlag für ein bestimmtes Gewicht (Bruttogewichtsstaffel, Nettogewichtsstaffel). Außerdem können die Grenzen (Unter- und Obergrenze) in einem absoluten als auch prozentualen Betrag für die manuellen Änderungen des Konditionswertes festgelegt werden.

Festlegung des Gültigkeitszeitraums

Die Preiselemente sind in der Regel nur für einen bestimmten Zeitraum gültig. In der Praxis sind z. B. Preislisten jahresabhängig und die Abschläge werden nur innerhalb eines Aktionszeitraumes vergeben. Dies wird im R/3-System mit der Definition eines Gültigkeitszeitraumes für einen Konditionssatz festgehalten.

Nicht nur das Definieren eines Preiselements, sondern auch das Verwenden von Konditionen bei der Abwicklung einer Preisfindung im Vertriebsmodul (SD) erfolgt über die SAP-Konditionstechnik, deren Bestandteile die Elemente Konditionsart, Zugriffsfolge, Schemata und Konditionstabelle bilden. Im R/3-System sind zu diesen vier Elementen der Konditionstechnik bereits verschiedene Versionen definiert, die mit dem Customizing-Tool jederzeit geändert oder ergänzt werden können.

Die Vorgehensweise der SAP-Konditionstechnik kann am besten anhand eines Beispiels erläutert werden. So besteht der Ablauf der Konditionstechnik bei der Preisfindung in einem Kundenauftrag aus folgenden Schritten:

1. Zuerst ermittelt das R/3-System das zugehörige Kalkulationsschema.
2. Aus dem Kalkulationsschema wird entsprechend der festgelegten Berechnungsreihenfolge im Kundenauftrag eine gültige Konditionsart bestimmt und die Suche nach einem gültigen Konditionssatz begonnen.
3. Zum Auffinden eines gültigen Konditionssatz verwendet das R/3-System die der Konditionsart zugeordneten Zugriffsfolgen auf die entsprechenden Konditionstabellen.
4. Die Überprüfung der angegebenen Zugriffe wird vom R/3-System solange durchgeführt bis ein gültiger Konditionssatz gefunden wird.
5. Zuletzt wird aus den Informationen, die im Konditionssatz hinterlegt sind, der entsprechende Preis ermittelt und in den Verkaufsbeleg übernommen.

Das System wiederholt diesen Vorgang für jede Konditionsart des Kalkulationsschemas und ermittelt aus der Verrechung der einzelnen Ergebnisse miteinander einen Endpreis.

Zu einem Material können **Staffelpreise** angelegt werden.

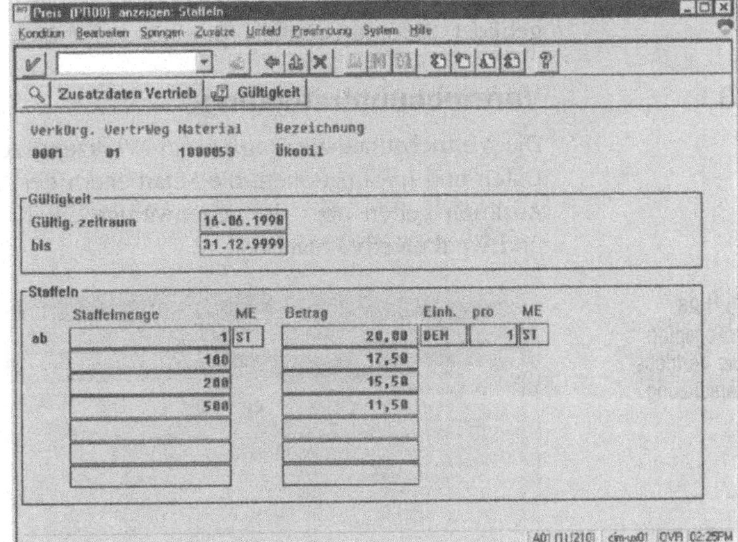

Abb. 1.25
Staffelpreise

Fallstudie: Staffelpreise anlegen / ändern

Für das Produkt „Ökooil" soll ein Staffelpreis angelegt werden. Materialnummer: 1000053 Verkaufsorganisation: 0001 (Deutschland) Vertriebsweg: 01 (Großhändler) Gültigkeitszeitraum: 16.06.1998 – 31.12.1999

„Staffel.scm"

Funktionsüberblick:

Logistik ⇨ Vertrieb ⇨ Stammdaten ⇨ Konditionen ⇨ Preise ⇨ Materialpreis ⇨ Ändern

In der Maske werden folgende Felder ausgefüllt:

- Verk.organisation
- Vertriebsweg
- Material (Materialnummer)
- Gültig am (Das System gibt das Tagesdatum vor, dieses kann jedoch überschrieben werden.)

Man kann sich den bisherigen Materialpreis anzeigen lassen. Durch das Anklicken des Buttons *„Staffeln"* gelangt man in die Maske, in der die Staffelpreise hinterlegt werden.

Die Felder *„Gültig. Zeitraum"* und *„bis"* werden ausgefüllt. Des Weiteren werden die Felder zu den Staffelpreisen ausgefüllt. Durch Betätigen des Buttons [Sichern] werden die Staffelpreise gesichert.

Preiserhöhungen

Sollen mehrere Preise einheitlich um einen bestimmten Prozentsatz erhöht werden, so kann dies in einem Schritt erfolgen. **Verkaufssteuern** werden über Konditionssätze im R/3-System abgebildet. Sie sind ebenfalls für einen beliebigen Zeitraum gültig.

1.3 Vertriebsunterstützung

Die Vertriebsunterstützung ist ein Werkzeug zum Sammeln von Daten und Informationen, die Mitarbeitern der Abteilung Vertrieb Auskunft geben über die gegenwärtige auf Kunden-, Produkte- und Wettbewerbssituation.

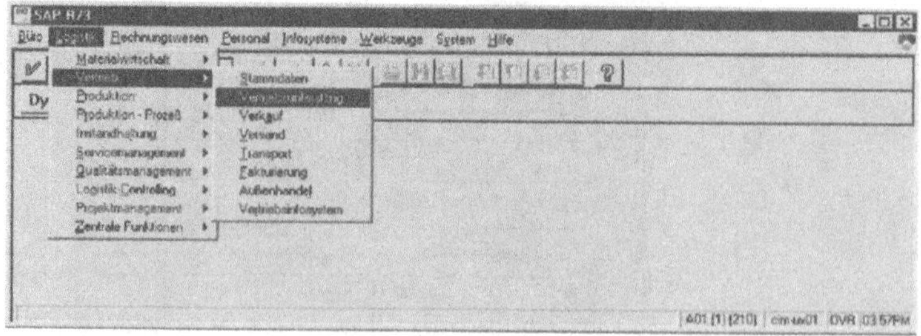

Abb. 1.26 Einstiegspfad in die Vertriebsunterstützung

Die Vertriebsunterstützung stellt ein wertvolles Instrument dar, das die Mitarbeiter hauptsächlich bei der Akquisition und Kundenbetreuung unterstützt.

Es werden **Informationen** gesammelt und gepflegt zu bspw.:

- Kunden
- Interessenten
- Ansprechpartner
- Kundenkontakte
- Wettbewerber, Wettbewerbsprodukte
- Vertriebspartner, Vertriebsbeauftragte

Abb. 1.27 Menüleiste der Vertriebsunterstützung

Der Mitarbeiter kann jederzeit, z. B. bei der Kundenbetreuung, auf die im System hinterlegten Informationen zurückgreifen. Ergänzend bietet R/3 die Möglichkeit, im Rahmen der Vertriebsunterstützung, Mailing-Aktionen durchzuführen. Mit einer solchen Aktion kann bspw. das Versenden von Produktinformationen organisiert werden.

Die Vertriebsunterstützung nutzt die innerhalb des Vertriebssystems hinterlegten Stammsätze und gewinnt zudem Informationen über die operativen Vorgänge innerhalb von Verkauf, Versand und Fakturierung. Ebenso fließen Informationen von der Vertriebsunterstützung wieder zurück.

Abb. 1.28 Vertriebsunterstützung (Quelle: On-Line-Dokumentation des R/3-Systems)

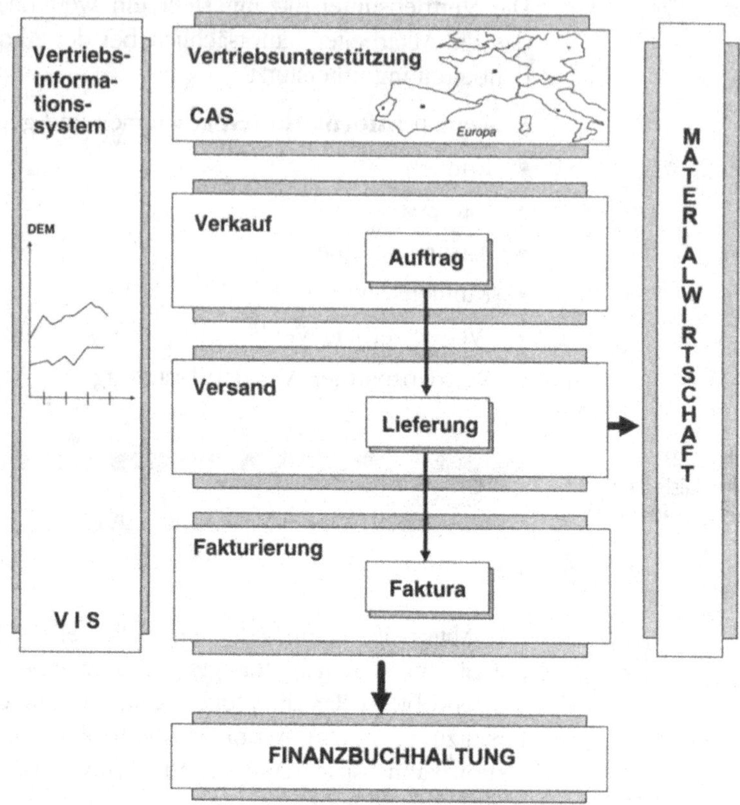

Ziel der Vertriebsunterstützung ist es, den Vertriebsmitarbeitern im Innen- und Außendienst aktuelle Informationen zur Verfügung zu stellen. Schwerpunkte dabei sind: individuelle Verkaufsförderung, interne und externe Kommunikation und Beurteilung der Wettbewerber und ihrer Produkte.

Die Aufgabe der Daten- und Informationsgewinnung besteht in der Erfassung von entsprechender Korrespondenz, (ein- und ausgehende) Vertriebsbelegen und Interessenten- bzw. Kundenreaktionen auf verschiedene Aktionen der Werbung und des Mailings.

Hilfreiche Unterstützung bietet hierbei das Vertriebsinformationssystem (VIS), das mit dem **CAS** (**C**omputer **A**ided **S**elling) in direkter Verbindung steht und Informationen liefert zur Ergreifung von Maßnahmen, die aus Sicht von **S**ales & **D**istribution notwendig sind (Zurechtlegen von Strategien).

Es besteht eine gute Auswertbarkeit der Daten für alle autorisierten Vertriebsmitarbeiter, da die gesammelten Informationen in strukturierter Form im System hinterlegt sind.

Die Marketing-Stammdaten (siehe Abb. 1.29) stellen hierbei die Basis dar, auf der die Vertriebsunterstützung aufbaut. Sie sind die zusammengetragenen Informationen über Kunden, Wettbewerber und Produkte, wobei eine weitere Strukturierung möglich ist (explizite Angaben über den Ansprechpartner eines Kunden etc.). Die Produktinformationen beschränken sich nicht auf eigene Produkte, sie umfassen auch Daten zu Produkten von Wettbewerbern.

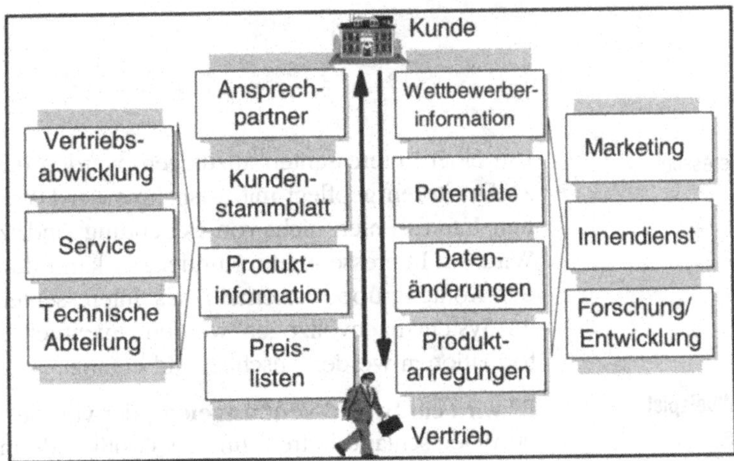

Abb. 1.29 Marketingdaten

Von sehr großer Wichtigkeit ist die Aktualität der Stammdaten, deshalb ist die Verwaltung entsprechender Daten ein zentraler Bestandteil der Vertriebsunterstützung.

1.3.1 Vertriebspartner, Vertriebsbeauftragte

Vertriebspartner und Vertriebsbeauftragte repräsentieren das Unternehmen nach außen; Vertriebsbeauftragte sind Mitarbeiter des eigenen Unternehmens. Vertriebspartner sind externe Mitarbeiter des Unternehmens, bspw. ein Beratungspartner oder ein Handelsvertreter. Vertriebsbeauftragte werden im Modul HR des R/3-Systems verwaltet. Für Vertriebspartner wird ein eigener Stammsatz angelegt. Für Vertriebsbeauftragte ist innerhalb von R/3 eine eigene Kontengruppe hinterlegt.

1.3.2 Kunden, Interessenten, Ansprechpartner

Kundenstammsatz

Das Anlegen eines Kundenstammsatzes entspricht dem Anlegen eines Debitorenstammsatzes innerhalb der SD-Stammdaten. Im Rahmen der Vertriebsunterstützung werden im besonderen die Marketingdaten gepflegt.

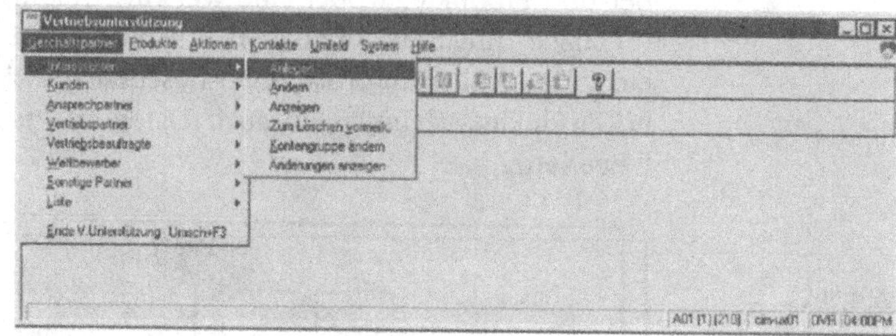

Abb. 1.30 Einstiegspfad zur Bearbeitung von Stammdaten

Interessent

Um einen Interessenten anzulegen, werden dieselben Daten wie zu Debitoren gepflegt mit Ausnahme der Datenbilder, die für einen Interessenten nicht von Bedeutung sind, z. B. Fakturierung. Wird ein Interessent zum Kunden, so kann durch eine Änderung der Kontengruppe innerhalb des Interessentenstammsatzes dies im System nachvollzogen werden. Eventuell noch fehlende Informationen werden anschließend ergänzt.

Fallbeispiel:

„Interessent_anlegen.scm"

Es wird ein **Interessent angelegt**, der von der Verkaufsorganisation Deutschland betreut und als Großkunde in die Sparte „Fahrräder" eingestuft wird. Die mit einem Fragezeichen versehenen Felder sind Muss-Felder; sie können aber durch das Customizing geändert werden.

Ansprechpartner

Um Informationen zu Ansprechpartnern zu sammeln, gibt es innerhalb des R/3-Systems zwei Möglichkeiten. Die erste ist das Anlegen eines Ansprechpartners innerhalb des Debitorenstammsatzes. Die zweite besteht darin, einen separaten Ansprechpartnerstammsatz anzulegen. Dieser Ansprechpartner wird dann dem entsprechenden Kunden zugeordnet.

Fallbeispiel:

„Ansprechpartner_anlegen.scm"

Zu einem vorhandenen Kunden (hier: Scholz & Friends) wird ein neuer **Ansprechpartner angelegt**. Verschiedenste Daten können abgelegt werden, bspw. Besuchsrhythmus, Erreichbarkeit des Ansprechpartners, seine Privatadresse, persönliche Vorlieben (z. B. wichtig als „Opener" bei einem Verkaufsgespräch, bei Werbegeschenken).

1.3.3 Kundenkontakte

Informationen, die sich aus einem Kontakt mit einem Kunden ergeben, werden innerhalb der Vertriebsunterstützung in strukturierter Form im System abgelegt.

Abb. 1.31
Kunde als zentrales Glied im Verbund der Vertriebsaktivitäten

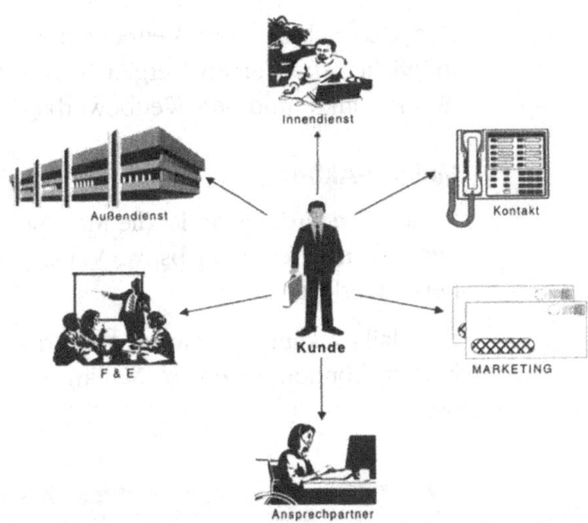

Kontaktart

Dabei ist die Kontaktart sehr wichtig (siehe Abb. 1.31). In der Standardversion sind die Kontaktarten Besuch, Telefonat und Brief vorgesehen. Andere Kontaktarten können vom Benutzer im Rahmen des Customizing definiert werden. Abhängig von der Kontaktart müssen verschiedene Daten eingetragen werden.

Abb. 1.32
Kontaktarten innerhalb der Vertriebsunterstützung

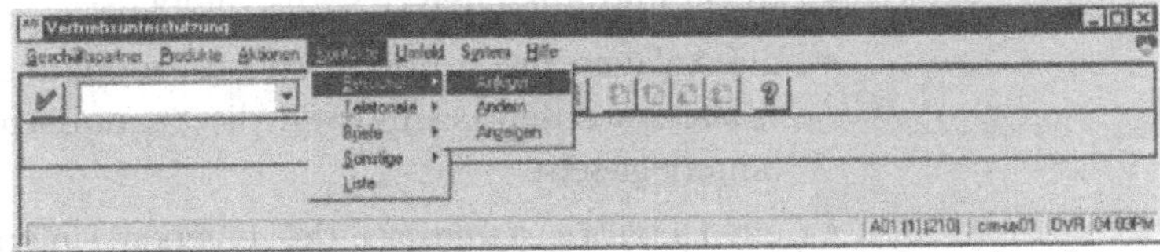

Kontaktbearbeitung

Zur Kontaktbearbeitung werden neben der Kundennummer, der Ansprechpartner und den organisatorischen Daten (z. B. Verkaufsorganisation, Verkäufergruppe) auch der Zeitpunkt des Kontaktes, der Kontaktgrund und das Kontaktergebnis hinterlegt. Es können zudem Folgeaktivitäten, wie z. B. die Zusendung von Informationsmaterial, eingetragen werden. Jeder Kontaktsatz unterliegt einem **Berechtigungsschutz**. So können nur berechtigte Personen diesen anzeigen und ändern.

1.3.4 Wettbewerber und ihre Produkte

Die Daten zu Wettbewerbern werden in eigenen Stammsätzen hinterlegt. Zudem können über Texte Informationen gesammelt werden. Die Daten zu Produkten von Wettbewerbern werden ebenfalls in eigenen Stammsätzen hinterlegt.

Das Beobachten von Wettbewerbern und ihren Produkten ermöglicht bspw. einen Vergleich zwischen dem Erfolg der eigenen Produkte und den Wettbewerbsprodukten.

1.3.5 Mailing-Aktion

In der Standardversion ist die Mailing-Aktion als eine Möglichkeit des Organisierens von bspw. Versenden von Produktinformationen hinterlegt.

Ein Mailing kann aus einem Anschreiben und Anlagen bestehen. Zudem können zu einem Mailing Folgeaktionen hinterlegt werden.

Abb. 1.33
Mailing-Aktion

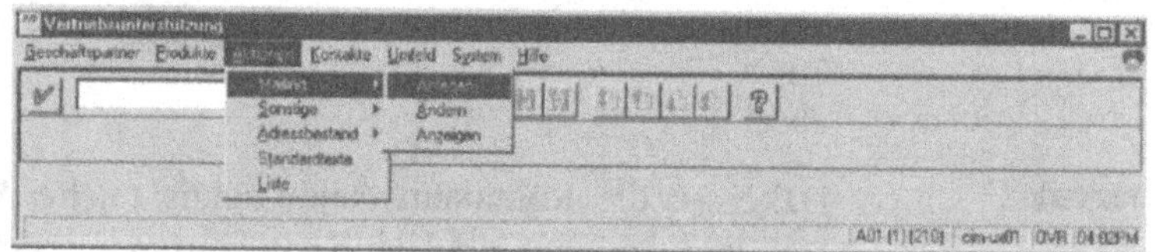

Benötigt werden für die Mailing-Aktion:

- Adressen und Stammdaten der Empfänger;
- Inhalt und Aussehen des Anschreibens;
- die Anlagen pro Adressat; sollen Produkte oder ähnliches mit versand werden, so müssen die Stammsätze dazu im System hinterlegt sein;
- ein Debitorenstammsatz des eigenen Unternehmens als Auftraggeber zur Zuordnung der entstehenden Kosten;
- Konditionssätze zur Nachrichtenart „MAAK“ (die Mailing-Aktion gehört zu dieser Nachrichtenart).

Diese Daten werden innerhalb des Anlegens der Mailing-Aktion miteinander verknüpft.

Fallbeispiel:

„Mailing_anlegen.scm"

Im Beispiel sollen die Kunden mit der Kundennummer 10000 bis 10010 (denkbar sind alle von R/3 zur Verfügung gestellten Selektionskriterien) angeschrieben werden und auf ein aktuelles Angebot hingewiesen werden. Es wird zunächst der Text erfasst, wobei auf Textbausteine, wie Grußformeln oder personalisierte Anredeformeln, zurückgegriffen werden kann.

Der Text muss mit dem Mailing verknüpft werden. Es besteht die Möglichkeit einer Wiedervorlage, um für den Vertrieb Listen zu generieren, anhand derer eine Woche nach Aussendung des Mailings telefonisch nachgefasst wird.

1.3.6 Kommunikation

Wichtig für den Vertrieb, sowohl für das Unternehmen als auch für den Außendienst ist es, stets auf eine aktuelle Informationsbasis zurückgreifen zu können.

Um dies zu gewährleisten, muss der Informationsaustausch gut funktionieren:

- Anschluss an das R/3-System über einen Laptop bzw. eine stationäre Workstation oder über ein Mobilfunknetz mit Hilfe eines Laptops.
- Die Komponente R/Mail zur Weiterleitung von Mitteilungen.
- Nutzung von Telekommunikationsdiensten, wie z. B. Telefax, Teletex oder EDI.
- Ausdruck von Dokumenten.

1.4 Verkauf

Das System SD erfüllt die verschiedensten Anforderungen im Bereich der Anfrage-, Angebots- und Kundenauftragsbearbeitung:

Abb. 1.34
Funktionen der Verkaufsabwicklung

- Bearbeitung und Überwachung von Anfragen, Angeboten, Aufträgen und Rahmenverträgen;
- Kopierfunktion und Positionsvorschlag bei Auftragserfassung;
- reduzierte Datenerfassung durch die Integration der Prozesse in andere R/3-Module;
- frei wählbare Belegarten für alle Verkaufsvorgänge, die bei Bedarf individuell konfiguriert werden können;
- Verfügbarkeitsprüfung des Materialangebots;
- Versandterminierung, um termingerechte Lieferungen zu garantieren;
- Versandstellen- und Retourenermittlung;
- automatische Ermittlung von Preisen, Zu- und Abschlägen sowie Steuern für einen Geschäftsvorfall und Steuerermittlung in Haus- und Fremdwährung;
- geringes Kreditrisiko durch umfassende Funktionalität im Bereich Kreditmanagement;
- Erstellen der Handelspapiere.

Das Modul SD-Verkaufsabwicklung ist in der Lage, den Anwender sowohl bei einfachen als auch komplexen Geschäftsvorfällen zu unterstützen. Unternehmensspezifische Anpassungen an individuelle Abläufe können problemlos vorgenommen werden. Andere R/3-Anwendungen wie Finanzbuchhaltung, Produktionsplanung, Service-Management, Projekt-Management, Materialwirtschaft und Qualitätsmanagement sind vollständig integriert. Dies gewährleistet eine gründliche Abwicklung aller Geschäftsvorgänge.

1.4.1 Anfrage, Angebot und Verkaufsauskunft

Die Aktivitäten der Verkaufsphase werden mit Hilfe von Anfragen und Angeboten im System SD festgehalten. Die Unterscheidung verschiedener Geschäftsarten erfolgt bei diesen Verkaufsbelegen mit den **Belegarten**.

Anfrage

Mit der Belegart „Anfrage“ können die schriftlichen oder fernmündlichen Kundenanfragen über Preise, Lieferbedingungen, Sonderanfertigungen usw. zu Produkten oder Dienstleistungen eines Unternehmens im R/3-System hinterlegt werden. In Abhängigkeit des festgelegten Gültigkeitszeitraumes können die Anfragen von den Vertriebsmitarbeiten eines Unternehmens überwacht und ausgewertet werden. Für die Erfassung der angefragten Materialien kann anstelle der Materialnummer eine textliche Beschreibung des Materials verwendet werden.

Das Anlegen einer **Anfrage** gliedert sich in folgende Phasen:

- Eingabe von bestimmten Produkten
- zusätzliche Beschreibung der Produkte durch Textposition
- automatische Preisfindung
- manuelle Prüfung der Verfügbarkeit
- Listenansicht offener Anfragen

Angebot

Anhand der Belegart „Angebot" wird im Vertriebsmodul (SD) eine Willenserklärung des Unternehmens verfasst, einem bestimmten Kunden, in einem bestimmten Zeitraum Produkte oder Dienstleistungen unter bestimmten Bedingungen zu verkaufen. Wie bei den Anfragen können die Besonderheiten des Gültigkeitszeitraumes und Textposition benutzt werden. Außerdem besteht die Möglichkeit, über die Alternativpositionen dem Kunden mehrere Materialien zur Auswahl anzubieten. Über die Belegart und im Kundenstamm definierte Auftragswahrscheinlichkeit wird der erwartende Auftragswert ermittelt.

Beim Anlegen eines Angebots stehen folgende Funktionalitäten zusätzlich zur Verfügung:

- Prüfung der Auftragswahrscheinlichkeit
- Angebot von Alternativprodukten
- materialabhängige Preiskonditionen und Versandvorlaufzeiten
- Listenansicht offener Angebote

Verkaufsauskunft

Die Belegart „Verkaufsauskunft" repräsentiert im R/3-System ein mündliches Angebot und kann zu der Erfassung von telefonischen Kundenanfragen, bei denen kein schriftliches Angebot seitens der Kunden erwünscht wird, verwendet werden. Diese können bei der späteren Erfassung von Kundenaufträgen oder zur Auswertung über alle anfallenden Verkaufsauskünfte von Nutzen sein.

Abb. 1.35 Anwendungsbereiche von Anfrage und Angebot

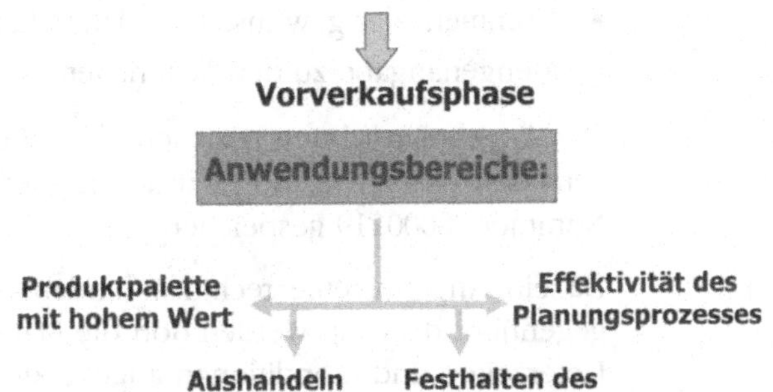

Fallstudie: Erstellen eines Angebots

Situation:

Kunde Scholz and Friends, Debitorennr. 10002, möchte ein Angebot über:

- 10 Stück Crossroads Sport, Materialnummer 111004
- 20 Stück Helm TT Star, Materialnummer 1000009

Gültigkeitszeitraum: 01.06. – 30.06.2000
Wunschliefertermin: 26.06.2000

In der Fallstudie ist das **Unvollständigkeitsprotokoll** zu sehen. Im Rahmen des Unvollständigkeitsprotokoll wird eine Preispflege durchgeführt.

„Angebot_anlegen.scm"

Funktionsüberblick:

Logistik ⇨ Vertrieb ⇨ Verkauf ⇨ Angebot ⇨ Anlegen

In der folgenden Maske werden folgende Daten eingetragen:

- Angebotsart
- Verkaufsorganisation
- Vertriebsweg
- Sparte

Die restlichen Felder werden vom System automatisch ausgefüllt. Die Maske wird mit dem Button „einzeilige Erfassung" bzw. „zweizeilige Erfassung" bestätigt.

Es folgt die Eingabe der **Kopfdaten**:

- Nummer des Auftraggebers/Warenempfängers
- Gültigkeitszeitraum
- Bestellnummer des Kunden/Bestelldatum
- Wunschlieferdatum des Kunden

Dann müssen die Positionsdaten eingegeben werden:

- Nummern der gewünschten Materialien
- Mengenangabe zu den Materialien

Das Angebot wird nun gesichert und die Angebotserfassung verlassen. Das Angebot wurde in diesem Beispiel unter der Nummer 20000119 gespeichert.

Listenansicht

Da ein Angebot eine rechtlich bindende Aussage dem Kunden gegenüber darstellt, werden dort die Materialspezifikation, Preise, Lieferzeiten und -konditionen angegeben. Die erfassten Anfragen und Angebote können in einer **Liste** angezeigt werden:

Logistik ⇨ Vertrieb ⇨ Verkauf ⇨ Angebot ⇨ Listen ⇨ Liste Angebote

Abb. 1.36
Liste zu bearbeitender Angebote

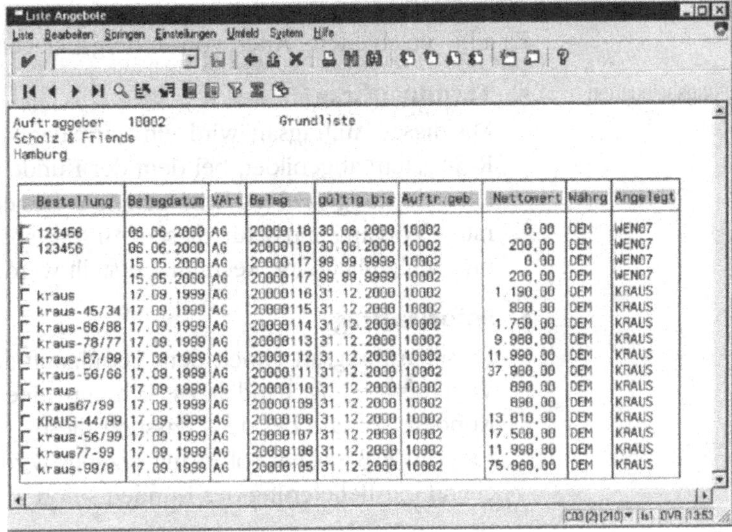

Auftraggeber 10002 Grundliste
Scholz & Friends
Hamburg

Bestellung	Belegdatum	VArt	Beleg	gültig bis	Auftr.geb	Nettowert	Währg	Angelegt
123456	06.06.2000	AG	20000118	30.06.2000	10002	0,00	DEM	WEN07
123456	06.06.2000	AG	20000118	30.06.2000	10002	200,00	DEM	WEN07
	15.05.2000	AG	20000117	99.99.9999	10002	0,00	DEM	WEN07
	15.05.2000	AG	20000117	99.99.9999	10002	200,00	DEM	WEN07
kraus	17.09.1999	AG	20000116	31.12.2000	10002	1.190,00	DEM	KRAUS
kraus-45/34	17.09.1999	AG	20000115	31.12.2000	10002	890,00	DEM	KRAUS
kraus-66/88	17.09.1999	AG	20000114	31.12.2000	10002	1.750,00	DEM	KRAUS
kraus-78/77	17.09.1999	AG	20000113	31.12.2000	10002	9.980,00	DEM	KRAUS
kraus-67/99	17.09.1999	AG	20000112	31.12.2000	10002	11.990,00	DEM	KRAUS
kraus-56/66	17.09.1999	AG	20000111	31.12.2000	10002	37.980,00	DEM	KRAUS
kraus	17.09.1999	AG	20000110	31.12.2000	10002	890,00	DEM	KRAUS
kraus67/99	17.09.1999	AG	20000109	31.12.2000	10002	890,00	DEM	KRAUS
KRAUS-44/99	17.09.1999	AG	20000108	31.12.2000	10002	13.810,00	DEM	KRAUS
kraus-56/99	17.09.1999	AG	20000107	31.12.2000	10002	17.500,00	DEM	KRAUS
kraus77-99	17.09.1999	AG	20000106	31.12.2000	10002	11.990,00	DEM	KRAUS
kraus-99/8	17.09.1999	AG	20000105	31.12.2000	10002	75.960,00	DEM	KRAUS

Analog dazu gestaltet sich die Listenanzeige offener Anfragen.

1.4.2 Auftrag

Zur Auftragserfassung und -bearbeitung stehen verschiedene, auf die jeweilige Situation zugeschnittene, Techniken bereit. Im einfachsten Fall wird ein Auftrag mit mehreren Positionen auf nur einer Bildschirmmaske erfasst. Die Daten zu Geschäftspartner, Materialien und Preisen werden aus den zugehörigen Stammsätzen oder einem referenzierten Verkaufsbeleg vorgeschlagen:

Datenquellen bei der Auftragserfassung

- Aus dem Stammsatz des Auftraggebers resultieren u. a. Daten über Geschäftspartner bezüglich Auslieferung, Dokumentendruck und Regulierung.
- Daten zur Preisfindung, Steuerermittlung, Versandterminierung und Regulierung ergeben sich aus den Stammsätzen der betroffenen Geschäftspartner.
- Informationen für die Preisfindung, Steuerermittlung, Gewichts- und Volumenbestimmung, Verfügbarkeitsprüfung, Versandterminierung und -steuerung werden aus den Materialstammsätzen übernommen.

R/3 bietet die Möglichkeit, die Vorschlagsdaten aus Stammsätzen zu ändern. Bspw. können Preisabschläge für ein bestimmtes Intervall oder Zahlungsbedingungen und Liefertermine manuell geändert werden.

Es gibt verschiedene Arten von Auftragsbelegen:

Auftragsbelegarten

- **Terminauftrag**

  Mit dieser Auftragsart wird ein normaler Verkaufsvorgang im R/3-System abgebildet, bei dem der Kunde die Produkte oder Dienstleistungen eines Unternehmens bestellt. In einem separaten Vorgang muss für diesen Auftrag später eine Lieferung und schließlich eine Rechnung erstellt werden.

- **Sofortauftrag**

  Dieser Auftragsart ähnelt dem Terminauftrag. Nur bei diesem Verkaufsvorgang handelt es sich um eine Eilbestellung des Kunden, so dass bei der Erfassung dieses Auftrages die Lieferung im R/3-System sofort mit erzeugt wird, um dementsprechend die Belieferung des Kunden sofort zu bewirken.

- **Barverkauf**

  Diese Belegart entspricht einer Geschäftsart, bei der Auftragserfassung, Lieferung und Rechnungserstellung zu einem Zeitpunkt anfallen.

- **Kostenlose Lieferung**

  Die kostenlose Lieferung kann zum Verschicken von Mustern verwendet werden und dient somit der Abbildung eines Verkaufsvorgangs, bei dem die Rechnungserstellung und bei der Auftragserfassung eine Preisfindung nicht erforderlich sind und dementsprechend im R/3-System nicht durchgeführt werden.

Die am häufigsten vorkommende Form stellt der **normale Terminauftrag** dar. Abb. 1.37 zeigt die wichtigsten Funktionen bei Auftragserfassung:

Abb. 1.37
Funktionen bei Auftragserfassung

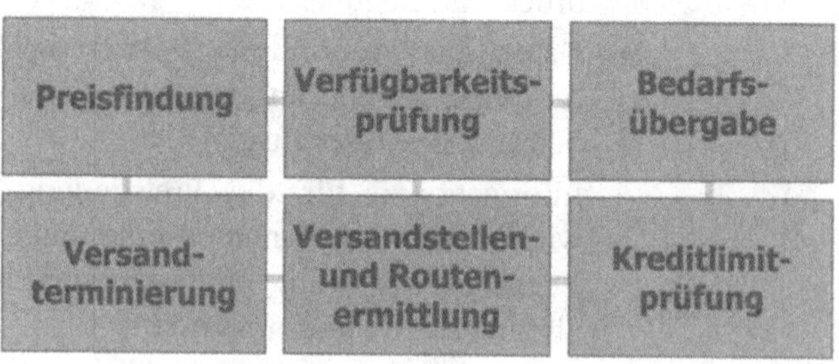

Eine Liste der unvollständigen Verkaufsbelege (siehe Abb. 1.38) gibt Aufschluss darüber, welche Aufträge oder Angebote ergänzt werden müssen. Erst wenn alle fehlenden Daten eingegeben wurden, können die Folgeaktivitäten, wie Belieferung und Fakturierung, durchgeführt werden.

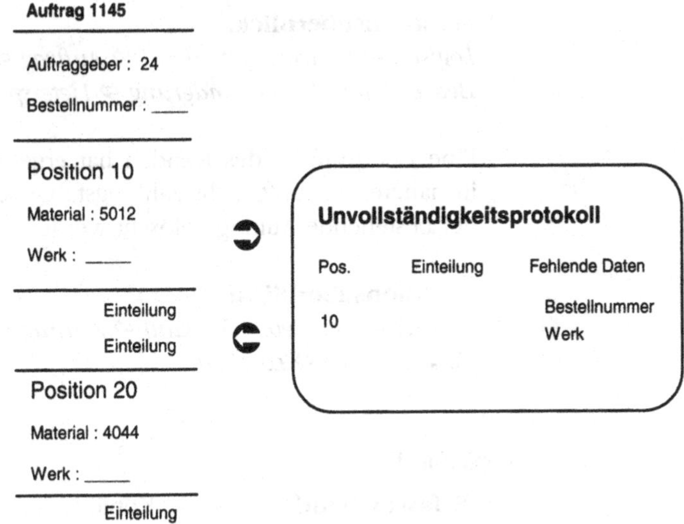

Abb. 1.38 Unvollständigkeitsprotokoll

Fallbeispiel:

Szenario:

1. Es soll ein Auftrag für den Kunden „Apple Zweirad GmbH" aus Memmingen (Debitoren-Nr. 10013) erstellt werden. Dieser bestellt 5 Fahrräder vom Typ „Journey" (Material-Nr. 111003) und 5 vom Typ „Wild Giant" (Material-Nr. 113001). Der Auftrag hat die Nr. 2422 erhalten.

„Auftrag_anlegen.scm"

Funktionsüberblick:
Logistik ⇨ Vertrieb ⇨ Verkauf ⇨ Auftrag ⇨ Anlegen

2. Der Kunde hat sich kurzfristig entschlossen, 10 anstatt 5 Fahrräder vom Typ „Journey" zu bestellen. Da noch keine Lieferung angelegt worden ist, kann der Auftrag ohne Probleme geändert werden.

„Auftrag_aendern.scm"

Funktionsüberblick:
Logistik ⇨ Vertrieb ⇨ Verkauf ⇨ Auftrag ⇨ Ändern

3. Es hat sich herausgestellt, dass der Kunde „Apple Zweirad GmbH“ bei anderen Fahrradhändlern des öfteren mit seinen Zahlungen im Rückstand war. Da die LIVE AG zunächst weitere Informationen über den Debitoren einholen will, soll der Auftrag für den Versand gesperrt werden.

   Funktionsüberblick:
   Logistik ⇨ Vertrieb ⇨ Verkauf ⇨ Auftrag ⇨ Ändern
   Bearbeiten ⇨ Schnelländerung ⇨ Liefersperre

4. Eine Überprüfung des Kunden hat ergeben, dass der Kunde in näherer Zukunft nicht zahlungsfähig sein wird. Daher soll der bestehende Auftrag gelöscht werden.

   Funktionsüberblick:
   Logistik ⇨ Vertrieb ⇨ Verkauf ⇨ Auftrag ⇨ Ändern
   Verkaufsbeleg ⇨ Löschen

1.4.2.1 Kopierfunktion

Als **Erfassungshilfe** dient die Kopierfunktion für Verkaufsbelege. Falls ein Auftrag aufgrund eines Angebots erfasst wird, kann dieses Angebot kopiert werden. Es werden alle vorgangsspezifischen Daten in den Auftrag übernommen. Sie können ergänzt oder verändert werden. Als Referenz wird die Nummer des vorangegangenen Belegs angegeben. Erfassungsaufwand und Fehleranfälligkeit durch manuelle Eingaben sind so minimiert.

Fallstudie: Terminauftrag mit Kopierfunktion

Situation:
Kunde „*Scholz and Friends*“ war mit dem erstellten Angebot einverstanden und möchte nun die Lieferung der Ware in Auftrag geben. Dazu wird in der Auftragserfassung Bezug auf das vorangegangene Angebot genommen. Damit auf das richtige Angebot zurückgegriffen wird, ist die Listenansicht der offenen Angebote empfehlenswert (vgl. Abb. 1.36). Das betreffende Angebot hat die Belegnummer 20000119.

„Autrag_anlegen_mit_bezug.scm“

Funktionsüberblick:

Logistik ⇨ Vertrieb ⇨ Verkauf

In der nun vorliegenden Maske werden folgende Daten eingetragen:

- Auftragsart
- Verkaufsorganisation
- Vertriebsweg
- Sparte

Durch Betätigen des Buttons [Anlegen mit Bezug] kann nun das dazugehörige Angebot als Referenz genutzt werden. Dazu muss die Nummer des Angebots eingegeben werden und mit *Übernehmen* bestätigt werden.

Durch die Kopierfunktion werden alle Daten, die bereits im vorangegangenen Angebot erfasst wurden, automatisch in den Auftragsbeleg übernommen. Lediglich die Bestellnummer und das Bestelldatum müssen noch eingetragen werden. Ansonsten können Änderungen an den vorliegenden Daten vorgenommen werden.

Der Auftrag wird nun gesichert und die Auftragserfassung verlassen.

1.4.2.2 Positionsvorschlag über Sortiment

Bei der Auftrags- und Angebotserfassung kann ein **Positionsvorschlag** aufgrund eines zuvor zusammengestellten Sortiments erfolgen. Man kann den Vorschlag der Materialien unverändert übernehmen oder nur bestimmte Materialien auswählen. Falls im Sortiment Mengenangaben gemacht wurden, können diese übernommen werden.

Ein Sortiment kann entweder mit der Sortimentsnummer oder über einen Suchbegriff mit Hilfe eines **Matchcodes** aufgerufen werden. Zusätzlich kann ein kundenindividuelles Sortiment definiert werden, das bei der Auftragserfassung vorgeschlagen wird.

Funktionsüberblick:

Logistik ⇨ Vertrieb ⇨ Stammdaten ⇨ Produkte ⇨ Sortimente

Abb. 1.39
Positionsvorschlag über Sortiment

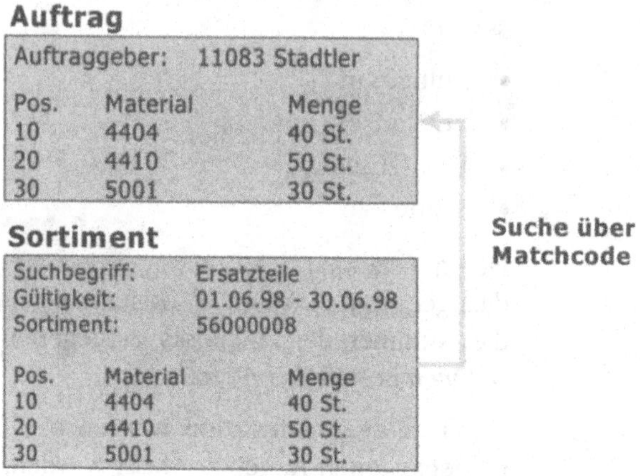

Auftrag

Auftraggeber: 11083 Stadtler

Pos.	Material	Menge
10	4404	40 St.
20	4410	50 St.
30	5001	30 St.

Sortiment

Suchbegriff: Ersatzteile
Gültigkeit: 01.06.98 - 30.06.98
Sortiment: 56000008

Pos.	Material	Menge
10	4404	40 St.
20	4410	50 St.
30	5001	30 St.

Suche über Matchcode

1.4.2.3 Auftragserfassung aus Bestellersicht

Falls ein Kunde mit seiner eigenen Materialnummer Waren bestellt, wird der Auftrag aus Bestellersicht erfasst. Voraussetzung ist, dass vorher eine entsprechende **Kunden-Material-Information** definiert wurde. Anstelle der firmeneigenen wird dann die kundenindividuelle Materialnummer angegeben. Das System erkennt automatisch den Zusammenhang zwischen der Materialnummer des Bestellers und dem eigenen Materialstammsatz.

Abb. 1.40
Auftragserfassung aus Bestellersicht

Auftrag

Auftraggeber: 11083 Fa. Stadtler

Kundenmaterial	Bezeichnung	Menge
SO 1070	Naturöl	200
SO 1075	Normalöl	400

Kunden-Material-Info

Verkaufsorg.: 001 Nord
Vertriebsweg: 01 Lagerverkauf
Kunde: 11083 Fa. Stadtler

Material	Bezeichung
1000053	Ökooil
1000057	Standardoil

Kundenindividuelle Daten

Material	Bezeichung
SO 1070	Naturöl
SO 1075	Normalöl

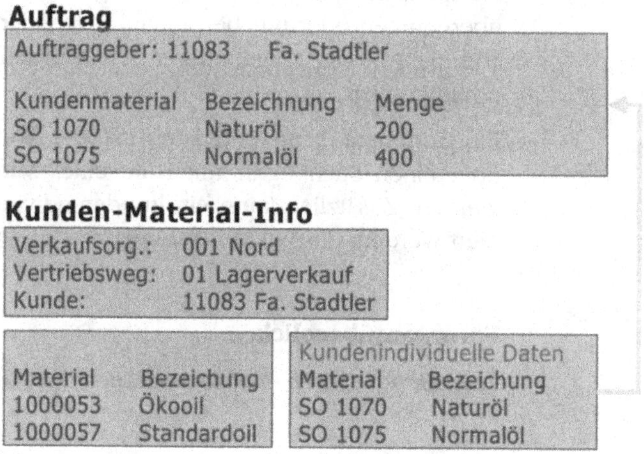

Funktionsüberblick:

Logistik ⇨ Vertrieb ⇨ Stammdaten
Absprachen ⇨ Kunden-Material-Information

1.4.2.4 Rahmenverträge

In Rahmenverträgen wird eine Vereinbarung mit einem Kunden zur Abnahme von Waren oder Dienstleistungen in einer bestimmten Menge oder einem bestimmten Wert für einen definierten Gültigkeitszeitraum hinterlegt.

Das System SD unterstützt die Rahmenvertragsarten Kontrakt und Lieferplan in unterschiedlichen Ausprägungen. **Kontrakte** enthalten nur Mengen- und Preisvereinbarungen, erst mit den Aufträgen zu einem Kontrakt werden die genauen Auftragsmengen spezifiziert. Im **Lieferplan** sind Liefermengen und Lieferdaten bereits bekannt.

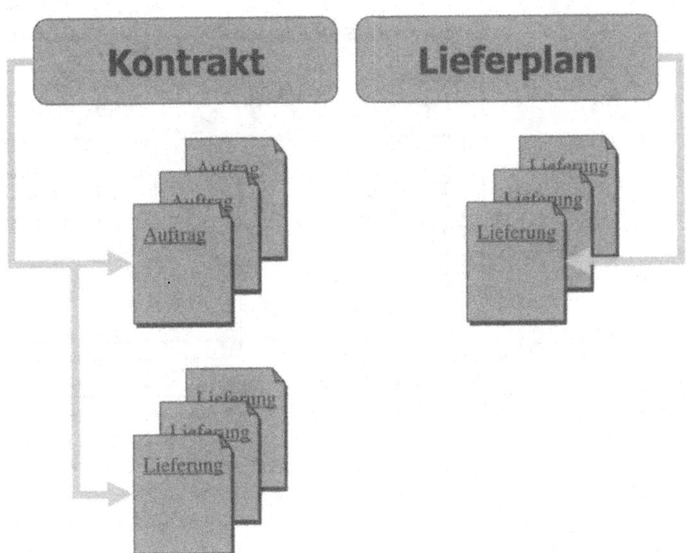

Abb. 1.41 Rahmenverträge

1.4.2.5 Kontrakt

Die Erstellung und Bearbeitung von Kontrakten wird vom System durch Zusatzfunktionen unterstützt. In Kontrakten werden zunächst nur Preis- und Mengenvereinbarungen hinterlegt. Die relevanten Liefer- und Versanddaten werden zum Zeitpunkt des Kundenabrufs in sogenannten **Abrufaufträgen** zu Kontrakten ergänzt. Abrufaufträge werden wie normale Kundenaufträge bearbeitet. Aus den Abrufaufträgen werden zum Fälligkeitstermin Lieferungen erzeugt, um den Versand der Materialien durchzuführen (siehe Abb. 1.41).

1.4.2.6 Lieferplan

Auch zur Erfassung und Bearbeitung von Lieferplänen bietet das System SD geeignete Techniken (siehe Abb. 1.42). Dabei stehen dem Anwender die gleichen Routinen wie im Auftrag, z. B. Preisfindung oder Verfügbarkeitsprüfung, zur Verfügung.

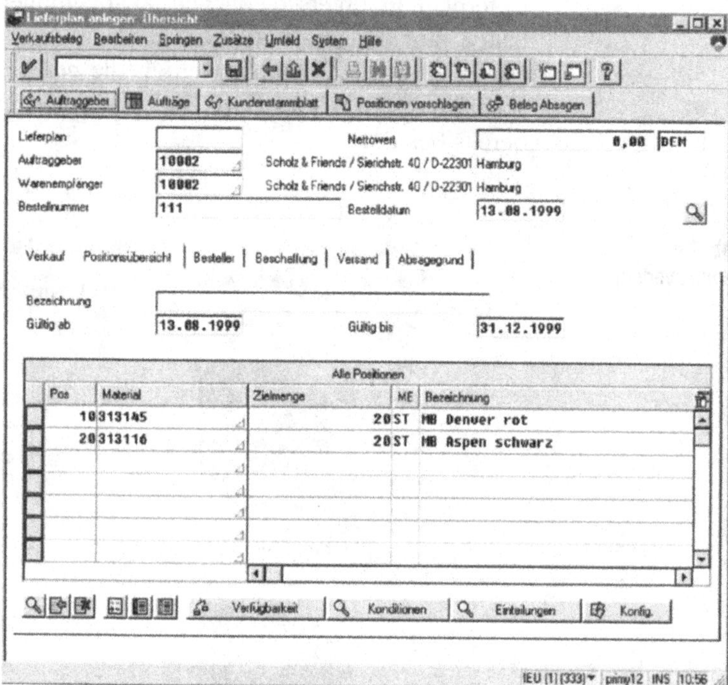

Abb. 1.42
Lieferplan anlegen

1.4.2.7 Versandterminierung

Bei der Auftragserfassung führt das System SD automatisch die Terminierung der Versandaktivitäten durch. Ausgehend vom Wunschlieferdatum des Kunden ermittelt das System in Abhängigkeit von Warenempfänger, Route, Versandstelle und Material das Materialbereitstellungsdatum. Zu diesem Termin muss mit den Versandaktivitäten, wie Kommissionieren und Packen, begonnen werden. Bei der Terminierung können Transit-, Lade- und Richtzeit sowie Transportdispositionszeit für die Bereitstellung der Transportmittel berücksichtigt werden.

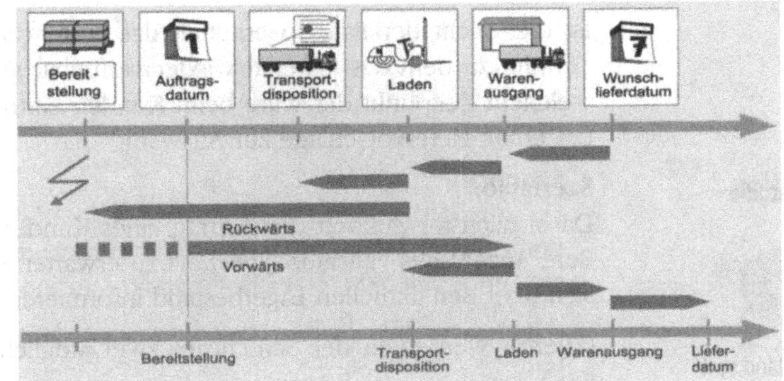

Abb. 1.43 Vorwärtsterminierung (Quelle: On-Line-Dokumentation des R/3-Systems)

1.4.2.8 Verfügbarkeitsprüfung

Versandterminierung und Verfügbarkeitsprüfung hängen voneinander ab:

Auf Basis des Wunschlieferdatums des Kunden prüft das System, ob zum ermittelten Bereitstellungsdatum das Material in gewünschter Menge verfügbar ist.

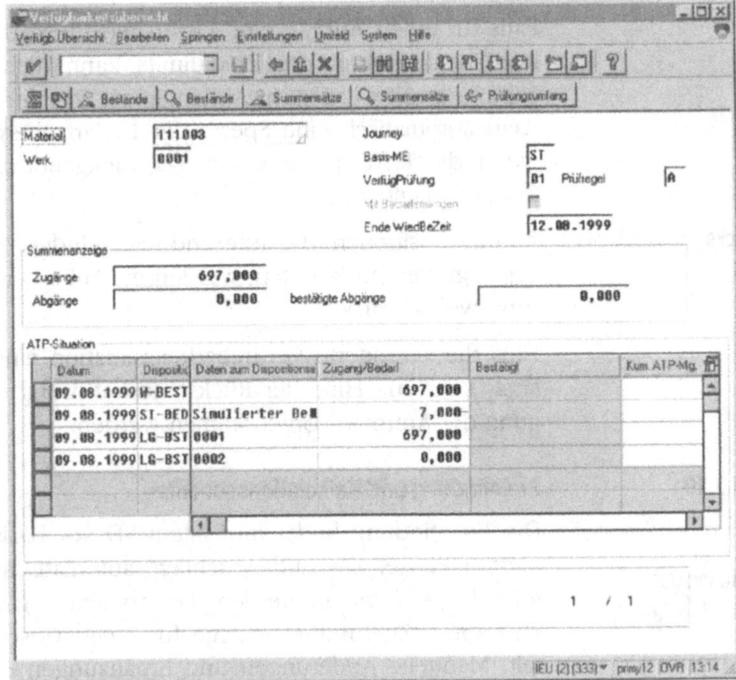

Abb. 1.44 Verfügbarkeitsübersicht

Ist dies nicht der Fall, so ermittelt das System automatisch den Termin, zu dem das Material wieder verfügbar sein wird und zu welchem Zeitpunkt die Ware beim Kunden eintrifft. Der Anwender erhält Liefervorschläge zur Auswahl.

Fallstudie:

„Bestand.scm"

Szenario:

Da in nächster Zukunft der Auftrag eines Kunden über eine größere Anzahl des Fahrrads „*Journey*" zu erwarten ist, möchte man sich über den aktuellen Lagerbestand informieren.

(Hierfür werden in der Screencam zwei Möglichkeiten angeboten.)

1.4.2.9 Bedarfsübergabe

Mit der Verfügbarkeitsprüfung kann auch eine automatische Übergabe der Bedarfe an die Materialwirtschaft erfolgen.

Durch die Integration des R/3-Systems erfolgt der erforderliche Informationsaustausch zwischen dem System SD und dem System MM oder PP automatisch. Der Bedarf wird in Form von Einzel- oder Sammelbedarfen gemeldet. In der Materialwirtschaft bzw. der Produktionsplanung wird anhand der Bedarfe entweder der Einkauf oder die Fertigung angestoßen.

Falls für einen Auftrag eine Liefersperre besteht, z. B. wegen einer Überschreitung des Kreditlimits, kann auch die Bedarfsübergabe gesperrt werden. In Abhängigkeit von der Geschäftsart wird dazu automatisch eine Sperre der Bedarfsübergabe gesetzt. Erst wenn die Liefersperre manuell zurückgenommen wird, erfolgt die Bedarfsmeldung.

Rückstandsauflösung

Auftragspositionen, die aufgrund mangelnder Verfügbarkeit nicht bestätigt werden konnten, werden mit Hilfe der Rückstandsauflösung weiterbearbeitet.

Falls die veränderte Verfügbarkeitssituation eine Belieferung zulässt, kann mit Hilfe der Rückstandsauflösung direkt die Bestätigung der Aufträge vorgenommen werden.

1.4.2.10 Preisfindung und Kalkulationsschema

Vorgang der Preisfindung

Die Preisfindung findet im System SD auf Basis der zuvor definierten Preise, Zu- und Abschläge automatisch statt. Ohne Eingriff des Anwenders werden die momentan gültigen Preise und relevanten Zu- und Abschläge für einen Geschäftsvorfall ermittelt. Manuelle Änderungen und Ergänzungen im konkreten Einzelfall sind selbstverständlich möglich. Die Preisfindung kann sowohl in Angeboten und Aufträgen als auch in Fakturen stattfinden.

Bedeutung des Kalkulationsschemas

Das Kalkulationsschema stellt das Regelwerk für die Preisfindung dar. Hier wird festgelegt, welche Preise, Zu- und Abschläge zu ermitteln sind und in welcher Weise sie im Beleg anzuordnen sind. Das bedeutet, dass z. B. zunächst ein Materialpreis gesucht und von diesem ein Rabatt abgezogen wird. Es werden die Positionswerte und anschließend der daraus resultierende Gesamtauftragswert berechnet. Dabei können beliebige Zwischensummen gebildet werden, die wiederum Basis für Zu- und Abschläge sein können.

Darüber hinaus werden die Bedingungen festgelegt, unter denen die Preise, Zu- und Abschläge jeweils gültig sind. Zum Beispiel ist im Standardsystem festgelegt, dass bei der Suche nach dem Materialpreis zunächst ein kundenindividueller Preis, dann ein Preislistenpreis und schließlich ein materialabhängiger Preis berücksichtigt werden soll. Sobald ein gültiger Preis gefunden wurde, der alle Bedingungen erfüllt, ist die Suche beendet. Der Preis wird in Angebot, Auftrag oder Faktura übernommen.

Abb. 1.45
Kalkulationsschema

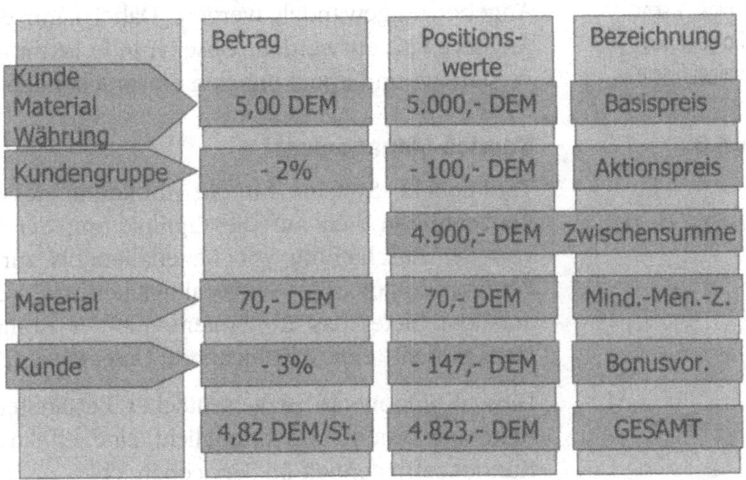

Steuern

Ziel der **Steuerermittlung** ist es, die Mehrwertsteuer oder andere Verkaufssteuern, die für einen Vorgang anfallen, automatisch zu ermitteln. In Abhängigkeit der Kriterien für die Steuerermittlung ergeben sich die Steuerbeträge der Positionen und des gesamten Beleges. Diese Steuerbeträge werden auf Belegebene pro Steuersatz kumuliert.

Kreditlimitprüfung

Durch den Verzicht auf eine sofortige Bezahlung beim Verkauf von Waren und Dienstleitungen übernimmt ein Unternehmen gegenüber dem Abnehmer eine **Finanzierungsfunktion**. Mit der Festlegung eines kundenspezifischen Kreditlimits können die Risiken dieser absatzbezogenen Kreditgewährung begrenzt werden. Bei der Auftragsbearbeitung erfolgt darum eine Überwachung des eingeräumten Kreditlimits.

Falls das noch offene Kreditlimit überschritten wird, sind in Abhängigkeit der Verkaufsbelegart unterschiedliche Systemreaktionen möglich.

In dieser Fallstudie wird, wie schon im Abschnitt Anfrage und Angebot erwähnt, mittels Folgefunktion aus einer Anfrage ein Angebot und aus dem Angebot ein Auftrag erstellt.

Fallstudie:

„Folge_1.scm"
„Folge_2.scm"
„Folge_3.scm"

Szenario:

Der Kunde „Scholz and Friends" (Debitoren-Nr. 10002) richtet eine Anfrage an die LIVE AG. Er möchte ein Angebot über 10 Mountain-Bikes vom Typ *„Crossroads Sport"* (Material-Nr. 111004) einholen. Nachdem die Anfrage erfasst wurde, muss diese in ein Angebot umgewandelt werden. Dabei kann die Anfrage in das Angebot kopiert werden. Unser Kunde ist mit dem Angebot einverstanden und erteilt uns den entsprechenden Auftrag.

1.4.3 Service-Management

Traditionelle Systeme für die Abbildung der logistischen Kette konzentrieren sich auf die Optimierung der Geschäftsprozesse von der Beschaffung von Materialien bis zur Distribution von Fertigprodukten. Für Serviceaktivitäten, die nach dem Verkauf anfallen, bietet das R/3-System mit der Komponente „Service-Management" eine weitreichende Unterstützung.

Diese Komponente ist wesentlicher Bestandteil der logistischen Kette im System und ermöglicht eine effektive Steigerung der Kundenzufriedenheit im Servicebereich.

Durch die Einbeziehung von Funktionalitäten aus den Bereichen Controlling (CO), Materialwirtschaft (MM), Instandhaltung (PM), Personalwirtschaft (HR) und Vertrieb (SD) erreicht das Service-Management seinen hohen Integritätsgrad.

Die **Hauptkomponenten** des Service- Managements sind:

- Service-Verträge
- Verwaltung von Serviceobjekten
- Garantieabwicklung
- Serviceabwicklung
- aufwandsbezogene Fakturierung

1.4.3.1 Preisfindung und Kalkulationsschema

Serviceverträge haben Vereinbarungen über den Service und die Wartung von Technischen Objekten zur Grundlage. Im Wesentlichen beinhalten Serviceverträge Informationen über die eingesetzten Equipments, den Technischen Platz und die Serialnummer der eingesetzten Materialien.

Als typisches SD-Dokument werden in Serviceverträgen Funktionen im Bereich der Geschäftspartner, der Nachrichten oder der Preisfindung unterstützt. Dies ermöglicht das Festlegen spezieller Preisfindungskonditionen, die je nach Vertragsart den Preis für die Wartungstätigkeit festlegen.

Zusätzlich besteht die Möglichkeit, einen Servicevertrag mit dem Wartungsplan zu verknüpfen, um regelmäßig anfallende Tätigkeiten einzuplanen.

Darüber hinaus enthält der Servicevertrag Funktionen, die die Verlängerung und Kündigung von Verträgen unterstützen. Steht ein Vertrag kurz vor dem Ablauf können Folgeaktivitäten, wie ein Vertreterbesuch oder die Erzeugung eines Angebots oder Folgevertrags, initiiert werden. Auf der anderen Seite können Regeln für die Kündigung hinterlegt werden, die es z. B. dem Sachbearbeiter ermöglichen, die Gültigkeit einer Kündigung durch den Kunden zu überprüfen.

1.4.3.2 Verwaltung von Serviceobjekten

Das Service-Management im R/3-System erlaubt die Strukturierung der Service-Objekte nach firmen- und organisationsspezifischen Gesichtspunkten. Serviceobjekte können durch Materialien, Equipments, Ersatzteile oder Technische Plätze repräsentiert werden.

Auf dieser Ebene ist die Detaillierung der Daten jedoch flexibel steuerbar. Für bestimmte Equipments mögen Basisdaten und der Ersatztermin ausreichend sein, bei allen anderen werden hingegen Herstellerinformationen, Technische Plätze, Endbenutzerdaten, Serialnummern, usw. benötigt. Bezüglich all dieser Daten wird vom System eine Änderungshistorie bereitgestellt.

1.4.3.3 Serviceabwicklung

Um einen effektiven Kundendienst zu leisten, muss schnell auf Daten zum Serviceobjekt zugegriffen werden können. Eine Integration aller Schritte von der Serviceabwicklung über die Serviceauftragsabwicklung bis zum Abschluss der Serviceabwicklung muss gewährleistet sein, um eine gesicherte Aussage über den Termin der Schadensbehebung zu treffen. Die Überwachung der Vorgänge und ein effizientes Eskalationsmanagement sind ebenfalls wichtige Bestandteile der Serviceabwicklung. Oberstes Ziel muss die schnelle Problembehebung sein, falls möglich direkt bei der ersten Anfrage.

Im R/3-System ist die Serviceabwicklung weit mehr als ein System zur Erfassung von Problemen. Das R/3-System bietet einen Prozess für die effiziente Lösung von Kundenproblemen. Der Anschluss von SAP Business Workflow ist hier nur als unterstützende Komponente zu nennen, welche die Serviceabwicklung beschleunigt und somit die Kundenzufriedenheit steigert.

1.4.3.4 Aufwandsbezogene Fakturierung

Nachdem ein Serviceauftrag abgeschlossen ist, kann das Ergebnis einer Service-Aktivität mit Hilfe des Controlling beurteilt werden. Dabei ist es oft notwendig, entsprechend des tatsächlichen Aufwandes die Kundenfaktura zu erstellen. In den Fällen, in denen eine Serviceleistung (eingesetzte Materialien und benötigte Zeit) direkt abgerechnet wird, Servicevorgänge nicht durch den Servicevertrag abgedeckt sind oder der Service Teil eines Projekts ist, kann eine aufwandsbezogene Fakturierung erfolgen.

Dabei bilden die rückgemeldeten Aktivitäten (inklusive Arbeits- und Reisezeit sowie benötigte Materialien) die Grundlage für die Faktura. Auf Basis dieser Faktura und der angefallenen Kosten ist eine nachfolgende Ergebnisbetrachtung möglich, unabhängig davon, ob der Vorgang einem Serviceauftrag, einem Servicevertrag oder einem Projekt zugeordnet ist.

Neben der aufwandsbezogenen Fakturierung steht auch ein Fakturierungsplan zur Abrechnung periodisch anfallender Wartungs- oder Mietzahlungen zur Verfügung.

1.5 Versand

Durch die Integration der Komponente Verkauf und Versand im SD-Modul wird die Abwicklung der Aufgaben des Versands automatisiert und die Vorbereitung für den Anwender vereinfacht.

Wenn z. B. eine Lieferung mit Bezug auf einen Auftrag erstellt wird, werden die versandrelevanten Daten des Auftrags in die Lieferung übernommen. Lieferungen können auch ohne Bezug auf einen Auftrag erstellt werden. In diesem Fall werden die Daten aus dem Stammdatensatz übernommen, aus dem Kundenstammsatz für den Warenempfänger, aus dem Materialstammsatz für die Lieferpositionen.

Die Lieferungen sind die Grundlagen für die Folgefunktionen, wie Warenausgang, Druck der Versandpapiere und Fakturierung.

1.5.1 Leistungsmerkmale der Versandabteilung

Die Versandabwicklung hat im Wesentlichen folgende Hauptleistungsmerkmale:

- flexible Lieferungsbearbeitung Anpassung der Versandabwicklung an unternehmensspezifische Bedürfnisse;
- hohe Pack-, Lade-, und Transportfunktionalität für umfassende Versandlösungen;
- effizienter Informations- und Warenfluss durch flexible Nachrichten;
- reduzierte Datenerfassung und allgemeine Verfügbarkeit aktueller Informationen durch die enge Integration mit den Systemen MM (Materialwirtschaft) und FI (Finanzbuchhaltung); beschleunigte Serviceabwicklung und somit Steigerung der Kundenzufriedenheit.

Der Versand ist ein wesentlicher Bestandteil der logistischen Kette, wobei die Sicherstellung des Kundenservices und die Unterstützung der Distributionsplanung die Hauptaufgaben darstellen. Die Versandkosten bilden einen Hauptteil der Logistikkosten. Mit Hilfe der flexiblen SD-Versandabwicklung können die allgemeine Kosteneffizienz und die Wettbewerbsfähigkeit erhöht werden.

1.5.2 Struktur der Versandbelege

Der Versandbeleg besteht aus einem Belegkopf und Belegpositionen. Im **Belegkopf** werden die allgemeinen Daten erfasst:

- Versandstelle

- Warenausgangsdatum
- Anlieferdatum
- Gewichte und Volumina der gesamten Lieferung
- Nummer des Auftraggebers und Warenempfängers

In den **Belegpositionen** sind spezifische Daten zu finden:

- Materialnummer
- Liefermenge
- Werks- und Lagerortangaben
- Kommissionierdatum
- Gewichte und Volumina der einzelnen Positionen
- Endverkaufspreis
- Toleranz bei Unter- und Überlieferung

Übersichts- und Detailsichtbilder

Die Daten können durch Übersichtsbilder oder Detailbilder betrachtet werden.

Die **Übersichtsbilder** enthalten u. a. folgende Daten:

- **Gewicht**
  Für jede Lieferposition werden Bruttogewicht und Volumen angezeigt.
- **Kommissionierung**
  Für jede Lieferposition werden die kommissionierte Menge und die Werks- und Lagerortangaben angezeigt.
- **Liefergrad**
  Für jede Lieferposition wird die offene Menge angezeigt.

Die **Detailbilder** informieren über:

- **Transport**
  Die Nummer des Warenempfängers, die Abladestelle, der Liefertermin, die Route und das Ladedatum werden angezeigt.
- **Partner**
  Die Nummer des Auftraggebers und des Warenempfängers werden angezeigt.
- **Status**
  Der Arbeitsfortschritt der Lieferposition bezüglich des Auftrags, der Kommissionierung, des Warenausgangs und der Faktura werden angezeigt.

1.5.3 Datenherkunft der Versandbelege

Wenn eine Lieferung erstellt wird, kann dies mit Bezug oder ohne Bezug auf einen Auftrag geschehen. Beim Anlegen ohne Bezug werden die Daten aus den Stammdatensätzen übernommen.

Stammdatensätze

- **Kundenstammsatz**
  Daraus werden die Daten zum Warenempfänger übertragen.
- **Materialstammsatz**
  Daraus werden die Daten zu den Lieferpositionen übertragen.

Falls die Lieferung mit Bezug auf einen Auftrag erstellt werden muss, werden die Daten aus dem Auftrag übernommen. Aus einem Auftrag werden mehrere Lieferungen erstellt, falls die Versandkriterien (z. B. die Warenempfänger) nicht identisch sind.

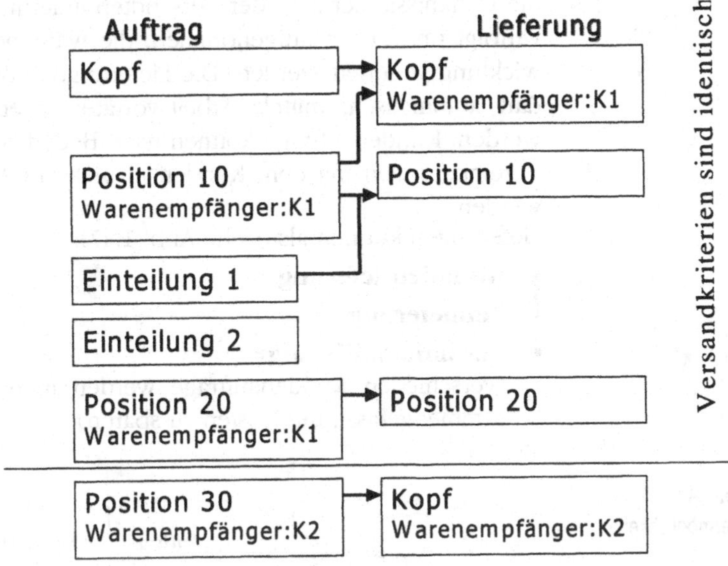

Abb. 1.46 Datenherkunft der Versandbelege bei Anlegen mit Bezug auf einen Auftrag

1.5.4 Erstellung und Bearbeitung von Lieferungen

Als zentrales Objekt der SD-Versandabwicklung unterstützt die Lieferung alle Versandaktivitäten. In der Lieferung werden Informationen zur Versandplanung hinterlegt, der Status von Versandaktivitäten überwacht und die im Laufe der Versandabwicklung gewonnenen Daten festgehalten. Dies hat zur Folge, dass ein optimaler Kundenservice garantiert wird und eine kosteneffiziente Bearbeitung der Lieferungen gewährleistet wird. Die Lieferung umfasst alle für den Anstoß und Abschluss der Versandaktivitäten erforderlichen Daten.

Kundenaufträge können nach Bedarf oder aufgrund von Vereinbarungen mit dem Kunden in mehrere Aufträge aufgeteilt werden. Falls ein Auftraggeber keine Teillieferung wünscht, muss der Auftrag komplett in die Lieferung eingehen. In diesem Fall werden Auftragspositionen in einer Lieferung zusammengefasst.

Es erfolgt eine gemeinsame Terminierung. Die Verfügbarkeitsprüfung und Bedarfsübergabe werden dem frühest möglichen Liefertermin der Liefergruppe angepasst. Wenn es sich um mehrere Warenempfänger handelt, werden die Aufträge in mehrere Lieferungen aufgeteilt. Selbstverständlich spielt dabei die Verfügbarkeitssituation der Ware eine entscheidende Rolle.

Die Lieferung ist das zentrale Objekt des Versandprozesses. Mit der Erstellung der Lieferung werden die Versandaktivitäten, wie die Kommissionierung oder Versandterminierung, eingeleitet und verfolgt und Daten aufgenommen, die während der Versandabwicklung generiert werden. Die Lieferungen können je nach Bedarf automatisch, mittels Arbeitsvorräten oder manuell erstellt werden. Kundenaufträge können nach Bedarf oder aufgrund von Vereinbarungen mit dem Kunden in mehrere Aufträge aufgeteilt werden.
Lieferungen können als (siehe Abb. 1.47):

- **Komplettlieferung**
- **Teillieferung**
- **Zusammenführung**
  (verschieden Kundenaufträge werden in eine Lieferung zusammengefasst, um Kosten zu sparen)

Abb. 1.47
Liefermöglichkeiten

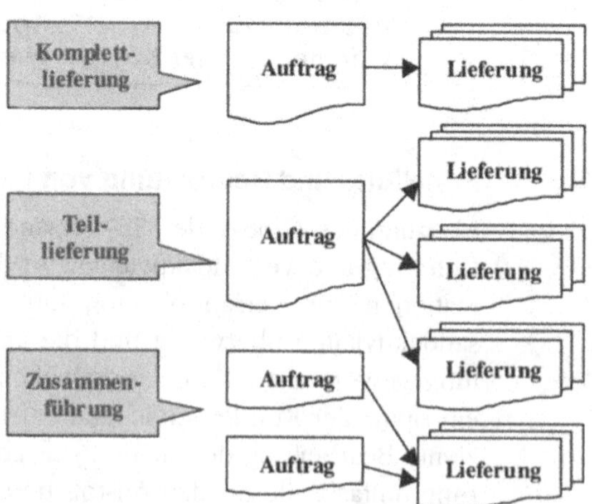

Für die Erstellung der Lieferung stehen dem Benutzer im System SD verschiedene Möglichkeiten zu Verfügung:

- Erstellung einzelner Lieferungen gezielt für einen Auftrag;
- Erstellung aller fälligen Lieferungen;
- Erstellung unabhängiger Lieferungen ohne Bezugnahme auf einen Auftrag.

Bei der Erstellung einer Lieferung wendet das System unterschiedliche Routinen und Prüfungen an, um die Vollständigkeit und Korrektheit der Lieferdaten sicherzustellen. Manuelle Eingriffe aus dispositiven Gründen sind auch im nachhinein auf den entsprechenden Detailbildern einer Lieferung möglich.

Es wird sichergestellt, dass:

- die Liefermenge einer Position ermittelt wird;
- die Verfügbarkeit des Materials geprüft wird;
- die Gewichte und das Volumen berechnet werden;
- die Liefersituation des Auftrags und die getroffenen Teillieferungsvereinbarungen überprüft werden.

Wenn eine Lieferung erstellt wird, wird der Auftrag aktualisiert. Der Lieferstatus auf Kopf- und Positionsebene wird fortgeschrieben.

Abb. 1.48 Fortschreibung des Lieferstatus in Kundenaufträgen

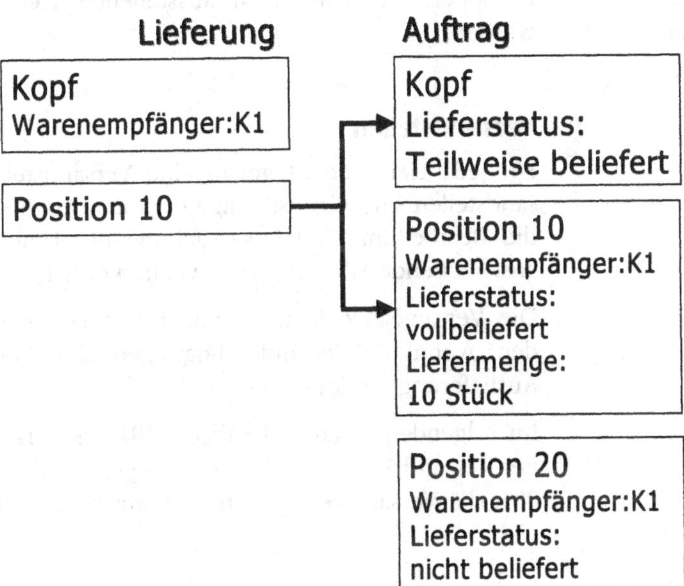

Mit der folgenden Fallstudie kann das Anlegen einer Einzellieferung vervollständigt und veranschaulicht werden:

Fallstudie: Einzellieferung anlegen

Szenario:
Ein Kunde möchte aus dem Lager sofort 10 Sportlenkräder mitnehmen. Dieser Auslieferung liegt demzufolge kein Auftrag zugrunde, so dass eine Einzellieferung ohne Bezug auf einen Auftrag erstellt werden muss.

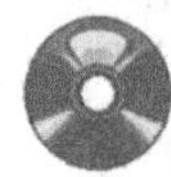

„Einzellieferung.scm"

Funktionsüberblick:

Logistik ⇨ Vertrieb ⇨ Versand

Auslieferung ⇨ Anlegen

Für diese Fallstudie muss man erst einen Auftrag erstellen (siehe „Auftrag erstellen" im Verkauf), dann wird automatisch vom System in der ersten Maske eine Auftragsnummer vorgeschlagen.

Falls diese Nummer übereinstimmt, soll Kommission. gewählt werden. Dann gelangt man in die zweite Maske. In dieser Maske soll man die **Pickmengen** eingeben, z. B. 10 Stück und die Lieferung speichern.

„Liefervorrat.scm"

Szenario:
Es sollen sämtliche noch ausstehende Lieferungen bearbeitet werden.

1.5.5 Versandstellen

Für jede Lieferung ist genau eine Versandstelle zuständig. Versandstellen sind eigenständige organisatorische Einheiten, die für die Bearbeitung und Überwachung der Lieferungen sowie die anschließende Warenausgabe verantwortlich sind.

Die Versandstelle kann automatisch vom System ermittelt werden, wenn die Versandbedingungen, die Ladegruppe und das Auslieferungswerk bekannt sind.

Im folgenden Schaubild (Abb. 1.49) wird als Beispiel aufgrund der Versandbedingung 01, der Ladegruppe KRAN und dem Werk 001, die Versandstelle 001 für die entsprechende Position ausgewählt:

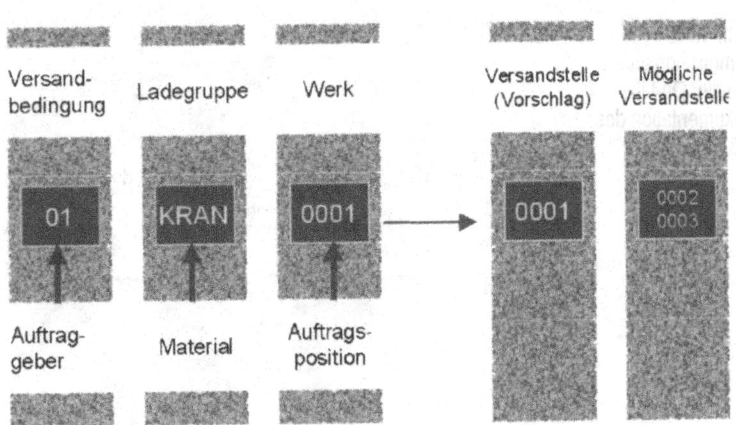

Abb. 1.49 Versandstellen-ermittlung (Quelle: On-Line-Dokumentation des R/3-Systems)

1.5.6 Routenermittlung

Der Transportweg und die Transportmittel werden durch die Route festgelegt. Diese beiden Faktoren beeinflussen auch die Transportterminierung.

Für jede Auftragsposition kann eine Route ermittelt werden. Die Routenermittlung hängt von folgenden Einflussfaktoren ab:

- Land- und Abgangszone der Versandstelle
- Versandbedingungen aus dem Auftrag
- Land- und Transportzone des Warenempfängers
- Transportgruppe aus dem Materialstammsatz

In der Lieferung kann eine Neuermittlung der Route vorgenommen werden. Diese Neuermittlung kann sinnvoll sein, weil erst zu diesem Zeitpunkt das exakte Gewicht der Lieferung bekannt ist. Durch Aufsplittung in Teillieferungen kann das Gewicht derart reduziert werden, dass ein anderes Transportmittel eingesetzt werden kann.

1.5.7 Kommissionierung

Die auszuliefernden Waren müssen termingerecht kommissioniert, d. h. für den Versand bereitgestellt werden. Dazu werden die Materialien aus dem Lager in eine Kommissionier- oder Versandzone gebracht (siehe Abb. 1.50).

Abb. 1.50 Kommissionierung (Quelle: On-Line-Dokumentation des R/3-Systems)

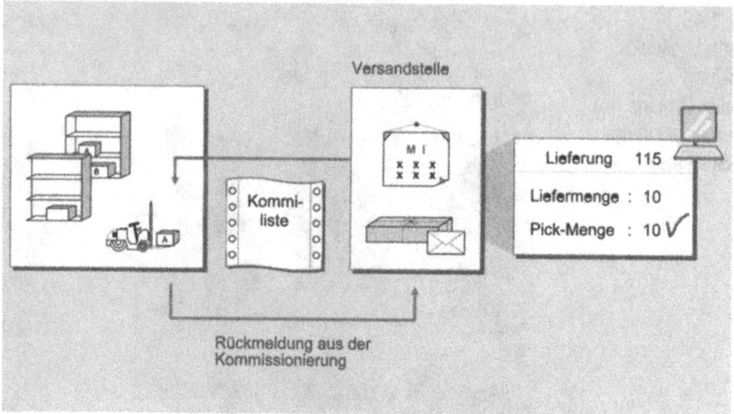

Der **Kommissionierlagerort** einer Lieferposition kann automatisch ermittelt werden. Dies erfolgt in Abhängigkeit von Versandstelle, Werk und Raumbedingungen, die für die Lagerung des Materials gelten. Der Auftragssachbearbeiter verfügt in der Regel über diese Daten nicht. Deswegen wird in der Versandstelle bei der Lieferungserstellung darüber entschieden.

Einzelkommissionierliste

Nachdem der Lagerort, die Versandstelle und die Raumbedingungen bekannt sind, kann die Kommissionierung weiter bearbeitet werden. Für eine Lieferung kann z. B. eine Einzelkommissionierliste ausgedruckt werden. Diese ist die Basis der Kommissionierung, falls das Modul MM-WM nicht im Einsatz ist. In der **Kommissionierliste** werden folgenden Daten gedruckt:

- Lieferungsnummer
- Druckdatum
- Bereitstellungsort
- Route
- Versandstelle
- lieferndes Werk und Lager
- Kommissionier- und Ladedatum
- Nummer und Adresse des Warenempfängers
- Bruttogewicht und Volumen der gesamten Lieferung
- Lagerplatz
- Artikelnummer
- Artikelkurztext
- Liefermenge in der Basismengeneinheit

Diese Liste ist einem Lagerort zugeordnet. Falls mehrere Lagerorte verlangt werden, fängt die Liste jeweils mit einer neuen Seite an. Sie wird immer innerhalb der zuständigen Versandstelle erstellt, wobei durch die Drucksteuerung z. B. bestimmt werden kann, in welcher Sprache sie gedruckt werden soll.

Zum Abschluss der Kommissionierung werden die bereitgestellten Mengen zurückgemeldet. Bei Fehlmengen kann nachkommissioniert oder die Liefermenge reduziert werden.

1.5.8 Verpacken

Verpacken wird als Teil der Lieferungs- und Transportbearbeitung von System unterstützt. Die Ware kann während der Bearbeitung der Lieferung verpackt werden. Beim Verpacken stehen verschiedene Materialien zur Verfügung, sog. Versandelemente.

Versandelemente

Versandelemente können mehrere Waren und andere Versandelemente beinhalten. Sie sind die Versandeinheiten und sind mit eigenständigen Nummern als Belege im System abgelegt. Das System unterstützt auch die Möglichkeit, Versandelemente einer Lieferung zuzuordnen, ohne darin Positionen konkret zu verpacken. In diesem Fall wird von freien Versandelementen gesprochen.

Aufbau von Versandelementen

Analog zum Auftrag und zur Lieferung besteht ein Versandelement in einer Lieferung aus einem Versandelementkopf und mehreren Versandelementpositionen.

Der **Versandelementkopf** enthält allgemeine Daten, wie z. B. Versandelementnummer, Versandhilfsmittel, Eigengewicht, Eigenvolumen, zulässiges Gewicht, zulässiges Volumen, Werk, Lager, Positionstyp, Versandelementtyp.

Die **Versandelementpositionen** werden in einer Übersicht dargestellt, bei der der Inhalt eines Versandelementes gezeigt wird. Da Versandelemente andere Versandelemente beinhalten können, wird durch diese Übersicht eine Darstellung der Verpackungsstufe ermöglicht. Die Verpackungsstufen werden mit dem Symbol „*“ erklärt.

Fallstudie: Verpackung

Mit der folgenden Fallstudie kann man die Informationen zur Verpackung unter Versand veranschaulichen.

Funktionsüberblick:

Logistik ⇨ Vertrieb ⇨ Versand
Auslieferung ⇨ Anlegen

„Verpack1.scm"

Für diese Fallstudie muss man erst einen Auftrag erstellen (siehe „Auftrag anlegen" im Verkauf), dann wird automatisch vom System in der ersten Maske eine Auftragsnummer vorgeschlagen.

Falls diese Nummer übereinstimmt, soll Kommission. gewählt werden; dann gelangt man in die zweite Maske.

Abb. 1.51
Lieferung bearbeiten

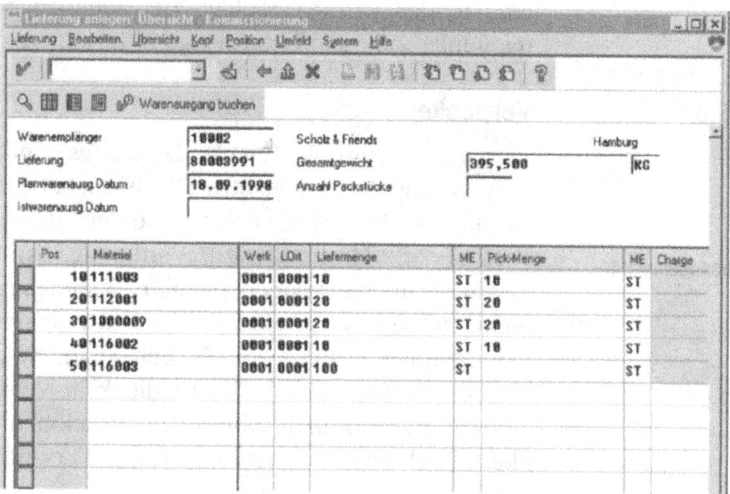

Mit *Bearbeiten ⇨ Verpacken* gelangt man in die dritte Maske. In dieser Maske kann man die Nummer der Versandhilfsmittel eingeben.

Abb. 1.52
Versandhilfsnummer

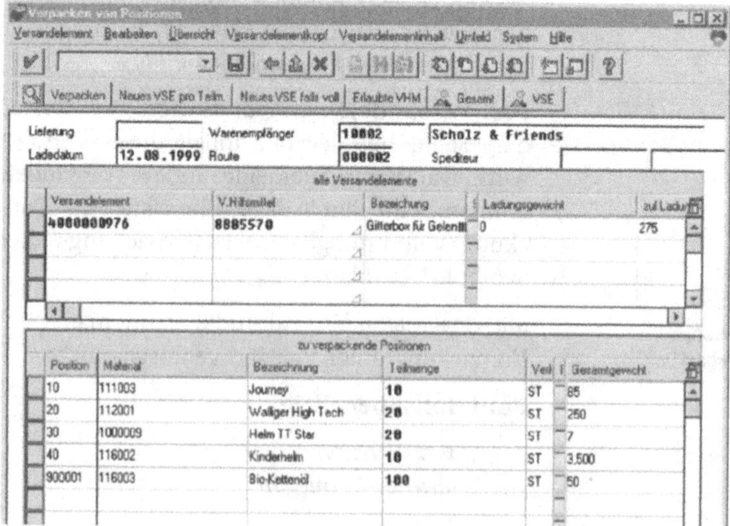

Nachdem die Versandhilfsmittel eingegeben wurden, ist jeweils eine Lieferposition und ein Versandelement zu markieren und auf Verpacken zu klicken. Nun wird das Material in das Versandelement verpackt.

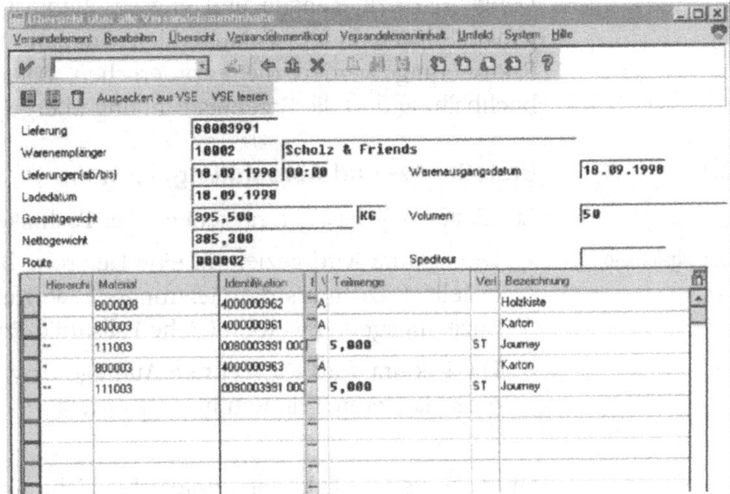

Abb. 1.53 Inhalt des Versandelementes

Hier muss man die Reihenfolge berücksichtigen, damit die Ware in die richtige Form verpackt wird. Mit dem Button (2 mal betätigen) kann man zur dritten Maske zurückkehren und die Lieferung speichern.

1.5.9 Warenausgang

Sobald die Ware das eigene Werk verlässt, sind die Aktivitäten der Versandabteilung abgeschlossen. Mit dem Warenausgang gilt die Lieferung als abgeschlossen, darüber hinaus werden die Informationen des erfolgten Warenausgangs im zugrundeliegenden Auftrag festgehalten.

Hierbei werden folgende Funktionen ausgeführt:

- der Materialbestand wird um die Warenausgangsmenge reduziert, gleichzeitig werden die entsprechenden Wertänderungen in der Buchhaltung vorgenommen. Dadurch ist die Parallelität von Mengen- und Wertefluss sichergestellt.
- die Materialbedarfe für die Lieferung werden abgebaut.
- der Lieferstatus wird aktualisiert.

Die Lieferung wird in den Arbeitsvorrat für die Fakturierung aufgenommen. Die Rechnungserstellung kann erfolgen.

1.6 Fakturierung

Die Fakturierung bildet den Abschluss eines Geschäftsvorfalls im Vertrieb. So wird bei der Fakturierung auf die Daten des Verkaufs und des Versands zurückgegriffen und die fakturrelevanten Daten, z. B. zu Mengen und Preisen, automatisch aus den Vorgängerbelegen in die Faktura übernommen. Mit Abschluss der Fakturierung werden die erforderlichen Daten an die Finanzbuchhaltung und die Ergebnisrechnung übergeben.

1.6.1 Erstellungs- und Abrechnungsformen

Zur Erstellung der Faktura stehen zwei Techniken zur Verfügung:

Erstellungsformen

- Die Faktura wird gezielt für eine Lieferung bzw. einen Auftrag erstellt. Dazu muss die Lieferungs- bzw. Auftragsnummer explizit angegeben werden (siehe Fallstudie *Faktura anlegen*).
- Die Faktura wird für mehrere Aufträge bzw. Lieferungen über einen längeren Zeitraum hinweg erstellt.

Mit dem System SD können unterschiedliche Abrechnungsformen realisiert werden (siehe Abb. 1.54-1.56):

Abrechnungsformen

- **Separate Rechnung:** Für jede Lieferung wird eine separate Rechnung erzeugt.
- **Sammelrechnung:** Alle Aufträge bzw. Lieferungen einer Periode werden in einer sog. Sammelrechnung zusammengefasst. Die Perioden sind hierbei frei wählbar.
- **Rechnungssplitt:** Nach bestimmten Kriterien werden für einen Auftrag bzw. eine Lieferung mehrere Rechnungen erzeugt.

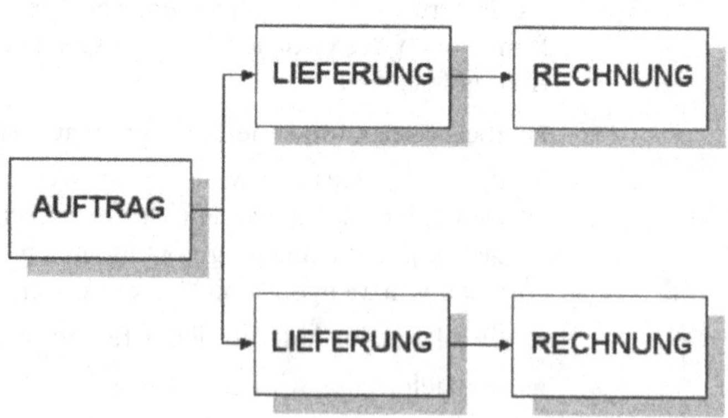

Abb. 1.54 Abrechnungsform: Separate Rechnung pro Lieferung

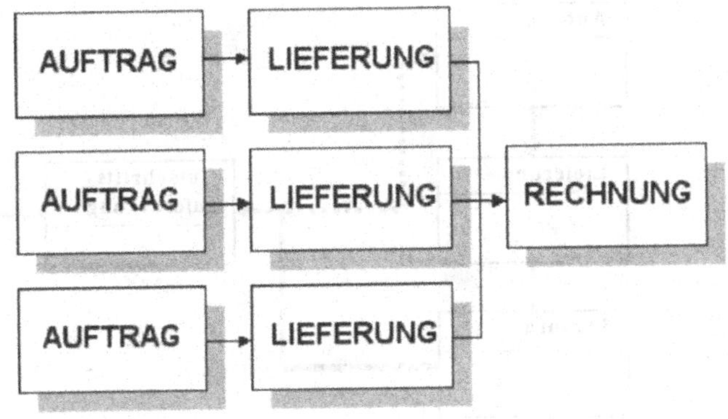

Abb. 1.55 Abrechnungsform: Sammelrechnung (frei definierbare Periode)

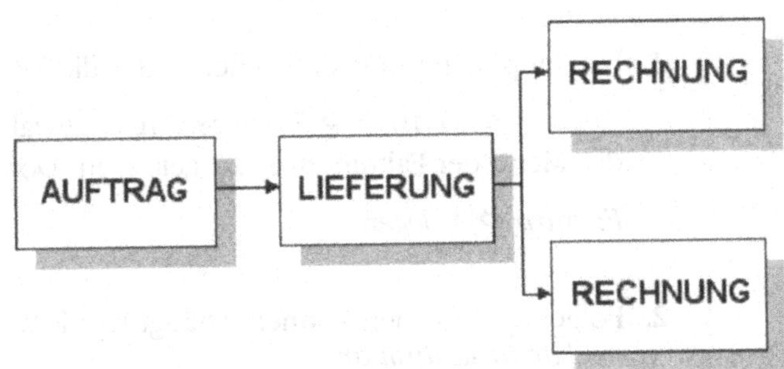

Abb. 1.56 Abrechnungsform: Mehrere Rechnungen für eine Lieferung

1.6.2 Reklamationsbearbeitung, Gut- und Lastschrift

Retoure

Der Kunde reklamiert eine Warenlieferung. Die Ware kann beim Kunden abgeholt werden. Bei berechtigter Reklamation wird dem Kunden der beanstandete Wert gutgeschrieben. Diese Gutschrift wird aufgrund des Retourenauftrags erstellt, der in der Verkaufsabteilung erfasst wurde und alle Informationen der Reklamation enthält.

Gutschrift

Falls der Kunde eine Gutschrift, z. B. aufgrund einer Lieferverzögerung, fordert, wird diese Anforderung in der Verkaufsabteilung erfasst. Die Gutschriftanforderung ist zunächst für die Fakturierung gesperrt. Sobald über die Höhe der Gutschrift endgültig entschieden ist, kann die Sperre zurückgenommen und die Gutschrift erstellt werden. Die Daten werden an die Finanzbuchhaltung übergeben.

Lastschrift

Analog erfolgt die Bearbeitung einer Lastschrift an den Kunden. Der Lastschriftwert wird als Forderung an den Kunden in der Finanzbuchhaltung behandelt.

Abb. 1.57 Gut- und Lastschriften

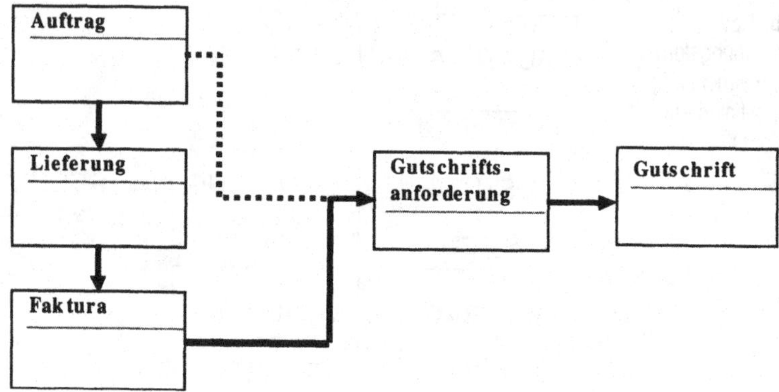

Fallstudie: Faktura anlegen

1. Im Hauptmenü müssen nacheinander die Menüpunkte:

   Logistik ⇨ Vertrieb ⇨ Fakturierung angewählt werden, um in das Menü der Fakturierung zu gelangen. Dort ist anzugeben:

   Faktura ⇨ Anlegen.

2. Folgende Eingaben können getätigt werden:
   - *Fakturadatum ab ... bis ...*
     Eingabe des Zeitraums, der die Geschäftsvorgänge, die in die Faktura aufgenommen werden sollen, abgrenzt.
   - *Fakturaart*
     Auswahl einer der vorgegebenen Fakturaarten (z. B. Rechnung).
   - *Auftraggeber*
     Eingabe der Kundennummer des Auftraggebers.
   - *Empfangsland*
   - *Sortierkriterium*
   - *Zu selektierende Belege*
     Eine oder mehrere der aufgeführten Belegarten ist durch einfaches Anklicken auszuwählen.

   In diesem Beispiel tritt der Kunde Scholz & Friends (Debitoren-Nr. 10002) als Auftraggeber auf. Sollte die Kundennummer nicht bekannt sein, kann mit [▼] im Feld *Auftraggeber* ein Suchdialog geöffnet werden.

   Als zu selektierenden Beleg wählt man *Auftragsbezogener Beleg.*

3. Nach Anklicken des Buttons [icon] werden alle Geschäftsvorfälle des ausgewählten Kunden aufgelistet.

4. Durch Doppelklick auf einen der Einträge werden die einzelnen Fakturapositionen aufgelistet. Durch Selektion einer oder mehrerer der aufgeführten Positionen können weitere Einzelheiten, wie z. B. Konditionen, eingesehen werden.

5. Nun kann mit den Buttons Einzelfaktura Sammelfaktura Sammelfaktura/Dialog die Erstellung der Fakturen gestartet werden. Im darauffolgenden Bildschirm erscheint eine Liste der fehlerhaft durchgeführten Fakturen.

Fallstudie: Faktura stornieren

Es kann vorkommen, dass nach Anlegen einer Faktura bemerkt wird, dass z. B. ein Fehler aufgetreten ist oder noch weitere Belege hinzugekommen sind, die in der Faktura aufgenommen werden können. In diesem Fall hat man die Möglichkeit, eine Faktura zu stornieren.

1. Im Hauptmenü sind nacheinander die Menüpunkte:

   Logistik ⇨ *Vertrieb* ⇨ *Fakturierung* auszuwählen, um in das Menü der Fakturierung zu gelangen. Dort ist anzugeben:

   Faktura ⇨ *Stornieren.*

2. Der gewünschte Beleg ist zu selektieren und der Button Ausführen zu betätigen.

3. Durch einfaches Anklicken werden die erzeugten Fakturen gekennzeichnet und mit des Buttons [icon] der Vorgang gesichert. Damit ist die Faktura storniert.

1.6.3 Bonusabwicklung

Bonusabsprache

Ein Bonus ist ein Rabatt, der einem Kunden oder Geschäftspartner in Abhängigkeit seines Umsatzes gewährt wird. Hierzu können folgende Daten festgelegt werden:

- der Empfänger der Bonusauszahlung;
- die Kriterien, die der Bonusabwicklung zugrunde liegen;
- der Gültigkeitszeitraum.

Die Höhe der Boni können in sog. Konditionssätzen auf beliebigen Ebenen, wie z. B. Kunden, Kundenhierarchie oder Kunden/Material, abgelegt werden. Auf diese Art werden komplexere Boni für ganze Einkaufsverbände abgewickelt.

Es kann eine Staffelung vorgenommen werden, damit Kunden mit hohen Umsätzen höhere Boni erhalten als Kunden mit niedrigeren Umsätzen.

Abrechnung von Bonusabsprachen

Alle für die Bonusabwicklung relevanten Fakturen werden automatisch überwacht. Anhand der in diesen Fakturen enthaltenen Daten wird ein Gesamtbonuswert errechnet. Zur Abrechnung der Bonusabwicklung erhält der Kunde oder Geschäftspartner eine Gutschrift in Höhe des errechneten Gesamtbonuswertes.

1.7 Außenhandel

Die steigende Globalisierung der Märkte und die ständig zunehmende Komplexität der Unternehmensstrukturen erhöhen die Bedeutung einer effizienten Abwicklung aller Außenhandelsgeschäfte. Es werden weltweit offene Märkte und freie internationale Handelsaktivitäten angestrebt, was zur Folge hat, dass sich Unternehmen mehr denn je in den Bereichen Einkauf, Produktion und Vertrieb auf internationalen Märkten behaupten müssen. Der Erfolg des Wettbewerbs in internationalen Märkten hängt u. a. von der Einhaltung zahlreicher Außenhandelsvorschriften ab, deren Inhalte einem kontinuierlichen Wandel unterliegen.

Definition

Außenhandel ist die Unterhaltung von Handelsbeziehungen im Inland und über Landesgrenzen hinaus. Dabei muss auf die Einhaltung internationaler Rechte und Gesetze geachtet werden. SD unterscheidet in die Kategorien europaweit und weltweit, da, wie später folgt (siehe Abwicklung im Außenhandelsgeschehen), in Wirtschaftsräume (Wirtschaftsblöcke) unterteilt wird.

Außenhandels-klassifizierungen

Drei Außenhandelsklassifizierungen stehen zur Verfügung:

- **grundsätzlich verboten** (Aus- bzw. Einfuhr von Gütern ist generell untersagt);
- **nur mit besonderer Genehmigung** (Aus- und Einfuhr von Gütern nur unter besonderen Bedingungen erlaubt);
- **genehmigungsfrei** (Aus- und Einfuhr von Gütern ist uneingeschränkt erlaubt).

Durch Außenhandelsaktivitäten werden die Module **Materialwirtschaft** und **Finanzbuchhaltung** beeinflusst, da eine Datenübergabe aufgrund von Bestands- und Kapitalveränderung erfolgt.

Durch diese modulübergreifenden Aktivitäten müssen zahlreiche Funktionalitäten (siehe Abb. 1.58) unterstützt werden. Das R/3-System bietet hierzu einige **Leistungsmerkmale**, die im Menüsystem aufgerissen in Abb. 1.59 zusammengefasst sind:

- effiziente Abwicklung von Import- und Exportvorgängen;
- effektive Ausfuhrabwicklung unter Berücksichtigung der dazu notwendigen Ausfuhrbestimmungen;
- automatisches Verfahren für Meldungen an die Behörden;
- Verwendung von EDI- und ALE-Funktionen;
- komfortable Präferenzabwicklung.

Abb. 1.58
Funktionalitäten des Außenhandels

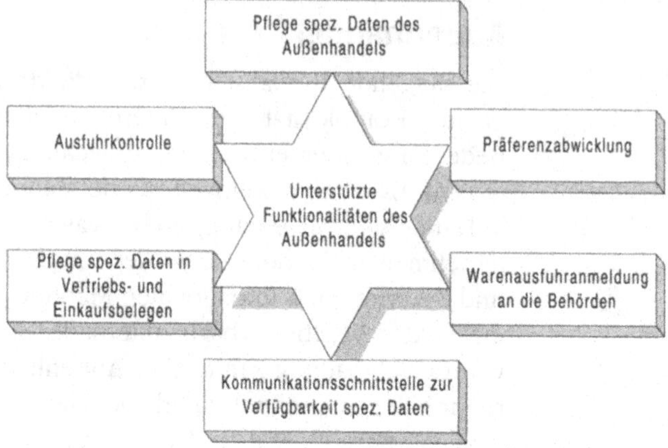

Abb. 1.59
Menüsystem: Außenhandel

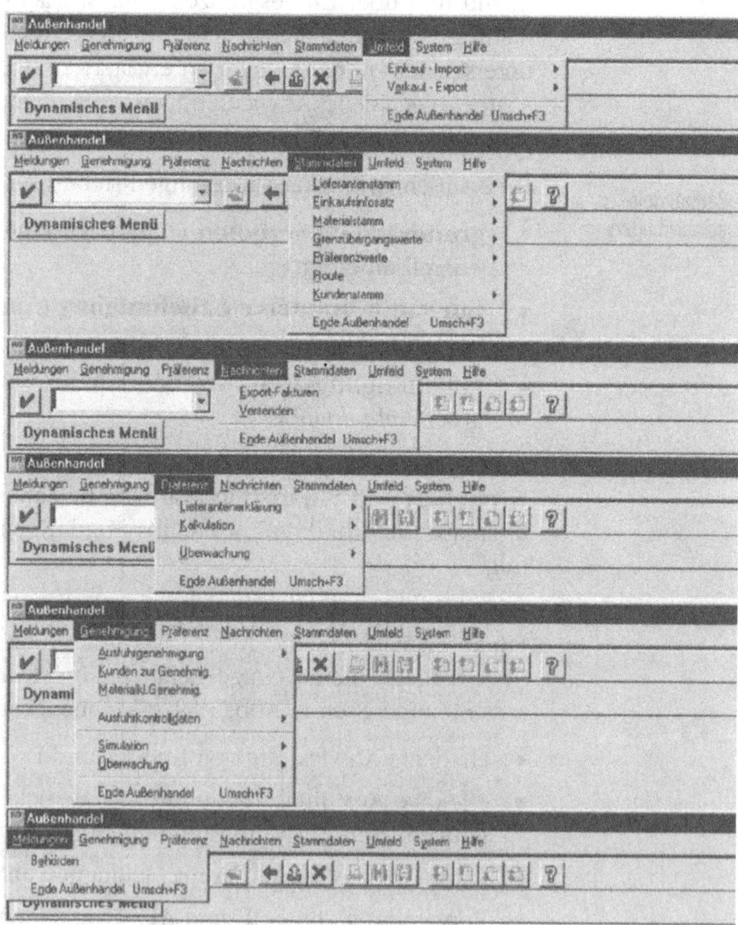

1.7.1 Im- und Export

Länder, mit denen ein Unternehmen Handelsbeziehungen unterhält, können in der Regel bestimmten **Wirtschaftsblöcken**, d. h. Zusammenschlüssen verschiedener Länder zu einer Wirtschaftsunion, zugeordnet werden. Im System SD sind folgende Wirtschaftsblöcke - zusätzlich Japan - berücksichtigt (siehe Abb. 1.60):

- ASEAN (Association of South East Asian Nations)
- EFTA (European Free Trade Area)
- EU (Europäische Union)
- NAFTA (North American Free Trade Area)
- MERCOSUR (Mercado Commun del Sur) = gemeinsame Märkte des Südens)

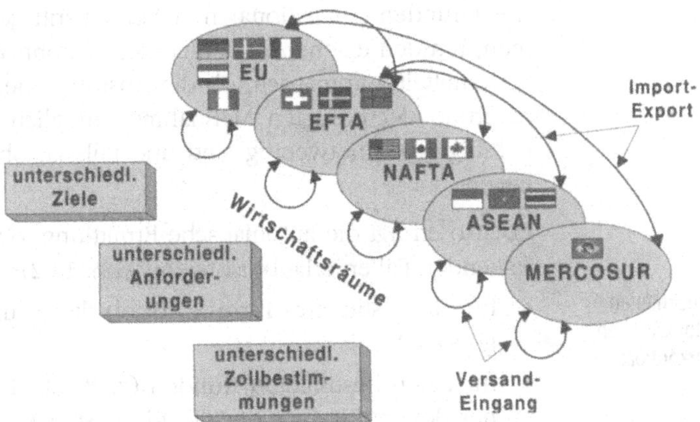

Abb. 1.60 Wirtschaftsräume und ihrer Vertreter (eine Auswahl)

Da das R/3-System für den weltweiten Einsatz konzipiert ist, sind daher die bis dato gültigen Gesetze und Vorschriften integriert. Ein Außenhandelssystem muss jedoch zu mehr fähig sein als die wachsende Anzahl von Exportvorschriften zu verwalten. Das betreffende System muss auch für zukünftige Wirtschaftsräume offen sein.

Bei der Handelsabwicklung (siehe Abb. 1.61) innerhalb eines Wirtschaftsblockes spricht man von (Waren-) Versendung und (Waren-) Eingang; über die Grenzen eines Wirtschaftsblockes hinaus spricht man von Ex- und Import.

Abb. 1.61
Import- und Exportabwicklung

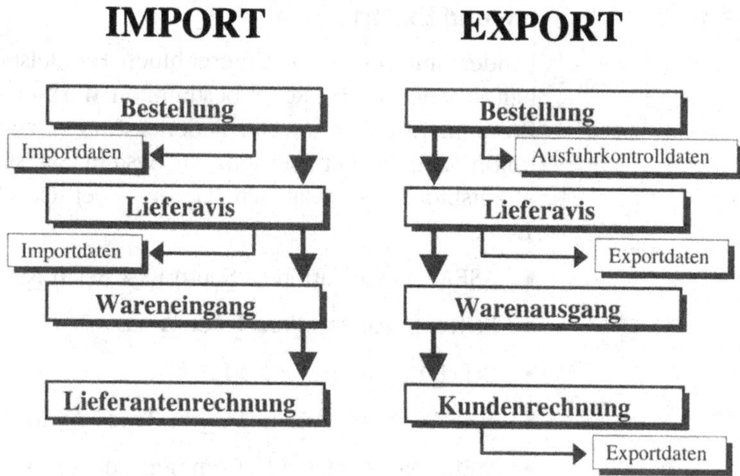

1.7.2 Automatische Ausfuhrkontrolle

Aus Gründen der nationalen Sicherheit trifft jedes Land Maßnahmen, um den eigenen Außenhandel zu kontrollieren. Das System SD ermittelt automatisch, ob die Ausfuhr einer bestimmten Ware aufgrund der besagten Maßnahmen möglich ist, ob hierzu Genehmigungen notwendig sind und falls ja, ob diese bereits vorliegen.

Ebenso erfolgt die automatische Ermittlung, ob ein Export in den folgenden Fällen erlaubt ist (siehe Abb. 1.62):

Prüfungskriterien der automatischen Ausfuhrkontrolle

- für ein bestimmtes Land (z. B. ob dieses unter einem Embargo steht);
- für einen bestimmten Kunden (z. B. ob dieser Kunde auf einer Boykottliste wie der TDO-Liste steht);
- für bestimmte Produkte;
- zu einem bestimmten Zeitpunkt.

Gesetzliche Grundlagen

Als Basis für die Ermittlung dieser Daten dienen die im System bereits integrierten Rechtsvorschriften, die den Export in den jeweiligen Ländern regeln. Zu diesen Vorschriften gehören für Deutschland geltend das **A**ußen**w**irtschafts**g**esetz (AWG) und die **A**ußen**w**irtschafts**v**erordnung (AWV).

Aufgrund der Tatsache, dass sich die gesetzlichen Vorschriften einem ständigen Wandel unterziehen, muss die Außenhandelsabwicklung im System SD entsprechend flexibel gestaltet sein, d. h. es muss gewährleistet sein, neue Vorschriften zu integrieren bzw. bestehende zu bearbeiten.

Abb. 1.62
Automatische Ausfuhrkontrolle

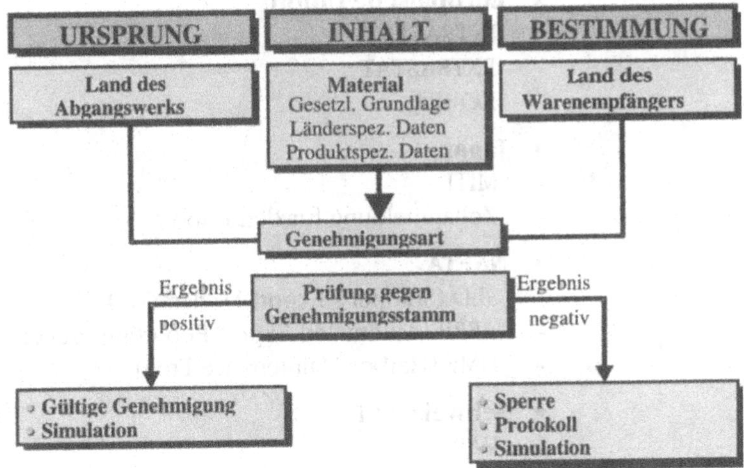

1.7.3 Meldung an die Behörden

Im Rahmen der Außenhandelsabwicklung müssen Einfuhren und Ausfuhren bestimmter Warensendungen erfasst und regelmäßig an die Behörden weitergeleitet werden. Der Grund hierfür liegt vor allem im Bestreben der Behörden, grenzüberschreitende Warensendungen festzuhalten und unter Berücksichtigung der verschiedenen Wirtschaftsräume statistisch zu erfassen.

Funktionsablauf

Der hierzu notwendige Funktionsablauf gestaltet sich wie folgt:

- Alle für eine Meldung erforderlichen Daten werden automatisch vom R/3-System gesammelt. Dabei werden die Daten der Wareneingänge den Importdaten hinzugefügt, die Daten der Kundenrechnungen den Exportdaten.
- Anhand aller in Frage kommenden Fakturen und Einkaufsbelege wird eine Selektion nach individuellen Kriterien vorgenommen.
- Aufgrund der in den selektierten Belegen enthaltenen Daten wird eine Meldung erstellt.

Die Behörden streben hierzu ein weltweit einheitliches Meldeverfahren an, das bislang jedoch noch nicht realisiert wurde. Daher wurden in das R/3-System folgende Meldeverfahren integriert:

Meldeverfahren

- **Europäische Union**
  - INTRASTAT
  - EXTRASTAT
  - KOBRA
- **Japan**
  - MITI
  - Zollanmeldung für den Import
- **NAFTA**
  - SED (Shipper's Export Declaration)
  - AERP (Automated Export Reporting Procedure)
  - HMF (Harbor Maintenance Free)
- **Schweiz/EFTA**
  - VAR

Die Meldungen umfassen u. a. Angaben über Art der Geschäfte, Bestimmungsland, Art der Beförderung, Gewicht etc. und werden in einheitlicher Form, d. h. auf Diskette oder Papier, weitergeleitet.

Präferenzabkommen

Unter Präferenzabkommen versteht man Handelsvereinbarungen zwischen einzelnen Ländern, die sich gegenseitig günstigere Zölle zusichern. Waren, die unter solch ein Präferenzabkommen fallen, können im System SD verwaltet werden. Die zur Produktion dieser Waren verwendeten Komponenten können aufgrund von Stücklisten nach ihrer Präferenzberechtigung klassifiziert werden.

Alle innerhalb der Europäischen Union geltenden Gesetze, die gegenwärtig für die Präferenzabwicklung verwendet werden, sind im System SD integriert. Je nach Bedarf können weitere Vorschriften hinzugefügt bzw. entfernt werden. Ebenso können Vorschriften zu Präferenzabkommen zwischen Geschäftspartnern in das System aufgenommen werden, die keinem EU-Mitgliedsstaat angehören.

Die **Präferenzkalkulation** dient der Ermittlung des Ursprungsnachweises eigengefertigter Produkte. Dazu werden anhand einer Stückliste alle zur Produktion des eigengefertigten Produktes verwendeten Komponenten ihrer Herkunft nach als Ursprungsware oder Nicht-Ursprungsware bewertet. Aufgrund der bestehenden Präferenzabkommen zwischen den einzelnen Ländern wird für das eigengefertigte Produkt ein Preis ermittelt, der als Mindestverkaufspreis anzusehen ist, um für den Zoll als präferenzberechtigt anerkannt zu werden.

Das Ergebnis dieser Präferenzkalkulation wird in einem sog. Konditionssatz hinterlegt und zur Preisfindung bzw. zur Festlegung der Präferenzen, die einem Kunden gewährt werden, verwendet.

1.7.4 Schnittstelle zu anderen Systemen

Das R/3-System bietet Schnittstellen zu (Partner-) Systemen und beschleunigt so die Außenhandelsabwicklung. Das Importbasismodul ermöglicht eine länderneutrale Importabwicklung. Durch den Einsatz neuer Daten- und Prozessmodelle kann diese erweiterte Datenbasis heutige und zukünftige Verfahren zur Importabwicklung unterstützen. Bewährt haben sich hierbei (siehe Abb. 1.63):

- **EDI** (Electronic Data Interchange)
- **ALE** (Application Link Enabling)

Diese beiden Funktionen unterstützen folgende Kommunikationsmöglichkeiten:

Kommunikationsmöglichkeiten

- die Erzeugung wichtiger Außenhandelsdokumente, wie T1-, T2- und EUR1-Dokumente;
- die Anbindung an andere Systeme;
- das Versenden einer EDI-Nachricht an ein Subsystem.

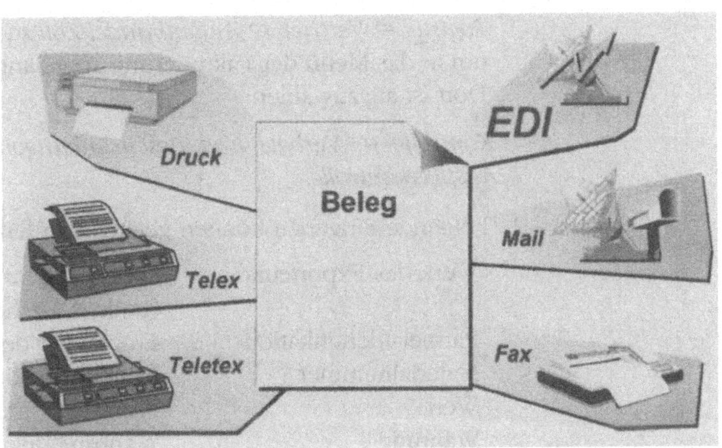

Abb. 1.63
Methoden der Nachrichtenübermittlung

Neben EDI gibt es weitere Methoden der Nachrichtenübermittlung, wie z. B. Ausdrucke, Fax, E-Mail, die die Vorteile von EDI jedoch nicht überbieten können. Diese sind:

Vorteile von EDI

- Nachrichteneingänge werden vom System unmittelbar in das R/3-Format konvertiert und in Zwischenbelegen (sog. Idocs) zwischengespeichert.
- Idocs werden direkt in die R/3-Anwendung übernommen.
- Der in der Nachricht gewünschte Vorgang wird sofort erzeugt.
- Sollte während des Funktionsablaufes ein Fehler auftreten, wird der zuständige Sachbearbeiter per E-Mail über die Ursache desselben informiert.

1.7.5 Fallstudie: Genehmigung simulieren

„Genehmigung_simulation.scm"

Genehmigungsdaten sind gespeichert in einer eigens dafür angelegten Datenbank. Unter Verwendung des Genehmigungsstammes lassen sich diese Datensätze strukturiert pflegen. Der Umgang bzw. das Pflegen dieses Genehmigungsstammsatzes besteht aus dem Anlegen, Ändern, Anzeigen und Löschen von Sätzen.

Der Vorgang einer Warenausfuhr kann vollständig simuliert werden. Es wird dabei überprüft, ob die Ausfuhr in ein bestimmtes Land, an einen bestimmten Kunden, mit bestimmten Produkten, zu einem bestimmten Zeitpunkt rechtlich einwandfrei auf Basis der gegenwärtigen gesetzlichen Bestimmungen ist.

1. Im Hauptmenü sind nacheinander die Menüpunkte:

   Logistik ⇨ Vertrieb ⇨ Außenhandel/Zoll zu wählen,
   um in das Menü der Fakturierung zu gelangen.
   Dort ist auszuwählen:

   Kontrolle ⇨ Verbote und Beschränkungen ⇨ Simulation ⇨ Ausfuhrkontrolle.

2. Folgende Eingaben können getätigt werden:

- Werk des Exporteurs	Werk, in dem die zu exportierende Ware hergestellt wird.
- Partner-Identifikation	Empfänger der Ware
- Materialnummer	Kunden-Nr. des Auftraggebers
- Wert	Wert der Ware
- Währung	Währung des Warenwertes
- Exportdatum	
- Geschäftsart	
- Verkaufsbelegnummer	
- Zahlungsbedingungen	

Im Fallbeispiel ist als Werk des Exporteurs Würzburg auszuwählen und als Partner-Identifikation der Geschäftspartner Ararat in Ankara. Bei Unkenntnis des Namens oder der Kunden-Nr. kann man sich - wie im Fallbeispiel vorgegeben - mit dem Suchbegriff „*" eine Liste aller vorhanden Geschäftspartner anzeigen lassen und den entsprechenden per Doppelklick auswählen.

Die Materialnummer gehört zu einem Fahrrad mit Namen *„Rinora Super Trekking"*, dessen Wert fiktiv mit 1500 DM angegeben ist.

3. Mit F8 bzw. ✔ wird die Simulation gestartet.
4. Das folgende Fenster zeigt neben Positions- und Warennummer auch den Status der Ausfuhrgenehmigung. Dieser ist analog zu den allgemein gebräuchlichen Signalfarben einer Verkehrsampel abzulesen:

- **Rot** — Es trat ein Fehler auf, der den Export verhindert.
- **Gelb** — Es trat ein Fehler auf, der den Export zwar nicht verhindert, ihn aber erschweren bzw. behindern kann.
- **Grün** — Es traten keine Fehler auf. Ein Export ist uneingeschränkt möglich.

5. Durch Doppelklicken auf das besagte Ampelsymbol erhält man eine Liste aller simulierten Vorgänge und Überprüfungen, deren Erfolg ebenfalls durch die Signalfarben einer Verkehrsampel dargestellt wird.
6. Durch Doppelklicken auf diese Ampeln werden die einzelnen Fehlerpunkte detailliert aufgelistet. Damit ist die Simulation beendet.

1.8 Vertriebsinformationssystem

Das Vertriebsinformationssystem ist Bestandteil des zum R/3-Systems gehörenden Vertriebsmoduls SD. Es ist im Wesentlichen dafür ausgelegt, Führungskräften Informationen über den Vertrieb graphisch oder tabellarisch aufzubereiten, wobei der Benutzer den Grad der Informationstiefe selbst bestimmen kann. Das Vertriebsinformationssystem (VIS) ist Bestandteil des Logistikinformationssystems (LIS), das u. a. auch das Einkaufs- und Fertigungsinformationssystem beinhaltet.

Die Gesamtheit des **Vertriebsmoduls mit seinen Teilen**:

- SD-Grundfunktionen und Stammdaten
- SD-Verkauf
- SD-Versand
- SD-Fakturierung
- SD-Preisfindung und Konditionen

spielt eine große Rolle bei den zu erstellenden Auswertungen des Teils SD-Vertriebsinformationssystem.

Das Vertriebsinformationssystem lässt sich in drei Teile untergliedern: die **Standardanalysen**, die **flexiblen Analysen** und die **Planung**.

Datenbasis des VIS

Die Datenbasis für diese drei Teile sind die sog. Informationsstrukturen, von denen es zwei verschiedene Arten gibt (Standard-Informationsstrukturen und Auswertestrukturen). Diese Strukturen sind in einer Art Datenbank abgelegt, in der alle wichtigen Vorgänge und Informationen, die bei der Vertriebsabwicklung entstehen, automatisch fortgeschrieben werden (z. B. bei der Erstellung von Angeboten und Aufträgen). Sie beinhalten drei Informationstypen (vgl. Abb. 1.64):

Abb. 1.64 Inhalt der Informationsstrukturen

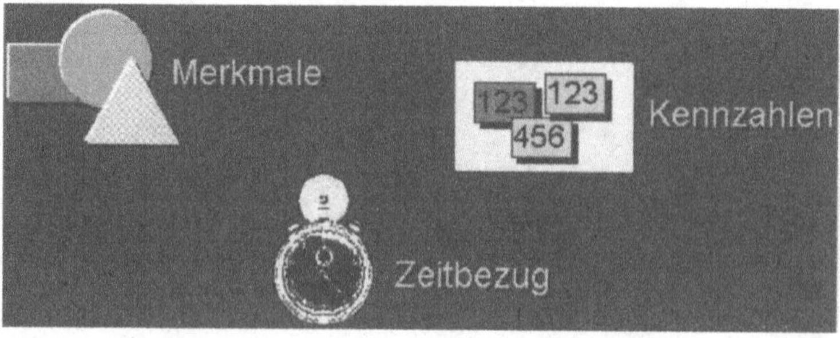

1.8.1 Merkmale, Kennzahlen und Periodizität

Merkmale kann man als Informationen deklarieren, die sich zur Verdichtung eignen. Im R/3-Vertriebsinformationssystem sind unterschiedliche Merkmale festgelegt (z. B. Vertriebsweg, Material).

SAP hat zu jedem Merkmal eine sog. **Merkmalsausprägung** erstellt:

Abb. 1.65 Merkmalsausprägungen

Zu jedem Merkmal gibt es sog. Merkmalsausprägungen

Merkmal: Verkaufsorganisation

Unterteilung:

Kennzahlen enthalten Daten, die betriebswirtschaftlich interessant sind und aus einer Datenbank gelesen werden (z. B. Auftragseingang, Umsatz, Retouren). Die Merkmale bilden zu ihnen die dazugehörigen Schlüssel.

Da zu jeder Kennzahl Werte gehören, können sie am besten von den Merkmalen unterschieden werden, weil Kennzahlen in irgendeiner Weise messbare Größen darstellen (z. B. messbar in einer Währungseinheit oder einer Gewichtsklasse).

Jeder Informationsstruktur bzw. den darin enthaltenen Kennzahlen und Merkmalen wird ein bestimmter Zeitbezug (**Periodizität**) zugeordnet (z. B. Jahr, Monat, Tag).

Die Werte der Kennzahlen werden für jedes Merkmal in dieser Informationsstruktur periodisch kumuliert (z. B. Januar 2000 betrug der Umsatz 100.000 DM, im Februar 2000 betrug der Umsatz 98.000 DM; der hier zugeordnete Zeitbezug ist der Monat).

1.8.2 Arten von Informationsstrukturen

R/3 unterscheidet zwei Arten von Informationsstrukturen:

- **Standard-Informationsstrukturen**
- **Auswertestrukturen**

In beiden Arten der Informationsstrukturen sind Merkmale und Kennzahlen zusammengestellt.

Standard-Informationsstrukturen

Es werden im Standard sechs Standard-Informationsstrukturen mit dem VIS ausgeliefert. Sie enthalten von den 50 unterschiedlichen Kennzahlen jeweils jene, die thematisch zu der entsprechenden Struktur gehören und für sie aussagekräftig sind.

Die Standard-Informationsstrukturen sind in einer Datenbank abgelegt. Diese Strukturen werden ständig mit neu entstandenen Daten aus der Vertriebsabwicklung fortgeschrieben. Die Datenbasis für die Standardanalysen und die Planung bilden die Standard-Informationsstrukturen.

Auswertestrukturen

Die Auswertestrukturen können vom Benutzer selbst definiert werden, d. h. Merkmale und Kennzahlen können selbst zusammengestellt werden und stellen somit eine vom Benutzer selbst festgelegte Sicht dar. Diese Art von Strukturen wird nicht mit neu entstandenen Daten fortgeschrieben.

Bezug der Informationsstrukturen

Sie können sich auf ein oder mehrere Standard-Informations- oder Auswertestrukturen beziehen. Einen anderen Bezug stellen auch beliebige Data-Dictionary-Strukturen dar (z. B. Belegdatei). Diese Auswertestrukturen bilden die Datenbasis für die flexiblen Analysen.

1.8.3 Standardanalysen

Die Standardanalysen bieten, neben den flexiblen Analysen, eine Form der Datenauswertung.

Der Datenumfang, der ausgewertet werden soll und der Detaillierungsgrad kann vom Benutzer durch unterschiedliche Funktionen und Selektionsmöglichkeiten bestimmt werden.

Standardanalysen können nach sechs verschiedenen Kriterien durchgeführt werden:

Kriterien für die Standardanalyse

- Kunde
- Material
- Verkaufsorganisation
- Versandstelle
- Vertriebsbeauftragter
- Verkaufsbüro

Um eine Standardanalyse auszuführen, geht man wie folgt vor:

1. Im R/3-Einstiegsbild ist der Menüpunkt *„Logistik-Vertrieb-Vertriebsinformationssystem"* zu wählen.
2. Dann ist der Menüpunkt *„Standardanalyse"* und die gewünschte Analyse (z. B. Kundenanalyse, Materialanalyse) anzuklicken. Man befindet sich nun im folgenden Einstiegsbild (siehe Abb. 1.66):

Abb. 1.66
Einstiegsmenü: Kundenanalyse

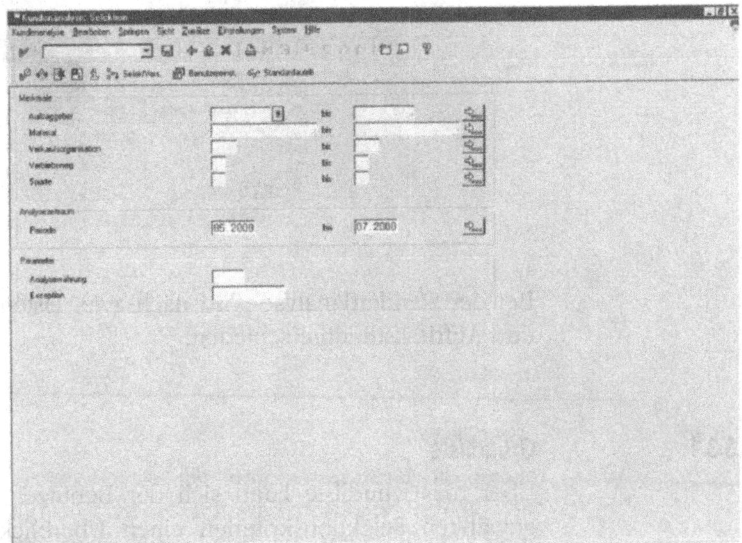

3. Hier besteht die Möglichkeit, die einzelnen Merkmale gezielt anzugeben oder diese Zeilen auszulassen. Der Analysezeitraum wird vom System automatisch festgelegt (falls jedoch für diesen Zeitraum keine Daten vorhanden sind, muss er geändert werden). Die Angabe der Analysewährung kann optional erfolgen.

Abb. 1.67 Standardanalyse (Quelle: On-Line-Dokumentation des R/3-Systems)

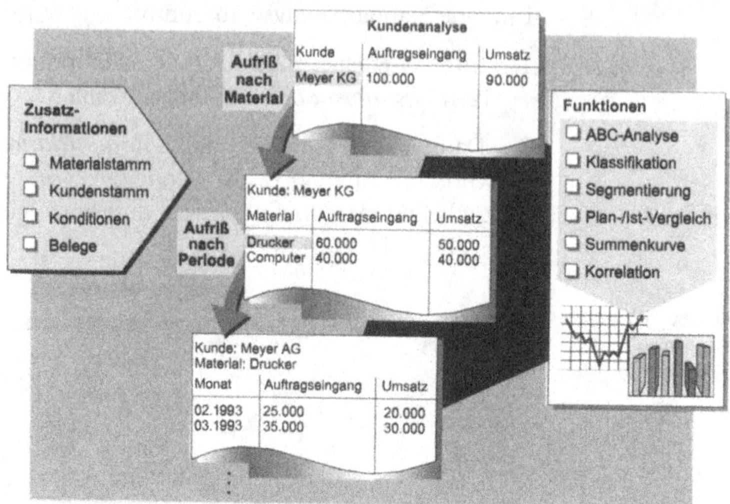

Bei der Standardanalyse wird nach zwei Listenarten, der Grund- und Aufrissliste, unterschieden.

1.8.3.1 Grundliste

Über die Grundliste kann sich der Benutzer gemäß der zuvor gewählten Selektionskriterien einen Überblick über die Merkmalsausprägungen zu den Kennzahlen anzeigen lassen (die Merkmalsausprägungen bei der Kundenanalyse sind die Kunden; zu den einzelnen Kunden werden dann die Kennzahlen, wie z. B. Umsatz, angezeigt).

Die Kennzahlen, die jeweils bei den verschiedenen Analysen erscheinen, können über den Menüpunkt der *Analyseform-Einstellungen* (z. B. Kundenanalyse-Einstellungen) ausgewählt werden.

Abb. 1.68
Anzeige der Grundliste

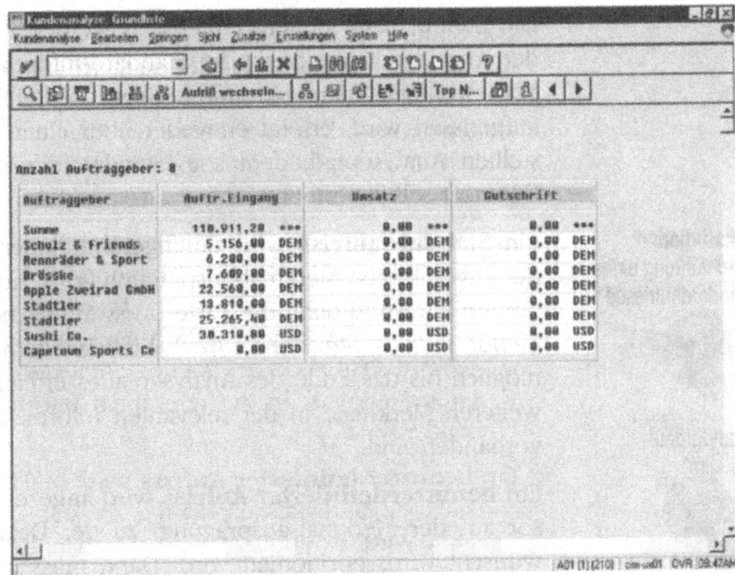

Anzahl Auftraggeber: 8

Auftraggeber	Auftr.Eingang		Umsatz		Gutschrift	
Summe	110.911,20	***	0,00	***	0,00	***
Schulz & Friends	5.156,00	DEM	0,00	DEM	0,00	DEM
Rennräder & Sport	6.200,00	DEM	0,00	DEM	0,00	DEM
Brösske	7.609,00	DEM	0,00	DEM	0,00	DEM
Apple Zweirad GmbH	22.560,00	DEM	0,00	DEM	0,00	DEM
Stadtler	13.810,00	DEM	0,00	DEM	0,00	DEM
Stadtler	25.265,40	DEM	0,00	DEM	0,00	DEM
Sushi Co.	30.310,00	USD	0,00	USD	0,00	USD
Capetown Sports Co	0,00	USD	0,00	USD	0,00	USD

1.8.3.2 Aufrissliste

Über die Aufrissliste erhält der Benutzer die Möglichkeit, sich eine bestimmte Merkmalsausprägung (z. B. Kunde Meyer) in Hinblick auf ein Merkmal (z. B. Verkaufsorganisation) detaillierter anzeigen zu lassen (siehe Abb. 1.69):

Abb. 1.69
Beispiel eines Aufrisses

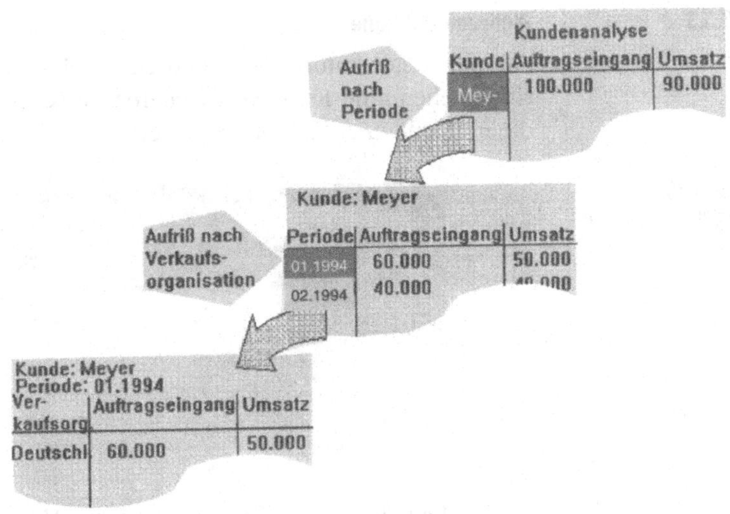

Die Stufen, nach denen aufgerissen werden kann, entsprechen der Anzahl der Merkmale der Standard-Informationsstruktur, die der jeweiligen Analyse zugrunde liegt. Die Reihenfolge, nach der aufgerissen wird, erfolgt entweder über einen bereits voreingestellten Analysepfad, dem sog. Standardaufriss oder wird vom Benutzer selbst bestimmt.

Fallstudien:
Durchführung eines Standardaufrisses

„Standardaufriss.scm"

„Benutzerdef_Aufriss.scm"

„Standardanalyse.scm"

Ein **Standardaufriss** wird durchgeführt, indem der Cursor auf der gewünschten Merkmalsausprägung (z. B. Kunde Meyer) positioniert wird und dann die Taste „Auswählen" betätigt wird (oder Menü: *Sicht ⇨ Standardaufriss*). Eine Wiederholung ist solange möglich bis das Ende des Analysepfades erreicht ist, d. h. keine weiteren Merkmale in der relevanten Informationsstruktur mehr vorhanden sind.

Ein **benutzerdefinierter Aufriss** wird angezeigt, wenn der Cursor auf der Merkmalsausprägung, zu der Detailinformation gewünscht wird, positioniert wird. Dann muss im Menü *„Sicht ⇨ Aufreißen nach"* das Merkmal gewählt werden, nach dem aufgerissen werden soll.

Szenario:
Auftragseingang von allen Großkunden in den alten Bundesländern anzeigen und graphisch darstellen lassen (Zeitraum: Sept. 97 - Nov. 97). Zudem werden standard- und benutzerdefinierte Aufrisse gezeigt.

1.8.3.3 Weitere Funktionen

Für alle Listenstufen, die durch solch einen Aufriss entstanden sind, stehen eine Reihe von weiteren Funktionen zur Verfügung, die im Menü *„Bearbeiten"* enthalten sind:

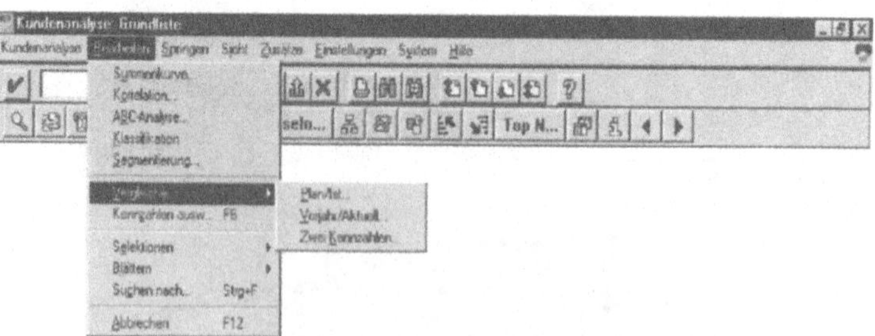

Abb. 1.70
Analyse-Funktionen

Alle enthaltenen Funktionen können mit Hilfe von *SAP-Graphik* graphisch oder tabellarisch am Bildschirm dargestellt werden.

1.8.3.3.1 Summenkurve

Der Benutzer hat die Möglichkeit, sich die Daten bezüglich einer Kennzahl in Form einer Summenkurve anzeigen zu lassen.

Die Summenkurve wird projiziert, wenn

- der Cursor auf der Kennzahl positioniert wird, für die eine Summenkurve erstellt werden soll und
- das Menü *„Bearbeiten-Summenkurve"* gewählt wird.

Abb. 1.71
Summenkurve

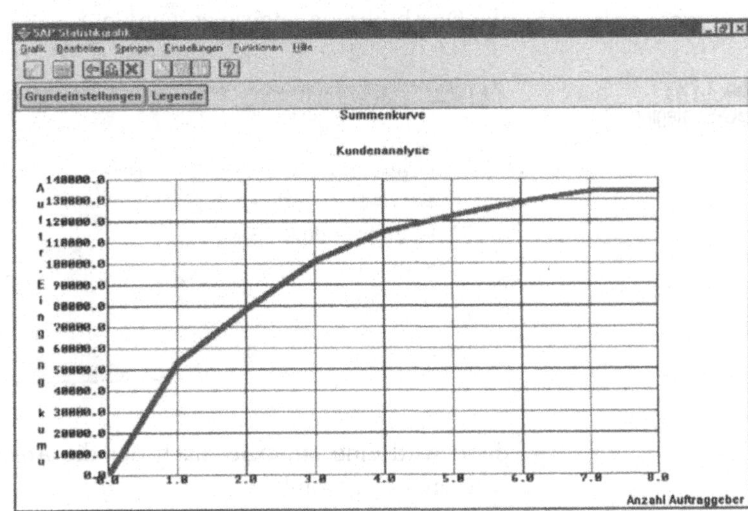

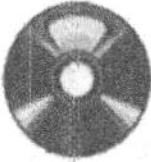

„Summenkurve.scm"

1.8.3.3.2 Korrelationskurve

Die Korrelationskurve stellt Wechselbeziehungen und Zusammenhänge bzgl. mehrerer Kennzahlen dar.

Eine Korrelationskurve wird dargestellt,

- wenn das Menü *„Bearbeiten-Korrelation"* gewählt wird. Hier erscheint ein Dialogfenster, in dem die Kennzahlen der aktuellen Liste angezeigt werden;
- aus dieser Liste müssen nun die Kennzahlen gewählt werden, aus denen eine Korrelationskurve erstellt werden soll;
- nach dem Drücken der OK-Taste wird die Korrelationskurve für die ausgewählten Kennzahlen angezeigt.

„Korrelation.scm"

1.8.3.3.3 ABC-Analyse

Die ABC-Analyse klassifiziert die Wichtigkeit von bestimmten Merkmalsausprägungen in Hinblick auf bestimmte Kennzahlen.

Eine ABC-Analyse wird erstellt, wenn

- der Cursor auf der Kennzahl positioniert wird, die als Kriterium für die Analyse dient;
- danach wird das Menü *„Bearbeiten-ABC-Analyse"* gewählt. Hier erscheint ein Dialogfenster, in dem die vier Strategien für die Durchführung angezeigt werden;

Abb. 1.72
ABC-Strategien

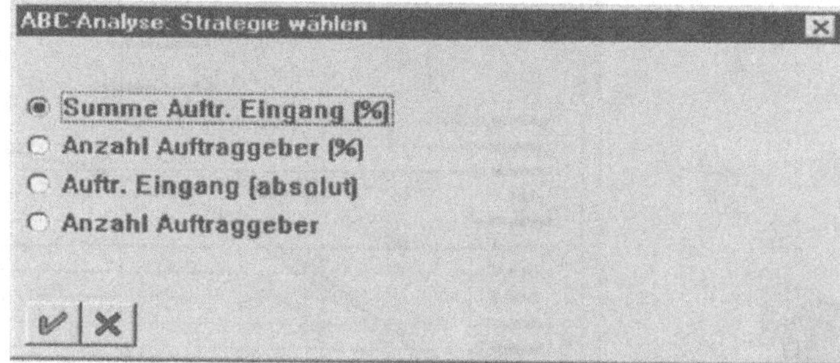

- dann wird eine Strategie, nach der die Analyse durchgeführt werden soll, gewählt.

Das Ergebnis erscheint, je nach gewählter Einstellung, zuerst als Graphik oder in Form einer Liste. Wenn das Ergebnis als erstes in Form einer Graphik erscheint, kann sich der Benutzer mittels der Schaltflächen am rechten Rand der SAP-Graphik ebenfalls die Listenarten anzeigen lassen.

Für die ABC-Analyse gibt es **zwei Arten von Listen**:

- Übersicht Segmente
- Liste A-, B- oder C-Segment

Abb. 1.73
Graphik einer ABC-Analyse

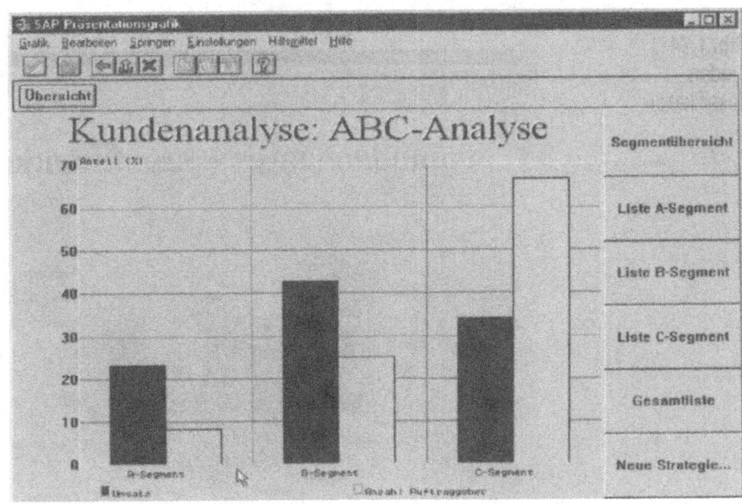

Fallbeispiel: ABC-Analyse

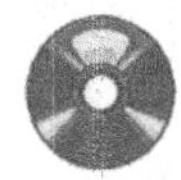

„ABC-Analyse.scm"

Szenario:

ABC-Analyse von allen deutschen Großkunden/Vereinen der Sparte Fahrräder. Der Analysezeitraum soll die letzten 12 Monate umfassen, der Kunde ist das Merkmal und die Kennzahl ist der Umsatz.

1.8.3.3.4 Klassifikation

Die Klassifikation teilt die Merkmalsausprägungen einer Kennzahl in Klassen ein. Die Festlegung der Klassengrenzen und die Anzahl der Klassen wird automatisch vom System übernommen. Sie können jedoch auch vom Benutzer selbst definiert werden.

Die Klassengrenzen werden vom System je nach Datenlage festgelegt. Es sind vom System standardmäßig sechs Klassen vorgesehen. Eine Klassifikation wird durchgeführt, wenn

- der Cursor auf der Kennzahl (bzw. Kennzahlspalte) positioniert wird, die für die Klassifikation herangezogen werden soll;
- danach das Menü „*Bearbeiten-Klassifikation*" gewählt wird.

Das Ergebnis erscheint je nach gewählter Einstellung zuerst als Graphik oder in Form einer Liste. Für die Klassifikation gibt es **zwei Listenarten**:

- Klassenübersicht
- Klassenliste (Detailinformationen zu einer bestimmten Klasse)

Abb. 1.74
Kunden-Klassifikation

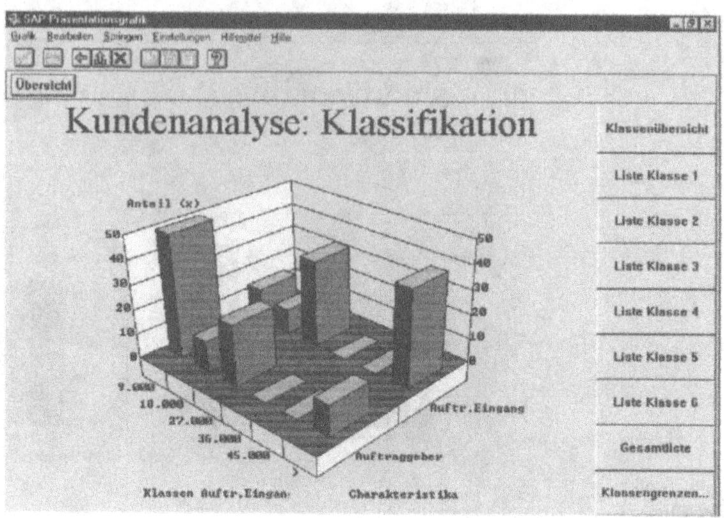

1.8.3.3.5

Segmentierung

Die Merkmalsausprägungen zweier Kennzahlen können mit Hilfe der Segmentierung in Klassen eingeteilt werden.

Eine Segmentierung wird durchgeführt, wenn

- das Menü *„Bearbeiten-Segmentierung"* gewählt wird. Hier erscheint ein Dialogfenster, in dem alle Kennzahlen der aktuellen Liste angezeigt werden.
- dann zwei Kennzahlen ausgewählt werden und [Enter] gedrückt wird.

Das Ergebnis erscheint je nach gewählter Einstellung zuerst als Graphik oder in Form einer Liste.

Für die Segmentierung gibt es **zwei Arten von Listen**:

- Übersicht Segmente
- Segmentliste

Fallstudie: Segmentierung

Funktionsüberblick:

Logistik ⇨ Vertrieb ⇨ Vertriebsinfosystem

Standardanalysen ⇨ Verkaufsorganisation

„seg.scm"

Analog zur Fallstudie ABC-Analyse wird erst eine Grundliste erzeugt. Von der Tabelle Verkaufsorganisationen wird die Verkaufsorganisation Deutschland ausgewählt und mit der Funktion *Sicht* ⇨ *Aufreißen nach* Material weiter aufgerissen. Mit der Funktion *Bearbeiten* ⇨ *Segmentierung* erhält man die „Segment-Übersicht-Material":

Abb. 1.75
Segmentübersicht

Segmentübersicht - Material

	AuftrEingMnge						
Auftr.Eingang	8	16	24	32	40	>	Summe
20.000	1	3	3	1	1	1	10
40.000	0	1	1	0	0	0	2
60.000	0	0	0	0	0	1	1
80.000	0	0	0	0	0	0	0
100.000	0	0	0	0	0	0	0
>	0	0	0	0	0	1	1
Summe	1	4	4	1	1	3	14

Dann werden die Klassengrenzen mit dem Button [Klassengrenzen] angepasst, da die Distribution der Daten in der Grafik gesucht wird. Im vorliegenden Fall wird der Auftragseingang näher untersucht. Nach der Bestätigung erhält man eine grafische Darstellung der Tabelle.

Abb. 1.76
Grafik einer Segmentierung

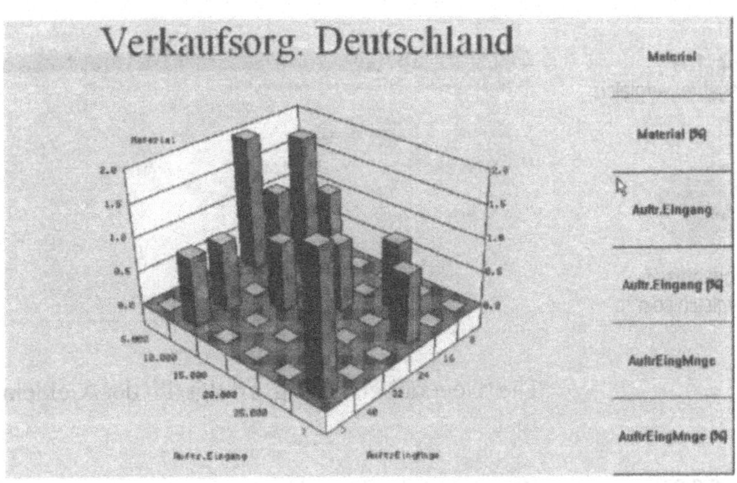

Mit den Tasten rechts der Grafik kann man die Ansichten ändern, z. B. nach Material oder Auftragseingang. Mit diesen Auswahlbuttons werden die Ansichten näher betrachtet.

1.8.3.3.6 Plan-/Ist-Vergleich

Mit Hilfe des Plan-/Ist-Vergleiches können Plan- und Ist-Daten einer Kennzahl gegenübergestellt werden.

Ein Plan-/Ist-Vergleich wird erstellt, wenn

- der Cursor auf der für den Plan-/Ist-Vergleich relevanten Kennzahl positioniert ist.
- Danach wird das Menü *„Bearbeiten-Vergleiche-Plan-/Ist-Vergleich“* gewählt. Hier erscheint ein Dialogfenster, in dem die Planungsversion einzugeben ist.
- Durch Drücken der *„Weiter-Taste“* wird der Vorgang abgeschlossen, es erscheint der Plan-Ist-Vergleich; die Differenz wird in einer Währung und in Prozent angegeben.

1.8.3.3.7 Vorjahr-/Aktuell-Vergleich

Der Vergleich Vorjahr-/Aktuell stellt die Werte einer Kennzahl des Vorjahres der des aktuellen Jahres gegenüber.

Ein Vorjahr-/Aktuell-Vergleich wird erstellt, wenn

- der Cursor auf der für den Vergleich relevanten Kennzahl positioniert ist.
- Danach wird das Menü *„Bearbeiten-Vergleiche-Vorjahr-/Aktuell-Vergleich“* gewählt.

Abb. 1.77
Vorjahresvergleich

„Vorjahres-
vergleich.scm“

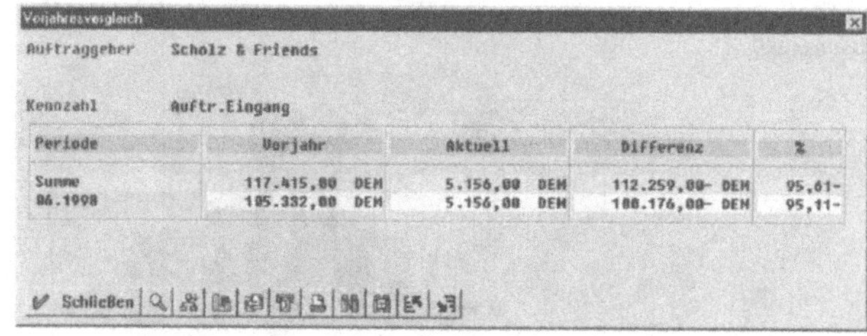

Vorjahresvergleich

Auftraggeber Scholz & Friends

Kennzahl Auftr.Eingang

Periode	Vorjahr	Aktuell	Differenz	%
Summe	117.415,00 DEM	5.156,00 DEM	112.259,00- DEM	95,61-
06.1998	105.332,00 DEM	5.156,00 DEM	100.176,00- DEM	95,11-

Schließen

Die Gegenüberstellung erfolgt in der Geldeinheit und prozentual.

1.8.3.3.8 Vergleich zweier Kennzahlen

Bei diesem Verfahren werden die Werte zweier Kennzahlen gegenübergestellt.

Ein Vergleich zweier Kennzahlen wird erstellt, wenn

- der Cursor auf einer Kennzahl (Kennzahlspalte) positioniert ist.
- Danach wird das Menü *„Bearbeiten-Vergleiche-zweier Kennzahlen"* gewählt. Hier erscheint ein Dialogfenster mit allen Kennzahlen.
- Zwei Kennzahlen müssen ausgewählt werden und die Taste *„weiter"* betätigt werden.

Der Vergleich erfolgt ebenfalls in Geldeinheiten und prozentual.

1.8.4 Flexible Analysen

Die flexiblen Analysen bieten dem Benutzer im Vergleich zu den Standardanalysen die Möglichkeit, die Auswertungen auf seine persönlichen Bedürfnisse abgestimmt auszuführen. Das bedeutet, er kann den Grad der Informationstiefe, die Aussagekräftigkeit und den Umfang der Analyse selbst bestimmen. So können hier z. B. sowohl detaillierte Daten für einen Sachbearbeiter als auch eine komprimierte Datenaufarbeitung als Übersicht für das Management erstellt werden. Nach dem Ausführen der Analyse wird im ***REPORT WRITER*** ein Bericht generiert. Dieser Bericht kann in seinem Layout ebenso individuell gestaltet werden. Es besteht außerdem die Möglichkeit, den Bericht im *REPORT WRITER* weiterzubearbeiten. Es können bestimmte Zeilen unterdrückt, von der Anzeige ausgeschlossen, Texte und Kommentare angefügt oder das Layout nochmals verändert werden.

Datenquelle

Alle Informationen, die in der Vertriebsabwicklung vorhanden sind, bilden die Datenbasis für das Vertriebsinformationssystem. Die Daten aus den operativen Anwendungen, wie z. B. das Erstellen von Aufträgen, werden in den sog. Informationsstrukturen (Statistikdateien) fortgeschrieben.

Datenbasis

Die flexiblen Analysen greifen bei der Auswertung auf die schon erwähnten Informationsstrukturen zurück. Es gibt zwei Arten dieser Statistikdateien:

- **Standard-Informationsstrukturen** (siehe Kapitel 1.8.3)
- **Auswertestrukturen** (selbst definierbare Informationsstruktur)

1.8.4.1 Auswertestrukturen

Auswertestrukturen liefern, zusammen mit den Standard-Informationsstrukturen, die erfassten Daten und Informationen, die benötigt werden, um eine Auswertung durchzuführen.

Das besondere an der Auswertestruktur ist, dass der Benutzer sie **selbst definieren** kann, d. h. er kann sich die gewünschten Merkmale und Kennzahlen individuell zusammenstellen (siehe Abb. 1.78). In einer solchen Struktur werden keine Daten fortgeschrieben, denn sie stellen nur eine individuelle Sicht auf bestimmte bestehende Strukturen dar.

Eine Auswertestruktur kann sich auf eine oder mehrere Informationsstrukturen beziehen.

Zur Auswahl stehen:

- **Standard-Informationsstrukturen**
- beliebige **Data-Dictionary-Strukturen** (z. B. Belegdateien)
- bereits bestehende **Auswertestrukturen**

Die für eine solche Analyse selbst definierten Auswertestrukturen können sich dabei auf eine beliebige Data-Dictionary-Struktur oder auf eine oder mehrere Informationsstrukturen beziehen. Das Erstellen einer Auswertestruktur ist durch einfache **„Pick-Up-Technik“** möglich:

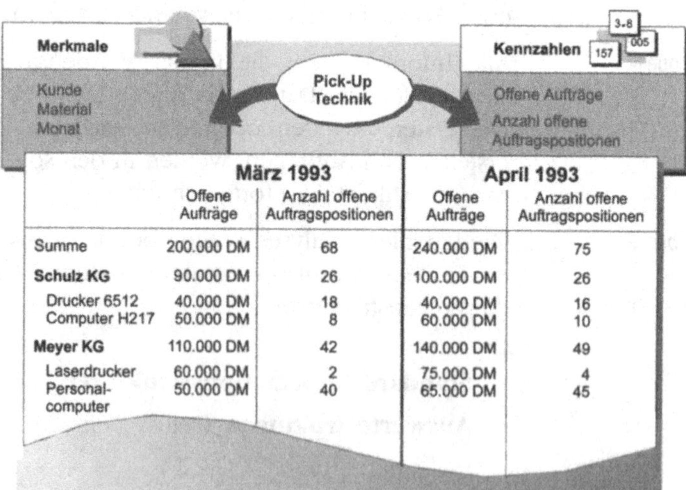

	März 1993		April 1993	
	Offene Aufträge	Anzahl offene Auftragspositionen	Offene Aufträge	Anzahl offene Auftragspositionen
Summe	200.000 DM	68	240.000 DM	75
Schulz KG	90.000 DM	26	100.000 DM	26
Drucker 6512	40.000 DM	18	40.000 DM	16
Computer H217	50.000 DM	8	60.000 DM	10
Meyer KG	110.000 DM	42	140.000 DM	49
Laserdrucker	60.000 DM	2	75.000 DM	4
Personal-computer	50.000 DM	40	65.000 DM	45

Abb. 1.78
Pick-Up-Technik (Quelle: On-Line-Dokumentation des R/3-Systems)

1.8.4.1.1 Anlage der Auswertestruktur

Wenn eine Auswertestruktur angelegt werden soll, so wählt man ausgehend vom Menü „*Vertriebsinformationssystem*":

Flexible Analysen ⇨ Auswertestruktur ⇨ Anlegen

Dann erhält man folgendes Bild:

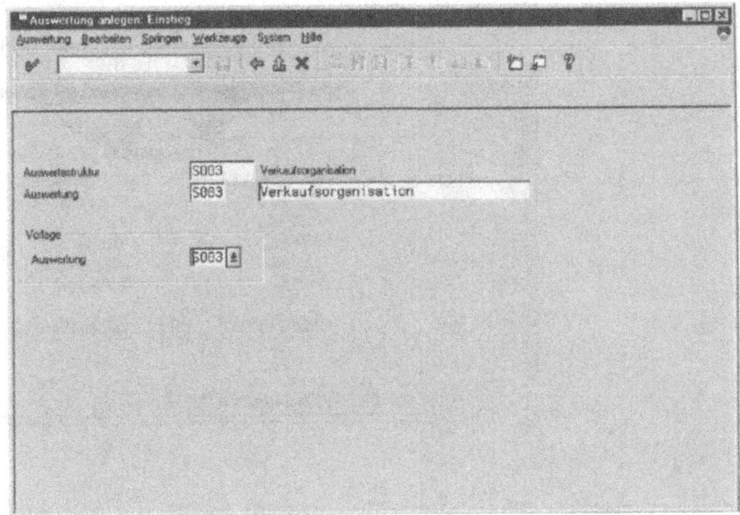

Abb. 1.79 Einstiegsmenü: Auswertestruktur anlegen

Im Feld „*Auswertestruktur*" wird der Name der anzulegenden Informationsstruktur eingegeben; im darauf folgenden Feld eine nähere Beschreibung. Nun kann ausgewählt werden, auf welche bereits bestehende Informationsstruktur oder Data-Dictionary-Struktur (DDIC-Struk-tur) sich die Auswertestruktur beziehen soll.

Achtung !

Soll sich die Auswertestruktur auf mehrere Informationsstrukturen beziehen, so müssen die gewählten Merkmale auch in allen Strukturen enthalten sein, da sonst für die bestehenden Kennzahlen keine Daten für das in einer Struktur fehlende Merkmal ermittelt werden können.

Auswählen von Merkmalen und Kennzahlen

Nach dem Betätigen der OK-Taste erscheint ein Bildschirmelement (siehe Abb. 1.80), in dem durch Anklicken der Taste „*Merkmale*" (oder „*Kennzahlen*") eine Auswahlliste aufgerufen werden kann.

In dieser Auswahlliste sind rechts alle zur Verfügung stehenden Informationsstrukturen und links alle **Merkmale** (oder **Kennzahlen**) der gewählten Informationsstruktur, auf die sich die Auswertestruktur beziehen soll, aufgeführt. Die Auswahl von

Merkmalen oder Kennzahlen erfordert dieselbe Vorgehensweise, deshalb werden diese beiden Arbeitsschritte in einem erklärt.

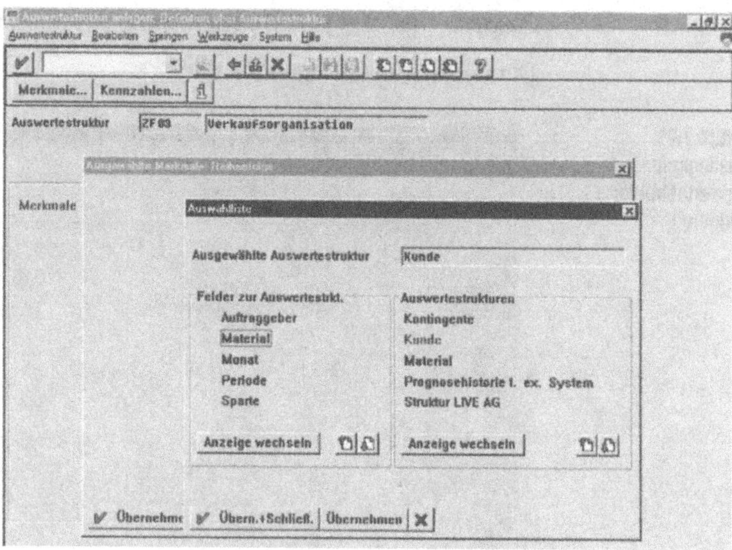

Abb. 1.80 Auswahlliste: Merkmale und Kennzahlen

Informationsstruktur mit Bezug anlegen

Eine Informationsstruktur mit Bezug ist folgendermaßen anzulegen:

- Um die Felder zu der gewünschten Auswertestruktur zu erhalten, muss eine der aufgeführten Auswertestrukturen (siehe Abb. 1.80) ausgewählt werden (durch Doppelklick auf die gewählte Auswertestruktur).
- Nun erscheint auf der linken Hälfte die Auflistung (in diesem Fall der Kennzahlen) der Felder zur Auswertestruktur.
- Die Kennzahlen (oder Merkmale) können einzeln angeklickt und durch die Taste *„Übernehmen"* Auswertestruktur hinzugefügt (die gewählten Felder werden mit einem „*" gekennzeichnet) werden oder
- es kann durch bestimmte Tasten, wie z. B. [F7], ein ganzer Block markiert werden. Dies geschieht durch Markieren des ersten Elements des Blocks, Drücken der Taste [F7] und durch Wiederholen dieses Vorgangs beim letzten Element des Blocks. Diese Funktionstastenliste erhält man, wenn irgendwo im obigen Bild mit der rechten Maustaste geklickt wurde.

Ist die Auswahl der Kennzahlen abgeschlossen, drückt man *„Übernehmen und Schließen“* und erhält eine Auflistung der getroffenen Auswahl. Dasselbe kann mit den Merkmalen durchgeführt werden. Danach sieht man in der Auflistung links die Merkmale und rechts die Kennzahlen abgebildet. In diesem Fenster kann die Auswahl noch verändert werden, z. B. neue Felder hinzugefügt, die Reihenfolge geändert und Felder gelöscht werden.

Veränderung der getroffenen Auswahl

Zuerst muss das Feld, das verschoben werden soll, dann die Stelle, an der es eingefügt werden soll, markiert werden (mit der Taste F9 oder *„Markieren“*-Taste); dann Wahl der Taste *„Verschieben“*.

Nochmals die Funktion *„Auswahlliste“* anklicken, und man erhält erneut die Auswahlliste der Felder und Auswertestrukturen, auf die nach Wunsch zugegriffen werden kann.

Das Löschen von Feldern wird dadurch erreicht, indem man das gewünschte Feld markiert und die Funktion *„löschen“* wählt.

Anlage mit Bezug auf eine Data-Dictionary-Struktur

Im Einstiegsbild ist *„Bezug DDIC-Struktur“* zu wählen. Im darauf folgenden Fenster kann der Name einer DDIC-Tabelle angegeben werden und im Eingabefeld *„Tabelle“* der Name der DDIC-Struktur, auf die sich die Auswerte-Informationsstruktur beziehen soll; dann Drücken der OK-Taste.

Die Merkmale und Kennzahlen können nun genauso im Abschnitt **Auswertestrukturen mit Bezug auf Informationsstruktur** ausgewählt werden. Auch in der Auswahlliste ist identisch vorzugehen.

1.8.4.1.2 Generierung von Auswertestrukturen

Zunächst muss die erstellte Auswertestruktur bearbeitet werden. Dazu wählt man aus dem Menü den Befehl:

Auswertestruktur ⇨ Generieren

und gelangt somit in das Einstiegsbild zurück.

Auswertestruktur ändern

Soll eine Auswertestruktur geändert werden, wählt man:

Flexible Analysen ⇨ Auswertestruktur ⇨ Ändern

Dann befindet man sich im Einstiegsbild, in dem der Name der zu ändernden Struktur eingegeben werden kann. Nach Betätigen der OK-Taste können, wie beim Anlegen einer Auswerte-Informationsstruktur, die Merkmale und Kennzahlen bearbeitet werden.

Auswertestruktur anzeigen

Um eine Auswertestruktur anzuzeigen, wählt man vom Menü des Vertriebsinformationssystems

Flexible Analysen ⇨ Auswertestruktur ⇨ Anzeigen

und gelangt somit ins Einstiegsbild. Hier ist der Name der Struktur einzugeben, die angezeigt werden soll.

Auswertestruktur löschen

Hier geht man zuerst wie beim Änderungsvorgang vor:

Flexible Analysen ⇨ Auswertestruktur ⇨ Ändern

Im Einstiegsbild ist im Feld *„Auswertestruktur"* der Name der zu löschenden Auswertestruktur anzugeben. Dann wählt man:

Auswertestruktur ⇨ Löschen

1.8.4.2 Auswertungen

Wie schon erwähnt, bilden die Auswertestrukturen und die Standard-Informationsstrukturen die Datenbasis für die flexiblen Analysen, im weiteren Auswertungen genannt.

Abb. 1.81 Auswertungen

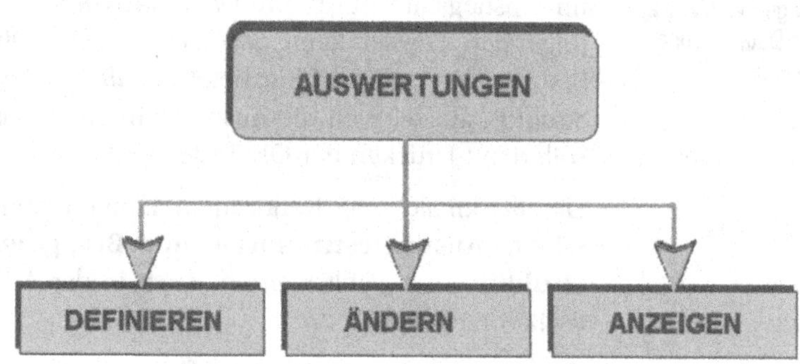

Eine Auswertung muss zuerst, basierend auf einer Auswertestruktur oder einer Standard-Informationsstruktur, definiert werden. Man spricht hier auch von der Generierung eines Reports.

Anschließend kann erst die Auswertung ausgeführt, angezeigt, und geändert werden.

1.8.4.2.1 Definition einer Auswertung

Bei der Definition müssen folgende Eigenschaften festgelegt werden:

1. **Datenquelle**, auf die sich die Auswertung beziehen soll (z. B. Informationsstruktur);
2. **Kennzahlen**, die ausgewertet werden sollen;

3. **Merkmale** (zur Verdichtung der Kennzahlen) und
4. **Layout** des Berichts.

Definition anlegen

Um die Definition einer Auswertung anzulegen, wählt man die Menüpunkte:

Flexible Analysen ⇨ Auswertung ⇨ Anlegen

Im Feld *„Auswertestruktur"* des Einstiegsbildes gibt man den Namen der Informationsstruktur an, auf die sich die Auswertung beziehen soll. Eine solche kann, wie bereits erwähnt, eine Standard-Informationsstruktur oder eine Auswertestruktur sein.

Nun gibt man im Feld *„Auswertung"* den Namen ein, den die Auswertung erhalten soll mit einer näheren Beschreibung. Dieser Name kann sich aus maximal 4 alphanumerischen Zeichen zusammensetzen.

Optional kann auch eine bereits bestehende Auswertung als Vorlage benutzt werden. Wenn eine Vorlage benutzt werden soll, gibt man im Eingabefeld *„Vorlage"* den Namen der als Vorlage dienenden Auswertung an. Zu jeder automatisch generierten Auswertestruktur gibt es eine Muster-Auswertung gleichen Namens, die als Vorlage herangezogen werden kann.

Dann betätigt man die OK-Taste, um ins Definitionsbild zu gelangen, in dem wieder die Merkmale und Kennzahlen für die Auswertung zusammengestellt werden können.

Abb. 1.82
Auswerte-Definition anlegen

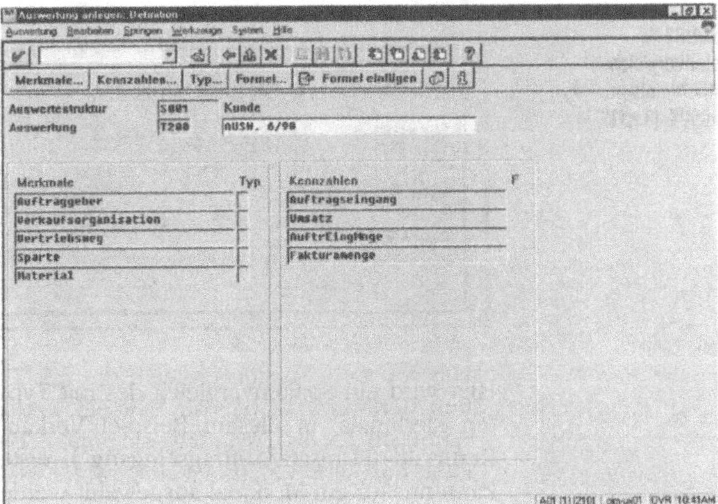

Die Auswahl der Kennzahlen und Merkmale entspricht der Vorgehensweise bei der Anlage von **Auswertestrukturen.**

Durch Auswahl der Menüpunkte:

Bearbeiten ⇨ Merkmale

erhält man ein Dialogfenster mit einer Liste aller Merkmale der zuvor angegebenen Auswertestruktur. Analog dazu erhält man mit:

Bearbeiten ⇨ Kennzahlen eine Liste aller Kennzahlen.

Achtung!

Hier wird die Reihenfolge der Anzeige der Merkmale und Kennzahlen im späteren Bericht festgelegt.

Flexibles Layout durch verschiedene Anzeigetypen

Sind alle Kennzahlen und Merkmale ausgewählt, kann man den Anzeigetyp festlegen. Jedoch wird dieser nur für Merkmale festgelegt.

Das Layout des Berichts kann individuell gestaltet werden. Dazu stehen vier verschiedene Anzeigetypen zur Verfügung. Für jedes ausgewählte Merkmal kann man einen Anzeigetyp festlegen.

Zur Auswahl stehen:

- Normalanzeige (Typ 1)

  Bei diesem Anzeigetyp werden die Merkmale in der Reihenfolge der Selektion aufgeführt:

Abb. 1.83 Spaltenvergleich des Merkmals pro Kennzahl (**Typ1**)

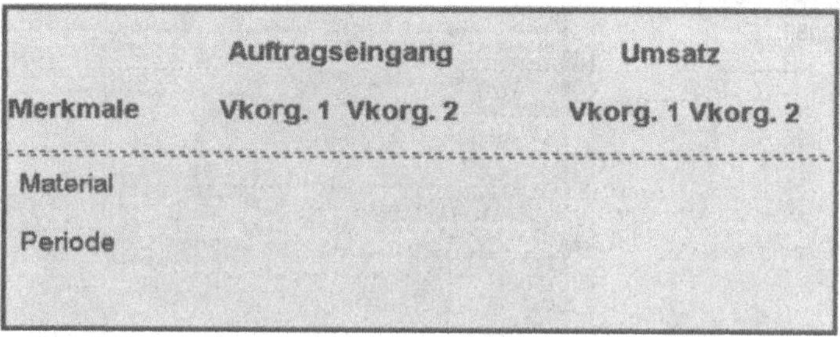

Hier wird ein Spaltenvergleich des mit Typ 1 gekennzeichneten Merkmals, in diesem Beispiel Verkaufsorganisation pro Kennzahl („Umsatz/Auftragseingang"), erstellt. Dieser **Typ 1** kann nur für ein Merkmal ausgewählt werden.

- Normalanzeige (Typ 2)

Abb. 1.84
Spaltenvergleich der Kennzahlen für das Merkmal (**Typ 2**)

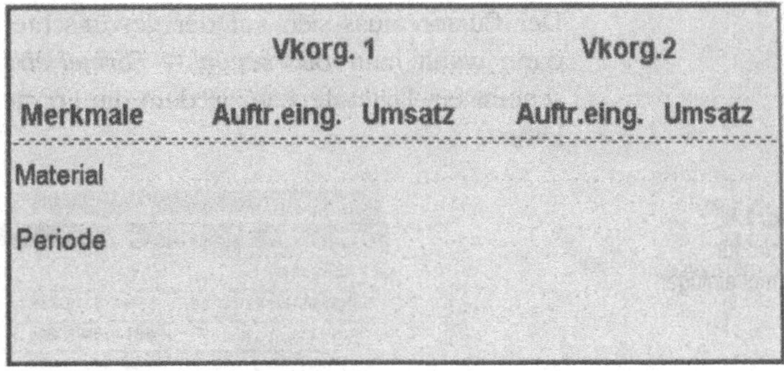

Hier wird ein Spaltenvergleich der Kennzahlen (Umsatz/Auftragseingang) für das mit **Typ 2** belegte Merkmal, in diesem Beispiel „Verkaufsorganisation", erstellt. Dieser Typ kann nur für ein Merkmal ausgewählt werden.

- Normalanzeige (Typ 3)

Anzeige nur in Selektion (**Typ 3**)

Das mit Typ 3 versehene Merkmal dient nur zur Datenauswahl beim Ausführen der Auswertung. Es wird in der Ausgabeliste nicht aufgeführt.

Um ein Merkmal für einen bestimmten Anzeigetyp festzulegen, muss das gewünschte Merkmal markiert und die Funktion „*Typ*" gewählt werden. Im daraufhin erscheinenden Dialogfenster kann dann zwischen den verschiedenen Anzeigetypen gewählt werden.

Bei der Wahl von **Typ 1** oder **Typ 2** muss zusätzlich die Anzahl der Spaltenwiederholungen eingegeben werden. Diese entspricht der Anzahl von Merkmalswerten, die im Bericht verglichen werden können. Vom System wird standardmäßig „**2**" eingestellt, die Anzahl der Spaltenwiederholungen kann jedoch zwischen „**2**" und „**12**"! liegen.

Es können auch neue Kennzahlen für Auswertungen definiert werden, in dem man bereits bestehende Kennzahlen bspw. miteinander multipliziert oder voneinander subtrahiert.

Formel definieren

Soll eine Formel definiert werden, muss folgende Vorgehensweise gewählt werden:

Der Cursor muss sich auf der gewünschten Kennzahl befinden, dann wählt man *Bearbeiten ⇨ Formel einfügen*. Daraufhin erscheint ein Dialogfenster, in dem die Formel eingegeben werden kann:

Abb. 1.85 Maske für Formel einfügen

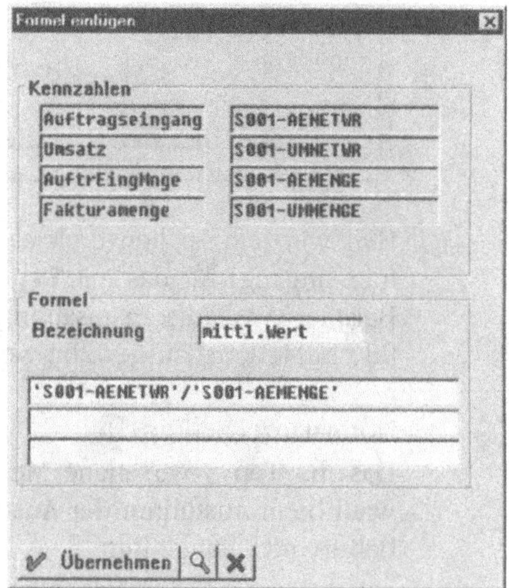

In diesem Dialogfenster (siehe Abb. 1.85) werden alle ausgewählten Kennzahlen mit ihren entsprechenden Kürzeln aufgeführt.

Im unteren Teil sind die Bezeichnung der **Formel** (diese Bezeichnung erscheint in der Liste der Kennzahlen und im späteren Bericht) und die eigentliche Formel einzugeben.

Um eine der Kennzahlen in die Formel aufzunehmen, positioniert man den Cursor auf der Kennzahl und klickt die Funktion „*Auswählen*“ (oder Doppelklick mit der Maus) an. Das entsprechende Kürzel wird in die Formelzeile übernommen.

Bei **manueller Eingabe** der Kürzel müssen diese in Hochkomma „*S001-AEMENGE*“ angegeben werden.

Nach dem Betätigen der „*Übernehmen*“-Taste wird die Bezeichnung in die Kennzahlenliste übernommen. Alle durch eine Formel ermittelten Kennzahlen erhalten hinter der Bezeichnung eine Markierung.

Layoutgestaltung

Beim Anlegen bzw. Ändern einer Auswertungsdefinition hat man die Möglichkeit Layoutparameter für die spätere optische Gestaltung der Berichtsausgabe festzulegen. Dies geschieht über die Funktion: *Bearbeiten ⇨ Layout.*

Es ist möglich, sich den erstellten Bericht zur Kontrolle anzeigen zu lassen. Dieser Bericht erscheint dann aber nur schematisch ohne eingegebene Daten. Um nun eine **Layoutkontrolle** (siehe Abb. 1.86) durchzuführen, wählt man die Funktion „*Bearbeiten ⇨ Layoutkontrolle*" im Menü des Vertriebsinformationssystems.

Abb. 1.86 Layoutkontrolle

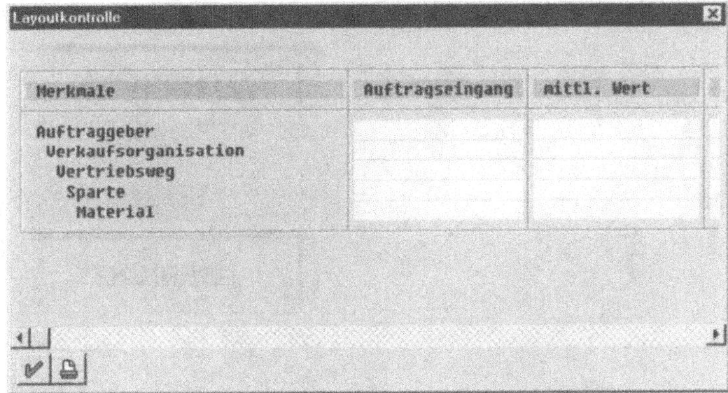

1.8.4.2.2

Generierung von Auswertungen

Die nun erstellte Auswertung muss zuerst wieder generiert werden. Bei diesem Vorgang kann man die Auswertung in einen Transportauftrag einbinden. Dadurch hat man die Möglichkeit die generierte Auswertung auch in andere Systeme zu transportieren. Um die Auswertung zu generieren, wählt man:

Auswertung ⇨ generieren

Im Einstiegsbild zurück, erhält man die Rückmeldung, dass die Auswertung generiert wurde.

Falls die Auswertung noch nicht generiert wurde, erhält man eine Abfrage, ob das System die Auswertung generieren soll. Diese Meldung sollte man mit „Ja" beantworten, da sonst die gesamte Auswertung nicht gespeichert ist.

1.8.4.2.3 Ausführung von Auswertungen

Da die Auswertung generiert ist, kann sie ausgeführt und ausgedruckt werden.

Abb. 1.87
Verzweigung zum Report Writer

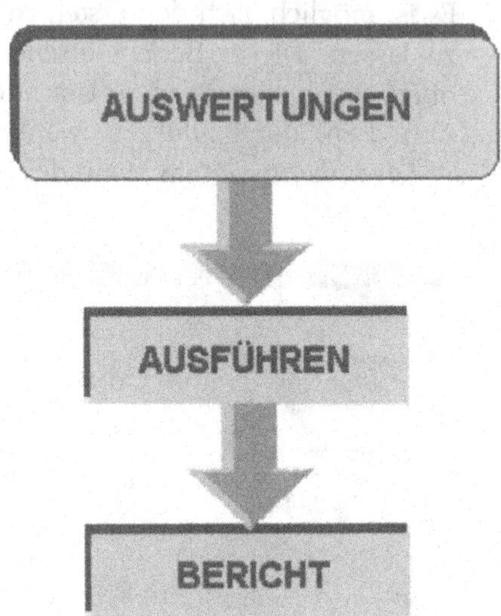

Es gibt zwei Möglichkeiten der Ausführung: mit und ohne Selektion (Auswahlkriterien).

Auswertung mit Selektion

Ausgehend vom Menü des Vertriebsinformationssystems wählt man:

Flexible Analysen ⇨ Auswertung ⇨ Ausführen

1. Im Feld „*Auswertestruktur*" des Einstiegsbildes gibt man den Namen der Informationsstruktur an, auf die sich die Auswertung bezieht.
2. Im Feld „*Auswertung*" ist der Name der Auswertung einzutragen, die ausgeführt werden soll.
3. Nach Wahl der Funktion „*Ausführen*" eröffnet sich ein Selektionsbildschirm.
4. Nun können durch die Angabe von Merkmalsausprägungen die in der Definition angegebenen Merkmale weiter eingeschränkt werden.
5. Die gewünschten Selektionskriterien sind einfach oder in Form von „Sets" anzugeben.

Sets

Sets fassen bestimmte vergleichbare Werte zusammen, z. B. kann man verschiedene Kunden aus einem Bundesland zusammenfassen, evtl. zu einem Set „Verkaufsgebiet Baden/Württemberg".

Somit ist eine individuelle Organisation, z. B. der Verkaufsgebiete, möglich. Diese Art der Gruppierung ist für jedes Merkmal gültig und bietet eine Möglichkeit, die Vertriebsinformationen aus einer individuellen Sicht zu betrachten. Darüber hinaus können genutzt werden:

Zusätzliche Möglichkeiten

- *Ergebnisse permanent speichern* - ist dieses Feld angewählt, werden die selektierten Daten permanent gespeichert. Dadurch hat man jederzeit die Möglichkeit, auf den Datenbestand zugreifen zu können, ohne die Datenselektion wiederholen zu müssen. Es ist zu beachten, dass nur Berichte, die permanent gesichert wurden, über SAP*office* verschickt werden können.
- *Name der gespeicherten Daten* - falls das Kennzeichen *„Ergebnisse permanent speichern"* gesetzt ist, kann in diesem Feld ein Name für die zu speichernden Daten eingegeben werden.
- *Kennwort* - diese Eingabe ist optional. Mit dem Kennwort können permanent gesicherte Daten vor fremdem Zugriff geschützt werden. Es ist nicht möglich ohne Angabe des Kennworts zu einem späteren Zeitpunkt auf die Daten der Auswertung zuzugreifen.
- *Bericht ausgeben* - dieses Feld ist mit einem „x" vorbesetzt, dies bedeutet, dass die Liste direkt nach der Selektion aufbereitet und angezeigt wird.

Mit dem Befehl *Ausführen* wird die gewählte Auswertung ausgeführt. Damit verzweigt man in den ***Report Writer*** (siehe Abb. 1.88) und kann den Bericht weiterbearbeiten.

Abb. 1.88
S001-Auswertungsergebnis anzeigen

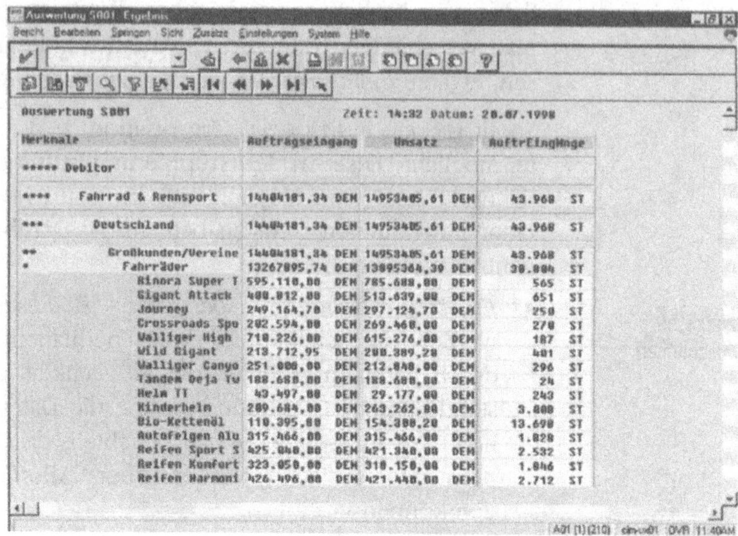

Merkmale	Auftragseingang	Umsatz	AuftrEingMnge
***** Debitor			
**** Fahrrad & Rennsport	14404181,34 DEM	14953405,61 DEM	43.960 ST
*** Deutschland	14404181,34 DEM	14953405,61 DEM	43.960 ST
** Großkunden/Vereine	14404181,34 DEM	14953405,61 DEM	43.960 ST
* Fahrräder	13267095,74 DEM	13095364,39 DEM	30.004 ST
Rinora Super T	595.110,00 DEM	785.680,00 DEM	565 ST
Gigant Attack	400.812,00 DEM	513.639,00 DEM	651 ST
Journey	249.164,70 DEM	297.124,70 DEM	250 ST
Crossroads Spo	202.594,00 DEM	269.460,00 DEM	270 ST
Walliger High	710.226,00 DEM	615.276,00 DEM	187 ST
Wild Gigant	213.712,95 DEM	200.389,20 DEM	401 ST
Walliger Canyo	251.006,00 DEM	212.840,00 DEM	296 ST
Tandem Deja Tw	180.680,00 DEM	180.680,00 DEM	24 ST
Helm TT	43.497,00 DEM	29.177,00 DEM	243 ST
Kinderhelm	209.684,00 DEM	263.262,00 DEM	3.000 ST
Bio-Kettenöl	110.395,00 DEM	154.300,20 DEM	13.690 ST
Autofelgen Alu	315.466,00 DEM	315.466,00 DEM	1.020 ST
Reifen Sport S	425.040,00 DEM	421.340,00 DEM	2.532 ST
Reifen Komfort	323.050,00 DEM	310.150,00 DEM	1.046 ST
Reifen Harmoni	426.496,00 DEM	421.440,00 DEM	2.712 ST

Auswertung ohne Selektion

Eine Auswertung ohne Selektion ist nur dann möglich, wenn die Auswertung zuvor bereits ausgeführt wurde und die Daten durch Setzen des *„Ergebnisse permanent speichern"* Feldes gesichert wurden.

Um die Auswertung nun ohne Selektion durchzuführen, wählt man wieder:

Flexible Analysen ⇨ Auswertung ⇨ Ausführen

und erhält wiederum das Einstiegsbild. Hier muss der Name der Informationsstruktur eingegeben werden, auf die sich die Auswertung bezieht und der Name der Auswertung selbst.

Nun wählt man *„Ausführen ohne Selektion"* und erhält ein Aufforderungsbild. Dort gibt man im Feld *„Name der gespeicherten Daten"* den Dateinamen der gesicherten Daten an. Falls ein Kennwort angegeben wurde, muss dieses ebenfalls eingegeben werden.

Abb. 1.89
S001-Auswertungsergebnis ausgeben

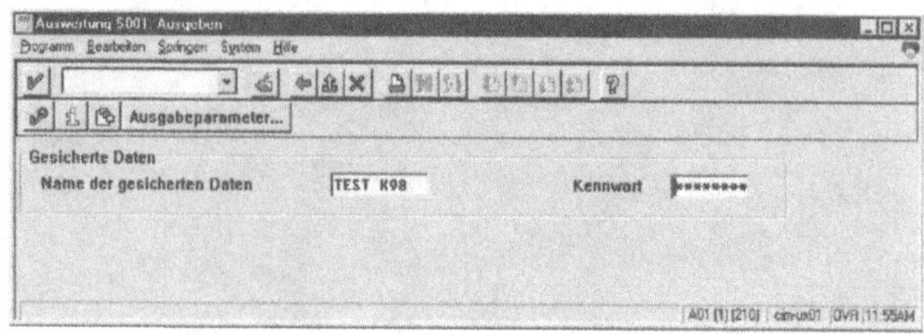

Zusätzlich stehen **weitere Parameter zur Auswahl** des Ausgabemediums, des Ausgabeformats und des Dateiformats zur Verfügung:

Ausgabemedium

„0" Ausgabe erfolgt über Bildschirm oder Drucker.

„1" Ausgabe erfolgt über eine Textdatei auf dem Applikationsserver (Rechner, auf dem das SAP-System läuft).

„2" Hier erfolgt die Ausgabe auf dem Präsentationsserver (auf dem Rechner, auf dem gerade gearbeitet wird), damit hat man die Möglichkeit, den Bericht auf dem PC abzuspeichern und dort weiterzuverarbeiten. Diese Kennzeichnung ist nur sinnvoll, wenn auf den Präsentationsserver (Ausgabemedium 2) ausgegeben werden soll, da dieser Parameter das Format der Datei festlegt, in die der Bericht exportiert werden soll.

„3" Bildschirm/Abteilungsdrucker

„4" Excel

„5" Datenübergabe an EIS (Executive Information System)

Ausgabeformat

„0" Der Bericht wird in Listformat ausgegeben (Ausgabe entspricht der auf dem Bildschirm).

„1" Ausgabe des Berichts in Tabellenformat - dieses Format dient dazu, Daten mit externen Programmen auszutauschen. Formatierungszeichen werden hier weggelassen, deshalb kann es nicht auf dem Bildschirm angezeigt werden. Zur Trennung der Berichtsspalten werden Tabulatorkennzeichen verwendet.

„2" Excelformat

„3" HTML-Format

Es werden folgende **Dateiformate** unterstützt: ASCII (ASC), Binär (BIN), Dbase (DBF), ASCII mit IBM-Codepage Konvertierung (DOS), Tabellenkalkulation (WK1), Datentabelle ASCII mit Spaltentabulator (DAT).

Zusätzliche Funktionen

Mit dem Menüpunkt *„Springen"* kann ein Variantenkatalog angezeigt, bereits erstellte Varianten angezeigt und selbst erstellte Varianten gesichert werden.

Mit dem Menüpunkt *„Utilities"* besteht die Möglichkeit, eine Datenbankstatistik und eine Testhilfe einzuschalten.

Nach Nutzung aller gewünschten Eingabemöglichkeiten wählt man die Funktion *„Ausführen“*, um die Auswertung zu starten. Auch hier wird in den ***Report Writer*** verzweigt, und der Bericht wird nun je nach Ausgabemedium ausgegeben.

1.8.5 Planung

Die Planung innerhalb des Vertriebsinformationssystems ist ein Hilfsmittel zur Entscheidungsfindung für Entscheidungsbefugte eines Unternehmens. Hier ist es möglich, Plandaten zu erzeugen oder die Plandaten mit den tatsächlich angefallenen Daten (Istdaten) zu vergleichen. Diese Daten können dann zur besseren Veranschaulichung grafisch aufbereitet werden.

Grundlage für die Erfassung der Plandaten sind wiederum die Standard-Informationsstrukturen. Somit ist gewährleistet, dass Plandaten auf derselben Ebene erfasst werden, wie die, auf der die Istdaten der laufenden Vertriebsabwicklung gesammelt und kumuliert wurden.

Um jedoch die Bedeutung und die Notwendigkeit der Planung innerhalb eines Unternehmens zu verstehen, ist es erforderlich, zuerst auf allgemeine Zusammensetzung und Bedeutung der Planung einzugehen.

Die Zukunft eines Unternehmens ist nicht nur auf innerbetriebliche Daten (Erfahrungen, Vergangenheitsdaten) zurückzuführen. Deshalb müssen in einer Planung eine Reihe außerbetrieblicher Einflussfaktoren, wie z. B. Konkurrenzsituation, Markt, Politik, Gesellschaft, einfließen (siehe Abb. 1.90). Gleichzeitig werden auch die Unternehmensziele (bspw. Gewinnung größerer Marktanteile durch neue Produktpaletten) berücksichtigt, woraus der zielgerichtet Charakter der Planung ersichtlich wird. Dies macht deutlich, dass alles, was mit dem zu planenden Objekt in Zusammenhang steht, bis in das kleinste Detail durchdacht werden muss.

Abb. 1.90 Einflussfaktoren einer Planung

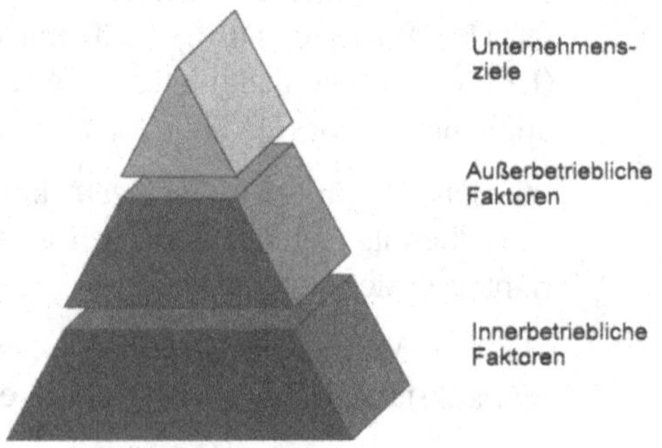

Dieses Vorgehen bringt einem Unternehmen enorme Vorteile, da so unvorhergesehene Ereignisse seltener auftreten, wenn nicht sogar annähernd ausgeschaltet werden.

Die Planung ist Bestandteil des **Regelkreismodells** (siehe Abb. 1.91); zuerst werden Ziele formuliert. Die Planung befasst sich damit, wie diese Ziele zu erreichen sind. Entsprechend werden die Pläne realisiert. Anschließend erfolgt eine Kontrolle, ob das Ergebnis mit der Planung übereinstimmt, dann wird ggf. eine neue Zielsetzung formuliert.

Abb. 1.91
Regelkreismodell

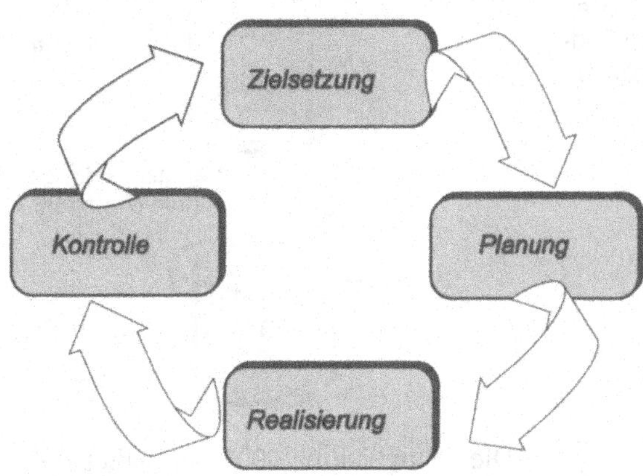

Eine Planung hat selbstverständlich Auswirkungen: es werden bspw. neue Mitarbeiter eingestellt und/oder Anlagegüter angeschafft; u. U. werden bindende Verträge mit Kunden und Lieferanten eingegangen. Da diese Aktivitäten sehr kapitalintensiv sind, entscheidet somit die Planung *maßgeblich* über den Erfolg bzw. Misserfolg eines Unternehmens in der Zukunft.

1.8.5.1 Planungsdimensionen und -sichten

Basis für die Erstellung von Plandaten im R/3-System sind die Standard-Informationsstrukturen. Somit können zu jeder Standard-Informationsstruktur Plandaten für **Kennzahlen** (messbare Größen, wie Umsatz, Auftragseingang etc.) zu **Merkmalen** (identifizierende Größen, wie Kunde, Verkaufsorganisation etc.) über mehrere Perioden hinweg erfasst werden.

Eine Planung besteht aus **vier Dimensionen**:

- Kennzahlen
- Merkmalen
- Perioden
- Planversionen

Zu jeder Standard-Informationsstruktur (S001 - S006) besteht die Möglichkeit, 999 verschiedene Planversionen anzulegen (siehe Abb. 1.92):

Abb. 1.92 Planversionen innerhalb einer Standard-Informationsstruktur

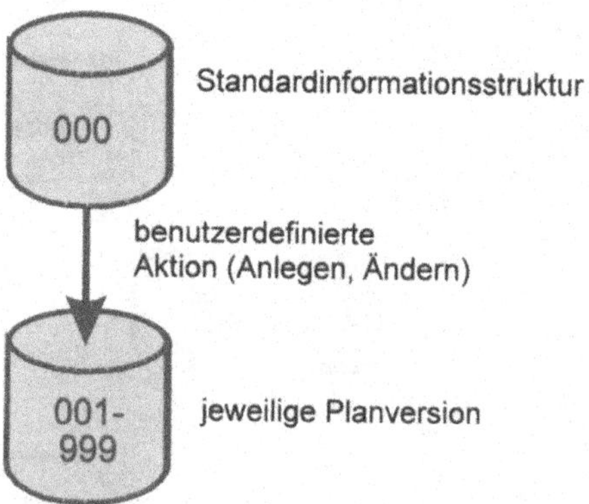

Die Planversion „000“ beinhaltet die jeweilige Standard-Informationsstruktur; diese bleibt auch durch benutzerdefinierte Aktionen, wie z. B. Ändern einer Planversion, unberührt. Somit ist gewährleistet, dass beim Anlegen einer neuer Planversion wieder auf die „jungfräuliche“ Standard-Informationsstruktur zurückgegriffen wird.

Warum sind jedoch überhaupt verschiedene Planversionen für denselben Sachverhalt nötig? Zum einen existieren Planzahlen, die den Vorstellungen der Geschäftsleitung entsprechen. Zum anderen gibt es Schätzungen von verschiedenen Außenmitarbeitern. Außerdem bietet R/3 weitere Prognosemodelle an, die alle verschiedene Planzahlen „produzieren“.

Innerhalb der R/3-Planung wird zwischen zwei verschiedenen Planungssichten unterschieden: der Kennzahlensicht und der Merkmalssicht.

Planungssichten

Bei der **Kennzahlensicht** wird für genau eine Kennzahl und mehrere Merkmalsausprägungen über mehrere Perioden hinweg geplant. Das heißt, es wird beispielsweise für mehrere Kunden der Umsatz für die nächsten 10 Monate geplant. Somit ist es möglich, die Umsätze der verschiedenen Kunden zu vergleichen.

Anders sieht es bei der **Merkmalssicht** aus: hier werden zu einer bestimmten Merkmalsausprägung mehrere Kennzahlen über mehrere Perioden geplant. Das heißt, es werden bspw. für einen bestimmten Kunden der Auftragseingang, der Umsatz und die Retouren für die nächsten 10 Monate geplant. Dies ermöglicht einen gesamten Überblick über den speziellen Kunden.

Es ist jedoch auch möglich, innerhalb einer Planung die Planungssicht unter dem Menü *„Sicht"* zu wechseln. Dort können andere Kennzahlen und Merkmale ausgewählt werden, und es kann zur jeweils anderen Sicht gewechselt werden.

1.8.5.2 Plantableau

Im Plantableau werden alle Plandaten erfasst und bearbeitet. Um zum Plantableau zu gelangen, muss entweder eine Planversion angelegt, angezeigt oder geändert werden. Das Plantableau gliedert sich in den Kopfbereich und die Eingabematrix. Das Plantableau sieht - je nach Planungssicht - unterschiedlich aus. Im Kopfbereich stehen jedoch bei beiden Sichten die Informationen, die für die gesamte Planung gelten, wie z. B. die Merkmalsausprägung. Hier wird also angezeigt welche Stammdaten geplant werden. Innerhalb der Eingabematrix stehen die einzelnen Plandaten für die verschiedenen Perioden (siehe Abb. 1.93). Die linke Spalte zeigt, welche Kennzahlen geplant werden. Die Spalte ganz rechts zeigt die für die betreffende Kennzahl geltende Einheit an (Mengeneinheit, Währung oder Zeiteinheit). In den übrigen Spalten werden die Werte zu den Kennzahlen eingegeben. Jede dieser Spalten repräsentiert eine Periode. Die Dauer der Periode lässt sich an der Spaltenüberschrift ablesen.

Abb. 1.93
Plantableau bei Merkmalssicht

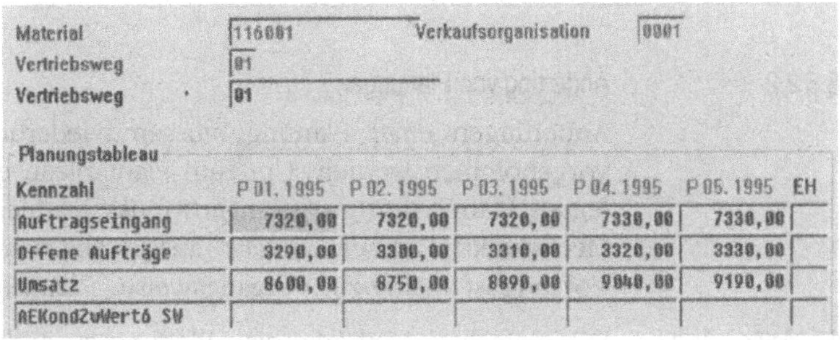

Material 116001 Verkaufsorganisation 0001
Vertriebsweg 01
Vertriebsweg 01

Planungstableau

Kennzahl	P 01.1995	P 02.1995	P 03.1995	P 04.1995	P 05.1995	EH
Auftragseingang	7320,00	7320,00	7320,00	7330,00	7330,00	
Offene Aufträge	3290,00	3300,00	3310,00	3320,00	3330,00	
Umsatz	8600,00	8750,00	8890,00	9040,00	9190,00	
AEKondZwWert6 SW						

1.8.5.2.1 Anzeige von Planungen

Um sich eine bereits angelegte Planversion anzeigen zu lassen, muss folgendermaßen vorgegangen werden:

1. Menü *„Planung anzeigen“*;
2. Eingabe der Standard-Informationsstruktur und Planversion;
3. Eingabe der Merkmalsausprägung;
4. Auswahl der Kennzahl(en), die angezeigt werden soll(en).

Das **Plantableau** kann grafisch veranschaulicht werden, indem das Feld *„Interaktive Grafik“* im Plantableau angeklickt wird (siehe Abb. 1.94):

Abb. 1.94 Interaktive Grafik einer Planung

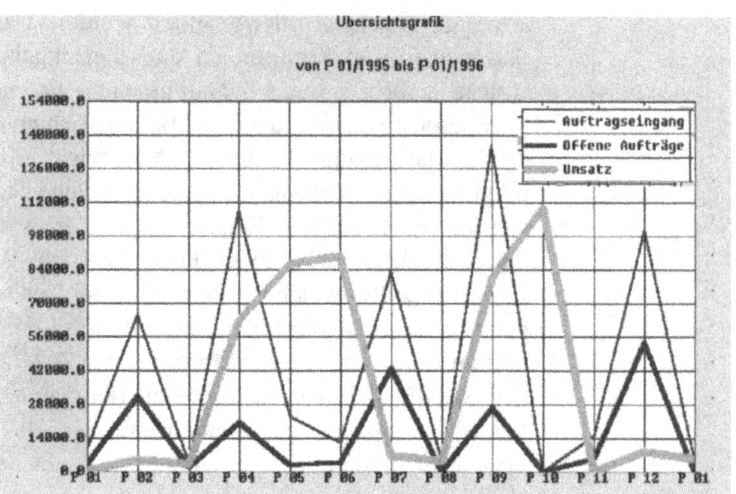

1.8.5.2.2 Änderung von Planungen

Änderungen einer Planung müssen wiederum im Plantableau vorgenommen werden. Um zum Plantableau einer bereits angelegten Planversion zu gelangen, muss im Menü *„Planung“* der Menüpunkt *„Planung ändern“* ausgewählt werden. Der restliche Vorgang ist analog zur Vorgangsweise *„Planung anzeigen“*.

Manuelle Änderung

Die einfachste Methode, eine Planung zu ändern, ist das manuelle Überschreiben der einzelnen Planwerte.

Bei der manuellen Änderung kann der Anwender zusätzlich die „**Verteil-Funktion**“ des Plantableaus nutzen, indem die Plandaten nicht für jede einzelne Periode geändert werden müssen. Mit dieser Eingabehilfe ist es bspw. möglich, einen gewünschten Wert einer Kennzahl (z. B. Auftragseingang) über 12 Perioden hinweg zu verteilen. Durch Anklicken des Softkeys *„Verteilen“* (oder Menü *„Bearbeiten ⇨ Verteilen“*) wird in ein Dialogfenster verzweigt. Dieses Dialogfenster gliedert sich in einen Kopfteil und eine Eingabematrix. Alle Angaben, die im Kopfteil gemacht werden, gelten für die gesamte Eingabematrix.

So können im Kopfteil Angaben darüber gemacht werden, ab welcher Periode und über wie viele Perioden hinweg „verteilt“ werden soll. Zusätzlich kann ein Operator eingegeben werden (4 Grundrechenarten), mit dem die Werte verteilt werden sollen. In der Eingabematrix hingegen werden zu jeder Kennzahl Angaben gemacht, die jedoch nur für diese spezielle Kennzahl gelten.

Änderung über die interaktive Grafik

Neben der manuellen Änderung bietet SAP noch die Möglichkeit einer Änderung mittels „interaktiver Grafik“ an. Wie der Name schon sagt, können hier Änderungen innerhalb einer Grafik vorgenommen werden. Zur Grafik wird entweder über das Menü *„Bearbeiten ⇨ Grafik interaktiv ⇨ Grafik Merkmal“* oder durch Anklicken des Softkeys *„interakt.Grafik“* verzweigt.

Zuerst wird ein Dialogfenster geöffnet, in dem die Kennzahl, die geändert werden soll, ausgewählt wird. Anschließend klickt man die Überschriften „Business-Grafik“ und „Statistikgrafik“ an. Daraufhin erscheinen die beiden genannten Grafiken: die **Statistikgrafik** gibt einen Überblick über den gesamten Planhorizont und die **Präsentationsgrafik**, in der, in sehr anschaulicher Weise, Ausschnitte des Plantableaus gezeigt werden.

Die Manipulation der Planwerte muss in der Präsentationsgrafik vorgenommen werden. Hierbei sind zwei Varianten möglich: Änderung mittels analogem oder digitalem Modifizieren. Die jeweilige Variante kann über das Menü *„Bearbeiten“* eingestellt werden.

Um mit **analogem Modifizieren** Werte zu verändern, wird das entsprechende Diagrammobjekt (*Kennzahl für eine Periode*) angeklickt und mit gedrückter Maustaste in die gewünschte Höhe verschoben.

Eine genauere Änderung kann mit dem **digitalen Modifizieren** erreicht werden: durch einen Doppelklick auf das entsprechende Diagrammobjekt öffnet sich ein Fenster mit dem genauen Wert der Kennzahl, der überschrieben werden kann.

Die Vornahme der Änderungen in der interaktiven Grafik ist ein sehr schönes Hilfsmittel, da eine grafische Veranschaulichung zu einer besseren Vorstellung des Sachverhalts dienen kann.

1.8.5.2.3 Erstellen von Planungen

Um eine neue Planversion zu einer Standard-Informationsstruktur zu erstellen, muss aus dem Menü *„Planung“* der Menüpunkt *„Planung anlegen“* ausgewählt werden. Zum Plantableau wird, analog dem Vorgehen *„Planung anzeigen“*, verzweigt.

Plandaten können erzeugt werden durch:

- manuelle Eingabe der Planwerte;
- verschiedene Prognosemodelle;
- Übernahme von Vergangenheits-/Istdaten.

Bei der manuellen Eingabe werden die jeweiligen Planzahlen, basierend auf Schätzungen oder Erfahrungen, in das Plantableau eingegeben und unter der entsprechenden Planversion abgelegt.

R/3 unterstützt einige Prognosegrundmodelle:

Prognosemodelle

- Das **Konstantmodell** eignet sich, wenn die Zeitreihe um einen Durchschnittswert statistisch schwankt.
- Das **Trendmodell** empfiehlt sich, wenn die Zeitreihe um einen Durchschnittswert, der stetig fällt oder steigt, schwankt.
- Das **Saisonmodell** wird eingesetzt, wenn ein gleichbleibender saisonaler Verlauf vorliegt.
- Das **Trend-Saison-Modell** sollte gewählt werden, wenn eine Mischung aus Trend- und Saisonmodell vorliegt.

Neben diesen vier nachfolgend abgebildeten Modellen (siehe Abb. 1.95) gibt es zwei weitere Variationen:

- Das **Kopieren von Ist-Daten-Modell** wird eingesetzt, wenn aus einer operativen Anwendung fortgeschriebene Vergangenheitsdaten bearbeitet werden sollen (es erfolgt keine Prognose).

- Das **Unregelmäßig-Modell** wird eingesetzt, wenn in einer Verbrauchsreihe keine Regelmäßigkeit feststellbar ist.

Abb. 1.95
Grundmodelle für die Prognose

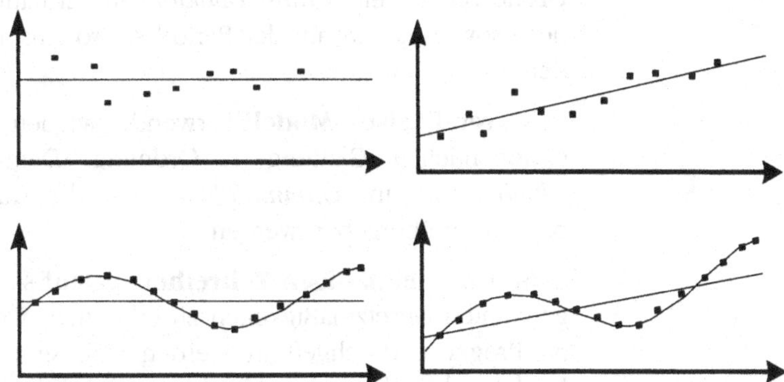

Bevor eine Prognose durchgeführt werden kann, muss festgelegt werden, nach welchem Modell die **Prognosewerte** vom System ermittelt werden sollen. Hierzu stehen drei Möglichkeiten zur Wahl:

- **manuelle Modellauswahl**
- **automatische (maschinelle) Modellauswahl**
- **manuelle Modellauswahl mit automatischen Test**

Möchte man ein Modell manuell auswählen, so muss zuerst der Zeitreihenverlauf analysiert werden, um eine bestimmte Regelmäßigkeit oder einen Trend festzustellen. Entsprechend kann dann das Prognosemodell definiert werden.

Beim **Konstantmodell** kann zwischen dem Modell des gleitenden Mittelwerts (Quotient aus Vergangenheitsdaten und Anzahl der Perioden) und dem Modell des gewichteten gleitenden Mittelwerts gewählt werden. Bei dem Modell des gewichteten gleitenden Mittelwerts geht man davon aus, dass die älteren Zeitreihenwerte nicht so stark in die Prognose eingehen sollen wie die jüngsten, aktuellsten Werte. Somit ist es nötig, zusätzlich einen Gewichtungsfaktor anzugeben.

Beim **Trendmodell** kann zwischen dem Modell der exponentiellen Glättung 1. Ordnung und dem Modell der exponentiellen Glättung 2. Ordnung gewählt werden.

Hierbei ist es erforderlich, dem System einen *Alpha-Faktor*, zuständig für die Glättung des Grundwertes und einen *Beta-Faktor*, der für die Ermittlung des Trendwertes notwendig ist, zu übergeben.

Das **Saisonmodell** verwendet das Verfahren nach Winters. Hierbei muss dem System ein *Alpha-Faktor* (für die Glättung des Grundwertes), ein *Gamma-Faktor* (zur Ermittlung des Saisonindex) sowie die Anzahl der Perioden pro Saison übergeben werden.

Das **Trend-Saison-Modell** verwendet wiederum das Modell der exponentiellen Glättung 1. Ordnung. Dem Modell müssen *Alpha-*, *Beta-* und *Gammafaktor* sowie die Anzahl der Perioden pro Saison übergeben werden.

Beim **Unregelmäßigen Zeitreihenverlauf** sind keine der oben genannten Gesetzmäßigkeiten zu erkennen. Wenn überhaupt eine Prognose durchgeführt werden soll, sind in der Regel die Modelle des gleitenden Mittelwerts bzw. des gewichteten gleitenden Mittelwerts am sinnvollsten.

Anwendung der Prognose

Ausgehend vom Plantableau wird durch Drücken des Softkeys *„Prognose"* (oder Menü *„Bearbeiten ⇨ Prognose"*) in ein Dialogfenster verzweigt, in dem man sich für ein Prognosemodell entscheiden und die Modellparameter (*Alpha-*, *Betafaktor* etc.) festlegen muss.

Es besteht die Möglichkeit, die Vergangenheitsdaten anzeigen zu lassen und diese ggf. zu ändern (damit bspw. „Ausrutscher" in der Prognose unberücksichtigt bleiben).

Weiß der Anwender nicht, welches Modell er nehmen soll (unbekannte Zeitreihe), so kann er dies über eine automatische Modellauswahl, in der die Zeitreihe vom System untersucht wird, in Erfahrung bringen.

Durch Drücken des Softkeys *„Prognose durchf."* werden die Prognosewerte ermittelt (siehe Abb. 1.95):

Abb. 1.96 Prognoseergebnisse einer Planung

Prognose: Ergebnisse

Prognose Umsatz für 01 Einheit

Modellparameter

Grundwert	8459	Trendwert	147
MAD	12557	Fehlersumme	-23691

Prognoseergebnisse

Periode	Org. VgWert	Kor. VgWert	Exp. PrWert	Org. PrWert	Kor. PrWert	Saiso	F
P 01.1995				8600	8600		
P 02.1995				8750	8750		
P 03.1995				8890	8890		
P 04.1995				9040	9040		
P 05.1995				9190	9190		
P 06.1995				9330	9330		

Zeitreihencharakteristik hat sich verändert

Ergebn. übernehmen | Ergebn. graphisch... | Graphik interakt... | Prognosemeldungen...

Die Felder „***MAD***“ (mean absolute deviation = Mittlere absolute Abweichung) und „*Fehlersumme*“ im Kopfbereich geben die Güte der Prognose an. Die ermittelten Prognoseergebnisse können in den Feldern „*Kor.PrWert*“ (korrigierter Prognosewert) nachträglich korrigiert werden.

Als Schwachpunkt ist jedoch zu nennen, dass hier der Softkey „*Abbrechen*“ fehlt und der Anwender somit gezwungen ist, dieses Ergebnis zu übernehmen.

Anmerkung

Die Prognose innerhalb der Planung des Vertriebsinformationssystems darf nur als **Hilfsmittel für die Planung** verstanden werden. Bei den einzelnen Prognosemodellen bewirkt eine geringe Variation der zu übergebenden Faktoren (Alpha-, Beta- und Gammafaktoren) enorme Unterschiede in den Prognoseergebnissen. So erhält man bspw. bei einer Änderung von nur 0,1 beim Gammafaktor (Saisonindex) Prognoseergebnisse, die über 100% vom alten Wert abweichen. Das heißt, dem Anwender ist mit diesem Prognosemodul nur geholfen, wenn er weiß, wie diese Faktoren im Einzelnen zu wählen sind. Dies bedeutet, dass der Anwender nach wie vor ein „Händchen“ für die Einschätzung der Zukunft braucht; dies wird ihm und soll ihm durch das R/3-Prognose-Modul jedenfalls nicht abgenommen werden.

Ein weiterer großer Schwachpunkt im Prognosemodul des R/3-Systems ist, dass bisher nur die internen Faktoren, d. h. die Standard-Informationsstrukturen, die auf historischen Werten der Zeitreihe beruhen, in der Prognose berücksichtigt werden.

2 SAP Business Workflow

2.1 Einführung

Workflow ist zur Zeit und wohl auch noch in Zukunft ein überaus wichtiges Thema, besonders wenn es darum geht, die Produktivität in den Verwaltungen zu steigern.

In der Produktion wurde in den letzten Jahren sehr viel rationalisiert. Fließbandfertigung, Roboter, Lean-Production und Just-in-time-Production waren die Schlagworte.

In den Verwaltungen dagegen steht hier kein nennenswerter Produktivitätszuwachs gegenüber („*Computer-Produktivitäts-Paradoxon*").

Man kaufte zwar immer leistungsfähigere und teurere Rechner, fragte sich aber immer nur, wie schnell der Computer ist und welche Daten und Abläufe mit seiner Hilfe abgebildet werden können. Dabei wurden meist die Hauptinformationen des Tagesgeschäfts außer Acht gelassen, da diese nur auf Papier vorhanden waren. Angesichts der immer größer werdenden Konkurrenz ist ein Umdenken in Richtung **Büroautomatisierung** mit dem Ziel der Rationalisierung dringend erforderlich.

Mit dem Einsatz von SAP Business Workflow in Verbindung mit dem R/3-Dokumentenverwaltungssystem und z. B. IXOS-Archiv hat man eine konzernweite einheitliche Verwaltung von Dokumenten verschiedenster Management-Bereiche, wie z. B. Qualität, Umwelt oder Arbeitssicherheit realisiert. Manuelle und papiergebundene Abläufe sind damit ebenso Vergangenheit wie lange Bearbeitungswege: Moderne Elektronik bewegt Daten und Dokumenten auf den definierten Workflow-Bereichen für die Erstellung, Abstimmung und Freigabe von Dokumenten.

2.1.1 Begriffliche Klärung

Als deutschsprachiges Äquivalent für Workflow wird der Begriff „**Vorgangsverarbeitung**" verwendet; z. B. das Anlegen einer Vakanz oder das Erstellen eines Vertrages.

Ein Workflow ist ein Teil eines Workflow-Management-Systems. Es handelt sich dabei um elektronische Werkzeuge zur Bearbeitung von strukturierten Geschäftsprozessen.

Geschäftsprozess der Kette von Aktivitäten

Unter einem Geschäftsprozess wird eine Kette von Aktivitäten verstanden, die notwendig ist, um aus einer Kundenanforderung das vom Kunden gewünschte Ergebnis zu erstellen. Alle wichtigen Geschäftsprozesse sind dadurch charakterisiert, dass sie Abteilungsgrenzen überschreiten, wodurch Schnittstellen entstehen. An jeder dieser Schnittstellen wechseln der Bearbeiter und/oder die eingesetzten Systeme. Dadurch entstehen i. d. R. Übermittlungs-, Transport- und Wartezeiten. Diese Schnittstellen bilden einen maßgeblichen Einflussfaktor für Zeit, Kosten, Qualität und Flexibilität eines Geschäftsprozesses.

Prozessorientierte Denkweise

Die prozessorientierte Denkweise soll vor allem helfen, vermeidbare Arbeiten einzusparen. Vorgangs- bzw. transaktionsorientierte Arbeitsabläufe werden systematisch zu ablauforientierten Prozessketten zusammengesetzt. Insbesondere Doppelarbeiten und Tätigkeiten, die aufgrund der starken Aufteilung von Aufgaben anfallen, sollen entdeckt und eliminiert werden. Produktion und Einkauf, Finanzbuchhaltung und Personalwirtschaft, Vertrieb und Materialwirtschaft sollen zu einem Netz systematisch verbundener Arbeitsabläufe und Beziehungen zusammenwachsen.

Bei der Modellierung von Geschäftsprozessen wird die Frage, wer die Aufgaben ausführen soll, zunächst bewusst außer Acht gelassen. Nicht Aufgaben, Positionen, Menschen und Strukturen, sondern vielmehr die Gestaltung eines Bündels von Aktivitäten, für das unterschiedliche Inputs aus verschiedenen Bereichen des Unternehmens benötigt werden, sollen im Zentrum der Betrachtung stehen (siehe Abb. 2.1).

Abb. 2.1
Modellierung von Geschäftsprozessen

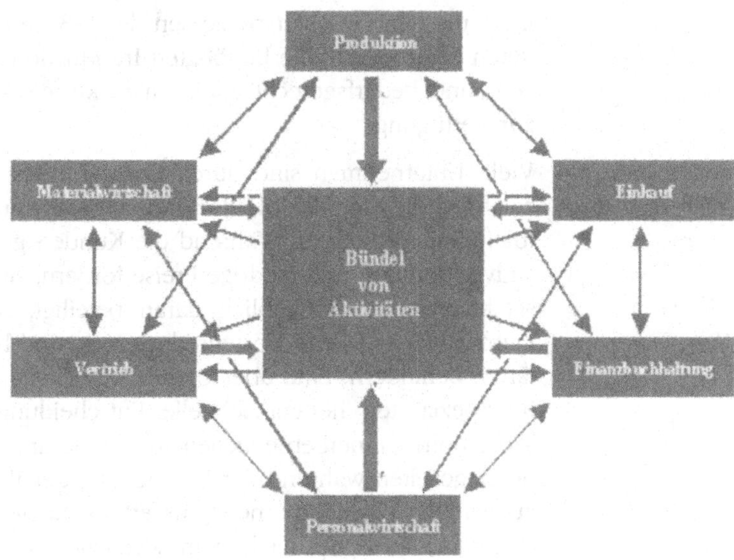

Arten von Geschäftsprozesse

Geschäftsprozesse lassen sich in drei Arten gliedern:

- **Hauptprozesse** dienen der Verwirklichung der Marktleistung (z. B. Auftragsbearbeitung, Produktentwicklung).
- **Unterstützungsprozesse** stellen die Infrastruktur zur Verfügung (z. B. Personalbeschaffung, Informationsversorgung).
- **Innovationsprozesse** erneuern die Leistungsfähigkeit (z. B. Strategieplanung, Aufbau von Wissen).

Große Geschäftsprozesse werden dabei in Teilprozesse zerlegt, um dadurch die Übersichtlichkeit der einzelnen Prozesse zu wahren.

Mit SAP Business Workflow wird die Bearbeitung von Geschäftsprozessen durchgängig unterstützt. Über die prozessorientierte Integration der Standardmodule hinaus decken die Workflow-Techniken insbesondere individuelle organisatorische Anforderungen ab. Sie erschließen zusätzliche Optimierungsmöglichkeiten, indem sie mit anwendungsübergreifenden Techniken, Werkzeugen und Dienstleistungen komplette Geschäftsprozesse nach unternehmensspezifischen Bedürfnissen unterstützen und beschleunigen.

Kernleistungen des SAP Business Workflow sind die Automatisierung von Informations- und Prozessflüssen, die aktive Verknüpfung von Arbeitsschritten und die flexible Implementierung organisatorischer Strukturen. Sie verbinden individuelle Arbeitsabläufe mit den Geschäftsprozessen des R/3 und stellen den beteiligten Mitarbeitern alle benötigten Informationen und Unterlagen zeit- und bedarfsgerecht an ihren elektronischen Arbeitsplätzen zur Verfügung.

Geschäftsprozess-optimierung

Viele Unternehmen sind durch Organisationsmerkmale gekennzeichnet, die eine flexible Reaktion auf sich verändernde Marktsituationen verhindern. Während die Kunden guten Service, innovative Produkte und niedrige Preise fordern, sind ineffiziente Geschäftsprozesse maßgeblich daran beteiligt, die Erhöhung der Durchlaufzeiten, eine Kostenreduzierung und höhere Produktivität zu behindern. Eine überzogene Arbeitsteilung auf verschiedene Spezialisten hemmt schnelle Entscheidungsprozesse, verursacht hohen innerbetrieblichen Koordinierungsaufwand und hohe Liegezeiten während der Bearbeitung der Vorgänge. Die Neuausrichtung eines Unternehmens erfolgt heute auf der Basis betrieblicher Prozesse mit hohem Wertschöpfungsanteil. Im Mittelpunkt steht eine an den strategischen Unternehmenszielen ausgerichtete und nutzenorientierte Geschäftsprozessoptimierung.

Ziele sind dabei:

- logisch zusammengehörige Prozesse mit wenigen Schnittstellen schaffen;
- die Komplexität bestehender Abläufe reduzieren;
- die Prozesse an den Bedürfnissen der Kunden ausrichten;
- die Wertschöpfung der Vorgänge in den Mittelpunkt der Betrachtung stellen;
- die Eigenverantwortung der Mitarbeiter stärken.

Optimierungs-konzepte

Lean Management, Total Quality Management und Business Process Reengineering sind gegenwärtig die am meisten angewandten Methoden zur Geschäftsprozessoptimierung und sollen im Folgenden kurz vorgestellt und voneinander abgegrenzt werden.

Lean Management hat das „schlanke Unternehmen“ zum Ziel, das durch flache Hierarchien, kurze Entscheidungswege sowie dem Prinzip der kontinuierlichen Verbesserung (Kaizen) geprägt ist. Die Leistungsverbesserung bezieht sich in erster Linie auf Produktivitätssteigerung, indem Verschwendung in Abläufen vermieden werden soll, wobei dieser Prozess durch die Mitarbeiter getragen wird. Die Umgestaltung ist nicht zwangsläufig unternehmensumfassend, sondern kann auch nur auf einzelne Bereiche beschränkt realisiert werden.

Total Quality Management (TQM) geht vom Qualitätsgedanken an die Problematik heran. Um wirkliche Qualität zu erreichen, muss sich der Qualitätsgedanke durch alle Bereiche des gesamten Unternehmens ziehen. Jeder Mitarbeiter begreift sich hier als Lieferant für interne und externe Kunden, deren Waren in einer festgelegten Qualität geliefert werden. Ziel ist eine Verankerung des Qualitätsbewusstseins im Wertesystem des Unternehmens.

Business Process Reengineering (BPR) beinhaltet das fundamentale Überdenken und die radikale Neugestaltung des Unternehmens oder wesentlicher Unternehmensprozesse. Ziel ist die entscheidende Verbesserung der kritischen Leistungsgrößen Zeit, Kosten, Qualität und Service.

Das **organisatorische Konzept** ruht auf vier Säulen:

- Orientierung an den kritischen Geschäftsprozessen (d. h. allen Prozesse, die direkt mit der Leistungserstellung zu tun haben);
- Ausrichtung dieser Geschäftsprozesse am Kunden;
- Konzentration auf Kernkompetenzen (d. h. auf spezifische Fähigkeiten eines Unternehmens, durch die es sich von allen anderen Unternehmen abhebt);
- Nutzung modernster Informationstechnologie.

BPR will dabei nicht vorhandene Abteilungen reorganisieren und bestehende Abläufe optimieren, sondern eine völlige Neugestaltung der erfolgskritischen Geschäftsprozesse erreichen, was in der Regel zielorientiert erfolgt.

Ein Großteil der **Geschäftsprozesse** wird durch eingehende Papierdokumente ausgelöst. Geschäftsprozesse bestehen aus einzelnen Vorgangsschritten.

Der **Vorgang** definiert die Reihenfolge der einzelnen Vorgangsschritte (siehe hierzu Abb. 2.2). Für die Vorgangsschritte kann ein Bearbeiter die maximale Dauer und Aktionen beim Überschreiten dieser Dauer sowie ggf. Vor- und Nachbedingungen festlegen. Bei der Implementierung von Vorgangsverarbeitungssystemen und der Modellierung von Geschäftsprozessen wird auch die Bezeichnung **Vorgangstyp** verwandt. Die zur Laufzeit erzeugten Ausprägungen eines Vorgangstyps werden dann als Vorgänge bezeichnet.

Abb. 2.2
Vorgangsschritte

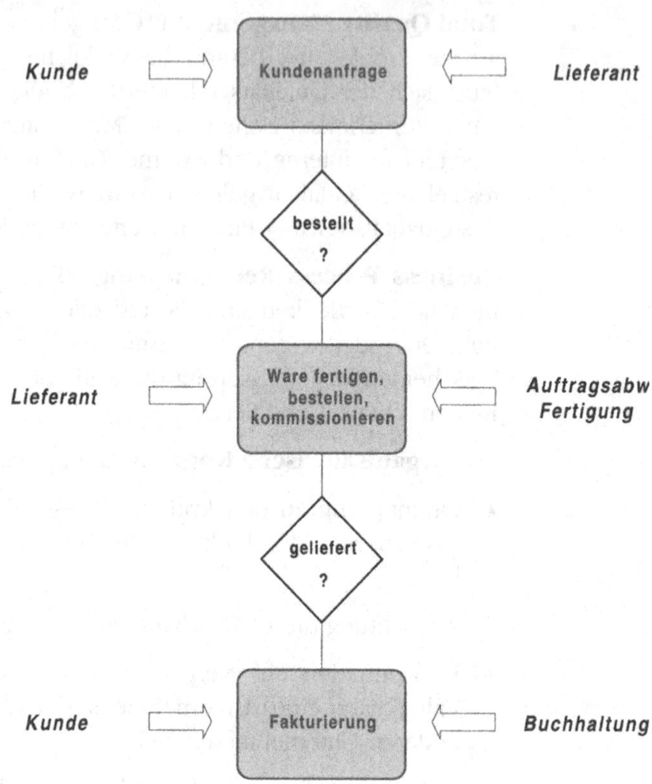

Dokumentenmanagementsystem

Der Begriff Dokumentenmanagementsystem (DMS) steht im engen Zusammenhang mit der Vorgangsverarbeitung. Es existiert eine große Begriffsvielfalt: die Definitionen reichen einerseits von einem Recherchesystem für Dokumente, die auf Magnet- oder optischen Platten archiviert sind, bis zu Systemen, die den kompletten Lebenszyklus eines Dokuments von der Entstehung und Ablage bis zur Recherche und Anzeige verwalten.

Oft handelt es sich um verschiedene Komponenten (Archiv- und Ablagesystem, Recherchesystem, Indizierungssystem, Erfassungssystem, Formatkonvertierungs-, Ausgabe- und Drucksystem), die integriert als DMS bezeichnet werden. In einer erweiterten Form umfasst ein DMS auch Mittel der Informationsintegration (Bürokommunikationssysteme, Daten von Anwendungen, externe Dokumente), der Dokumentenverteilung (eMail, FAX, Drucker) und Einstellungsmöglichkeiten für die Dokumentenspeicherung (Ablagehierarchien, Aufbewahrungsfristen).

Workgroup Computing

Workgroup Computing bedeutet die Anwendung von Informatikmitteln, um Aufgaben innerhalb von Teams besser, schneller oder einfacher bearbeiten zu können. Workgroup Computing unterstützt eine weitgehend unstrukturierte Bearbeitung von Prozessen. Die Programme in diesem Bereich erlauben den Austausch von Nachrichten (z. B. Mail-Programme, gemeinsame Terminkalender oder Programme zum Versenden von Dokumenten mit entsprechenden Änderungen oder Anmerkungen), die gemeinsame Bearbeitung von Dokumenten oder die Teamarbeit über räumliche Grenzen oder Zeitverschiebungen (Zeitzonen) bei internationalen Projekten.

Jeder Geschäftsprozess ist durch verschiedene Schnittstellen geprägt. Die Nutzung inkompatibler Anwendungssysteme in verschiedenen Fachabteilungen hat papierbasierten Informationen Bindegliedfunktion zugewiesen. Ziel des Workflow ist ein papierloses Büro. Die Begriffe Dokument in elektronischer Form und Modellieren von Geschäftsprozessen sind von zentraler Bedeutung für das Workflow-Optimierungskonzept.

Papierloses Büro

Das Konzept des „Papierlosen Büros“ (paperless office) basiert auf der Idee, die Papierflut zu verringern, indem auf die Verwendung von papiergebundenen Akten verzichtet wird, stattdessen sollen alle Dokumente in elektronischer Form vorliegen. Elektronische Dokumente können von mehreren Bearbeitern gleichzeitig bearbeitet werden, Transportzeiten und Zeiten zur Ablage sowie zum Auffinden von Akten entfallen durch geeignete Indizierung und durch Einsatz von Attributen bei der Ablage gänzlich. Erwähnenswert ist der Einsatz von elektronischem Datenaustausch zwischen Geschäftspartnern (EDI Electronic Data Interchange mit dem Standard **EDIFACT**), der in der Zukunft von immer größerer Bedeutung sein wird. Klassische Beispiele für den Einsatz von EDI sind die Kunden-Lieferanten-Beziehungen (Bestellungen/Aufträge und Rechnungen) sowie das „Supply Chain Management (SCM)“, also die Anforderung und Bereitstellung von Waren und Dienstleistungen entlang der gesamten Wertschöpfungskette.

EDI - Electronic Data Interchange

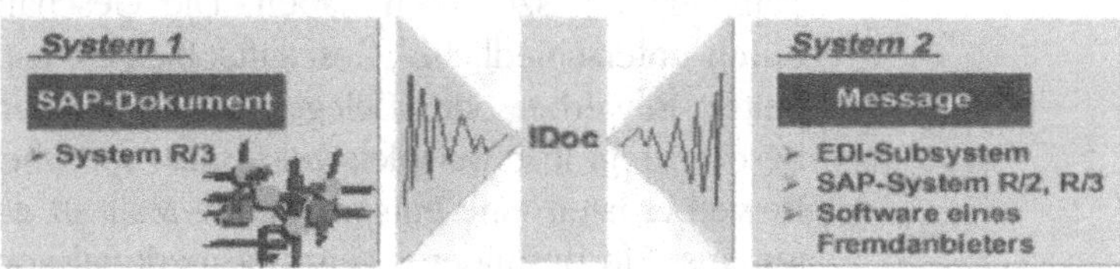

Abb. 2.3 SAP-EDI-Schnittstelle und –Dienste (SAP©)

Derzeit überwiegt allerdings noch die traditionelle Methode des papiergebundenen Nachrichtenwesens zwischen den einzelnen Unternehmen.

2.1.2 Zielsetzung von Workflow-Systemen

Beim ereignis-gesteuerten Geschäftsprozess werden die einzelne Schritte erst durch die Auswertung vorgangsabhängiger Informationen bestimmt und die entsprechenden dann von verschiedenen Bearbeitern ausgeführt werden. Diese Aktivitäten sind nicht an eine Anwendung gebunden. SAP Business Workflow funktioniert in einer Integrationsschicht „oberhalb" der Transaktionsebene und verwendet die existierende Transaktionen und Funktionsbausteine. Damit trennt der SAP Business Workflow als anwendungsunabhängiges Workflow-Management-System die organisatorischen Aspekte der Steuerlogik von der Anwendungslogik.

Um SAP Business Workflow einsetzen zu können, sind unter anderem Softwarekomponenten erforderlich, die die elektronische Verarbeitung von Informationen und Erkennung von Veränderungen im System ermöglichen. Das sind SAP*Office*, Nachrichtensteuerung, Archivierung und weitere Schnittstellen.

Die Kernaufgabe eines Workflow-Systems steht unter dem Motto „Bringe die Arbeit zu den Menschen", das heißt, die im Rahmen von Geschäftsprozessen anfallenden Aufgaben werden automatisch zur richtigen Zeit an den richtigen Bearbeiter weitergeleitet. Der Anwender findet die von ihm zu erledigenden Aufgaben in seinem Eingangskorb des R/3-Mail-Systems vor. Nach getaner Arbeit stößt das Business-Workflow-System den nächsten vorabdefinierten Arbeitsschritt an und versendet auch die entsprechenden Nachrichten. Wie jedes andere Workflow System muss auch SAP Business Workflow vor der Nutzung zum Leben erweckt werden, d. h. die Geschäftsprozesse müssen in Form von elektronischen Prozessmodellen dem System mitgeteilt werden, damit es weiß, in welchem Ablauf welche Mitarbeiter nach welchem Schritt und zu welchem Zeitpunkt die darin spezifizierten Tätigkeiten auszuführen haben. Die Geschäftsprozesse können durch unterschiedliche „Geschäftsobjekte", bspw. Kunden, Mitarbeiter, Bewerber oder Belege, initiiert werden. In der Personalbeschaffung löst beispielsweise die optische Archivierung der Bewerberdaten eine entsprechende Mail an den Personalreferenten aus. Ein besonderes Leistungsmerkmal von R/3 ist die Unterstützung des Business-Workflows durch ein aktives Organisationsmodell. Integration des Organisationsmanagements in den SAP Business Workflow ermöglicht die Verknüpfung von Aufgaben mit den organisatorisch möglichen Bearbeitern. Diese Verknüpfung dient der Findung der „richtigen" Bearbeiter und ermöglicht aktive Zuweisung der Aufgaben durch das Workflow Management System. Eine Aufgabe wird mehreren, organisatorisch gleichermaßen berechtigten Mitarbeitern zur Ausführung angeboten. Ein dieser Mitarbeiter nimmt sich die Aufgabe und bearbeitet sie. Dieses Zuordnungsprinzip unterstützt die automatische Lastverteilung innerhalb von Arbeitsgruppen mit gleichem Tätigkeitsprofil. Damit wird eine hohe Transparenz der Geschäftsprozesse und ihrer Verantwortlichkeiten gewährleistet.

Die Geschäftsvorgänge, die automatisiert und koordiniert werden sollen, können vielfältiger Natur sein:

- Bearbeitung von vollständigen Arbeitsabläufen, die häufig durchlaufen werden (z. B. Bearbeitung einer Abwesenheitsmittelung);
- Bearbeitung von Teilprozessen (z. B. Freigabe- oder Bewilligungsverfahren mit 4-Augen-Prinzip);
- Reaktion auf Fehler- oder Ausnahmesituationen, die in einer Anwendung auftreten.

Damit wird Organisationsmanagement zu einem umfassenden personalwirtschaftlichen Planungswerkzeug und Grundlage für alle Komponente aus der Personalplanung und Entwicklung – für Personalkostenplanung, Personalentwicklung, Personalbeschaffung, Vergütungsmanagement und Veranstaltungsmanagement. Veränderungen von Mitarbeitern und der Aufbauorganisation des Unternehmens, bspw. Umstrukturierung, Vertretungen, Versetzungen oder auch das Ausschneiden eines Mitarbeiters, erfordern keine Änderung der Workflow-Definition. Die bisherige Planstelle des Mitarbeiters wird mit dem neuen Mitarbeiter besetzt; der neue Mitarbeiter hat damit alle Aufgaben des bisherigen Mitarbeiters übernommen und sieht sofort die Liste der zu erledigenden Arbeiten in seinem Eingangskorb des R/3-Mail-Systems.

Organisationsmanagement besteht aus Organisation und Planung, und Strukturgrafik. Aufbauorganisation ermöglicht ein Modell der Organisationsstruktur eines Unternehmens anzulegen. Mit Hilfe von Grafischen Hilfsmitteln und Auswertungswerkzeugen der Strukturgrafik kann man Veränderungen im Unternehmen wiederspiegeln und analysieren. Organisationsmanagement stellt eine Reihe von Organisationsobjekten zur Verfügung:

- Organisationseinheit;
- Stelle;
- Planstelle;
- Aufgabe;
- Arbeitsplatz.

Die verschiedenen Organisationseinheiten von R/3 werden als Flächen mit einer spezifischen Farbe dargestellt. So sieht z. B. ein Modell des Unternehmens der Nahrungs- und Genussindustrie aus: Zur Vermeidung unnötiger Änderungen der Organisationsstruktur eines R/3-Systems ist es sinnvoll, vor der Konfiguration der verschiedenen Anwendungskomponenten ein organisatorisches Konzept für das gesamte R/3-System zu entwickeln.

Auf Basis der Bewertung kann anschließend das geeignete Unternehmensmodell für die Einführung von R/3 gewählt werden. Die Nutzung des SAP-Business-Workflows mit der Integration des Organisationsmanagement hat folgende Vorteile:

- Geschäftsprozesse und Verantwortlichkeiten werden transparent und in der zeitlichen Historie nachvollziehbar.
- Eskalationspfade für Ausnahmesituationen können festgelegt werden.
- Engpässe lassen sich vermeiden.
- Die Ermittlung des „richtigen" Bearbeiters erfolgt aktiv zur Laufzeit des Workflows anhand des aktuell gültigen Organisationsmodells.

Das Organisationsmanagement gilt unternehmensweit und modulübergreifend. Die entsprechenden Informationen müssen nur an einer einzigen Stelle gepflegt werden.

2.1.3 Technologie des SAP Business Workflow

Seit Release 3.0 stellt SAP die Potentiale eines Workflow-Systems für die R/3-Anwendungen zur Verfügung. SAP Business Workflow ist fortan ein integrierter Bestandteil von R/3. Angesiedelt ist die Komponente im Basismodul (BC) im Bereich Business Management (BC-BMT). Dies zeigt schon die recht starke Integration des Systems, die durch diese ausgeprägte Einbindung in die R/3-Basis als Dienstleistungsfunktion für alle Anwendungsmodule fungieren kann.

Wie jedes andere Workflow-System muss auch SAP Business Workflow vor der Nutzung der jeweiligen Geschäftsumgebung entsprechend angepasst werden. D. h. die Geschäftsprozesse müssen in Form von elektronischen Prozessmodellen dem System mitgeteilt werden, damit es weiß, in welchem Ablauf welche Mitarbeiter nach welchem Schritt und zu welchem Zeitpunkt die darin spezifizierten Tätigkeiten auszuführen haben. Das Workflow-System spielt den stummen Diener, den internen Postboten, der die entsprechenden Aufgaben entlang dieser vordefinierten Wege verteilt und im Zuge dessen auch die entsprechenden Informationen zu verteilen hat.

2.1.3.1 Objekte

Die Architektur des SAP Workflow-Systems basiert auf Geschäftsobjekten. Im Business Object Repository des R/3-Systems sind die Business-Objekttypen identifiziert und mit ihren **Objektmethoden** beschrieben. Mit der objektorientierten Darstellung will SAP die Integration und die Wechselwirkungen zwischen Objekten anstatt auf einer rein technischen auf einer betriebswirtschaftlichen Ebene darstellen. **Geschäftsobjekte** sind Schnittstellen zu zahlreichen klar konzipierten Prozessen und Daten, die über das Objektrepository zugänglich sind.

Jedem Geschäftsobjekt ist ein Datenmodell zugeordnet. Es bildet die innere Struktur der Daten im Unternehmensdatenmodell ab. Die Registrierung der Objekte erfolgt über die Definition von Objekttypen, wie bspw. Rechnung, Auftrag, Lieferschein, Material, Stückliste, externe Dokumente (archivierte Dokumente, EDI-Nachricht) sowie PC-Objekte (Textverarbeitungsdokumente, Tabellenkalkulationsblätter).

Im Kern befindet sich das zum Objekt gehörende Datenmodell, also die Tabellen (Entities) und deren Verknüpfungen. In der darüber liegenden Schicht, sog. Integritätsschicht, kommen objektbezogene Bedingungen und Abhängigkeiten (z. B. auch Views) und prozessabhängige Regeln hinzu.

Die dritte Schicht, die Interfaceschicht stellt die Schnittstellen für die Umwelt als Ereignisse (Objekt *angelegt*, Objekt *geändert*, Objekt *gelöscht*) und Methoden (BAPIs, z. B. Objekt *anlegen*, Objekt *ändern*, Objekt *löschen*) zur Verfügung, über die ausschließlich Veränderungen am Objekt - also auch an den nicht frei zugänglichen Attributen - vorgenommen werden können. Der tatsächliche Zugriff auf das Objekt erfolgt über RFCs oder für externe Anwendungen über entsprechende Objektschnittstellen.

Außerdem kann auch von externen Anwendungen auf das Objektrepository zugegriffen werden, falls diese Applikation SAP-RFCs unterstützt.

Seit Release 4.5B gibt es zwei weitere Objekttypen:

- **BPJob** (Job im Background Processing)
- **BPSTEP** (Step im Background Processing)

Mit dem Objekttyp BPJob können Hintergrund-Jobs eingeplant, ausgeführt und angezeigt werden.

Der Objekttyp BPJob steht in enger Verbindung zum Objekttyp BPStep, der die Verwaltung einzelner Schritte (= Reports) eines Jobs realisiert.

Attribute bezeichnen eine Eigenschaft eines Objekts. So z. B. kann der Objekttyp *Rechnung* die folgenden Attribute besitzen: Erfasser, Datum der Erfassung, Freigebender, Datum der Freigabe usw. Mit den Attributen können bei der Workflow-Definition Bedingungen formuliert werden. Die Objektattribute werden dann zur Laufzeit aus der Datenbank gelesen bzw. ermittelt und zur Steuerung des Workflows herangezogen.

Ein Objektattribut kann zurückliefern:

- den Wert eines Feldes des ABAP/4-Dictionary (Datenbankfeld-Attribut)
- eine Objektreferenz auf ein (abhängiges) Objekt, das seinerseits im Business Object Repository definiert ist.

Eine Besonderheit stellen Attribute dar, die Referenzen zu anderen Objekten beinhalten. Damit können Objekte verschachtelt werden.

Methoden bezeichnen die Operationen, die auf ein Objekt ausgeführt werden können. Durch Kapselung können die Daten des Objekts nur über die Objektmethoden angesprochen werden. Die Menge aller Methoden eines Objekttyps muss somit alle Geschäftsprozesse abdecken können, die dieses Objekt betreffen. Eine Methode muss nicht atomar sein.

Methoden beziehen sich in der Regel auf bereits vorhandene ABAP/4-Funktionalität (z. B. Funktionsbausteine, Transaktionen, Dialogbausteine) und werden über eine einheitliche Schnittstelle, die im Wesentlichen durch den Methodennamen und die Methodenparameter bestimmt sind, aufgerufen.

Die Definition von Methoden auf die beschriebene Weise schafft die Möglichkeit, auf die gleiche Funktionalität bei verschiedenen Objekten unter dem gleichen Methodennamen und mit der gleichen Parameterschnittstelle zuzugreifen (**polymorpher Methodenaufruf**).

Es sind grundsätzlich zwei Arten von Methoden zu unterscheiden:

- **Synchron** aufgerufene Objektmethoden übernehmen für die Dauer ihrer Ausführung die Ablaufkontrolle und melden sich nach ihrer Ausführung bei der aufrufenden Komponente (hier: beim Workitem-Manager) zurück.
  Synchrone Methoden können, sofern definiert, Rückgabeparameter, ein Ergebnis und Ausnahmen zurückgeben.
- **Asynchron** aufgerufene Objektmethoden melden sich nach ihrer Ausführung nicht unmittelbar bei der aufrufenden Komponente zurück, vielmehr erfolgt die Rückmeldung über Ereignisse, mit denen die Bearbeitungsergebnisse der Methode mitgeteilt werden. Asynchrone Objektmethoden können **kein Ergebnis**, **keine Parameter** und **keine Ausnahmen** zurückliefern.

Bei der Entscheidung, ob eine Methode als synchrone und asynchrone Methode zu definieren ist, ist das **Umfeld der späteren Verwendung** einer Methode in einer Einzelschrittaufgabe zu berücksichtigen.

„Workfl2.scm"

Im Hinblick auf die Abbildung der betriebswirtschaftlichen Problemstellung stehen vielmehr Methoden im Vordergrund, die Prozesse oder Teilprozesse abbilden. So könnte für das Objekt *Bewerber* eine Methode *Einladen zum Vorstellungsgespräch* existieren, die eine Kette von Manipulationen auf das Objekt, das Auslösen von Transaktionen oder das Erstellen eines Einladungsbriefes beinhaltet.

Abb. 2.4
Methoden eines Objekttyps

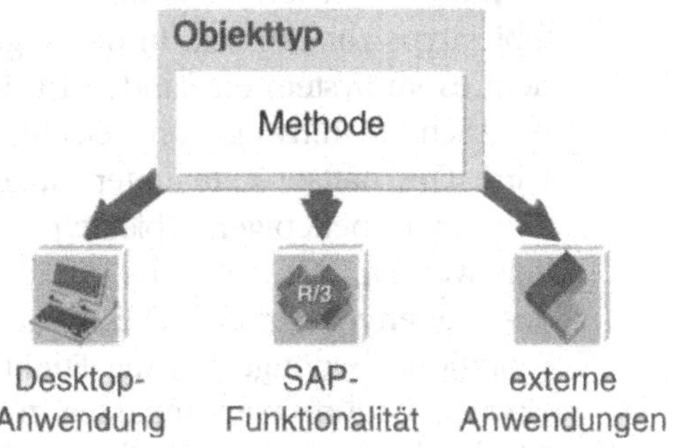

Ereignisse signalisieren einen bestimmten Vorfall in einem Objekt in einer „Eins-zu-Viele-Beziehung". Ein Ereignismanager publiziert an einem bestimmten Objekt erfolgte Änderungen oder Aktivitäten an andere Objekte, die ein bestimmtes Ereignis abonniert (subskribiert) haben.

Diese Ereignisse werden im Workflow-System eingesetzt, um die Geschäftsobjekte als Auslöser für Workflows zu nutzen. Da die Objekte mit anderen ereignisorientierten Anwendungen in Kontakt stehen und Informationen austauschen, sind sie der ideale Informationsträger für das Workflow-System.

Als Erweiterung der bisherigen Funktionalität kann die Erzeugung von Ereignissen beim Schreiben von Änderungsbelegen jetzt an komplexe Bedingungen anknüpfen.

Mit diesen Bedingungen können bspw. Wertebereiche für den geänderten Wert angegeben oder Beziehungen zwischen mehreren geänderten Werten formuliert werden:

Beispiele

- Das Ereignis soll dann erzeugt werden, wenn der geänderte Wert Z zwischen 100 und 250 liegt.
- Das Ereignis soll dann erzeugt werden, wenn Wert X größer als 10 wird und Wert Y unverändert bleibt.

Ereignisse als Auslöser von Aufgaben

Die Ereignisse, die die Objekttypen erzeugen, können wiederum für Einzelschrittaufgaben oder Workflows als auslösende Ereignisse genutzt werden.

- Verwendung als *Auslösendes Ereignis* einer Aufgabe: Als Reaktion auf das eingetretene Ereignis wird die Aufgabe **gestartet**.
- Verwendung als *Beendendes Ereignis* einer Einzelschrittaufgabe: Als Reaktion auf das eingetretene Ereignis wird die Aufgabe **beendet**.

Vererbung von Objekttypen

Objekte entstehen als konkrete Ausprägungen (Instanzen) eines Objekttyps zur Laufzeit. In der Regel ist es ein Objekt, das, nachdem es im System entstanden ist, in einem Workflow über mehrere Schritte hinweg von verschiedenen Mitarbeitern bearbeitet wird. Geschäftsobjekte unterstützen die Delegation. Ausgehend von einem beliebigen Objekttyp können eigene Subtypen angelegt werden, die sämtliche Attribute, Methoden und Ereignisse des Supertyps erben. Dies wird bei der Definition eigener Workflows benötigt, um die Funktionalität der SAP-Objekte den eigenen Bedürfnissen anpassen zu können. Um die Funktionalität der bestehenden Objekte nicht zu beeinträchtigen, dürfen

SAP-Objekte nicht geändert werden, sondern auf Grundlage bestehender Objekte werden mit Hilfe der Vererbung eigene Objekte kreiert und um die gewünschten Attribute, Methoden und Ereignisse erweitert. Diese Erweiterung kann teilweise sehr technischer Natur sein und setzt dann tiefgreifende SAP-Basiskenntnisse voraus. So können bspw. Kenntnisse über ABAP/4-Programmierung, Erstellung und Verwendung von Funktionsbausteinen und Makros, Kenntnisse über das Data-Dictionary, Erfahrung in objektorientierter Programmierung, Kenntnisse über die SAP-Applikationen, Änderungsbelegerstellung, Ereigniserzeugung aus der Applikation heraus Voraussetzung sein.

2.1.3.2 Architektur

Die nachfolgende Abbildung 2.5 zeigt das Dreischichtenmodell der SAP Business Workflow-Architektur. In der unteren Schicht sind die Geschäftsobjekte erkennbar, die dem Workflow-System als Schnittstelle zu den R/3-internen und -externen Anwendungen dienen.

Die Organisationsschicht regelt die Zuordnung von Aufgaben und Rollen zu Personen und Organisationseinheiten (z. B. Abteilungen, Linien). Die Rolle bestimmt, wer bspw. aus betriebswirtschaftlicher, funktional-orientierter Sicht - eine Gruppe oder Person - für die Bearbeitung einer Aufgabe in Frage kommt.

Die Verknüpfung von Aufgaben und Bearbeitung geschieht dabei auf einer abstrakten, an Stellen und Organisationseinheiten orientierten Beschreibungsebene, so dass u. U. mehreren, organisatorisch gleichermaßen berechtigten Mitarbeitern dieselbe Aufgabe zur Ausführung angeboten wird. Einer dieser Mitarbeiter nimmt sich der Aufgabe an und bearbeitet sie. Dieses Zuordnungsprinzip unterstützt die automatische Lastverteilung innerhalb von Arbeitsgruppen mit gleichem Tätigkeitsprofil. Eine hohe Transparenz der Geschäftsprozesse und ihrer Verantwortlichkeiten ist gewährleistet.

Änderungen am organisatorischen Aufbau des Unternehmens und der Wechsel von Mitarbeitern können so berücksichtigt werden, ohne dass unmittelbare Änderungen in den Komponenten erforderlich wären.

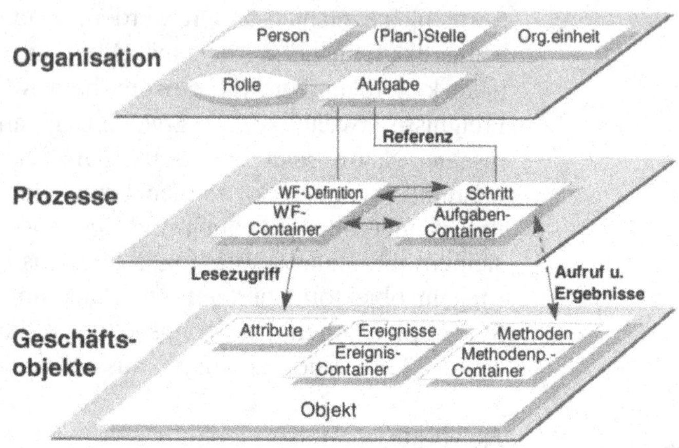

Abb. 2.5 Architektur von SAP Business Workflow

In der mittleren Schicht, die oft auch als sog. **Workflow-Engine** bezeichnet wird, werden die Geschäftsprozesse abgebildet. Dazu gehört die Definition der Workflows und auch die Steuerung, Koordinierung, Überwachung und Auswertung der Workflows zur Laufzeit. Konform zu diesem vielfältigen Aufgabenspektrum besteht die Workflow-Engine von SAP Business Workflow aus mehreren Komponenten, die in Abhängigkeit der zeitlichen Verwendung in die Hauptbereiche **Definitionswerkzeuge**, **Laufzeitsystem** und **Informationssystem** untergliedert werden.

Definitionswerkzeuge

Das wichtigste Medium bei der Erstellung von Workflows ist eine Modellierungsumgebung, in der die Geschäftsabläufe in grafischer Form interaktiv entwickelt werden können. SAP stellt zu diesem Zweck einen grafischen **Workflow-Editor** zur Verfügung, in dem die Abläufe als ereignisgesteuerte Prozessketten (ePK) entworfen, angezeigt und implementiert werden. Das Flussdiagramm bildet die Grundlage für die Workflow-Ausführung zur Laufzeit, d. h. durch die Erstellung und Speicherung einer Workflow-Definition wird selbständig ein ablauffähiges Workflow erzeugt, womit SAP die Forderungen des Interface 1 der WfMC erfüllt. **Ablauffähigkeit** i. d. S. bedeutet, dass das Workflow-System den Kontroll- und Datenfluss zwischen den Bearbeitungsschritten des Prozesses aktiv steuern kann. Die Aktivitäten selbst müssen zuvor definiert und mit Funktionalität versorgt werden.

Die technische Implementierung von Geschäftsprozessen erfolgt über die Workflow-Definition. Sie regelt den aktiven Kontroll- und Datenfluss zwischen den Bearbeitungsschritten eines Prozesses. Jeder dieser miteinander vernetzten Schritte wird automatisch mit den Daten und Dokumenten versorgt, die zu seiner Bearbeitung erforderlich sind. Ereignisse, die einem Schritt folgen, lösen entsprechende Folgeschritte aus und erzeugen Ergebnisse, die wiederum in den weiteren Arbeitsfluss einbezogen werden. Derartige Ereignisse können Nachrichten von Kunden ebenso sein wie Signale von verbundenen Systemen, Zustandsänderungen oder das Erreichen von Fristen und Terminen. Die Bearbeitungsschritte werden entweder vollautomatisch abgewickelt oder den zuständigen Mitarbeitern in ihren integrierten Eingangskorb gestellt. Die fristgerechte Erledigung der Schritte überwacht das System.

Workflow-Definitionen

Workflow-Definitionen können jederzeit im grafischen Editor geändert werden. Ohne Eingriff in die Anwendung können Schritte eingefügt, umgestellt oder gelöscht werden. Die Versionierung macht solche Erweiterungen ohne Störung der laufenden Geschäftsvorfälle möglich.

Datenfluss-Definitionen

Das Workflow-System macht für folgende Datenfluss-Definitionen automatisch einen Vorschlag:

- Datenfluss-Definition zwischen Workflow-Container und Aufgaben-Container.
- Datenfluss-Definition vom Workflow-Container zum Rollenparameter-Container.

Falls für diesen Vorschlag noch zusätzliche Elemente im Workflow-Container erforderlich sind, schlägt das System diese ebenfalls vor. Die vorgeschlagenen Container-Elemente und Datenfluss-Definitionen kann man komplett oder auch nur teilweise übernehmen. Es ist jederzeit möglich, sich den Vorschlag vom Workflow-System erneut machen zu lassen. Die Regeln, die jedem Vorschlag zugrunde liegen, können angezeigt werden. Das Workflow-System erlaubt es mit dieser Funktion, konsistente und fehlerfreie Datenfluss-Definitionen schnell zu erstellen.

Aufgaben

Die betriebswirtschaftlichen Tätigkeiten werden in Aufgaben beschrieben. Ob die Aufgabe die Ausführung von nur einem einzelnen oder von mehreren, unter Umständen parallel ablaufenden Schritten verlangt, hängt von den organisatorischen Abläufen des Vorgangs ab. Dementsprechend werden Aufgaben in Einzelschrittaufgaben und Mehrschrittaufgaben unterteilt.

Einzelschrittaufgaben beschreiben aus organisatorischer Sicht jeweils **eine** betriebswirtschaftliche Tätigkeit, während Mehrschrittaufgaben mehrere Einzelaufgaben zusammenfassen, also nicht elementar sind. Eine Mehrschrittaufgabe kann somit einen kompletten Geschäftsprozess enthalten und ist als Referenz auf eine Workflow-Definition zu verstehen. In der Tat verwendet SAP die Begriffe Mehrschrittaufgabe und Workflow als Synonyme.

Abb. 2.6
Aufgabenhierarchie

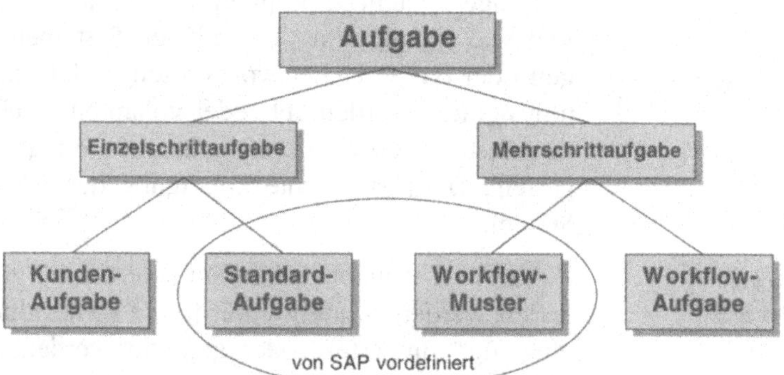

Eine Sammlung von ca. 170 Einzel- und Mehrschrittaufgaben sind im Lieferumfang von SAP Business Workflow als ablauffähige **Standardaufgaben** bzw. **Workflow-Muster** enthalten, die zwar unmittelbar eingesetzt werden können, in der Regel jedoch eher als Vorlagen für eigene Entwicklungen dienen werden. Die Definition und Implementierung von eigenen Aufgaben mit spezifischen Anforderungen erfolgt - wie schon bei den Objekttypen - in speziellen Aufgabentypen. Atomare Tätigkeiten werden als **Kundenaufgabe** und selbsterstellte Workflows als **Workflow-Aufgabe** klassifiziert.

Eine Einzelschrittaufgabe innerhalb eines Workflows wird als **Schritt** bezeichnet und kann beispielsweise eine Aktivität sein. Diese bezieht sich immer auf genau eine Aufgabe (Einzelschrittaufgabe oder Mehrschrittaufgabe).

Hinzu kommen ergänzende Angaben zur Zuständigkeit, zur Terminierung und zur Verantwortung bei Nichterledigung. Für einen Verarbeitungsschritt kann eine maximale Bearbeitungszeit angegeben werden. Wird sie überschritten, so wird eine definierte Aktivität angestoßen. Eine Workflow-Definition setzt sich also bausteinartig aus einzelnen, miteinander vernetzten Schritten zusammen und bildet die betriebswirtschaftlichen Abläufe direkt ab.

Wie aus Abbildung 2.6 ersichtlich ist, müssen zwischen Mehrschritt- und Einzelschrittaufgaben Daten ausgetauscht werden. Zu diesem Zweck existiert für ein Workflow ein sog. **Workflow-Container** und für eine Einzelaufgabe ein **Aufgaben-Container.** Ein Container ist eine Datenstruktur zur Aufnahme von Informationen zu Kontroll- und Steuerungszwecken.

Container

Container beinhalten i. d. R. keine betriebswirtschaftlichen Daten. Diese werden von der Anwendung selbst konsistent verwaltet und in Datenbanken abgelegt. Zur Definitionszeit eines Workflows werden die entsprechenden Container angelegt. Sie sind evtl. durch zusätzliche Elemente zu ergänzen. Jedes dieser Containerelemente wird durch die Angabe seiner Eigenschaften, insbesondere durch die Angabe einer Datentypreferenz, spezifiziert. Weiterhin ist es sinnvoll, den Aufgaben potentielle Sachbearbeiter zuzuordnen. Zu diesem Zweck verweist eine Referenz der Aufgabe in die Organisationsschicht und wird dort mit Personen, Gruppen oder Stellen verknüpft. Aufgaben sind auch mit den Geschäftsobjekten direkt verbunden. So wird die eigentliche Tätigkeit, wie etwa ein Transaktionsaufruf oder die Aufforderung zu einer manuellen Aktion, u. a. in Form von Methoden der Objekttypen realisiert. Einzelschrittaufgaben stehen damit als Bindeglied zwischen Ablauf- und Aufbauorganisation im SAP-System.

Ereignisse als Auslöser von Aufgaben

Die Ereignisse, die die Objekttypen erzeugen, können wiederum für Einzelschrittaufgaben oder Workflows als auslösende Ereignisse ausgenutzt werden. Zuvor muss allerdings durch Definitionen sichergestellt sein, dass die rein formelle Angabe eines Ereignisses beim Objekttyp tatsächlich mit der betriebswirtschaftlichen Gegebenheit in Verbindung steht. Zur Erzeugung von Ereignissen innerhalb der Fachanwendung können verschiedene integrierte Mechanismen, wie der Aufruf eines Funktionsbausteins, eine Statusänderung, das Schreiben eines Änderungsbelegs oder die Nachrichtensteuerung, herangezogen werden.

Teilweise erfordert die individuelle Ereigniserzeugung Erfahrung im Umgang mit der SAP-Programmierumgebung, teilweise müssen lediglich Definitionen in Form von Tabelleneinträgen vorgenommen werden. Die ausgenutzten Verfahren stellen allerdings sicher, dass durch die Anwendung die Datenkonsistenz und -sicherheit garantiert ist.

Laufzeitsystem

Das Laufzeitsystem besteht aus drei logischen Komponenten: Der **Workflow-Manager** steuert und koordiniert den Workflow-Ablauf, der **Workitem-Manager** ist für die Abwicklung der Ausführung einzelner Arbeitsschritte einschließlich der Zuordnung zu den Bearbeitern und der Terminüberwachung verantwortlich und der **Ereignismanager** ermittelt die an einem Ereignis interessierten Verbraucher und ruft sie auf.

Funktionen des Workflow-Managers

Alle zur Ablaufsteuerung und Koordination bereitgestellten Programme der Workflow-Engine werden im Workflow-Manager zusammengefasst. Da zur Laufzeit beliebig viele Workflows - auch auf dieselbe Mehrschrittaufgabe bezogen - im Workflow-Manager residieren können, werden sie als unabhängige Instanzen verwaltet. Alle Definitions- und Ausführungskomponenten basieren auf einer gemeinsamen Datenstruktur und werden zusammen mit den Objektreferenzen für die Dauer der Aktivität im Workflow-Container abgelegt. Aus diesem Container wird jeder der miteinander vernetzten Einzelschritte mit den Daten versorgt, die zu seiner Bearbeitung notwendig sind. Ereignisse, die einem Schritt folgen, lösen entsprechende Folgeschritte aus und erzeugen Ergebnisse, die wiederum vom Workflow-Manager aufgenommen, ausgewertet und in den weiteren Arbeitsfluss einbezogen werden.

Funktionen des Workitem-Managers

Jeder Workflow besteht aus einer Folge von Workitems, die die einzelnen Schritte einer Workflow-Definition zur Laufzeit des Workflows repräsentieren. Der Workitem-Manager ist das zentrale Element zur Laufzeit. Die Laufzeitrepräsentation einer ausführbaren Einzelschrittaufgabe, das Workitem, wird entweder vollautomatisch im Hintergrund abgewickelt oder einem oder mehreren zuständigen Mitarbeitern jeweils im integrierten Eingangskorb (Worklist) angezeigt und kann von dort aus angenommen und ausgeführt werden. Ein Vorgang setzt sich demnach aus einer Folge von Workitems zusammen, die vom Workitem-Manager verwaltet werden. Zur Abwicklung der Ausführung der einzelnen Arbeitsschritte gehört die erst zur Laufzeit vorgenommene Ermittlung und Zuordnung von Sachbearbeitern und - falls gewünscht - eine Terminüberwachung mit **Eskalation**. Eskalation bedeutet, dass ein Workitem, dessen Bearbeitungsfrist nicht eingehalten wird, eine spezielle Behandlung erfährt.

Auch die Verwaltung der **Worklists** der einzelnen Benutzer wird vom Workitem-Manager vorgenommen. Im integrierten Eingangskorb wird neben den Dokumenten der SAP*office*-Eingangsliste auch die Worklist angezeigt, die alle zu bearbeitenden Tätigkeiten eines Benutzers als Workflow-Objekte enthält. Alle Einträge sind einer Klasse zugeordnet, vergleichbar mehreren physischen Postkörbchen, in denen unterschiedliche Aufgabenarten abgelegt sind.

SAP*office*-Dokumente gehören zur Klasse SO und haben andere Funktionalitäten als beispielsweise Workitems (Klasse WF). Workitems werden ihrerseits in Typen unterteilt, wodurch interne Bearbeitungsabläufe gesteuert werden können. Der Typ eines Workitems entscheidet über zulässige Stati und Statusübergänge.

Abb. 2.7
Ereigniskopplung

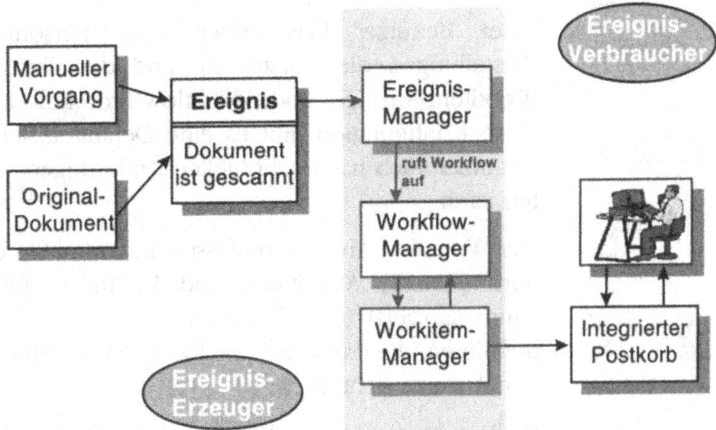

Funktionen des Ereignis-Managers

Der Ereignismanager ist für den ereignisgesteuerten Ablauf im Workflow-System verantwortlich. Über Ereignisse wird eine Kopplung zwischen verschiedenen Anwendungen ermöglicht, indem Daten von der erzeugenden zur verbrauchenden Anwendung transportiert werden. Ereignisse werden in die einzelnen SAP-Anwendungsprogramme **hineinprogrammiert** und dort ausgelöst. Das Programm, in dem ein Ereignis erzeugt wird, wird als Ereigniserzeuger bezeichnet. Damit wird eine am Objekt vorgenommene Zustandsänderung systemweit veröffentlicht. Auf der anderen Seite wird ein Ereignis von einem Ereignisverbraucher ausgewertet (verbraucht). Ein Ereignis kann einen oder mehrere Verbraucher haben, muss aber sofort verbraucht werden. Existiert zum Zeitpunkt der Ereigniserzeugung kein Verbraucher, wird das Ereignis gelöscht.

Der Ereignismanager nimmt die Ereignisse entgegen, ermittelt mit Hilfe einer Ereigniskopplungstabelle die interessierten Verbraucher und ruft diese dann auf. Die Abbildung verdeutlicht den Zusammenhang zwischen Ereigniserzeuger, Ereignisverbraucher und den Komponenten des Workflow-Laufzeitsystems.

Workitem-Anzeige

Ein weiteres Feature ist die Workitem-Anzeige, mit der man sich Workflows aus einem bestimmten Selektionszeitraum nach Fehlerursache und Aufgabe auflisten lassen kann. Dieses Tool zeigt zu jedem fehlerhaften Workitem den Langtext der Fehlerursache an und ermöglicht, das Workitem zu ändern oder einen „Restart nach Fehler" zu versuchen.

Jeder Benutzer kann über seine persönlichen Workflow-Einstellungen die Darstellung und den Funktionsumfang von Workitem-Anzeige und Workflow-Protokoll konfigurieren. Für diese Konfiguration gibt es eine Defaulteinstellung, auf die der Benutzer auch nach eventuellen Änderungen wieder zurückgreifen kann.

Die Workitem-Anzeige umfasst standardmäßig die Registerkarten „Grunddaten", „Aktivitäten" und „Verfügbare Objekte". Zusätzlich kann man jetzt für jede Aktivität eine individuelle Registerkarte definieren, die dann als erste Karte direkt beim Aufruf der Workitem-Anzeige sichtbar ist.

Es besteht die Möglichkeit auf dieser Registerkarte wichtige Informationen aus dem laufenden Prozess, die standardmäßig nicht auf der Workitem-Anzeige erscheinen, anzuzeigen.

Man kann Funktionen, die ein Endanwender in der Regel oder oft ausführen muss, hervorheben, indem man sie direkt auf der Registerkarte platziert. Außerdem kann man mit der Registerkarte der Workitem-Anzeige ein kundentypisches Look & Feel geben.

Workflow-Protokoll (4.5)

Im Workflow-Protokoll sind sämtliche Schritte eines Workflows, deren Bearbeitung bisher begonnen wurde, protokolliert. Das Workflow-Protokoll ist für die Prozessbearbeiter gedacht, die sich einen Überblick über bereits durchgeführte Schritte und deren Ergebnis verschaffen möchten. Das Workflow-Protokoll stellt für verschiedene Informationsanforderungen verschiedene Sichten zur Verfügung, die jeweils für bestimmte Fragestellungen optimiert sind. Neben den Sichten für den Prozessbearbeiter, die keine technischen Aspekte enthalten, sind auch Sichten mit technischen Details vorgesehen, wie sie etwa ein Workflow-Administrator für seine Arbeit benötigt.

Änderungen an der Oberfläche

Auf **32-Bit-Plattformen** steht das Workflow-Protokoll in einer zeitgemäßen Darstellungsvariante, die ActiveX-Technologie und Registerkarten verwendet, zur Verfügung. Auf allen übrigen Plattformen ist das Workflow-Protokoll in einer listenorientierten Darstellungsweise, die den ABAP List Viewer verwendet, verfügbar. Die Anzeigevariante kann systemweit als Voreinstellung und von jedem Benutzer in seinen persönlichen Workflow-Einstellungen konfiguriert werden.

Die Variante der Workitem-Anzeige, die bisher als „Erweiterte Workitem-Anzeige" zur Verfügung stand, wurde überarbeitet. Sie wird ab Rel. 4.5B zur SAP-Defaulteinstellung und daher umbenannt in **„Workitem-Anzeige".** Die bisher mit Workitem-Anzeige bezeichnete Anzeigenvariante heißt jetzt „technische Workitem-Anzeige".

Folgende Erweiterungen der Workitem-Anzeige wurden vorgenommen:

- Die Registerkarte *„Grunddaten"*, auf der die Termine und Attribute des Workitems, seine Beschreibung und die Titel der Anlagen dargestellt sind, wird mit einem HTML-Control aufgebaut. Man kann dadurch in den Beschreibungstext oder als Anlage auch Hyperlinks (URL's) auf Internet - oder Intranetseiten aufnehmen.
- Die Registerkarte *„Verfügbare Objekte"* stellt unter Verwendung von ActiveX-Technologie die Objekte und Anlagen aus dem Kontext des Workitems dar und ermöglicht das Anzeigen und Hinzufügen von Objekten.
- Die Registerkarte *„Aktivitäten"*, mit der zusätzliche Aktivitäten zu einem Workitem hinzugefügt und bearbeitet werden konnten, ist für den aktuellen Bearbeiter des Workitems nur noch mit entsprechender Berechtigung sichtbar.

2.1.3.3 Ereignisgesteuerte Prozessketten

Die Definition von Workflows ist in Form von ereignisgesteuerten Prozessketten vorzunehmen. Diese Methodik stellt eine Verbindung von Bedingungs-Ereignisnetzen der Petrinetz-Theorie mit Verknüpfungselementen, wie sie z. B. von dem stochastischen Netzplan-Verfahren GERT verwendet werden, dar. Es entsteht ein gerichteter, bipartiterer Graph, der einen betrieblichen Ablauf mit Hilfe von fünf Elementen verkörpert:

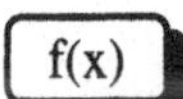

Funktionen werden als abgerundete Rechtecke dargestellt und repräsentieren die zu erledigenden Aufgaben. Als aktive und zeitverbrauchende Knoten nehmen sie Daten auf und geben Daten zur Entscheidung des weiteren Prozessverlaufs wieder ab.

Ereignisse werden als Sechsecke dargestellt und besitzen keine Entscheidungskompetenz. Ein Ereignis ist auf einen Zeitpunkt bezogen und kann als Auftreten eines Objektes oder Änderung einer bestimmten Attributsausprägung definiert werden.

Verknüpfungsoperatoren werden als Kreise mit entsprechenden Symbolen abgebildet und dienen zur Darstellung von nichtlinearen Prozessverläufen. Zur Darstellung logischer Beziehungen zwischen Ereignissen und Funktionen werden die drei Operatoren UND (∧), ODER (∨) und exklusives ODER (**XOR**) verwendet.

Prozesswegweiser stellen eine Verbindung zu einem oder mehreren vor- oder nachgelagerten Prozessen her und erlauben damit, mehrere ePKs zu verschachteln. Damit ist die Voraussetzung geschaffen, um komplizierte Abläufe in modulare, überschaubare Teilprozesse mit abgegrenzter Funktionalität zu zerlegen.

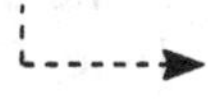

Der **Kontrollfluss**, also die Reihenfolge, in der die einzelnen Knoten durchlaufen werden und der Zusammenhang von Ursache und Wirkung zwischen den Objekten wird mit einer gestrichelten Linie mit einer Pfeilspitze dargestellt. Mit Ausnahme der Verknüpfungsoperatoren dürfen nur unterschiedliche Knotentypen miteinander in Verbindung gesetzt werden.

Diese Ausnahme beruht auf der ursprünglichen Schreibweise, nach der zwei logische Beziehungen pro Verknüpfungsoperator möglich waren. Zur besseren Lesbarkeit sind daraus zwei einzelne, miteinander verbundene Operatoren entstanden.

Die folgende Abbildung 2.8 zeigt den **SAP Business Navigator** mit einem Prozessdiagramm, das Funktionen und Verknüpfungsoperatoren enthält:

Abb. 2.8
Prozessdiagramm

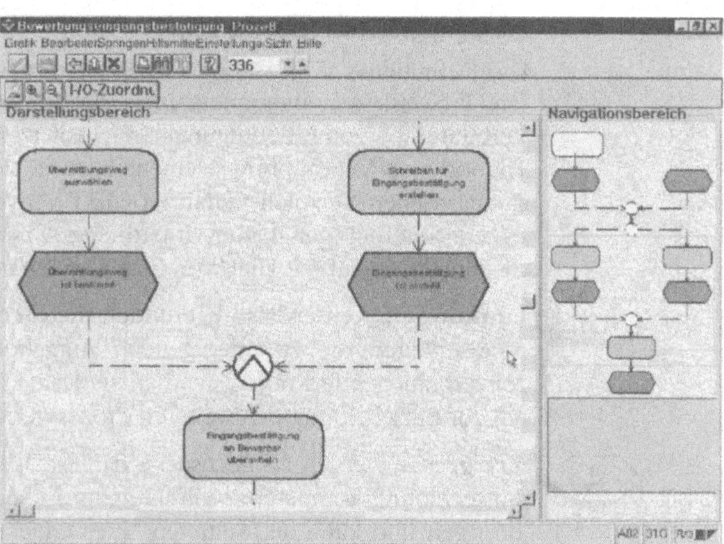

Jede Prozesskette hat einen definierten Ein- und Ausgang, der in Form von einem oder mehreren Ereignissen dargestellt werden muss (In der Abbildung wäre der Eingang das oberste Feld im Navigationsbereich, der Ausgang entspräche dem zuunterst stehenden Feld.). Ein SAP-Workflow stellt dazu die beiden internen Ereignisse *Workflow gestartet* und *Workflow beendet* zur Verfügung. Zusätzliche auslösende Ereignisse werden als weitere Ein- oder Ausgänge hinzugefügt.

In einem Unternehmen unterliegen die Arbeitsabläufe einem kontinuierlichen Wandel durch Veränderungen des Marktes und anderen externen Einflüssen. Geschäftsprozesse müssen jederzeit anpassbar sein. Dazu dienen spezielle Hilfsmittel:

- Business-Navigator;
- Workflow-Wizards;
- Workflow-Szenarios.

Als grafisches Werkzeug zur Modellierung der Geschäftsprozesse dient der Business Navigator (siehe Kap. 2.1.3.4).

Hilfsmittel bei der Workflow-Erstellung

R/3 bietet mit der **Business Engineering Workbench** eine integrierte Entwicklungsumgebung an, die sich aus Methoden, Modellen, Werkzeugen und Programmierschnittstellen zusammensetzt. Sie enthält als Referenzmodelle das sog. **R/3-Business-Repository**, in dem rund 800 Geschäftsprozesse und über 170 Geschäftsobjekte abgelegt sind.

Als grafisches Werkzeug zur Darstellung der Geschäftsprozesse dient der **Business Navigator**, die Geschäftsobjekte werden mit Hilfe des Objektrepository textuell gepflegt. Beide Hilfsmittel sind außer für die Visualisierung und Fehler- bzw. Schwachstellenanalyse auch bedingt für die Modellierung von Geschäftsprozessen einsetzbar und sind somit bei der Modellierung von Workflows interessant. Insbesondere helfen sie bei der Identifikation von vorhandenen Repository-Einträgen. Gefundene Objekte und Prozesse können für eigene Workflow-Definitionen unverändert weiterverwendet, erweitert oder angepasst werden.

2.1.3.4 Business Navigator

Arbeitsabläufe unterliegen einem kontinuierlichen Wandel durch Veränderungen des Marktes und anderen externen Einflüssen. Geschäftsprozesse müssen jederzeit anpassbar sein, wozu ein Medium benötigt wird, mit dem die Prozesse einfach und schnell zu durchschauen und anzupassen sind.

Grafische Darstellung der SAP-Funktionalität

Aus der Vielzahl der Geschäftsprozesse des R/3-Systems sind die wichtigsten (800) als sogenanntes R/3-Referenzmodell in grafischen Ablaufdiagrammen offengelegt. Es zeigt Lösungsvorschläge für betriebswirtschaftliche Vorgänge unabhängig von Branche und Unternehmensgröße. SAP hat sich bei der Prozessdarstellung als einheitliche Modellierungsmethode für die ereignisgesteuerte Prozesskette entschieden, um „dem Anwender Freiheitsräume für seine kreativen und schöpferischen Aufgaben"[1] zu lassen.

Der wesentliche Nutzen des R/3-Referenzmodells liegt nach Ansicht des Verfassers jedoch eher darin, dass die in den SAP-Anwendungen möglichen Prozessvarianten und Integrationszusammenhänge zwischen den Anwendungen leichter erkannt werden und dadurch ein tieferes Verständnis für die ablaufenden Prozesse entstehen kann. Darüber hinaus kann es zur Beschreibung der Unternehmensorganisation sowie unternehmensspezifischer Informationssysteme eingesetzt werden. Weiterhin gestaltet sich die Identifikation von Stellen, an denen Übergänge zu anderen Systemen geschaffen werden müssen, einfacher.

Das Referenzmodell wird vor allem als Modellierungsgrundlage bei Geschäftsprozessoptimierungsvorhaben (BPR etc.) und als Hilfsmittel bei SAP-Einführungsprojekten zur individuellen Abgrenzung, Schulung und Dokumentation herangezogen.

Pro und Kontra des Referenzmodells als Modellierungshilfsmittel

Besonders bei BPR-Projekten soll das Referenzmodell helfen, von der intuitiven Reorganisation von Strukturen und Abläufen wegzukommen, hin zu einem ingenieurmäßigen Entwurf der Geschäftsabläufe. Allerdings geht dieser Ansatz von der R/3-Funktionalität und von den einmal als mustergültig betrachteten Prozessen aus. Für dieses Vorgehen spricht, dass jede Disziplin der technischen Wissenschaften und Naturwissenschaften sich auf eine festgelegte Methodologie und die entsprechende Infrastruktur bezieht. Lediglich in den für den Menschen noch unverständlichen, chaotischen Strukturen werden strukturierte Methoden durch Denkart ersetzt. Auf der anderen Seite sind starre, dem freien Denken weit entfernte Modelle passiv, die keine Antworten auf die benötigten Fragen liefern. Individuelle, im Einzelfall vielleicht optimalere Lösungen weichen Durchschnittswerten.

1 vgl. SAP AG [Hrsg.]: Discover SAP, Walldorf, 1995

Die ereignisgesteuerte Prozesskette ist für den Fachanwender in **sechs Sichten** zerlegt, um den unterschiedlichen Fragestellungen im Unternehmen Rechnung zu tragen:

Sichten auf Prozesse

- Die **Prozesssicht** stellt die betrieblichen Abläufe mit Hilfe von ereignisgesteuerten Prozessketten dar.
- In der **Informationsflusssicht** ist erkennbar, welche Informations-, Material-, und Ressourcenobjekte von welcher Funktion bearbeitet werden. Wann und warum diese Objekte bearbeitet werden, ist nicht beschrieben.
- In der **Funktionssicht** werden die Tätigkeiten des Unternehmens soweit aufgelöst, wie noch ein betriebswirtschaftlicher Vorgang beschrieben wird. Anschließend werden die gefundenen Aufgaben in einer hierarchischen Ordnung den Kategorien Applikation, Funktionsbereich, Hauptfunktion und Funktion zugeordnet. Zum einen wird hier gezeigt, welche Funktionen über- und untergeordnet sind, zum anderen, welche Funktionen zu einer bestimmten Funktionsgruppe gehören.
- In der **Datensicht** werden die Informations-, Material- und Ressourcenobjekte selbst und ihre Beziehungen untereinander dargestellt. Das in Form von Datenbanktabellen real existierende Datenmodell zeigt insbesondere, woher eine Funktion Objekte erhält, welche vorhandenen Objekte verändert werden und welche neuen Objekte aus welchen Objekten gebildet werden.
- In der **Organisationssicht** wird das Organisationsmodell des R/3-Systems offengelegt, um mit der Aufbauorganisationsstruktur des Unternehmens abgeglichen zu werden. Die Organisationseinheiten und ihre Beziehungen untereinander und die den Organisationseinheiten zugeordneten Funktionen werden angezeigt.
- In der **Kommunikationssicht** werden zwei Aspekte offensichtlich. Die Verbindungen zwischen den organisatorischen Einheiten des Unternehmens, die für in sich geschlossene Geschäftsprozesse verantwortlich sind und die Kommunikationskanäle, die zwischen den Einheiten aufgrund bereichs- und abteilungsübergreifender Geschäftsprozesse bestehen.

„Workfl2.scm“

Zur Visualisierung des Referenzmodells dient innerhalb des Business Navigators der grafische Editor, der auch bei der Workflow-Definition eingesetzt wird. Damit können die verschiedenen Sichten des Referenzmodells eingesehen und direkt aus den grafischen Modellen auf die entsprechende Transaktionen, das Data Dictionary oder die Online-Dokumentation zugegriffen werden. Der Einstieg erfolgt entweder direkt über die Prozesssicht, von der aus die übrigen Sichten erreichbar sind oder, wie in folgender Abbildung 2.9 angedeutet, über die textuelle Komponentensicht (Bildmitte), aus der die anderen grafischen Modelle aufgerufen werden können.

Abb. 2.9
Sichten des Business Navigators

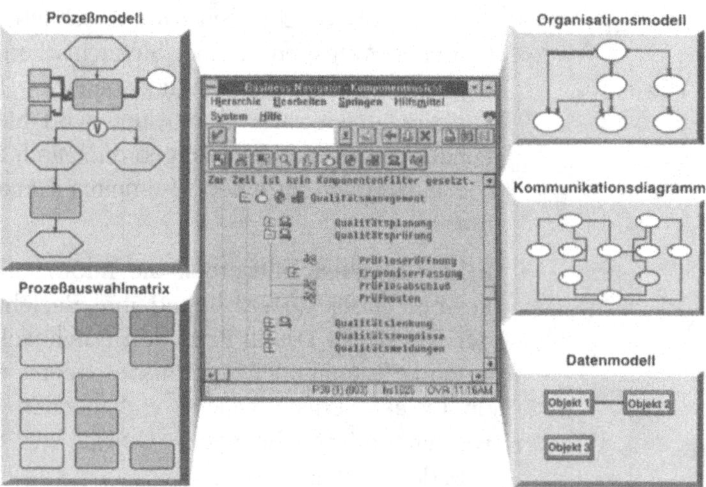

Alternativ zum Business Navigator von SAP werden von Fremdfirmen Navigator-Komponenten zum Kauf angeboten, welche hier kurz vorgestellt werden sollen:

Das ***„ARIS-Toolset“*** der IDS Prof. Scheer GmbH kann auf die Datenbasis des R/3-Referenzmodells zugreifen. Es besteht aus einer Navigationskomponente, die die verschiedenen Sichten anzeigen und ausdrucken kann. Mit der Modellierungskomponente kann das Referenzmodell unternehmensspezifisch angepasst und durch neue Funktionen und Modelle ergänzt werden. Die Analysekomponente wertet Projektergebnisse aus und vergleicht geänderte Modelle mit denen aus dem Referenzmodell.

Der SAP Businessnavigator basiert auf dem ARIS-Toolset, besitzt jedoch eingeschränkte Funktionalität.

Ähnliche Funktionalität wie das ARIS-Toolset bietet der **„Visio Business Modeller für SAP R/3“** (VBM) der VISIO GmbH. Mit den von Visio (ab Rel. 4.0) bekannten Werkzeugen kann das Referenzmodell angezeigt, analysiert und in gewissem Umfang auch modelliert werden. VBM stellt das R/3-Referenzmodell in den Rahmen der grafischen Bearbeitung von Visio. Somit handelt es sich weniger um ein Modellierungstool wie im Fall von ARIS, sondern eher um ein Präsentations- und ergänzendes Analysewerkzeug.

INTELLICORP Aus der Produktfamilie **„Model-Works™“** von IntelliCorp ermöglichen die beiden Komponenten LiveModel und PowerModel ebenfalls die Anzeige, Analyse und Modellierung des Referenzmodells.

2.1.3.5 Workflow-Wizards

Beim Workflow-Einsatz ist insbesondere eine schnelle und effiziente Implementierung wichtig. Die vom SAP entwickelten und ausgelieferten Workflow-Wizards erstellen im Dialog mit dem Benutzer Modellierungsvorschläge für bestimmte vorbedachte Aufgabenstellungen. Ein Workflow-Muster beinhaltet eine komplette, mehrere Schritte umfassende Vorgangsbeschreibung (= Workflow-Definition). Aber teilweise umfangreiche Geschäftsprozesse können i. d. R. nicht mit einem einzelnen Workflow-Muster abgebildet werden.

Mit SAP Business Workflow-Szenarios werden ganze Geschäftsvorgänge schnell und ohne Programmieraufwand eingeführt. Es gibt verschiedene Kategorien der Workflow Szenarios: Erzeugung von Ereignissen (ein Ereignis wird erzeugt, um eine erfolgte Zustandsänderung eines Anwendungsobjektes mitzuteilen und eine Reaktion zu ermöglichen), Bereitstellen von Standardaufgaben (eine Standardaufgabe beinhaltet eine Aufgabenbeschreibung (Langtext) und eine Verknüpfung mit der Anwendungslogik über die Methode eines Business-Objektes. Bevor eine Standardaufgabe produktiv verwendet werden kann, muss noch die Zuordnung der Standardaufgabe zu ihren möglichen Bearbeitern gepflegt werden.

In der Gegenüberstellung zeigen z. B. Workflow-Szenario und Worflow-Muster ihre Vielfalt:

Tab. 2.1
Workflow-Szenario und Workflow-Muster

Workflow-Szenario	Workflow-Muster
• Anzeige eines Stellenbesetzungsplanes • Einstellung eines neuen Mitarbeiters in den aktuellen Personalstamm • Maßnahmen anlegen • Daten zur Person anlegen • Familie/Bezugsperson anlegen • Organisatorische Zuordnung anlegen • Anschriften anlegen • Sollarbeitszeit anlegen • Basisbezüge anlegen • Bankverbindung anlegen • Vermögensbildung anlegen • Steuerdaten D anlegen • Sozialversicherung D anlegen • Vertragsbestandteile anlegen • Terminverfolgung • Urlaubsanspruch anlegen • Anzeigen des Mitarbeiters im Organigramm	• *Personal ⇨ Personalmanagement ⇨ Administration.* • Personaladministration • Personalmaßnahmen • Personalmaßnahmen **Eingabefelder:** - Daten - Personalnummer - Beginn - Maßnahmenart - 01.des aktuellen Monats - Einstellung (markiert) - Eingaben bestätigen

Die Integration neuer Techniken wie SAP Business Workflow erhöht die Effizienz der Anwendungen. Es wird zwischen folgenden Ausführungskomponenten unterschieden:

- **Workmanagement** für die Zuteilung und Überwachung von Arbeitsschritten;
- **Flowmanagement** für die Ermittlung von Folgeschritten;

- **Worklistmanagement** als elektronischer Eingangskorb am jeweiligen Arbeitsplatz.

Wie sich diese Workflow-Techniken in der Praxis auswirken können, zeigt das folgende **Beispiel**:

1. Ein Auftrag wird nach Eingang vom System erfasst und terminiert.
2. Der erste Schritt aktiviert automatisch die Kreditlinienprüfung und ermöglicht die Interpretation des Zahlungsverhaltens des Kunden. Gleichzeitig erhält das Cash Management die Informationen über den Auftragseingang für die Disposition der Liquidität.
3. Der Vorgang läuft durch die Produktion und Auslieferung.
4. Der Auftrag kommt mit allen Unterlagen in die Buchhaltung, wo parallel zur Fakturierung die Aufbereitung für das Cash Management erfolgt.
5. Mit dem Zahlungseingang schließt sich der Kreis eines Geschäftsprozesses, den R/3 auf allen Stationen mit einer automatisierten Vorgangsbearbeitung begleitet.

Workflow-Funktionen

Workflow-Funktionen ermöglichen die Definition von Abläufen. Auch eingescannte Originaldokumente oder eingehende EDI-Nachrichten können Arbeitsabläufen zugeordnet und automatisch an die Arbeitsplätze der betroffenen Mitarbeiter weitergeleitet werden. R/3-Kunden können mit Definitionstools eigene Workflows erstellen.

Der SAP Business Workflow ist eine vollständig in das R/3-System integrierte Lösung, mit der kundenspezifische Abläufe von Geschäftsprozessen anwendungs- und arbeitsplatzübergreifend koordiniert und gesteuert werden können. Die Definitionsumgebung des SAP Business Workflow steht zur Verfügung, um betriebliche Abläufe in unkomplizierter Weise abzubilden und um auch im laufenden Betrieb durch flexible Anpassung der einmal implementierten betrieblichen Abläufe rasch reagieren zu können, wenn sich die äußeren Rahmenbedingungen ändern.

2.1.3.6 Objektrepository

Das R/3-Repository enthält eine umfassende Beschreibung der R/3-Anwendungen (siehe Abb. 2.10). Über eine Programmierschnittstelle kann es Informationen in Grafiksoftware, Modellierungswerkzeuge oder BPR-Werkzeuge exportieren. Es stellt die zentrale Ablagemöglichkeit für sämtliche Anwendungsinformationen des Systems dar. Dies umfasst die Neuentwicklung, den Entwurf und die Wartung von Anwendungen und Komponenten. Im Repository sind Prozessmodelle, Funktionsmodelle, Datenmodelle, Geschäftsobjekte, Objektmodelle sowie die zugehörigen Daten und ihre Verbindungen abgelegt.

Das Business Object Repository - kurz Objektrepository - ist ein Bestandteil des R/3-Repositories, das ausgewählte betriebswirtschaftliche Daten, Transaktionen und Ereignisse als integrierte Menge von Geschäftsobjekten darstellt. Jedem Geschäftsobjekt ist ein Datenmodell zugeordnet, das die interne Tabellenstruktur wiedergibt und im Unternehmensmodell eingebettet ist. Als besonders vorteilhaft bei der Identifikation von Objekten erweist sich der Verwendungsnachweis, mit dem ermittelt werden kann, in wie vielen und in welchen Prozessen der betreffende Objekttyp verwendet wird.

„Workfl3.scm"

Der Umgang mit dem Objektrepository erfolgt teils textuell, teils mittels eines grafischen Browsers. Da der Schwerpunkt auf der betriebswirtschaftlich orientierten Sichtweise der Objekte beruht, erfolgt der Einstieg in das Repository über betriebswirtschaftliche Bereiche zu den diesen Bereichen zugeordneten Objekttypen. Ist ein Objekttyp mehreren Geschäftsbereichen zugeordnet - was eher die Regel als die Ausnahme ist - ist der tatsächliche Objekttyp nur einmal registriert, und bei den restlichen Bereichen befindet sich ein Verweis auf den Original-Objekttyp.

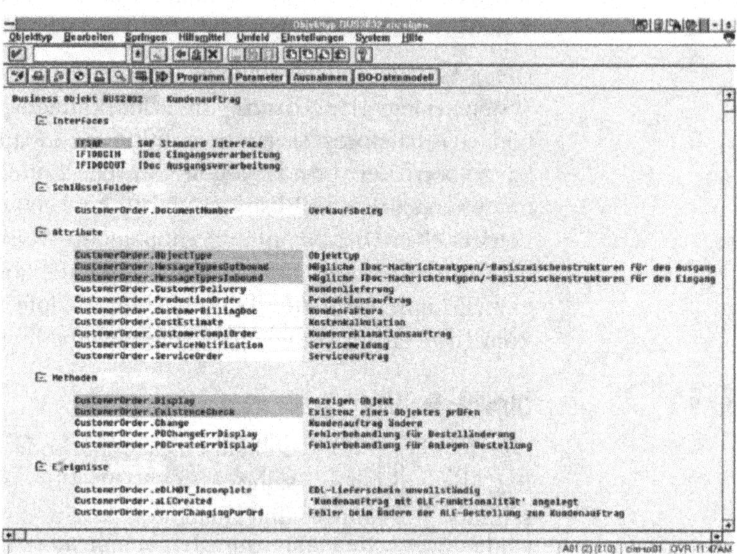

Abb. 2.10 Objekttyp Kundenauftrag

Sowohl die Registrierung der Objekte, die für das Workflow-System verwendet werden, als auch die Zugriffskontrolle auf Objekte zur Laufzeit erfolgt über die Definition von Objekttypen im Objektrepository. Mit Hilfe der Vererbung werden für Workflows eigene Objekttypen definiert. Dazu wird ein von SAP ausgelieferter Supertyp herangezogen und sämtliche Attribute, Methoden und Ereignisse in den eigenen Objekttyp vererbt. Anschließend werden eigene Anpassungen, wie weitere Ereignisse, Methoden, Attribute usw., vorgenommen.

Da jeder Workflow auf Geschäftsobjekten basiert, indem er ausschließlich Methoden von Geschäftsobjekten aufruft, wird das Objektrepository zum Dreh- und Angelpunkt zwischen Workflow und Anwendung.

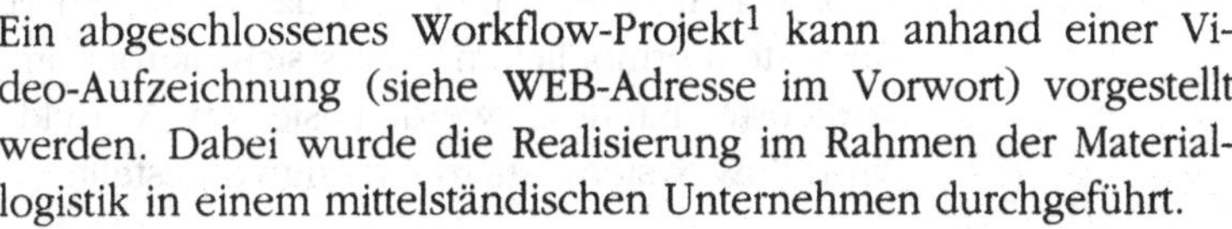

„Workfl4.scm"

Ein abgeschlossenes Workflow-Projekt[1] kann anhand einer Video-Aufzeichnung (siehe WEB-Adresse im Vorwort) vorgestellt werden. Dabei wurde die Realisierung im Rahmen der Materiallogistik in einem mittelständischen Unternehmen durchgeführt.

Das R/3-System zeichnet sich dadurch aus, dass **Geschäftsprozesse integriert über mehrere Module** und mehrere organisatorische Einheiten hinweg bearbeitet werden können. Mit dem Mittel der **Nachrichtensteuerung** können weite Teilbereiche bei der Bearbeitung eines Geschäftsprozesses automatisiert werden. Für die Behandlung von eingehenden elektronischen Nachrichten steht ebenfalls Funktionalität zur Verfügung. Ausgezeichnet sind die Bearbeitungsmöglichkeiten für eingehende Originaldokumente. Auf eine Bearbeitung eines **Papierdokuments kann vollständig verzichtet werden**, da nach dem Erfassen des Papierdokuments dieses in elektronischer Form jederzeit angezeigt und weitergereicht werden kann. Für eingehende Originaldokumente steht ein mehrstufiges Verarbeitungskonzept zur Verfügung, wodurch automatisch die zur Verarbeitung benötigte Transaktion aufgerufen wird. Es existiert eine durchgängige Vorgangsbearbeitung sowie schon relativ ausgereifte Entwicklungs- und Administrationswerkzeuge.

Der Vorgangsverarbeitung in R/3 liegt ein anderes Konzept zugrunde als das der klassischen Workflow-Tools. Die Stärke dieser Tools liegt in der **flexiblen Gestaltung von Geschäfts-**

---

1 vgl. hierzu: Strobel-Vogt, U.: SAP Business Workflow® in der Logistik. Strategie und Implementierung in der Praxis, Vieweg-Verlag, Reihe „Edition Business Computing", Braunschweig/Wiesbaden, 1997

prozessen und Integration von externen Komponenten. Der große Vorteil des SAP Business Workflows besteht in der durchgängigen Bearbeitung von Geschäftsprozessen, wobei diese zu einem hohen Grade automatisiert ist. Im Gegensatz zur Vorgängerversion ist im aktuellen Releasestand eine erheblich bessere Funktionalität als in klassischen Workflow-Systemen enthalten. Die Betonung liegt auf der Objektorientierung mit all den Vorteilen moderner Systementwicklung. Hierdurch wird eine weitaus bessere Integrität des Gesamtsystems gewährleistet.

2.1.4 Workflow-Komponenten

Um SAP Business Workflow einsetzen zu können, sind u. a. Softwarekomponenten erforderlich, die eine elektronische Weiterleitung von Informationen und das Erkennen von Veränderungen im System ermöglichen. Da es sich hierbei um grundlegende Basisdienste handelt, werden sie im Vorfeld des eigentlichen Workflow-Systems stichwortartig vorgestellt:

- **SAP*access*:** mit SAP*access* lässt sich online von externen Anwendungen (z. B. Textverarbeitung, Tabellenkalkulation) im Lesemodus auf R/3-Daten zugreifen.
- **SAPArchiveLink:** ist Schnittstelle zwischen R/3 und dem optischen Archivsystemen.
- **SAP*office*:** ist ein objektorientiertes Ablage- und Kommunikationssystem, das voll in R/3 integriert ist (siehe Abb. 2.11).

Abb. 2.11 Workflow-Module

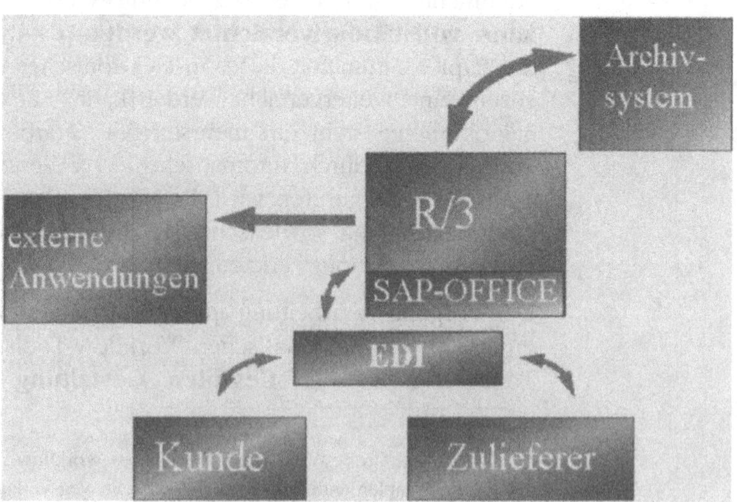

- **Nachrichtensteuerung:** steuert das Versenden und Verarbeiten von Nachrichten.
- **EDI:** ermöglicht den Austausch von Daten zwischen Unternehmen, Kunden und Zulieferern.
- **Objektorientierung:** Steuerungsinformationen und inhaltliche Daten werden gekapselt und nur über definierte Schnittstellen für die Umwelt zugänglich.

Das System R/3 ermöglicht die durchgängige Bearbeitung von Geschäftsprozessen und stellt Mittel zur automatisierten Vorgangsverarbeitung zur Verfügung. Es lässt sich in **vier Hauptbereiche** gliedern:

1. **dokumentenbasierter Workflow**
2. **Nachrichtensteuerung**
3. **EDI** (Auslösen von Vorgängen durch den Eingang von elektronischen Dokumenten)
4. **Adhoc Workflow**

Für die verschiedenen Bereiche existieren unterschiedlich starke Methoden zur automatisierten Bearbeitung. Für den dokumentenbasierten Workflow werden Mittel angeboten, mit denen Originaldokumente erfasst und bearbeitet werden können. Der Komplexitätsgrad der Abläufe variiert hierbei jedoch stark.

Routing

So können zum einen genau definierte Folgetransaktionen vorgegeben werden, die nicht vom Bearbeiter beeinflusst werden können (Routing mit automatischem Applikationsstart). Zum anderen können aber auch Regeln definiert werden, die erst bei Laufzeit durch die in den Dokumenten enthaltenen Informationen oder vorgangsabhängige Informationen entscheiden, welche Folgetransaktionen mit dem jeweiligen Dokument aufzurufen sind. Man spricht hierbei von **ereignisgesteuerten Geschäftsprozessen**. Auch das Eingreifen des Mitarbeiters in den Workflow kann ermöglicht werden.

Die Behandlung von Vorgängen zur Laufzeit ist komfortabel. Die Werkzeuge zum Erzeugen von Vorgängen, durch Erfassen über die Büro-Komponente sowie zum Weiterleiten (Versenden) sind für den Anwender einfach zu bedienen. Es existieren außerdem Funktionen, um Vorgänge in der Ablage zu halten (um später ohne langes Suchen darauf zugreifen zu können) oder sie automatisch wiedervorzulegen.

Über **SAP-Office** kann ein Vertreter angegeben werden, an den im Falle der Abwesenheit neben der Office-Mail auch Vorgänge weitergeleitet werden. Der Anwender kann zu einem Vorgang verschiedene Statusinformationen abrufen, z. B. das Datum und die Zeit der letzten Bearbeitung.

Die **Terminüberwachung** wird vom Laufzeitsystem ermöglicht. Sie ist unabhängig von den jeweiligen Applikationen. Termine sind *„gewünschter Start"* oder auch *„spätestes Ende"*. Sie werden immer zu einem relativen Bezugspunkt gesetzt (Datum oder auch Startzeitpunkt des Workflows).

Rollen

Im Gegensatz zu den Vorgängerversionen existieren ab dem neuen Release 3.1 Rollen-Mechanismen, die es ermöglichen, dynamisch während der Laufzeit mittels *„Rollenauflösung"* (Ermittlung von Bearbeitern über Stellenbeschreibungen) den Workflow organisatorisch korrekt zu steuern. Wichtig ist hierbei der dynamische Aspekt, der die hohe Flexibilität des Systems gewährleistet. Mit Hilfe der PD-Komponenten „Organisation und Planung" und Stellenbeschreibungen werden diejenigen Mitarbeiter ermittelt, die anwesend bzw. für die Aufgabe geeignet sind. Stillstandzeiten werden somit weitestgehend vermieden – ein wesentlicher Aspekt des Workflow-Gedankens.

Stellen sind unabhängig von Organisationseinheiten; sie definieren Aufgabenbereiche eines Unternehmens.

Planstellen gehören zu Organisationseinheiten und werden immer durch eine Stelle beschrieben.

Transportzeiten für Papierdokumente werden minimiert

Die Vorgangsverarbeitung ist so in das System integriert, dass der Anwender (Bearbeiter) in seiner Tätigkeit unterstützt wird und mit ihr **ohne langen Schulungsaufwand** arbeiten kann. Transportzeiten für Papierdokumente werden minimiert. Die Integration des Dokumentenverwaltungssystems ist ebenfalls komfortabel gelöst; denn bei Vorgängen, denen Originale zugrunde liegen, können diese jederzeit aus der Anwendung heraus aufgerufen werden.

Vorgänge müssen von einem Administrator definiert werden, d. h. für eingehende Originaldokumente müssen Dokumentenarten geschaffen werden, die mit einem Vorgangstyp verknüpft werden. Diese Einstellungen werden im Customizing des SAP-Systems gepflegt. Die Einarbeitung in diesen Bereich des Customizing und das damit verbundene Verstehen der Zusammenhänge erfordern **großen zeitlichen Aufwand**.

Systeminterner Einführungsleitfaden reicht nicht aus

Es ist notwendig, dass eine weiterreichende Dokumentation als sie derzeit dem „normalen" Anwender zugänglich ist, geschaffen wird. Auch der systeminterne Einführungsleitfaden reicht hierfür nicht aus. Nach der Einarbeitungsphase lassen sich neue Dokumentenarten, neue oder abgewandelte Vorgangstypen und Einstellungen für das Erfassen mit relativ geringem Aufwand durchführen.

Es gibt bereits sehr viele, insbes. große Unternehmen, die optische Archivierung im Produktivbetrieb einsetzen. Die Tendenz zum **Einsatz von optischer Archivierung** ist stark steigend, dadurch wird auch die Bedeutung des dokumentenbasierten Workflow in R/3 entsprechend steigen. Um die Vorgangsverarbeitung einsetzen zu können, sind allerdings **organisatorische Umstrukturierungen** erforderlich. Für den dokumentenbasierten Workflow bedeutet dies bspw. Durchführung einer zentralen Erfassung.

Die **Nachrichtensteuerung** ist im Umfeld der Vorgangsverarbeitung ebenfalls von Bedeutung, da sie es ermöglicht, auf bestimmte Zustände, d. h. bestimmte Datenkonstellationen, zu reagieren. Ein Output in Form einer Office-Mail als Druckausgabe oder auf anderen Medien kann automatisch erzeugt werden. Obwohl die Nachrichtensteuerung nicht als Vorgangsverarbeitungssystem betrachtet werden kann, da sie nicht komplette Vorgänge umfasst, sondern immer nur einzelne Teilschritte eines Vorgangs, stellt sie ein mächtiges Instrumentarium dar und unterstützt die Bearbeitung von Vorgängen.

Electronic Data Interchange (EDI) ist eine weitere Komponente im Umfeld der Vorgangsverarbeitung in R/3. Eingehende elektronische Nachrichten lösen ähnlich wie beim Erfassen eines Originalbelegs Vorgänge aus. Für diese Vorgänge existieren eine **Vielzahl von Funktionsbausteinen**, die eine weitgehend automatisierte Bearbeitung dieser Vorgänge ermöglichen, z. B. im Bestellungseingang. Der Anwender ist von diesen Vorgängen nur am Rande betroffen.

Das R/3-System besitzt mit der **Office-Komponente** Werkzeuge, die als „Adhoc Workflow" bezeichnet werden können. Dabei werden auch einige Features von Workgroup-Programmen angeboten. Die Office-Komponente weist eine durchaus **gute Funktionalität** auf.

Objektorientierung ist eine Methode Daten und Code gekapselt darzustellen. Das von SAP verwendete Modell besteht aus vier Schichten: dem Geschäftsobjekt-Kern, der die Tabellen enthält; der Integritätsschicht, die objektbezogene Regeln und Abhängigkeiten enthält; der Interface-Schicht, die die Schnittstellen für die Umwelt als Ereignisse und Methoden zur Verfügung stellt; der tatsächliche Zugriff erfolgt über die vierte Schicht, die mittels OLE, CORBA oder auch SAP-RFC (Remote Function Calls) den Zugriff für externe Anwendungen ermöglicht.

2.2 SAP*office*

SAP*office* ist ein Ablage- und Kommunikationssystem, das vollständig in R/3 integriert ist. Dies ermöglicht die Aufhebung der technischen und organisatorischen Trennung von betriebswirtschaftlichen Anwendungen einerseits und Bürokommunikation andererseits.

„workfl1.scm"

SAP*office* dient somit als Träger- und Transportmedium von Dokumenten, Mitteilungen usw. Außerdem werden die betriebswirtschaftlichen Anwendungen mit den benötigten Bürofunktionen aktiv unterstützt.

Aufgaben und Ziele

Zu den Aufgaben und Zielen von SAP*office* zählen:

- Unterstützung der betriebswirtschaftlichen Anwendungen;
- System für die interpersonelle Kommunikation, d. h. das Versenden und Empfangen von Nachrichten an interne und externe Benutzer;
- leichte Integration von anderen Bürosystemen und -komponenten;
- Unterstützung der Vorgangsbearbeitung und Gruppenarbeit;
- Träger von Anwendungsnachrichten, d. h. die von R/3-Anwendungen erzeugten Mitteilungen können vom Benutzer direkt aus SAPoffice heraus verarbeitet werden;
- Ablage- und Verteilsystem, d. h. das Verwalten von Textinformationen, PC-Dokumenten und optisch archivierten Dokumenten;
- Unterstützung einer Ablagestruktur für allgemeine und persönliche Dokumente;
- Unterstützung spezieller Funktionen wie Wiedervorlage, Vertreterdefinition usw;
- Unterstützung der Kommunikation mit den Anwendungen.

2.2.1 Arbeitsumgebung

Folgende Arbeitsumfelder, die über den Menüpunkt „Büro" ausgewählt werden können (siehe Abb. 2.12), stellt *SAPoffice* dem Benutzer zur Verfügung:

Komponenten

- Eingang
- Ausgang
- Persönliche Ablage
- Allgemeine Ablage
- Wiedervorlage
- Papierkorb

Abb. 2.12
Arbeitsgebiet: Büro

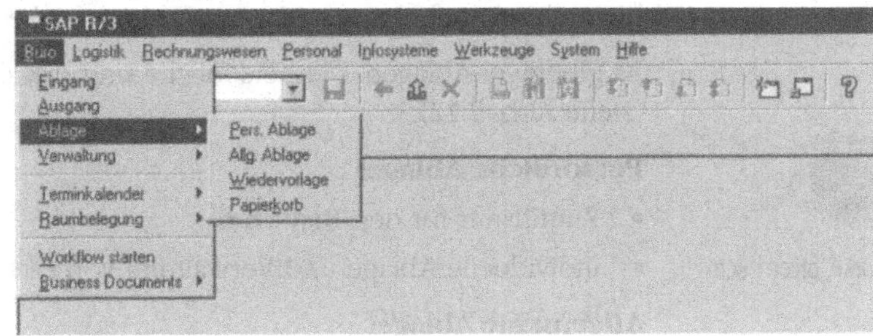

2.2.1.1 Eingang

Hierbei handelt es sich um einen integrierten Eingangskorb, in dem sich alle an den Benutzer gesendeten Dokumente, Wiedervorlagen und die ihm zugeordneten Workitems befinden. Beim Aufruf erscheint zunächst ein Einstiegsbild, in dem der Benutzer die für ihn interessanten Informationen herausfiltern kann. Von dort aus kann er eine Eingangsliste auswählen (z. B. nur ungelesene Dokumente).

Sowohl das Einstiegsbild als auch die Einstiegsliste können individuell konfiguriert werden.

Der Eingang besteht aus verschiedenen Arbeitlisten:

- **SAP*office*-Eingangsliste** (Klassifizierung *SO*),
  zum Bearbeiten von Dokumenten und Wiedervorlagen;
- **Worklist** (Klassifizierung *WF*),
  zum Bearbeiten von Workitems des SAP Business Workflows.

2.2.1.2 Ausgang

Im Ausgang sind alle vom Benutzer gesendeteten Dokumente mit zusätzlichen Informationen aufgelistet (z. B., ob eine Nachricht vom Empfänger bereits geöffnet wurde). Voraussetzung für das Erscheinen eines Dokuments im Ausgang ist allerdings, dass der Benutzer dies vorher in den persönlichen Benutzereinstellungen ausgewählt hat. Auch der Ausgang ist individuell konfigurierbar.

2.2.1.3 Persönliche und Allgemeine Ablage

Die Ablagen dienen der Verwaltung von Dokumenten, Nachrichten, Verteilerlisten und Arbeitsvorgängen und bestehen aus einer hierarchisch aufgebauten Mappenstruktur (siehe Kap. 2.2.2).

Es gibt zwei Ablagen, die persönliche und die allgemeine Ablage (siehe Abb. 2.12).

„workfl_office1.scm"

Persönliche Ablage:

- Zugriff nur für den Benutzer;
- individuelle Ablage und Verwaltung von Dokumenten.

Allgemeine Ablage:

- Zugriff wird durch Zugriffsrechte geregelt.
- dient dazu, definierten Benutzern, Benutzergruppen oder auch sämtlichen Mitarbeitern des Unternehmens dieselbe Information zur gleichen Zeit zur Verfügung zu stellen.

2.2.1.4 Wiedervorlage

Die Wiedervorlagemappe ist benutzerspezifisch und enthält alle Wiedervorlagen, die sich der Benutzer selbst definiert hat sowie die Wiedervorlagen, die ihm ein anderer Benutzer gesendet hat. Wird ein Dokument aus dem Eingang zur Wiedervorlage bestimmt, wird es hierhin verschoben und ist fortan nicht mehr im Eingang vorhanden. Werden allerdings Wiedervorlagen im Ausgang oder der Persönlichen Ablage definiert, so bleiben die Dokumente an ihrem ursprünglichen Ort und es wird ein Dokumentverweis auf die Wiedervorlagemappe erstellt.

2.2.1.5 Papierkorb

Der Papierkorb ist benutzerspezifisch und enthält alle gelöschten Dokumente, Verteilerlisten und Mappen aus der Persönlichen Ablage, dem Ein- und Ausgang. Des Weiteren werden Dokumente, deren Verfallsdatum erreicht ist, in den Papierkorb gestellt.

Es besteht am selben Tag die Möglichkeit, ein gelöschtes Dokument (Verteilerliste, Mappe) in die Mappe zurückzuholen, in der es vor dem Löschvorgang abgelegt war. Das Dokument kann auch aus dem Papierkorb in eine andere Mappe abgelegt werden. Der Papierkorb wird automatisch am nächsten Tag geleert.

2.2.2 Mappen

Eine Ablage kann man mit einem Aktenschrank vergleichen. Sie enthält **Mappen**, die Aktenordnern in der realen Büroumgebung entsprechen. Eine Mappe wiederum kann Dokumente oder weitere Mappen enthalten. Daraus ergibt sich eine **Baumstruktur**.

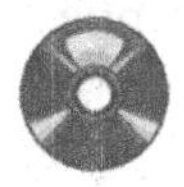

„workfl_office1.scm"

Der Eingang, die persönlich und die allgemeine Ablage sind mit Mappen organisiert. Je nachdem, in welcher Ablage die Mappen abgelegt sind, wird zwischen **persönlichen** und **allgemeinen Mappen** unterschieden.

Persönliche Mappen

Persönliche Mappen werden vom Benutzer zur Strukturierung der persönlichen Ablage verwendet. Dabei kann er zwischen zwei verschiedenen Sensitivitätsgraden wählen:

- **Standard**: auch Vertreter dürfen auf die Mappe zugreifen.
- **Vertraulich**: nur dem Besitzer selbst und niemandem sonst ist der Zugriff erlaubt.

Allgemeine Mappen

Allgemeine Mappen ermöglichen mehreren Benutzern einen gemeinsamen Zugriff auf Dokumente. Für jede Mappe kann festgelegt werden, wer sie lesen und wer sie auch bearbeiten darf.

Allgemeine Mappen werden unterschieden in:

- **Mandantenmappen**: jeder Benutzer des Mandanten darf darauf zugreifen.
- **Gruppenmappen**: nur die Benutzer einer bestimmten Gruppe haben das Zugriffsrecht.

Beispiele für allgemeine Mappen:

- Projektorientierte Mappen (zeitlich befristet)
- Schwarzes Brett (z. B. Informationsmappe der Personalabteilung)

Jede Mappe besteht aus einem Kopf, der wiederum in einen allgemeinen und eine spezifischen Inhalt unterteilt ist und dem Inhalt. Der allgemeine Teil des Kopfes gibt Auskunft über Name, Titel, Sprache und Erstellungsdaten.

Im spezifischen Teil stehen Informationen zu Besitzer, Name und Titel für eine eventuelle Indizierung bereit.

Bei allgemeinen Mappen enthält man zusätzliche Informationen darüber:

- ob die Mappe unabhängig vom Selektionsdatum angezeigt wird;
- ob es sich um eine Mandanten- oder eine Gruppenmappe handelt;
- welche Benutzer welche Zugriffsberechtigung auf die Mappe hat.

2.2.2.1 Mappen abonnieren

Da es in einem Mandanten unter Umständen sehr viele allgemeine Mappen geben kann, die den einzelnen Benutzer gar nicht alle interessieren, hat er die Möglichkeit, einzelne Mappen zu **abonnieren** und damit seine individuelle Sicht auf die allgemeine Ablagen erstellen, d. h. ihm werden standardmäßig nur noch die von ihm abonnierten Mappen angezeigt. Dabei werden die Mappen, in denen sich ungelesenen Dokumente befinden, farbig markiert. Außerdem werden in der Auflistung aller Mappen die abonnierten ebenfalls farblich hervorgehoben.

2.2.2.2 Mappen einsetzen

Mappen sind dem Dokumententyp **FOL** zuzuordnen (vgl. Tab. 2.2, Kap. 2.2.3). Ein Sonderfall ist die Objektmappe, die zum Dokumententyp **OFO** gehört und zur Verwaltung von Objekten herangezogen wird. Folgende Funktionen, die sich in der Mappenstruktur über den Menüpunkt „Mappe" und innerhalb einer Mappe über den Menüpunkt „Dokument" auswählen lassen, stellt SAP für das Arbeiten mit Mappen zur Verfügung:

Funktionen

„NeueMappeAnlegen.scm"

- **Mappe anlegen**
  In der Mappenstruktur ist der Typ **FOL** schon voreingestellt, innerhalb einer Mappe muss ihn der Benutzer selbst eintragen. Das System verzweigt in den allgemeinen Kopf (siehe Abb. 2.13) des Dokuments, wo man den gewünschten Objekttyp, Namen, Titel etc. eingibt. Anschließend wird automatisch in den vom Objekttyp abhängigen Folgebildschirm verzweigt.
  Bei der allgemeinen Ablage darf normalerweise der Anwender die Mappe ändern, da er Änderungsberechtigungen hat. Beim Anlegen eines Objektes sollten immer die Attribute ent-

sprechend eingerichtet werden, speziell in der persönlichen Ablage.

Generell können beim Anlegen einer neuen Mappe verschiedene Zugriffsrechte vergeben werden:

1. Zugriffsrecht: Anzeigen von Mappen, Dokumenten und Verteilerlisten.
2. Zugriffsrecht: Der Benutzer hat alle Möglichkeiten wie bei 1., kann aber zusätzlich noch neue Dokumente anlegen und vorhandene ändern.
3. Zugriffsrecht: Der Benutzer darf den spezifischen Mappenkopf ändern sowie neue Mappen anlegen; die Rechte 1. und 2. sind eingeschlossen.

- **Mappe ändern**
  Mit diesem Befehl kann der Benutzer die Eigenschaften (Name, Titel etc.) einer Mappe, nicht jedoch deren Inhalt ändern.
- **Mappe auswählen**
  Dem Benutzer wird der Inhalt der Mappe angezeigt. Er kann dann z. B. in eine tiefere Ebene wechseln oder die Mappe konfigurieren.
- **Mappe löschen**
  Die Mappe mitsamt ihrem ganzen Inhalt wird gelöscht. Sollte eine Mappe irrtümlicherweise gelöscht werden, kann sie entweder im Papierkorb des Benutzers (falls dieser entsprechende Einstellungen vorgenommen hat) oder im Allgemeinen Papierkorb des Administrators wiedergefunden werden.
- **Mappe drucken**
  Innerhalb einer Mappe wird eine Liste des Mappeninhalts ausgedruckt, in der Mappenstruktur werden Mappenkopf und Liste des Mappeninhalts ausgedruckt.
- **Mappe ablegen**
  Der Benutzer muss eine Zielmappe angeben, in der die ausgewählte Mappe abgelegt werden soll. An der ursprünglichen Stelle existiert die Mappe dann nicht mehr. Nicht als Zielmappe erlaubt, sind der ausgewählten Mappe untergeordnete Mappen oder eine andere Ablage.
- **Mappenkopf anzeigen/ ändern**
  Der allgemeine Kopf oder der spezifische Kopf wird angezeigt und kann geändert werden. Um sich den allgemeinen oder spezifischen Kopf eines Dokuments anzeigen zu lassen

oder um den allgemeinen Kopf zu ändern, wählt man aus dem Menü „Springen" den Befehl „Kopf".

- **Allgemeine Mappe abonnieren**
  Die ausgewählte Mappe wird vom Benutzer abonniert. Genauso kann mit „Abo kündigen" die Mappe wieder aus der Anzeige der abonnierten Mappen entfernt werden.
- **Mappe suchen**
  Befindet sich der Benutzer in der Mappenstruktur, so wird eine Mappenselektion durchgeführt, d.h. der gesamte Verzeichnisbaum wird angezeigt und die gewünschte Mappe kann ausgewählt werden.
  Befindet man sich innerhalb einer Mappe, so wird die Funktion zum Suchen eines Dokuments aufgerufen (siehe Kap. 2.2.3.3).

2.2.2.3 Mappenkonfiguration

„Startkonfiguration-Aendern.scm"

Die Mappenkonfiguration gibt dem Benutzer die Möglichkeit, die Anzeige seiner Mappen individuell zu gestalten. Jede Mappe hat eine Startkonfiguration (z. B. die von SAP ausgelieferte Standardkonfiguration). Als Startkonfiguration kann der Benutzer auch eine selbst angelegte Konfiguration verwenden.

Konfigurationselemente

In einer solchen Konfiguration stehen zur Verfügung:

- die Spalten, die angezeigt werden sollen (z. B. Titel, Autor, Erstellungsdatum);
- Sortierkriterien für die in der Mappe enthaltenen Objekte (z. B. ungelesene zuerst);
- eventuell Filter (wenn nur ein Teil des Inhalts angezeigt werden soll);
- benutzerdefinierte Drucktasten.

2.2.3 Dokumente

Wie in der realen Büroumgebung werden Dokumente in SAP*office* in Ablagen und Mappen geordnet. Dokumente befinden sich entweder in einer Mappe der Persönlichen oder Allgemeinen Ablage, dem Eingang oder Ausgang, in der Wiedervorlagemappe oder in den Papierkörben. Genau wie die Mappen können auch Dokumente neu angelegt, geändert, verschoben usw. werden. Die Funktionen dafür sind die Gleichen wie auch für die Mappen, da SAP ein objektorientiertes System ist. Unter Objektorientierung ist zu verstehen, dass alle Objekttypen in der Ablage gespeichert und sämtliche Funktionen auf alle Objekte in gleicher oder ähnlicher Weise angewandt werden können.

Das Vorgehen beim Anlegen einer Mappe gleicht der Vorgehensweise beim Erstellen eines Textdokuments. Man gibt einfach den Objekttyp an, das System verzweigt automatisch weiter. Die Unterscheidung mehrerer Objekttypen dient dazu, die reale Bürowelt möglichst treffend nachzubilden.
Deshalb werden im Folgenden nur die Funktionalitäten beschrieben, die zusätzlich oder in veränderter Form bei Dokumenten zu finden sind.

SAP*office* stellt eine Reihe verschiedener **Dokumenttypen** zur Verfügung:

Tab. 2.2
Dokumenttypen

Dokumenttyp	Abkürzung
SAP Editor-Dokument	**RAW**
SAP*script*-Dokument	**SCR**
SAP Grafiken	**GRA**
SAP Business Objekte	**OBJ**
ABAP-Listen	**ALI**
Binär-Dokumente	**BIN**
Listviewer-Dokumente	**XXL**
PC-Dokumente	**DOC, PPT, ...**
Mappen	**FOL**
Objekte	**OFO**
Verteilerlisten	**DLI**
Archivierte Objekte	**ARC**
eingehende Faxe	**FAX**
Links im **Intra-/Internet**	**URL**

2.2.3.1 Dokumente anlegen

Beim Anlegen eines neuen SAP-Editor-, SAP*script*- oder PC-Dokuments kann der Benutzer wählen, ob er es mit oder ohne Vorlage anlegen möchte. Mit Vorlage bedeutet, dass das neue Dokument alle Eigenschaften und Inhalte des als Vorlage ausgewählten Dokuments erhält.

In R/3 können neue PC-Dokumente angelegt werden, indem man den entsprechenden Dokumenttyp (z. B. DOC) auswählt. Die Datei hat dann immer den Namen ~SAPFIL<NUMMER>.<EXT>, wobei <EXT> durch die Dateierweiterung der jeweiligen PC-Anwendung ersetzt wird (z. B. ~SAPFIL<NUM-

MER>.DOC für ein WinWord-Dokument). Dieser Namen sollte auf jeden Fall so beibehalten werden, da R/3 das Dokument sonst nicht mehr finden kann. Außerdem darf das Dokument nicht in der PC-Anwendung mit *Datei/Neu* erstellt werden. Nur wenn diese beiden Regeln beachtet werden, funktioniert die Datenübergabe ordnungsgemäß.

2.2.3.2 Dokumente bewegen

Zur Organisation der Ablagen können Dokumente aus einer Mappe in eine andere verschoben, mehrere Dokumente zusammengefasst oder ein Dokument an ein anderes Dokument angehängt werden. Unter Umständen ist es sinnvoll, wenn Dokumente in mehreren Mappen gleichzeitig vorhanden sind. Für Dokumente, auf die nur sehr selten zugegriffen wird, ist es sinnvoll, diese aus Platzgründen in ein Archiv abzulegen. Legt der Benutzer ein Dokument ab, so wird es in die angegebene Zielmappe verschoben. Er kann allerdings auch eine Kopie eines Dokuments anlegen, die dann unabhängig vom Original weiterbearbeitet wird. Es ist außerdem auch möglich, einen Verweis auf die Originaldatei zu erstellen, sodass nur eine Datei existiert, die von verschiedenen Stelle aus verändert werden kann.

Beim Ablegen eines Dokuments sind folgende Punkte zu beachten:

Ablegen

- Dokumente der Allgemeinen Ablage können nicht in den Eingang, Ausgang und die Persönliche Ablage abgelegt werden.
- Die Ablage von Dokumenten aus dem Eingang kann nur dann durchgeführt werden, wenn das Dokument gelesen wurde. Ist das Dokument mit dem Attribut *Erledigung erforderlich* oder *Antwort erforderlich* gekennzeichnet, ist die Ablage erst nach Erledigung bzw. Senden einer Antwort möglich.
- Wenn Dokumente aus der Persönlichen in die Allgemeine Ablage abgelegt werden, gehen die Sendeinformationen verloren, d.h. beispielsweise der ursprüngliche Autor oder die Empfänger.

2.2.3.3 Dokumente bearbeiten

Ein Benutzer kann ein eigenes Dokument nur ändern, wenn es die Eigenschaft *änderbar* oder *vom Autor änderbar* hat, ein fremdes Dokument muss als *änderbar* gekennzeichnet sein.

Nicht änderbare Dokumente können nur bearbeitet werden, indem man eine Kopie erstellt und diese dann bearbeitet. Hier eine Auflistung der am häufigsten benutzten Bearbeitungsfunktionen:

Dokumentfunktionen

- **Dokument ändern**
  Der Benutzer kann entscheiden, ob er den Inhalt oder den Kopf (siehe Abb. 2.13) eines Dokuments ändern will.

Abb. 2.13
Dokumentenkopf ändern

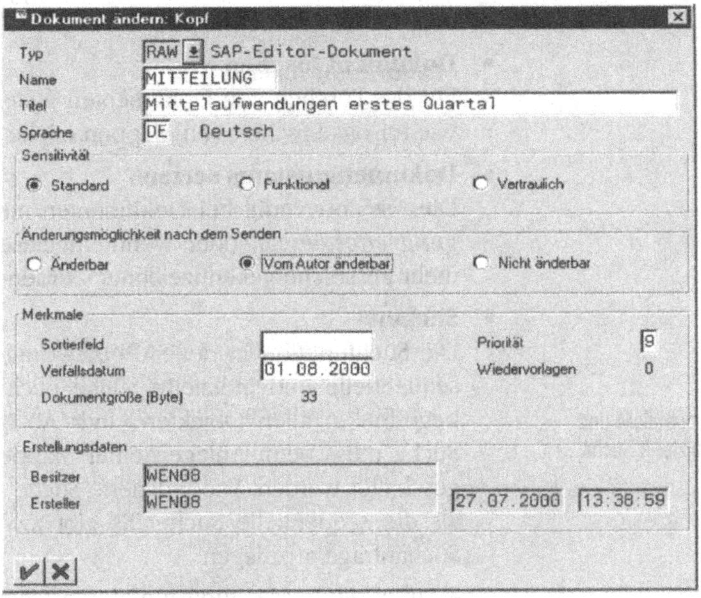

Dokument ändern: Kopf
Typ RAW SAP-Editor-Dokument
Name MITTEILUNG
Titel Mittelaufwendungen erstes Quartal
Sprache DE Deutsch
Sensitivität
Standard Funktional Vertraulich
Änderungsmöglichkeit nach dem Senden
Änderbar Vom Autor änderbar Nicht änderbar
Merkmale
Sortierfeld Priorität 9
Verfallsdatum 01.08.2000 Wiedervorlagen 0
Dokumentgröße (Byte) 33
Erstellungsdaten
Besitzer WEN08
Ersteller WEN08 27.07.2000 13:38:59

- **Dokument drucken**
  Der Benutzer kann dabei wählen, ob er den Dokumentenkopf und die Empfängerliste ausdrucken möchte.
- **Dokument in ein anderes Dokument einbinden**
  Es besteht die Möglichkeit, ein oder mehrere vorhandene RAW-Dokumente in ein neu zu erstellendes oder bereits vorhandenes RAW-Dokument einzubinden. Es können auch Dokumente aus der Persönlichen Ablage in Dokumente der allgemeinen Ablage eingebunden werden und umgekehrt.
- **Dokument archivieren**
  Voraussetzung dafür ist, dass ein Archiv angeschlossen ist und der Benutzer die Berechtigung zum Archivieren hat.

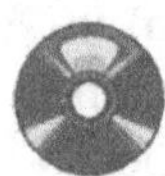

„DokumentKopieren.scm“

- **Dokument kopieren**
  Beim Kopieren erscheint eine Dialogfenster, in dem dem Benutzer der Name des Originals und ein Vorschlag für den Namen der Kopie angezeigt wird.
  Er kann außerdem eine Zielmappe auswählen, in der die Kopie abgelegt werden soll. Wird keine Zielmappe ausgewählt, so wird die Kopie in der gleichen Mappe wie das Original angelegt. Mit der Funktion *ALLG.Kopf* können auch Name und Titel geändert werden.
- **Dokument löschen**
  Für das Löschen von Dokumenten gelten die gleichen Regeln wie für das Löschen von Mappen (siehe Kap. 2.2.2.2).
- **Dokumentenstatus setzen**
  Dies ist notwendig bei Dokumenten mit dem Attribut *Erledigung erforderlich,* oder wenn ungelesene Dokumente nicht mehr als solche gekennzeichnet werden sollen.
- **Suchen**
  Die Suchfunktion in der SAP*office*-Umgebung ermöglicht die sequentielle und indizierte Suche nach vorgegebenen Suchbegriffen in allen Objekten einer Ablage. Für die indizierte Suche muss beim Anlegen einer Mappe die Indizierung eingeschaltet werden. Die indizierte Suche ist erheblich schneller als die sequentielle Suche. Es gibt zwei Möglichkeiten eine Suchanfrage anzulegen:

sequentielle und indizierte Suche

  - über die Bearbeitungsfunktion *Suchen*
    (diese Funktion findet man im Menü *Bearbeiten*);
  - als Dokument mit dem Objekttyp **QRY**
    (neues Objekt anlegen und Typ QRY eingeben).

Das System verzweigt in beiden Fällen in den Suchbildschirm (siehe Abb. 2.14). Dort kann man mehrere **Suchbegriffe** eingeben und diese mit *und, oder* oder *aber nicht* verknüpfen.

Abb. 2.14
Suchbildschirm

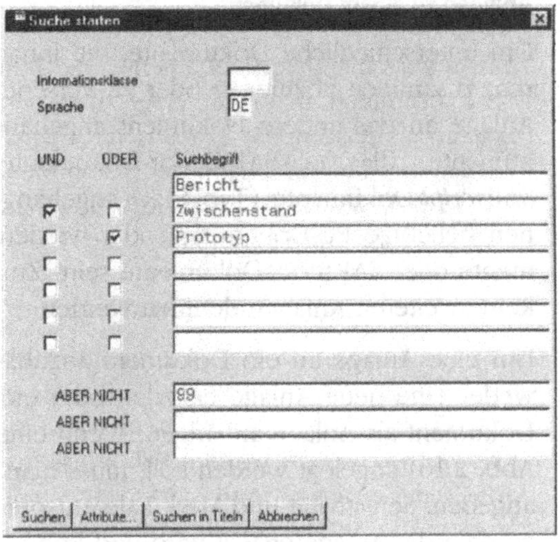

Suche starten

Informationsklasse
Sprache DE

UND ODER Suchbegriff
Bericht
Zwischenstand
Prototyp

ABER NICHT 99
ABER NICHT
ABER NICHT

Suchen | Attribute... | Suchen in Titeln | Abbrechen

Achtung Anlagen werden bei der Suche nicht berücksichtigt!

Man hat auch die Möglichkeit, **weitere Kriterien** zur Suche anzugeben (siehe Abb. 2.15).

Abb. 2.15
Attributbildschirm

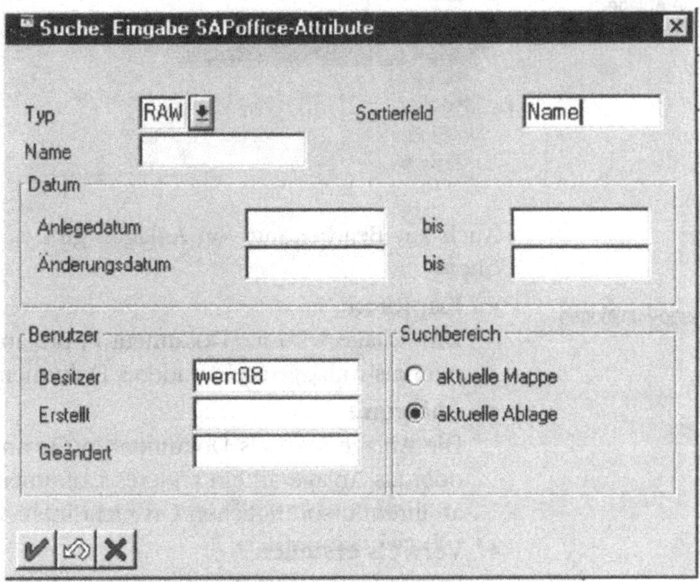

2.2.3.4 Anlagen zu einem Dokument

Um unterschiedliche Dokumente, die inhaltlich zusammengehören, zusammen abzulegen oder zu versenden, wird das eine als Anlage an das andere Dokument angehängt. Anlagen sind Dokumente, die an SAP-Editor-Dokumente (Typ RAW) oder SAP*script*-Dokumente (Typ SCR) angehängt sind. Anlagen können beliebige PC-Dokumente oder wiederum SAP-Editor-Dokumente oder SAP*script*-Dokumente sein. Zu einer Anlage können keine weiteren Anlagen definiert werden.

Um eine Anlage an ein Dokument anzuhängen, kann man entweder eine neue Anlage erstellen oder ein bereits vorhandenes Dokument als Anlage anhängen. Wenn eine **neue Anlage** (siehe Abb. 2.16) angelegt werden soll, muss man Typ, Name und Titel angeben. Sensitivität und Merkmale entsprechen dem Dokument, zu dem die Anlage erstellt wird und können nicht überschrieben werden. Als Anlage kann man entweder ein Dokument importieren oder ein neues Dokument anlegen. Es besteht auch die Möglichkeit, ein **vorhandenes SAP*office*-Dokument als Anlage** zu definieren. Dazu lässt man die Felder *Typ* und *Titel* leer und wählt *Verweis suchen* und die Anlage wird erstellt.

Abb. 2.16
Neue Anlage

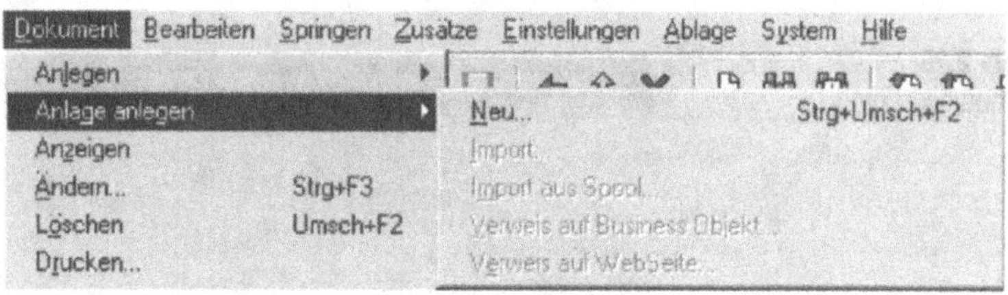

Auch zur Bearbeitung von Anlagen gibt es verschiedene Funktionen:

Anlage-Funktionen

- **Kopieren**
  Die Anlage wird als Dokument in die angegebene Zielmappe oder als Anlage an ein anderes Dokument kopiert.
- **Ablegen**
  Die Anlage wird als Dokument in die angegebene Zielmappe oder als Anlage an ein anderes Dokument verschoben und ist an ihrem ursprünglichen Ort nicht mehr vorhanden.
- **Verweis erstellen**
  Die Anlage verweist auf ein Dokument in der angegebenen Zielmappe oder die Anlage wird als Verweis an ein Dokument gehängt.

Es gibt auch die Möglichkeit, in SAP-Editor-Dokumenten eine Verknüpfung einzufügen. Dadurch wird in den Text ein Link angelegt, der auf folgende Objekte verweisen kann:

Verknüpfungstypen

- eine Seite des World Wide Web (in diesem Fall muss eine URL eingefügt werden);
- auf eine Mailadresse, so dass über den Link ein Sendevorgang gestartet werden kann;
- auf ein Business Objekt (z. B. eine Bestellung oder eine Abwesenheitsmitteilung);
- auf eine Telefonnummer, so dass über den Link ein Telefonanruf gestartet werden kann.

2.2.4 Verteilerlisten

Bei Verteilerlisten (siehe Abb. 2.17) handelt es sich um Dokumente des Typs **DLI**, in dem mehrere Empfängeradressen zusammengefasst sind, sodass ein Objekt gleichzeitig an mehrere Empfänger gesendet werden kann. Eine Verteilerliste besteht aus dem allgemeinem Kopf und Inhalt. Der Inhalt setzt sich aus Einträgen zusammen, wobei folgende Adresstypen möglich sind:

Adresstypen

- Namen (inkl. SAP-Benutzernamen, SAP*office*-Namen, Remote SAP Namen, externen Adressen)
- Faxnummern
- Internetadressen
- Organisationseinheiten
- X.400-Adressen
- Verteilerlisten

Da Verteilerlisten wiederum Verteilerlisten enthalten können, ist eine flexible Abbildung der Unternehmensstruktur möglich.

Abb. 2.17 Ausschnitt aus einer Verteilerliste

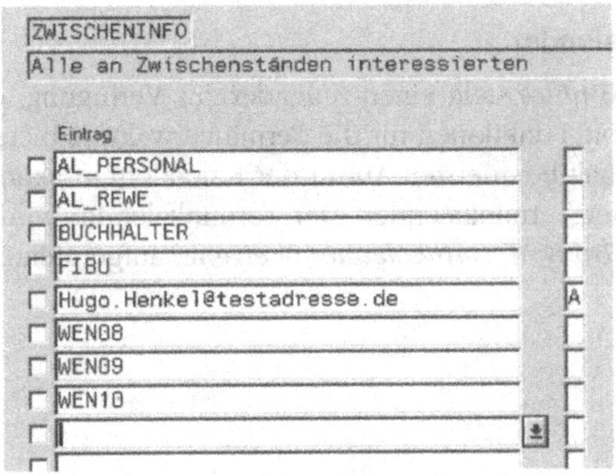

ZWISCHENINFO
Alle an Zwischenständen interessierten

Eintrag	
AL_PERSONAL	
AL_REWE	
BUCHHALTER	
FIBU	
Hugo.Henkel@testadresse.de	A
WEN08	
WEN09	
WEN10	

Es gibt allgemeine Verteilerlisten (in der Allgemeinen Ablage) und persönliche Verteilerlisten (in der Persönlichen Ablage, im Ein- oder Ausgang).

Eine Sonderform der Verteilerliste ist die **Subskriptionsliste**. Hierbei handelt es sich um eine offene, allgemeine Verteilerliste, in die sich interessierte Benutzer selbst ein- bzw. austragen.

Ebenso wie Dokumente können auch Verteilerlisten neu angelegt, geändert, aneinandergehängt, kopiert usw. werden. Zusätzlich gibt es noch eine Reihe weiterer Bearbeitungsfunktionen, von denen die gängigsten aufgelistet werden:

Funktionen

- **Personendaten zu Einträgen anzeigen**
  Der Benutzer erhält die Adressdaten der ausgewählten Person angezeigt.
- **Anzahl der Empfänger anzeigen**
  Der Benutzer erhält die Anzahl der Empfänger angezeigt. Dabei werden die Empfänger aus eingebundenen Verteilerlisten mitgezählt, die eingebundene Verteilerliste selbst wird nicht mitgezählt.
- **Verteilerliste zusammenfassen (und ersetzen)**
  Die markierten Einträge werden zu einer neuen Verteilerliste zusammengefasst und in der alten Verteilerliste als Verteilerlisteneintrag angezeigt.
- **Sich in eine Subskriptionsliste ein- bzw. austragen**
- **Verteilerliste suchen**
  Verteilerliste können genau wie Dokumente auch gesucht werden, aber es gibt zusätzlich eine Verteilerlistensuchfunktion, die die Suche nach Verteilerlisteneinträgen sowie nach Verteilerlistentypen zulässt.

2.2.5 Kalender

SAP*office* stellt einen Kalender zur Verfügung, der viele komfortable Funktionen für die Terminverwaltung bietet. Jeder Benutzer erhält beim ersten Aufruf der Kalendertransaktion einen persönlicher Terminkalender. Der Terminkalender wird über das Menü: *Büro* ⇨ *Terminkalender* ⇨ *eigener* aufgerufen.

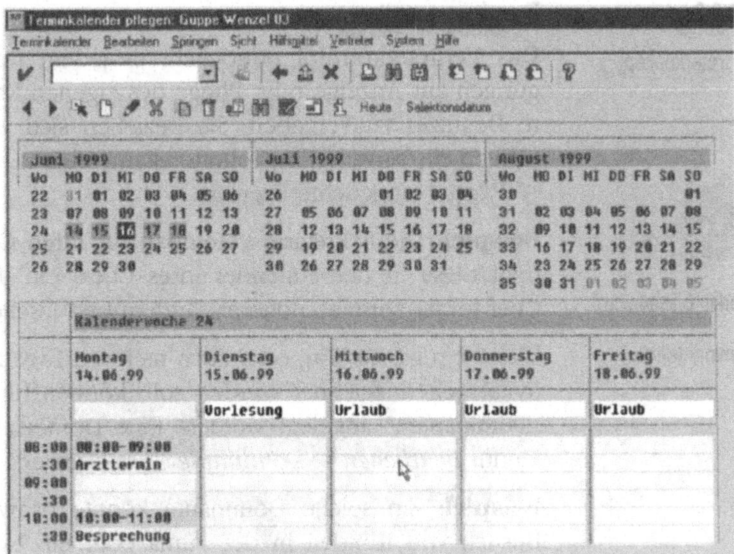

Abb. 2.18 Persönlicher Terminkalender

2.2.5.1 Termin

Ein Termin besitzt Daten, wie Beginn und Ende des Termins, Klassifizierung sowie Terminart. Ein Termin wird innerhalb eines Terminkalenders einem bestimmten Tag zugeordnet. Diese Zuordnung kann gelöscht werden (Löschen, Ausschneiden, Verschieben), oder die Detailinformationen eines Termins können zum Anlegen eines weiteren Termins verwendet werden (Kopieren).

Klassifizierung

Termine können folgendermaßen klassifiziert werden:

- **öffentlich**
  Termine, die allen Benutzern angezeigt und von bestimmten Benutzern gepflegt werden sollen.
- **privat**
  Termine, die bestimmten Benutzern angezeigt und ggf. von bestimmten Benutzern gepflegt werden sollen.
- **geheim**
  Termine, die nur dem Benutzer selbst angezeigt und von ihm gepflegt werden sollen.

2.2.5.2 Termine verwalten

Vertreterkonzept

Das Vertreterkonzept ermöglicht es jedem Benutzer, Berechtigungen zur Anzeige oder Pflege des eigenen Kalenders an andere Benutzer zu vergeben. Sie beziehen sich auf Terminklassen (öffentlich, privat). Ein Vertreter kann über das Menü: *Vertreter ⇨ Pflegen* eingerichtet werden.

„workfl_office4.scm"

Beispiel: Die Sekretärin vereinbart für ihren Chef Termine und trägt diese in den Kalender ihres Chefs ein. Ebenso kann der Chef selber Termine notieren, ändern und löschen.

Dominanten

Wenn ein ganzer Tag oder auch mehrere Tage für eine Hauptaktivität gekennzeichnet werden soll, können für diese Tage sog. „Dominanten" angelegt werden. Eine Dominante wird über das Menü: *Bearbeiten ⇨ Dominante ⇨ Anlegen* erstellt.

Beispiel: Ein solche Dominante könnte bspw. der ganztägige Besuch von Kunden in der Firma oder ein externer Aufenthalt bei einer Messe sein.

Hinweis

Im Gegensatz zu Terminen werden Dominanten bei der Suche nach terminfreien Zeiten nicht berücksichtigt.

Im folgenden Bild sieht man ein Beispiel für eine **„Dominante"**:

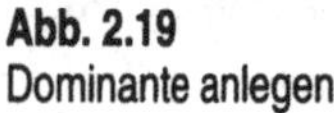

Abb. 2.19
Dominante anlegen

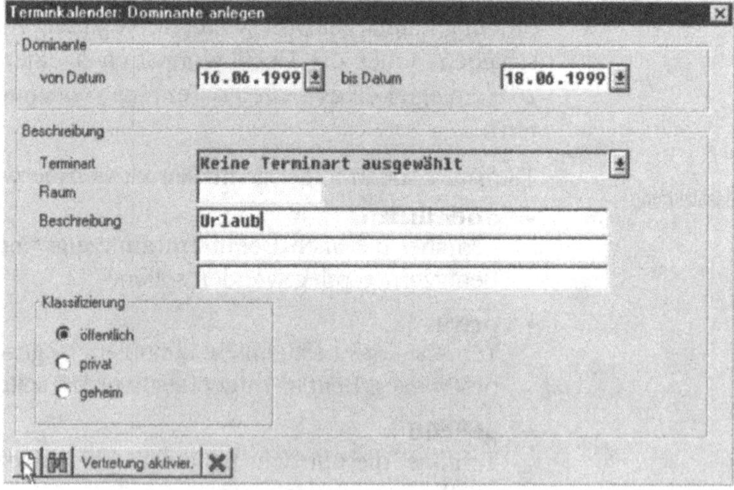

2.2.5.3 Termine planen

Periodischer Termin

Tritt ein Termin in regelmäßigen Abständen wiederholt auf, so kann er als periodischer Termin angelegt werden. Hierbei können Tage, Wochen, Monate oder beliebige Datumsangaben als Perioden verwendet werden. Eine periodischer Termin kann über das Menü *Bearbeiten ⇨ Termin ⇨ Anlegen* angelegt werden. Nach Auswahl Periode, ohne ein *„bis Datum"* anzugeben, gelangt man in das Dialogfenster *Periodische Termine.*

Gruppentermin

Um einen Termin mit mehreren Personen zu organisieren, kann ein sogenannter Gruppentermin angelegt werden. Hierbei wird automatisch die Pflege der Terminkalender der beteiligten Personen – soweit der Zugriff erlaubt ist – und die Benachrichtigung aller Teilnehmer über das Office-Mailsystem ausgelöst.

Als Teilnehmer können sowohl einzelne Benutzer- als auch SAP*office*-Verteilerlisten eingesetzt werden.

Für die Gruppentermine gelten die gleichen Funktionen wie für die normalen Termine (Löschen, Ausschneiden, Verschieben, Kopieren). Gruppentermine können auch als periodische Termine angelegt werden.

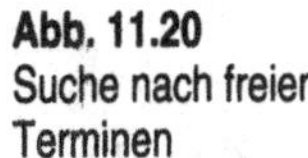

„workfl_office5.scm"

Wie man einen *Gruppentermin* anlegen und nach *Freie Zeiten suchen* kann, wird in dem Fallbeispielvideo „workfl_office5.scm" gezeigt.

Freie Zeiten suchen

Eine Suchfunktion unterstützt das Finden eines Termins, an dem alle beteiligten Personen Zeit haben. Hierbei muss die Termindauer und ein Suchzeitraum angegeben werden, innerhalb dessen freie Zeiten für die Teilnehmer geprüft werden. Die Suchfunktion kann jedoch auch zum Finden freier Zeiten für einen eigenen Termin benutzt werden.

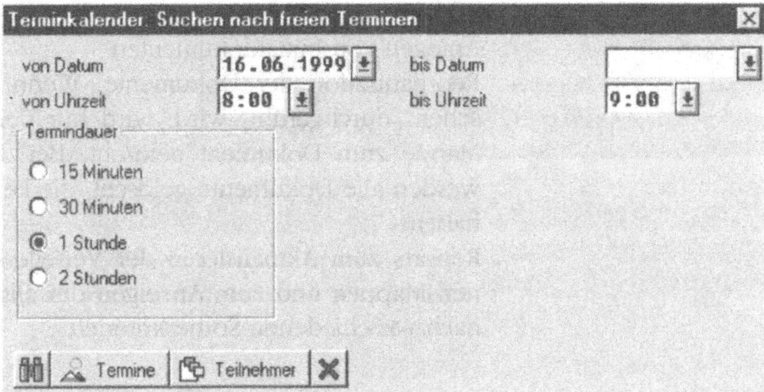

Abb. 11.20 Suche nach freien Terminen

2.2.6 SAP*office* Administration

Um zur SAP*office*-Administration zu gelangen, wählt man die Menüs *Administration* ⇨ *Systemverwaltung* ⇨ *Verwaltung* ⇨ *Vorgangstechnik.*

Die Administration in SAP*office* stellt folgende Funktionen zur Verfügung:

Voreingestellter Typ beim Anlegen eines Dokumentes

- ***Pflege der Büroeinstellungen***
  Die Allgemeinen Büroeinstellungen beinhalten die Standardvorgaben für SAP*office* und die Standardvorgaben der persönlichen Büroeinstellungen eines SAP*office*-Benutzers. Beispiele für mögliche Standardvorgaben:
  - es werden alle versendete Dokumente im Ausgang abgelegt
  - und die Sicherheitsabfrage beim Löschen.
- ***Pflege der Benutzer***
  Es können Reports zum Anlegen eines automatischen Weiterleitens für einen Benutzer, zur Massenpflege der SAP-Benutzer, zur Anzeige, wann ein Benutzer das letzte Mal auf SAP*office* zugegriffen hat und der Anzahl der Eingangsdokumente erstellt werden.
- ***Pflege der Adressen***
  Pflege der Kommunikationsarten sowie Reports für die Generierung von X.400-Adressen, für das Erstellen von Personenadressen für SAP*office* und zum bekannt machen von Alias-Namen für Internet-Adressen. Außerdem können die Telefaxempfänger gepflegt werden.
- ***Pflege der Ablagen***
  Folgende Möglichkeiten bietet SAP*office* zur Pflege der Ablagen:
  - Pflege der Dokumenttypen und des allgemeinen Papierkorbs
  - Anlegen von Initialdokumenten
  - Reorganisation der Dokumente. Wenn in SAP*office* „Löschen" durchgeführt wird, wird nur der Pointer von der Mappe zum Dokument gelöscht. Bei der Reorganisation werden alle Dokumente gelöscht, die keinen Pointer mehr haben.
  - Reports zum Aktualisieren der Verteilerlisten in allgemeinen Mappen und zum Anzeigen der allgemeinen Mappen nach verschiedenen Sortierkriterien.

- ***Pflege der Formulare***
  Pflege der Formulare für die externe Kommunikation (Fax, Telex).

- ***Pflege der Statistik***
  Es werden Reports zum Sammeln von SAP*office*-Daten und deren Auswertung erstellt. Die folgenden Daten werden u. a. in einer Liste aufgeführt:
  - Anzahl der Benutzer, Mappen, Verteilerlisten und Dokumente in den Mappen;
  - Anzahl der Vertretungsperioden und Wiedervorlagen;
  - Anzahl der Dokumente pro Typ;
  - Anzahl der verschiedenen Sende- und Empfangsvorgänge.

2.3 Versenden von Nachrichten

Dokumente und Objektmappen können aus dem Eingang, Ausgang und der Persönlichen Ablage gesendet und beantwortet werden. Im Eingang besteht zusätzlich die Möglichkeit, Dokumente weiterzuleiten. Von Dokumenten, die in der Allgemeinen Ablage liegen, kann nur eine Kopie gesendet werden.

Mappen und Verteilerlisten können nicht versendet werden. Es gibt die **interne** und **externe** Sendemöglichkeit.

Internes Senden

Beim internen Senden werden Dokumente an SAP*office*-Benutzer im selben System gesendet.

Externes Senden

Beim externen Senden werden Dokumente an Nicht-SAP*office*-Benutzer oder SAP*office*-Benutzer in einem anderen SAP-System gesendet. Man kann externe Adressen entweder direkt auf dem Sendebildschirm einpflegen oder auf Adressen aus der Adressverwaltung zugreifen.

Sowohl für das interne als auch für das externe Senden sind Berechtigungen erforderlich. SAP*office* sorgt dafür, dass die über extern zu versendenden Dokumente in die Warteschlange gestellt werden. Die Kommunikation an sich übernimmt die Kommunikationsschnittstelle SAP*connect*.

Dokumente an Internetadressen können z. B. über das in der R/3-Standardauslieferung enthaltene SAP Internet-Mail-Gateway gesendet werden.

2.3.1 Grundfunktionen

SAP*office* hat für jeden Benutzer einen Eingang, einen Ausgang und eine Wiedervorlagemappe eingerichtet.

Mailbox

Den **Eingang** kann man mit einem Briefkasten bzw. einer Mailbox vergleichen. Hier werden alle Dokumente abgelegt, die dem Benutzer gesendet wurden. Im Eingang erhält man Informationen über Typ, Name, Titel, Absender, Eingangsdatum und Attribute der erhaltenen Dokumente. Im folgenden Bild sieht man ein Beispiel für einen **Eingang**:

Abb. 2.21
Office-Eingang

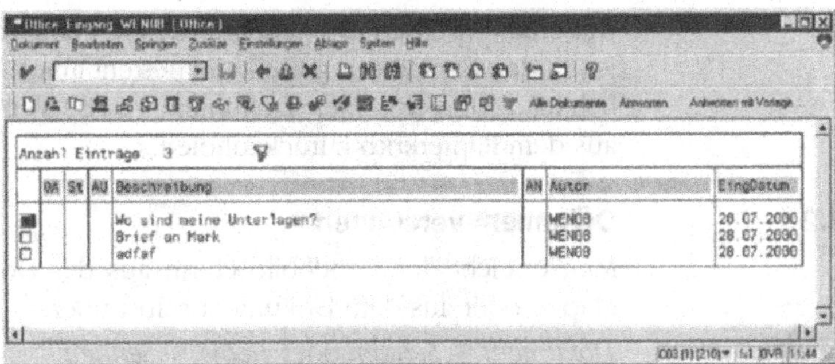

Ausgang

Ein Dokument, das mit SAP*Office* versendet wird, kann vom Absender in seinen Ausgang gestellt werden (siehe Abb. 2.22). Somit stellt der Ausgang neben der persönlichen Ablage ein weiteres Arbeitsumfeld für den Benutzer dar. Im Ausgang erhält man Informationen über Typ, Name, Titel, Empfänger (bei mehreren Empfängern nur die Anzahl der Empfänger), Sendedatum und Attribute von versendeten Dokumenten.

Abb. 2.22
Office-Ausgang

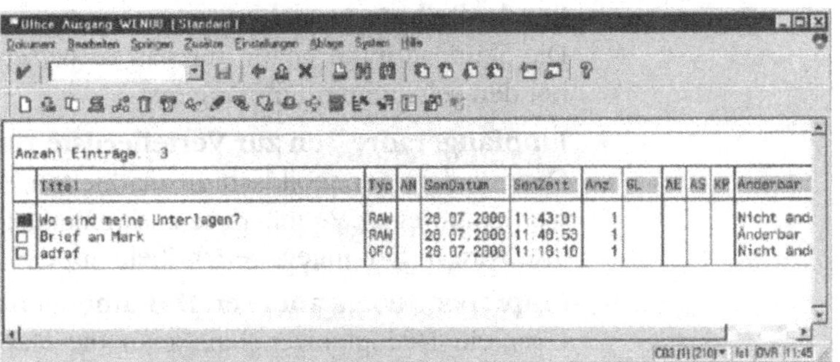

Wiedervorlagemappe

In der Wiedervorlagemappe werden Dokumente aufbewahrt, die sich selbst vorlegen. Der Benutzer kann **sich selbst** eine Wiedervorlage definieren, er kann aber auch **für den Empfänger** eines Dokuments eine Wiedervorlage definieren. Das Dokument wird dann in die Wiedervorlagemappe gelegt und z. B. periodisch oder zu einem definierten Zeitpunkt automatisch in den Eingang gestellt. Mappen und Verteilerlisten können nicht wiedervorgelegt werden.

Dokumente, Verteilerlisten und Mappen, die aus dem eigenen Eingang, Ausgang bzw. der Wiedervorlagemappe und persönlichen Ablage gelöscht wurden, werden im Papierkorb abgelegt und sind damit rekonstruierbar.

Außerdem werden Dokumente, deren Verfallsdatum verstrichen ist, in den Papierkorb gestellt. Es besteht am selben Tag die Möglichkeit, ein gelöschtes Dokument (z. B. Verteilerliste, Mappe) aus dem Papierkorb zurückzuholen.

2.3.2 Dokument versenden

Man erreicht den Sendebildschirm aus der Dokumentliste einer Mappe oder aus dem Dokument selbst über:

Dokument ⇨ *Senden* oder *Kopie* ⇨ *Senden.*

„workfl_office2.scm"

Folgende sendebezogene Funktionen stehen auf dem Sendebildschirm zur Verfügung:

- **Empfängeradressen suchen**
  Die Suche kann nach verschiedenen Kriterien eingeschränkt werden.
- **Dialogfenster zum Eingeben von Adressen aufrufen**
  Die Dialogfenster vereinfachen das Eingeben von Empfängeradressen, bspw. können bei Faxeinträgen über die Wertehilfe die Länderkürzel angezeigt werden.
- **Sendeattribute vergeben**
  Die Sendeattribute gelten für das zu versendende Dokument bei den selektierten Empfängern.
- **Empfängeradressen zur Verteilerliste zusammenfassen**
  Die auf dem Sendebildschirm markierten Empfängeradressen werden zu einer Verteilerliste zusammengefasst. Die Verteilerliste wird in der angegebenen Zielmappe abgelegt.
- **Empfänger eines anderen Dokuments übernehmen**
  Über ein Dialogfenster kann man die Mappe auswählen, in der das richtige Dokument liegt. Die Empfänger werden automatisch in das aktuelle Empfängerfenster eingetragen.
- **Dokument beim Senden in eine andere Mappe ablegen**
  Es ist sinnvoll die Dokumente beim Senden in den Ausgang abzulegen, damit man eine Übersicht über die vom Benutzer versendeten Dokumente erhält. Zudem kann man sich dort über den Status des Dokuments informieren (z. B. vom Empfänger gelesen).
- **Dokument asynchron senden**
  Werden Dokumente an viele Empfänger versendet, ist es sinnvoll, diese asynchron zu versenden. Der Sendevorgang wird dann im Hintergrund ausgeführt.

Abb. 2.23
Sendebildschirm

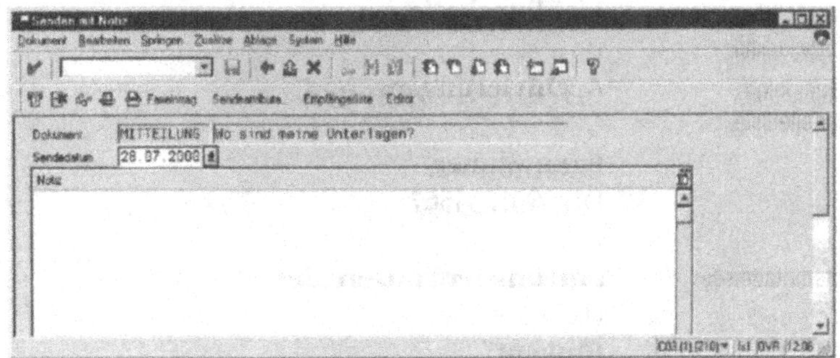

- **Dokument extern versenden**
  Im Sendebildschirm hat man im Menü *Dokument* mit dem Befehl „*Direkt ext. Senden*" die Möglichkeit, ein Dokument zu faxen, als Telex zu versenden, über X.400 zu versenden oder R/3-R/3 bzw. R/3-R/2 zu senden.
- **Dokument weiterleiten**
  Ein Dokument, das man selbst erhalten hat, kann man an andere Benutzer weiterleiten. Das Vorgehen entspricht dem beim Versenden eines Dokuments.
- **Dokument beantworten**
  Ein Dokument kann man beantworten, indem man im Eingang aus dem Menü Mail den Befehl „Antworten" wählt.

2.3.3 Empfängertypen

SAP*office* bietet das Senden an unterschiedliche Empfängertypen an. Der angegebene Empfängertyp bestimmt die Kommunikationsart, mit der ein Dokument gesendet wird.

Die nachfolgenden Empfangstypen sind schematisch zusammengestellt:

Eingabebeispiel:

Empfängertyp

Adressname
Anna Meier
SAP-Benutzername
Meiera
B
Externe Adresse
Ernst Müller
A

Persönliche Verteilerliste	**Lieblingskollegen** P
Allgemeine Verteilerliste	**Archivierungsprojekt** C
	Faxnummer DE 0891234567 F
Internetadresse	**anna.meier@unsere.de** U
Organisationseinheit	**Einkauf** H
SAP-Objekt	**Büro Mappe** J
Remote SAP-Name	**C11:000:meier** <Systemname:Mandant:Name> R
X.400-Adresse	g=anna;s=meier;o=c11;ou1=m000;p=firma;a=dbp;c=eX
X.500-Adresse	C=de/o=c11/ou=m000/cn=... D

2.3.4 Sendeattribute

Sendeattribute sind Eigenschaften, die dem Benutzer Dokumente auf dem Sendebildschirm zuordnen. Sie gelten pro Empfänger, d. h. sie können für verschiedene Empfänger des gleichen Dokuments variieren. In der Empfängerliste werden die Sendeattribute zu jedem Empfänger (Ausnahme: *Geheime Kopie*) angezeigt.

Ein Dokument kann mit folgenden Sendeattributen (siehe Abb. 2.21) gekennzeichnet werden:

- **„AE“ Antwort erforderlich**
  Der Sender erwartet von den Empfängern eine Antwort. Die Empfänger können das Dokument erst dann aus ihrem Eingang entfernen (Ausnahme: temporär über die Wiedervorlage), wenn sie das Dokument beantwortet haben.
- **„KP“ Kopie**
  Kopien werden zur Kenntnisnahme gesendet, sie können nicht mit den Attributen AE, EE und/oder GK ergänzt werden.
- **„KD“ Drucken verboten**
  Die Empfänger dürfen das Dokument nicht drucken.
- **„EE“ Erledigung erforderlich**
  Der Sender erwartet, dass ein Empfänger das Dokument bearbeitet. Die Empfänger können das Dokument erst dann aus

ihrem Eingang entfernen (Ausnahme: temporär über die Wiedervorlage), wenn das Dokument erledigt ist.

- **„EX“ Express**
  Wenn die Empfänger online mit dem entsprechenden R/3-System verbunden sind, erhalten sie eine Benachrichtigung über den Erhalt der Expressnachricht.
- **„GK“ Geheime Kopie**
  Die Empfänger einer geheimen Kopie werden nur den einzelnen Empfängern selbst und dem Sender in der Empfängerliste angezeigt. Die Empfänger können eine geheime Kopie weder weiterleiten noch ausdrucken.
- **„KW“ Kein Weiterleiten**
  Der Empfänger kann das Dokument nicht weiter versenden.

Abb. 2.24
Sendeattribute

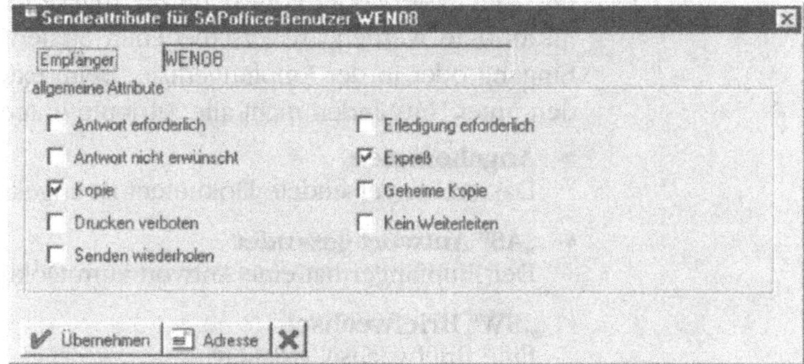

2.3.5 Sendeinformationen

Ein Benutzer kann zu Dokumenten, die er einem anderen gesendet oder die er empfangen hat, verschiedene Informationen abrufen. Hierzu gehören die Statusattribute, Empfangsinformation, die Briefwechselgeschichte und die Empfängerliste.

Um die entsprechenden Information abzurufen, muss man im Ein- oder Ausgang ein Dokument aufrufen. Nun stehen dem Benutzer folgende Funktionen zur Verfügung:

- **Empfängerliste anzeigen**
  Springen ⇨ Empfangsinfo
  Die Empfänger des Dokuments werden angezeigt. Als Autor oder Weiterleitender eines Dokuments können zusätzlich die Sendevorgänge zu den *Persönlichen Empfängern* angezeigt werden.

- **Sendeinformation anzeigen**
  Springen ⇨ Empfangsinfo, Sendeinfo
  Die Sendeinformation zu dem markierten Empfänger wird angezeigt.
- **Briefwechselgeschichte**
  Springen ⇨ Empfangsinfo, Briefwechsel
  Die Briefwechselgeschichte zu dem markierten Empfänger wird angezeigt.
- **Bei Sendefehlern Logbuch anzeigen**
  Wenn Sendefehler aufgetreten sind, erhält man eine Meldung, von der man in das Sendelogbuch verzweigen kann.

2.3.6 Statusattribute

Attribute, die einem Dokument nach dem Sendevorgang entweder vom System oder vom Benutzer zugeordnet werden. Die Statusattribute werden an verschiedenen Stellen angezeigt, z.B. im Eingang oder in der Empfängerliste. Beim externen Senden werden unter Umständen nicht alle Attribute unterstützt.

- **Angekommen**
  Das extern versendete Dokument ist angekommen.
- **„AS" Antwort gesendet**
  Der Empfänger hat eine Antwort zum Dokument gesendet.
- **„BW" Briefwechsel**
  Eine Briefwechsel existiert.
- **„EA" Erledigung von einem Anderen**
  Ein anderer Benutzer hat ein zu erledigendes Dokument zur Bearbeitung angenommen oder bereits erledigt.
- **„ER" Erledigt**
  Der Bearbeiter hat ein zu erledigendes Dokument erledigt.
- **„EW" Erledigung weitergeleitet**
  Ein Empfänger hat ein zu erledigendes Dokument an einen anderen Empfänger zur Erledigung weitergeleitet.
- **Gesendet am**
  Das Dokument wurde extern versendet und es wird keine Rückmeldung erwartet.
- **„GL" Gelesen**
  Der Empfänger hat das Dokument gelesen.
  Ein Dokument kann erst dann aus dem Eingang entfernt werden, wenn es gelesen wurde.

- **„IB" In Bearbeitung**
  Der Empfänger, der ein zu erledigendes Dokument in Bearbeitung nimmt, muss dieses Dokument erledigen.
- **„LW" Letzte Wiedervorlage**
  Das Dokument wurde aus der Wiedervorlagemappe gelöscht.
- **„PR" Priorität**
- Einem Dokument kann eine Priorität von 1 (hoch) bis 9 (niedrig) zugeordnet sein.
- **„SD" Sendedatum**
  Dem Autor eines Dokuments wird angezeigt, wann das Dokument gesendet wurde.
- **„SD" Zukünftiges Sendedatum**
  Das Dokument wird mit einem vordatierten Sendedatum an mindestens einen weiteren Empfänger gesendet.
- **Senden nicht erfolgreich**
  Beim externen Senden eines Dokuments trat ein Fehler auf.
- **Unterwegs seit**
  Das extern versendete Dokument wurde zum angegebenen Datum an den Kommunikationsserver übergeben, der Sendevorgang ist jedoch noch nicht abgeschlossen.
- **„VM" Verarbeiten Mitteilung**
  Das Dokument enthält Ausführungsparameter und kann demnach ausgeführt werden.
- **Wartet**
  Das extern versendete Dokument wurde noch nicht an den Kommunikationsserver übergeben.
- **„WV" Wiedervorlage**
  Zu dem Dokument existiert eine Wiedervorlage.

2.3.7 Informationen über versendete Dokumente

Um Informationen über ein versendetes Dokument zu erhalten (z. B. die momentan gesetzten Attribute), gibt es mehrere Möglichkeiten:

Als Empfänger eines Dokuments im Eingang:

„workfl_office3.scm"

- in der *„Empfangsinfo"*
  Diese gibt Informationen über Typ, Name und Titel des Dokuments, über Absender, Weiterleitenden und Empfänger des Dokuments, über Sende- und Empfangsdatum und über die Attribute.

- in der *„allgemeinen Empfängerliste“*
  Diese zeigt sämtliche Sendevorgänge an, die alle Benutzer zu dem ausgewählten Dokument durchgeführt haben.

Als Absender über den Ausgang:

- in der *„persönlichen Empfängerliste“*
  Diese zeigt sämtliche Sendevorgänge an, die der Benutzer selbst zu dem ausgewählten Dokument durchgeführt hat.
- in der *„allgemeinen Empfängerliste“* (siehe oben)

Man kann sich die *„Empfangsinfo“*, die *„allgemeine Empfängerliste“* und die *„persönliche Empfängerliste“* über das Menü *„Springen“* ⇨ *„Empfangsinfo“* anzeigen lassen. Im folgenden Bild sieht man ein Beispiel für eine ***„Empfangsinfo“***:

Abb. 2.25 Empfangs-informationen

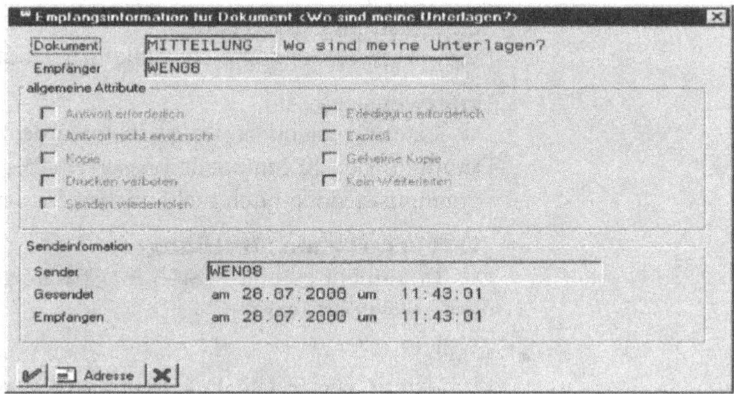

2.3.8 Briefwechselgeschichte

Korrespondenzliste zu einem Dokument

Eine Briefwechselgeschichte existiert, wenn die Antwortfunktion verwendet wurde. Man kann die Briefwechselgeschichte eines Dokumentes mit dem Attribut „BW“ von folgenden Stellen aus anzeigen:

- Eingang
- Ausgang
- Persönliche Ablage

Man hat zwei Möglichkeiten in der Empfangsinformation eines Dokuments auf die Briefwechselgeschichte zu diesem Dokument zuzugreifen:

- **Briefwechsel**
  Wenn man diese Funktion wählt, wird direkt die Briefwechselgeschichte zu dem Dokument angezeigt. Es werden die Korrespondenten angezeigt, mit denen ein Briefwechsel stattfand. Sowohl der ursprüngliche Sender als auch der oder die Empfänger werden berücksichtigt.
- **Empfängerliste und dann Persönliche Empfänger**
  Wenn diese Funktion gewählt wurde, werden zuerst alle Sendevorgänge des Dokumentes aufgeführt, an denen der Benutzer (als Autor oder Weiterleitender) beteiligt ist. Sollte eine Briefwechselgeschichte zu einem der Sendevorgänge existieren, ist dieser mit dem Statusattribut „BW" versehen. Mit Briefwechsel zeigt man die Briefwechselgeschichte an.

Die Briefwechselgeschichte kann nur zwischen jeweils zwei Korrespondenten nachvollzogen werden. Deshalb kann der ursprüngliche Sender/Erfasser eines weitergeleiteten Dokuments nicht zurückverfolgt werden.

2.3.9 Weitere Funktionen in SAP*office*

Abschließend werden noch weitere Funktionen zum SAP*office* kurz vorgestellt, die dem Nachrichtenverkehr sehr dienlich sind:

- **Kurznachricht**
  Kurznachrichten verkürzen den Weg des Anlegens und Sendens. Nach Aufruf der Funktion *System* ⇨ *Kurznachricht* wird ein Fenster eingeblendet, in dem man u. a. den Text und den oder die Empfänger eingeben kann. Nach dem Senden wird das Fenster automatisch geschlossen. Kurznachrichten sind z. B. dann sinnvoll, wenn man nur eine Notiz verschicken will.

Abb. 2.26
Dokument senden

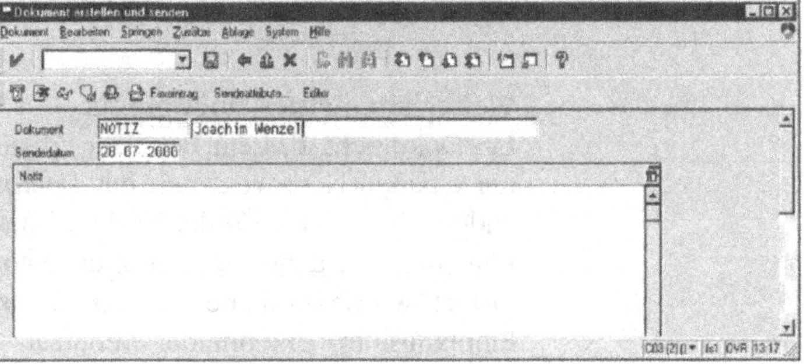

- **Externes Senden ohne Adressverwaltung**
Zusätzlich zum Senden über die Adressverwaltung besteht in SAP*office* die Möglichkeit des externen Sendens, ohne auf die Adressverwaltung zuzugreifen. Dieser Spezialfall des externen Sendens kann über folgende Dienste stattfinden:
  - Fax
  - Telex
  - Internet
  - X.400
  - R/3-Systemverbund
- Benutzer können nur dann extern senden, wenn ihnen die Sendeberechtigung und eine Adresse in der jeweiligen Kommunikationsart zugeordnet ist. Des Weiteren muss in den persönlichen Büroeinstellungen eine interne Firmenadresse gepflegt sein. Das externe Senden ohne Adressverwaltung darf in den allgemeinen Büroeinstellungen nicht verboten sein.
- Hier wird *Dokument* ⇨ *Senden* gewählt, um auf den Sendebildschirm zu gelangen. Nun kann man über den Menüpunkt *Springen* verschieden Adressarten (siehe Abb. 2.27) auswählen.

Abb. 2.27 Dokument extern senden

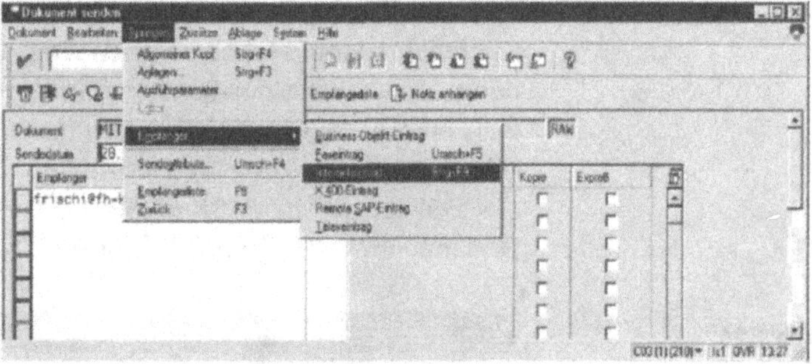

- **Weiterleiten eines Dokuments**
Ein Dokument, das ein Benutzer erhalten hat, kann er mit einer eigenen Notiz versehen mit *Dokument* ⇨ *Weiterleiten* an andere Benutzer weiterleiten. Eine Ausnahme stellen die Dokumente dar, denen das Attribut „*Keine Weiterleitung*" zugeordnet wurde. Anhand der Empfangsinformation (Funktion Empfangsinfo) erkennt der Benutzer, ob und von wem ein Dokument weitergeleitet wurde und zu welchem Zeitpunkt dieser Vorgang stattgefunden hat. Der Benutzer kann feststellen, von wem und wann das Dokument ursprünglich erstellt

wurde.
Wird ein zu erledigendes Dokument aus dem Eingang weitergeleitet, muss ihm das Attribut "Erledigung erforderlich" erneut mitgegeben werden, wenn der Empfänger mit der Erledigung beauftragt werden soll.

- **Wiedervorlage eines Dokuments**
  Nach Kriterien, die vom Benutzer festgelegt werden, kann er bestimmen, dass ein Dokument zu einem bestimmten Termin wieder in dessen Eingang gestellt wird. So kann er sich z. B. an bestimmte Ereignisse erinnern lassen oder Dokumente, die zu einem bestimmten Termin erledigt werden sollen, an diesem Tag im Eingang vorfinden.
  Wenn er zu Dokumenten, die sich im Eingang befinden, eine Wiedervorlage definiert, wird das Dokument aus dem Eingang in die Wiedervorlagemappe abgelegt. So kann der Benutzer den Eingang übersichtlicher halten und nur die aktuellen Dokumente vorfinden. Wenn er zu Dokumenten aus dem Ausgang oder einer Mappe der persönlichen Ablage eine Wiedervorlage anlegen will, wird ein Dokumentverweis in die Wiedervorlagemappe gestellt. D. h., das Dokument bleibt im Ausgang bzw. der persönlichen Mappe.
  Mappen und Verteilerlisten können nicht wiedervorgelegt werden.
- **Antworten**
  Wenn der Benutzer ein empfangenes Dokument mit der Funktion „Antworten“ beantwortet, hat das zwei Vorteile:
  1. Auf dem Sendebildschirm wird die Empfängeradresse automatisch eingetragen, und der Benutzer kann zusätzlich alle anderen Empfänger des an ihn gesendeten Dokuments übernehmen.
  2. Des Weiteren kann er die Briefwechselgeschichte verfolgen.

2.4 Nachrichtensteuerung

Im Rahmen von Business Workflow müssen Daten und Informationen sofort zwischen verschiedenen Partnern oder Programmen ausgetauscht werden.

Die Nachrichtensteuerung stellt für andere Programme ein Dienstleistungsprogramm dar, sie bildet die Schnittstelle zur Weiterverarbeitung. Dazu müssen allerdings alle Folgevorgänge genau bekannt sein und in der Nachrichtensteuerung definiert werden.

2.4.1 Ablauf der Nachrichtensteuerung

Die Hauptaufgabe der Nachrichtensteuerung besteht darin zu entscheiden, wie und über welches Programm eine Nachricht weiterverarbeitet werden soll. Dies geschieht in der **Nachrichtenfindung**.

Hierfür verwendet R/3, wie auch in anderen Bereichen (z. B. Kosten- oder Preisfindung), die sog. **Konditionstechnik**.

Dabei werden Datenkonstellationen (die Konditionen) sowie die gewünschte Weiterverarbeitung angegeben. Diese werden in den Konditionstabellen abgelegt. Tritt bei einem Objekt in einer Anwendung eine dieser Konditionen ein, wird die entsprechende Folgeverarbeitung gestartet. In der folgenden Abb. 2.28 wird dieser prinzipielle Ablauf einer Nachrichtenverarbeitung grafisch vorgestellt:

Abb. 2.28 Ablauf der Nachrichtenverarbeitung

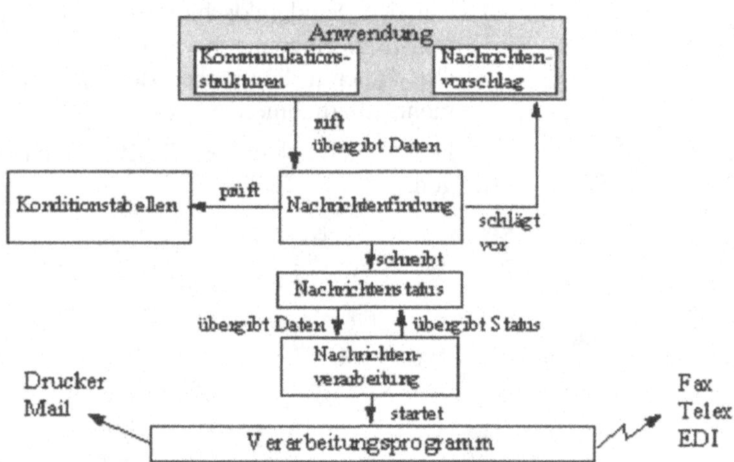

Die **Nachrichtenverarbeitung** läuft folgendermaßen ab:

Daten werden übergeben

1. In dem Anwendungsprogramm werden die Daten, die versendet werden sollen und Angaben zur Versendung, in sog. Kommunikationsstrukturen zusammengefasst und der Nachrichtenfindung übergeben

Vergleich mit Konditionen

2. Die Nachrichtenfindung überprüft anhand der Konditionstabellen, ob eine bestimmte den Kommunikationsstrukturen entsprechende Datenkonstellation vorliegt.

Nachrichtenvorschlag

3. Ist dies der Fall, gibt die Nachrichtenfindung, falls vereinbart, einen Nachrichtenvorschlag an den Anwender zurück. Gleichzeitig erzeugt sie einen Nachrichtenstatus, der abgelegt wird.

Verarbeitung der Nachricht

4. Wird der Nachrichtenvorschlag vom Benutzer angenommen, übergibt die Nachrichtenfindung die Daten an die Nachrichtenverarbeitung, die das entsprechende Programm startet. Die Versendung der Nachricht muss allerdings nicht sofort erfolgen.

2.4.2 Aufbau der Nachrichtensteuerung

Für jedes zu versendende Objekt wird ein Auszug aus den Datensätzen mit folgendem Inhalt erstellt:

- entsprechende Applikation
- Schema der Nachrichtenkondition
- Daten des Objektes

Kommunikationsstrukturen

Diese Daten bilden die sog. Kommunikationsstrukturen für jede Anwendung und werden der Nachrichtensteuerung übergeben. Die folgende Abb. 2.29 soll diesen Vorgang veranschaulichen:

Abb. 2.29 Bildung der Kommunikationsstrukturen

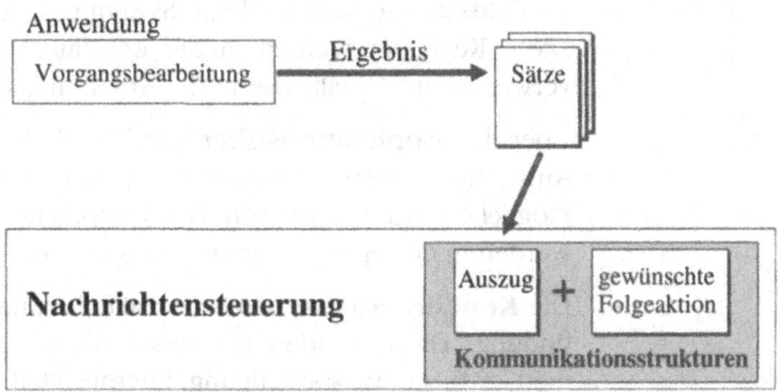

Im Rahmen der Nachrichtenfindung werden diese definierten Datenkonstellationen mit den Konditionstabellen verglichen. Tritt eine der Bedingungen ein, wird ein Nachrichtenvorschlag erzeugt und das entsprechende Verarbeitungsprogramm gestartet.

Konditionselemente

Zur Beschreibung der Konditionen stehen verschiedene Elemente zur Verfügung. In der folgenden Abb. 2.30 werden diese Elemente und ihre Hierarchie erläutert.

Abb. 2.30
Hierarchie der Konditionselemente

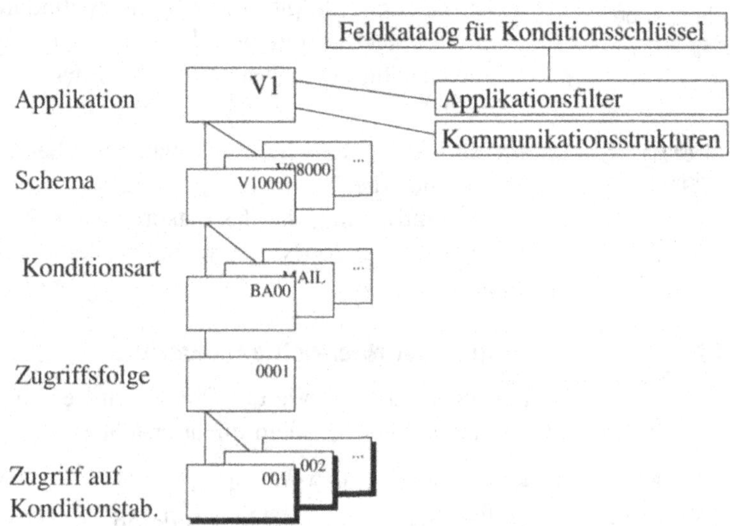

Erklärung der einzelnen Elemente:

Unter **Applikation** wird das Anwendungsprogramm, z. B. Kundenauftragsverwaltung, verstanden. Sie legt die Datenbasis fest, die der Nachrichtenfindung zugrunde liegt.

Im **Feldkatalog** stehen alle im System möglichen Schlüsselfelder. Diese Keyfelder werden in die Konditionstabellen geführt und verweisen auf Quellfelder in der Kommunikationsstruktur.

Über den **Applikationsfilter** werden alle Keyfelder, die für eine Anwendung nicht zur Verfügung stehen, herausgefiltert. Die möglichen Konditionsarten der entsprechenden Anwendungen werden in Gruppen zusammengefasst, z. B. Auftrag, Angebot.

Die **Konditionsarten** beinhalten alle Parameter zur Nachrichtenfindung. Diese werden als verschiedene Konditionsarten definiert, z. B. Auftragsbestätigung, internes Mail.

Jeder Konditionsart wird eine **Zugriffsfolge** zugeordnet, welche die Zugriffe auf die Konditionstabellen regelt.

In den **Konditionstabellen** werden die möglichen Datenkonstellationen abgelegt.

Abb. 2.31 Zugriffsfolge auf Konditionstabellen

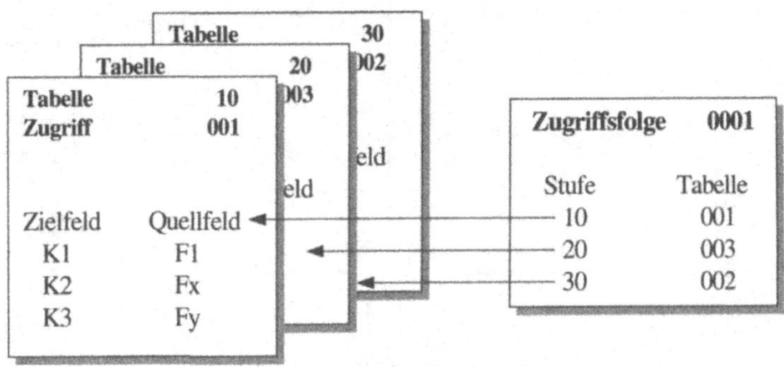

Die Tabellen in Abb. 2.31 werden in der Reihenfolge der in der Zugriffsfolge angegebenen Stufen abgearbeitet.

Innerhalb der Konditionstabellen wird durch die Reihenfolge der Keyfelder die Zugriffsfolge auf die Quellfelder der Applikation geregelt.

Generierung der Konditionstabellen

Die Konditionstabellen bestehen aus „**Keyfeldern**" und einem Datenteil. Die Keyfelder verweisen auf die entsprechenden Quellfelder der Applikation. Diese stehen in den Datensätzen der Kommunikationsstruktur. Sie können entsprechend dem Applikationsfilter aus dem Feldkatalog entnommen und gemäß der gewünschten Datenkonstellationen gewählt werden.

Der Datenteil besteht bei der Nachrichtenfindung lediglich aus einem Index auf die Nachrichtenattribute. Die Bildung der Konditionstabellen wird in Abb. 2.32 erläutert:

Abb. 2.32
Aufbau von Konditionstabellen

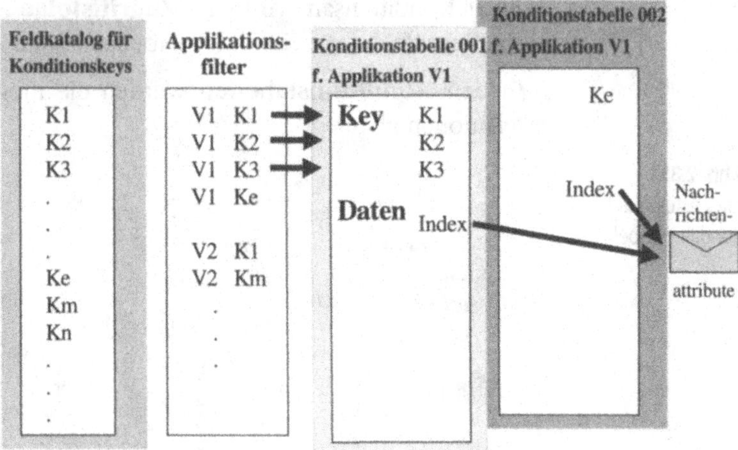

K1 bis Kn sind die Keyfelder, die über den Applikationsfilter aufgeteilt werden. In diesem Beispiel werden in der Applikation V1 nur die Keyfelder K1, K2, K3 und Ke verwendet, während die Applikation V2 nur K1 und Km nutzt.

Zusätzlich enthält die Konditionstabelle einen Index im Datenteil. Dieser verweist auf die Nachrichtenattribute, wohin die Nachricht versendet werden soll. Diese Keyfelder werden dann entsprechend der Applikation den Konditionstabellen zugeordnet.

Konditionssätze

Die Konditionssätze einer Konditionstabelle enthalten alle Werte und Daten, die zu einem Nachrichtenvorschlag führen. Zur Pflege der Konditionstabellen werden Eingabemasken aufgerufen, die Konditionselemente beinhalten. Mit Hilfe dieser Eingabemasken lassen sich die einzelnen Konditionssätze und die damit verbundenen Datenkonstellationen sehr einfach ändern.

Im Einstellungs- und Systemmenü von R/3 können diese Konditionssätze für den Nachrichtenvorschlag in folgenden Schritten festgelegt werden:

1. Aufrufen der Pflege-Eingabemasken zu einer bestimmten Applikation
2. Angeben der gewünschten Konditionsart
3. Auswählen der Konditionstabellen
4. Einschränken der Schlüsselfelder
5. Schnellerfassung der Konditionsarten in einem Übersichtsbild
6. Pflegen des Konditionssatzes in einem Detailbild

Nachrichten-vorschlag

Voraussetzungen für die Erstellung eines Nachrichtenvorschlags ist, dass die entsprechende Anwendung auch mit der Nachrichtensteuerung verbunden ist und dass die Bearbeitung eines Vorschlags aufgerufen wird.

Einige Anwendungen starten sofort, ohne einen Nachrichtenvorschlag zu generieren, das entsprechende Verarbeitungsprogramm und versenden die Nachricht.

Ein Vorschlag enthält den Empfänger der Nachricht, die Nachrichtenart und den Zeitpunkt des Versandes. Der Anwender kann sich den Nachrichtenvorschlag anzeigen lassen und, wenn nötig, verändern.

Nachrichtenstatus

Sobald die Nachrichtenfindung eine Nachrichtenart gefunden hat, wird ein Nachrichtenstatus erzeugt und in einem Datensatz abgelegt.

Dieser **Datensatz** enthält Angaben:

- zu welchem Objekt der Nachrichtenvorschlag erzeugt wurde;
- wann der Nachrichtenvorschlag erzeugt wurde;
- an wen gesendet wird;
- über welches Medium und mit welcher Nachrichtenart gesendet wird;
- in welcher Sprache gesendet wird;
- wann die Nachricht versendet wurde;
- ob die Versendung erfolgreich war;
- ob es eine erstmalige Versendung war oder eine Änderungsnachricht war;
- alle anderen Attribute, abhängig von der Nachrichtenart.

Nachrichten-verarbeitung

In R/3 wird in der Tabelle „*TNAPR*" festgelegt, welche Programme für die Verarbeitung vorgesehen sind.

Es stehen folgende **Versandarten** zur Verfügung:

- Druckausgabe
- Telefax
- Teletext
- Telex
- Mail (extern)
- EDI
- Mail (intern)

Ebenfalls ist festlegbar, wann die Nachricht versendet wird. Folgende **Versandzeitpunkte** stehen zur Wahl:

- mit Abspeichern des Vorganges;
- zu einem bestimmten Datum oder Zeitpunkt;
- nach ausdrücklicher Aufforderung der rufenden Anwendung;
- beim nächsten Aufruf der Datei Nachrichtenstatus.

2.5 SAP*access*

Datenübernahme in externe Programme

Mit SAP*access* lassen sich Daten aus dem R/3-System in ein externes Anwendungsprogramm übernehmen. Dieser Zugriff erfolgt im Echtzeitbetrieb (online) und im Lesemodus. Die Datenkonsistenz wird daher nicht gefährdet. Zum Ändern von Daten verwendet man die „**Remote Online Data Communication**" (Remote ODC-Schnittstelle).

SAP*access* stellt somit eine Software-Schnittstelle zwischen externen Anwendungen und dem R/3-System dar (siehe Abb. 2.33):

Abb. 2.33 SAP*access*-Schnittstelle

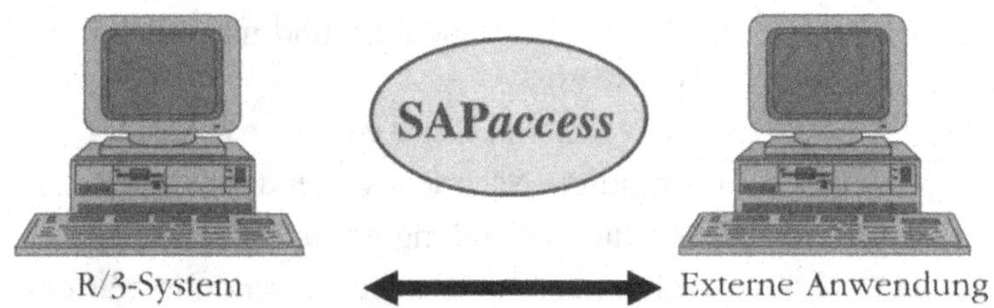

Solche **Anwendungen** können u. a. sein:

- eigene betriebswirtschaftliche Anwendungen (CICS-Programme)
- Bürosysteme
- Textverarbeitungssysteme
- Tabellenkalkulationen
- Grafik-Tools

CPI-C-Fähigkeit

Voraussetzung für die Kommunikation zwischen externer Anwendung und SAP*access* ist die CPI-C-Fähigkeit des Systems (d. h., es muss eine Logical-Unit-Verbindung zwischen dem R/3-System und der externen Anwendung bestehen).

Fallbeispiel:

In einer Vertriebsabteilung soll eine „**ABC-Analyse**" durchgeführt werden, um die Umsatzanteile bestimmter Produktgruppen zu analysieren. Die Daten sind im R/3-System vorhanden und sollen mit Hilfe eines Tabellenkalkulationsprogramms aufbereitet werden.

Abb. 2.34
Beispiel aus einer Anwendung

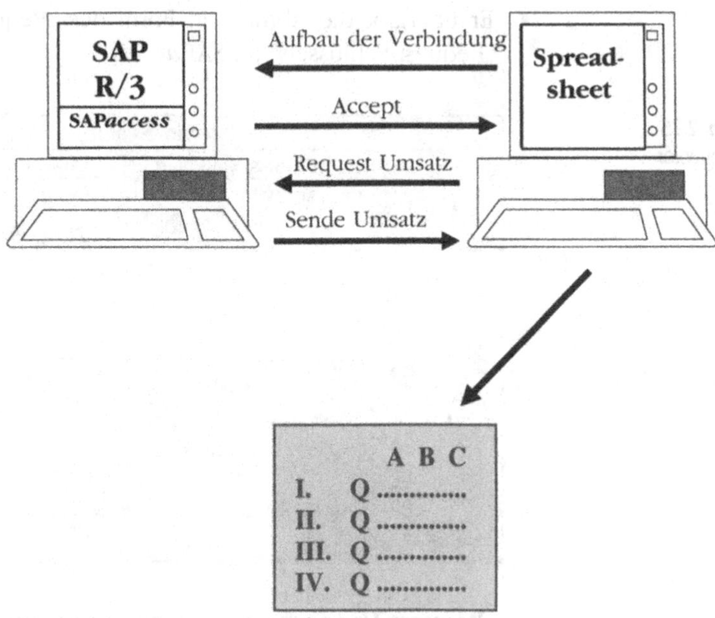

Das Tabellenkalkulationsprogramm (siehe Abb. 2.34) stellt eine Verbindung zu SAP*access* her und meldet sich als R/3-Benutzer an. SAP*access* akzeptiert die Verbindung, worauf das externe Programm seine Abfrage nach dem Umsatzreport an SAP*access* richtet. SAP*access* erstellt einen ABAP-Report, der die Ergebnisdaten dem Tabellenkalkulationsprogramm mittels SAP*access* zur Verfügung stellt.

2.5.1 Requestor

Verbindung aufbauen

Um überhaupt eine Verbindung zwischen der externen Anwendung und SAP*access* aufzubauen, muss das Anwendungsprogramm einen sogenannten Requestor (siehe Abb. 2.35) dazwischenschalten. Dieser wird über ein Makro aus dem externen System gestartet. Das Makro beinhaltet die Daten, die zur Durchführung der Abfrage erforderlich sind.

Der Requestor hat folgende Aufgaben:

Requestor-Aufgaben

- Er baut die Verbindung zum SAP-System auf und meldet sich als R/3-Benutzer an. Daraufhin durchläuft er die komplette Anmeldeprozedur, die vor allem die Berechtigungsprüfung beinhaltet. Diese weist ihm die eingetragenen Zugriffsrechte zu.
- Er übergibt die Abfrage in Form des „Request-Headers" und „Request-Schlüssels" an SAP*access*.

Abb. 2.35 Requestor

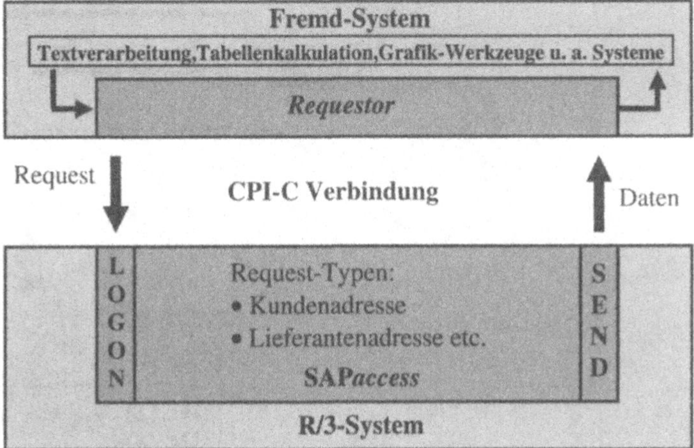

Im „**Request-Header**" sind folgende **Angaben** hinterlegt:

- Data Dictionary-Name des Request-Schlüssels;
- Data Dictionary-Name des Response-Headers;
- Angaben über „*Zugriffsart*" (direkter Zugriff, Matchcode-Zugriff oder Zugriff mit Teilschlüssel; vgl. zu „Request-Header" und „Zugriffsart" Kapitel 2.5.2 „Requests").

Selektion von Daten

Mit Hilfe der Informationen, die der „Request-Schlüssel" beinhaltet und der anderen Informationen des „Request-Headers", selektiert SAP*access* die Daten aus dem R/3-System und meldet dem „Requestor" in Form des „Response-Headers", ob Daten selektiert wurden und die Struktur der Ergebnisdaten. Danach werden die Daten über den „Requestor" an das externe System zurückgegeben. SAP*access* enthält bereits einige Beispiele an Standardabfragen, z. B. für die Kundenstammdaten, Lieferantenstammdaten und SAP*mail*. Da in der praktischen Anwendung mehr Daten notwendig sind, müssen diese mittels selbst implementierter Requests hinzugefügt werden.

2.5.2 Requests

Die vom R/3-System mitgelieferten Abfragen bilden nur ein Grundgerüst und müssen auf die Erfordernisse im Betrieb speziell eingerichtet werden. Um neue „Requests" zu definieren, muss die Struktur von „Request-Header", „Response-Header" und „Ergebnisblock" bekannt sein.

Definition

Ein Request besteht aus:

- „Request-Schlüssel"
- „Request-Header"

Der „**Request-Schlüssel**" beinhaltet die Daten, die zur Suche notwendig sind (Kundennummer). Sie werden aus dem externen Programm übernommen und stehen im Feld „*DDREQ*" im „Request-Header".

Der „**Request-Header**" enthält folgende Informationen:

Informationen im Request-Header

- Request-Klasse;
  Jeder Request muss einer Klasse zugeordnet werden.
- Request-Struktur;
  (Data Dictionary-Name des Request-Schlüssels) Hier wird die Struktur des Request-Schlüssels festgelegt.
- Response-Struktur;
  (Data Dictonary-Name des Ergebnisses) Hier wird die Struktur des Ergebnisses festgelegt (z. B. Lieferantenadresse).
- Zugriffsart;
  Hier wird die Zugriffsart auf die Datei, in der die Daten gesucht werden sollen, festgelegt.
- Angabe, ob weitere Requests folgen.

Request-Header-Struktur

Daraus ergibt sich für den „Request-Header" die Struktur:

```
BEGIN OF REQUHD_00
   CLASS   (4)
   DDREQ   (4)
   DDDAT   (4)
   KEYAC   (1)
   KEYCT   (2)
   LSTRQ   (1)
END OF REQHD_00
```

Alle Felder im Request-Header sind Character-Felder. Für die Felder sind folgende **Eingabewerte** möglich:

- **CLASS (Request-Klasse)**
  „SAP" für einen von SAP unterstützten Request
  „CUST" für einen vom Kunden unterstützten Request
  „xxxx" für eigene implementierte Requests
- **DDREQ (Request-Struktur)**
  „SACU" Zugriff auf Kundenadresse
  „SASU" Zugriff auf Lieferantenadresse
  „SAML" Zugriff auf SAP*mail*
- **DDDAT (Response-Struktur)**
  „SACA" Kundenadresse
  „SASA" Lieferantenadresse
  „SAMN" Anzahl der ungelesenen Mails
- **KEYAC (Zugriffsart)**
  „F" Direktzugriff
  „G" Zugriff mit Teilschlüssel
  „M" Matchcode-Zugriff
  „S" Matchcode-Zugriff mit Selektionsmöglichkeit
- **KEYCT (nicht belegt)**
- **LSTRQ (Angaben, ob weitere Requests folgen**
  „0" es folgen weitere Requests (die weitere Kommunikation erfolgt im EBCDIC-Datenformat)
  „1" es folgen keine weiteren Requests (weitere Kommunikation erfolgt im EBCDIC-Datenformat)
  „2" es folgen weitere Requests (weitere Kommunikation erfolgt im ASCII-Datenformat)
  „3" es folgen keine weiteren Requests (weitere Kommunikation erfolgt im ASCII-Datenformat)

Response-Header

Nachdem SAP*access* die Daten aus dem System selektiert hat, wird die Information in Form des „Response-Headers" an den „Requestor" übergeben. Diese können wie folgt aussehen:

- Es liegen Ergebnisdaten vor bzw. es liegen keine vor.
- Falls keine Ergebnisdaten vorliegen, steht im „Response-Header" eine Fehlermeldung.

Response-Header-Struktur

Der „Response-Header" hat folgende Struktur:

```
BEGIN OF RESHD_00
    STATE  (1)
    RCODE  (2)
    RCMSG  (80)
END OF RESHD_00
```

Feldbelegung

Die Felder können folgendermaßen belegt sein:

- **„STATE"**
  Eine „1" bedeutet, es wurden keine Daten gefunden; eine „0", es liegen Ergebnisdaten vor.
- **„RCODE"**
  Ist der Returncode „00", war die Abfrage erfolgreich. Jeder andere Returncode bedeutet, die Abfrage war nicht erfolgreich.
- **„RCMSG"**
  Falls keine Daten gesendet werden können, steht hier eine Fehlermeldung.

Aufbereitung des Ergebnisses

War die Abfrage erfolgreich (RCODE=00), werden zusammen mit dem Response-Header die Informationen zur Struktur des Ergebnisses gesendet:

- Name der Response-Struktur;
- Länge der Response-Struktur;
- Anzahl der Felder der Response-Struktur;
- für jedes Feld der Offset des Feldes.

Offset bedeutet die Position, an der das nächste Feld beginnt.

Ergebnisblock

Wurde also der Response-Header mit den Informationen zum Ergebnis gesendet, kann die eigentliche Übermittlung beginnen. Die Ergebnisdaten stehen in 3.5 Mbyte großen Datenblöcken im Datenblock. Dieser Ergebnisblock hat folgende Struktur:

```
BEGIN OF BLOCK
    STATE (1)
    LINE (3500)
END OF BLOCK
```

Feldbelegung

Die Felder können folgendermaßen belegt sein:

- **„STATE"**
  Eine „0" bedeutet, es folgen noch weitere Blöcke;
  eine „1" bedeutet, dies ist der einzige Block.
- **„LINE"**
  Der Ergebnisblock in Form von Datensätzen.

Kommunikation zwischen Requestor und SAPaccess

Die Kommunikation zwischen Requestor und SAP*access* basiert hauptsächlich auf abwechselndem Senden (SEND) und Empfangen (RECEIVE). Diese Vorgänge werden bei folgendem Ablauf verdeutlicht:

1. Requestor: Aufbau der Verbindung zu dem SAP-System
2. Requestor: Senden der Anmeldedaten
3. SAP*access*: Akzeptiert die Verbindung
4. Requestor: Entgegennehmen der Rückmeldung der Anmeldedaten
5. Requestor: Senden des Request-Headers und des Request-Schlüssels
6. SAP*access*: Entgegennehmen des Request-Headers
7. SAP*access*: Senden des Response-Headers
8. Requestor: Entgegennehmen des Response-Headers
9. Requestor: Senden der Meldung *„ready for receiving data"* und Entgegennehmen eines Datenblocks
10. SAP*access*: Entgegennehmen der Meldung *„ready for receiving data"* und senden eines Datenblocks

Die Schritte 9 und 10 werden solange wiederholt, bis alle Datenblöcke gesendet wurden. Folgen weitere Requests, wird die Prozedur ab Schritt 5 wieder durchlaufen.

11. SAP*access*: Abbau der Verbindung

Folgende Abbildung veranschaulicht den **Kommunikationsablauf** zwischen Requestor und SAP*access*:

Abb. 2.36 Kommunikation Requestor - SAP*access*

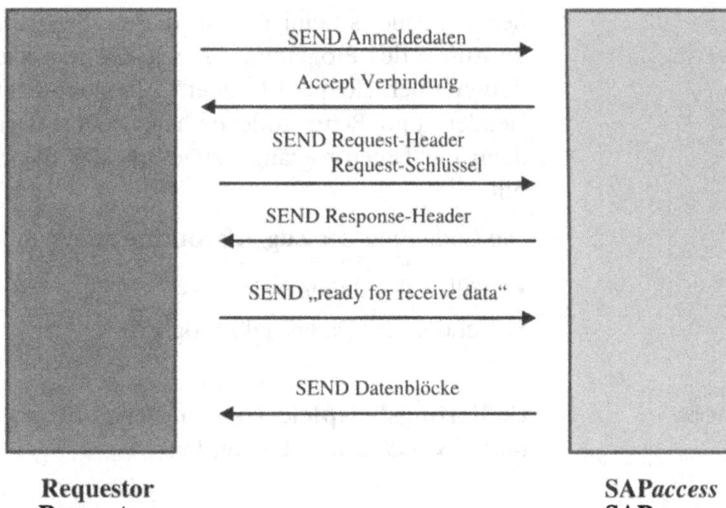

Requestor
SAP*access*

Request-Implementierung

Das Erstellen eines neuen Requests bedeutet im Wesentlichen die Codierung der Zugriffsroutine. Das Senden der Daten übernimmt ein SAP*access*-Unterprogramm, das lediglich aufgerufen werden muss. Die Verbindung zum R/3-System wird automatisch hergestellt. Es gibt verschiedene Möglichkeiten einen neuen Request zu erstellen. Für alle Vorgehensweisen gilt:

- Wurde eine neue Request-Struktur und/oder eine neue Response-Struktur implementiert, muss diese in das Data-Dictionary aufgenommen werden.
- Aufnahme des Requests in die Tabelle „*TSARQ*".
- Aufnahme der Zugriffsroutine für den Request in SAP*access*.

Wenn nur eine neue **Response-Struktur** implementiert werden soll, kann eine bestehende Request-Struktur verwendet werden. Die Response-Struktur muss dann nur noch einer vorhandenen Klasse zugeordnet werden.

Request mit neuer Request-Struktur und neuer Response-Struktur

Wenn eine neue Request- und eine neue Response-Struktur definiert werden soll, können diese einer vorhandenen Klasse zugeordnet werden. Dies geschieht nach derselben Reihenfolge wie der Request mit neuer Response-Struktur, mit dem Unterschied, dass auch eine neue Request-Struktur in das Data Dictionary mitaufgenommen wird.

Request in einer neuen Klasse

Wird ein Request mit einer neuen Response-Struktur, Request-Struktur und einer neuen Klasse implementiert, muss nach der Aufnahme des Requests in die Tabelle „*TSARQ*" ein neues ABAP-Programm geschrieben werden, das als Namen die Klasse des neuen Requests beinhaltet. In diesem Programm muss ein Include Aufruf des Programms *„RSSADEFI"*, das die Struktur-Informationen über „Request-Header", „Request-Schlüssel", „Response-Header" und Returncode enthält, stehen. Dem Programm wird dann ein Unterprogramm zugefügt, das die Zugriffsroutine aufruft.

Die Codierung der **Zugriffsroutine** regelt im folgenden:

- Füllen des Request-Headers
- Senden der Daten (falls möglich)

Hinweis

Codierungsbeispiele können in den Programmen *„RSSACUST"* und *„RSSASSEL"* studiert werden.

2.6 SAP*connect*

SAP*connect* ermöglicht die Integration externer Kommunikationskomponenten an das R/3-System. SAPconnect repräsentiert im R/3-System eine einheitliche Schnittstelle zu anderen Telekommunikationsdiensten sowie das Senden an Drucker und zwischen anderen R/3-Systemen.

Zur Verdeutlichung, welche Komponenten bei dem Dokumentenaustausch beteiligt sind, dient die folgende Grafik:

Abb. 2.37 Schnittstellen zu SAP*connect* (SAP©)

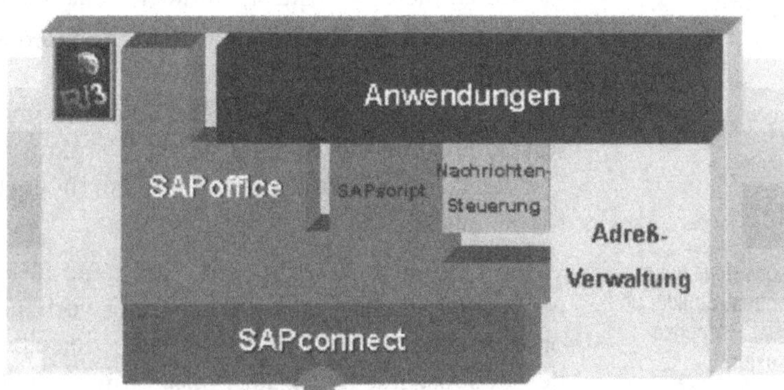

Zu folgenden externen Komponenten kann SAP*connect* eine Schnittstelle herstellen:

- zu Fax, Pagern, SMTP- oder X.400-Gateways, die die SAP*connect*-Schnittstelle unterstützen;
- zum SAP Internet Gateway;
- zu Microsoft Exchange-Servern;
- zu MS-Exchange installierten Fax, SMTP- oder X.400-Konnektoren;
- zu anderen R/3-Systemen;
- zu Druckern.

Anbindung an externe Kommunikationssysteme

Die externen Komponenten werden im R/3-System als SAP*connect*-Knoten repräsentiert. Die Administration und Einstellungen erfolgen einheitlich im R/3-System. R/3-Anwendungen können über die angebundenen Kommunikationskomponenten senden. Wenn R/3-Benutzer über die Adressverwaltung an externe Adressen senden, wird die dort angegebene Standardkommunikationsart verwendet. Wenn der Benutzer nicht über die Adressverwaltung sendet, wählt er die gewünschte Kommunikationsart aus.

Ablauf bei eingehenden Nachrichten

Die Verdeutlichung des Ablaufs, wie eingehende Nachrichten aus einem externen Kommunikationssystem verarbeitet werden, dient die folgende Grafik:

Abb. 2.38 Externe Komponenten (SAP©)

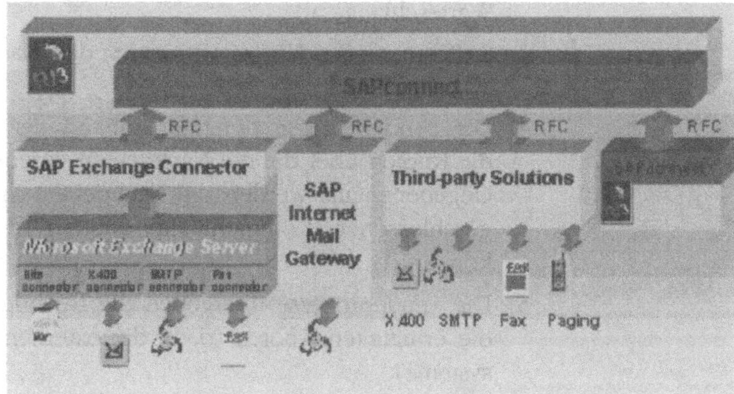

1. Das externe Kommunikationssystem meldet sich über RFC (Remote Function Call) am R/3-System an und übergibt die Nachrichten an SAPconnect.
2. SAPconnect konvertiert die Nachrichten gegebenenfalls in ein von den R/3-Anwendungen unterstütztes Format und gibt sie an das Business Communication Interface (BCI), dem Sendebaustein von SAPoffice, weiter.
3. Das BCI (Business Common Interface) ermittelt in der Adressverwaltung die Empfänger.
4. Das BCI stellt die Nachrichten in den Eingang der R/3-Benutzer oder übergibt sie an die Business Objekte.
5. SAPconnect gibt synchron eine Empfangs- oder Nicht-Empfangsbestätigung zurück.
6. Wenn ein R/3-Benutzer eine Nachricht in seinem Eingang aufruft, wird asynchron (d. h. mit einem separaten RFC-Aufruf) eine Lesebestätigung zurückgegeben.

Ablauf bei ausgehenden Nachrichten

Der Ablauf bei ausgehenden Nachrichten gestaltet sich wie folgt:

1. Die Anwendungen übergeben die Objekte Dokument, Anlagen, Absender, Empfänger und die ID des Business Objektes an das BCI (Business Common Interface). Benutzer rufen den Sendebildschirm auf und geben dort Empfänger und gegebenenfalls die Kommunikationsart an. Mit der Funktion „Senden" werden die Nachrichten an das BCI übergeben.
2. Das BCI speichert die Nachrichten als Message-Objekte in der Warteschlange ab.
3. SAPconnect-Sendeprozesse lesen die Nachrichten aus der Warteschlange.
4. Die Sendeprozesse ermitteln anhand der Empfängeradresse die Knoten über die die Nachrichten gesendet werden sollen. Gegebenenfalls werden die Nachrichten in ein von dem angeschlossenen Kommunikationssystem unterstütztes Format konvertiert.
5. Die Sendeprozesse übergeben die Nachrichten über RFC an die ermittelten Knoten (d. h. die externen Kommunikationssysteme).
6. Der Knoten meldet - pro Empfänger - zurück, ob der Sendeauftrag:
   a. abgelehnt oder erfolgreich ausgeführt wurde (synchroner Status) oder

b. zum späteren Versand angenommen wurde.

Im Falle b) meldet der Knoten zu einem späteren Zeitpunkt zurück, ob das Dokument erfolgreich versendet werden konnte oder nicht (**asynchroner Status**).

2.7 SAP*phone*

SAP*phone* integriert Telefonfunktionen in R/3-Anwendungen. Dadurch ist es möglich einen Datenaustausch zwischen Computer- und Telefonprozessen durchzuführen. Die Telefonfunktionen werden in die Benutzeroberfläche von R/3 integriert. Das „Telefon" kann somit auf Daten aus dem R/3-System zugreifen.

Telefonieren mit R/3

Der Benutzer kann in der R/3-Anwendung eine Telefonnummer aus dem Adressbuch auswählen und eine Verbindung mit dieser aufbauen lassen. Bei einem eingehenden Anruf wird dem Benutzer in einem Dialogfenster alle vorhanden Daten des Anrufers angezeigt. Es ist auch möglich, dass zu einer anderen R/3-Anwendung gewechselt wird.

Während eines Telefongesprächs kann der Benutzer Notizen erfassen oder Aufgaben in einer R/3-Anwendung bearbeiten.

Ziel von SAP*phone* ist, die Trennung zwischen Telefon- und Bildschirmarbeit aufzuheben und das Telefon stärker in den Arbeitsablauf einzubinden. Die Zielgruppe von SAP*phone* umfasst sowohl Anwender der täglichen Büroarbeit als auch spezialisierte Telefonarbeitsplätze in Call Centern.

Einsatzmöglichkeiten von SAP*phone*

SAP*phone* ist Bestandteil der Basistechnologie des R/3-Systems und somit anwendungsübergreifend konzipiert. Die Funktionen von SAP*phone* können von allen R/3-Anwendungen in Transaktionen, Reports und Workflow-Prozesse integriert werden.

Folgende Bereiche unterstützen ausgehende Anrufe:

- Controlling (Kostenstellenverantwortliche)
- Bewerberverwaltung (Bewerber und Mitarbeiter)
- Vertriebsunterstützung (Kontakte und Besuche)
- Außenhandel (Ausfuhrgenehmigende)
- SAP Retail (Lieferanten)
- Treasury-Management (Geschäftspartner)
- Geld- und Devisenhandel (Vertragspartner)
- Immobilienverwaltung (Geschäftspartner)

- SAP Business Workflow (Erweiterte Benutzerentscheidung und Einbindung des Schrittes *Anruf einleiten* als Workitem in den Workflow)
- SAP*office* (Absender und Erfasser von Nachrichten)
- EDI (IDoc-Verantwortliche und Partner)

Folgende Bereiche unterstützen ausgehende und eingehende Anrufe:

- Servicemanagement (Partner von Service-Meldungen)
- Instandhaltung (Partner von Instandhaltungsmeldungen)
- Qualitätsmanagement (Partner von Qualitätsmeldungen)
- Die Vertriebsunterstützung unterstützt zusätzlich Predictive Dialing bei Telefonkampagnen.
- Die Integration von SAP*phone* in weiteren Anwendungsbereichen ist geplant.

Funktionen von SAP*phone*

Mit SAP*phone* können Benutzer mit einem Mausklick von der Benutzeroberfläche aus Telefonfunktionen ausführen, z. B. die Grundfunktionen:

- Einleiten von ausgehenden Anrufen
- Beenden von Anrufen
- Anzeigen von eingehenden Anrufen
- Anlegen von Notizen zu Anrufen.

Die folgenden Funktionen zeigen, wie nützlich ein Telephoniesystem sein kann, besonders im Hinblick auf die Integration im Bereich Business Workflow:

- Verzweigen in eine Anwendung bei eingehenden Anrufen
- Identifizieren von Anrufern bei eingehenden Anrufen
- Bereitstellen von R/3-Informationen zu Anrufern
- Speichern von Daten zu nichtangenommenen Anrufen
- Koppeln von Anrufen an SAP*office*-Dokumente
- Integrieren von Anrufen in den SAP Business Workflow
- Starten von Workflows bei Anrufen.

Des Weiteren gibt es spezielle Call-Center-Funktionen, auf die in diesen Ausführungen nicht weiter eingegangen wird.

Arbeiten mit SAP*phone*

Der Benutzer kann SAP*phone*-Funktionen direkt aus verschiedenen Anwendungen ausführen. Wie die Funktionen in die Anwendungen integriert sind, ist individuell gelöst. Zusätzlich kann er Funktionen aus der SAP*phone*-Verwaltung heraus aufrufen.

In Anwendungen, die ausgehende Anrufe über SAPphone unterstützen, wird ein Symbol angezeigt, mit dem der Benutzer das Wählen einleiten kann. Außerdem kann der Benutzer an Dokumente Anrufe anlegen und dann versenden. Der Empfänger kann diesen Anruf dann ausführen.

Einleiten eines Anrufs

Vorgehensweise beim Einleiten eines Anrufs:

1. Der Benutzer wählt auf dem SAP*office*-Einstiegsbild (*System* ⇨ *Dienste* ⇨ *Büro*) *Verwaltung* ⇨ *SAPphone* ⇨ *Einstellungen* (*erweitert*).
2. Im Rahmen *Ausgehende Anrufe* wählt er *Wählen.*
3. Der Benutzer gibt nun die gewünschte Telefonnummer und das Länderkennzeichen ein.
4. Ihm stehen eine Liste mit den letzten zehn Telefonnummern zur Verfügung, aus der er eine Nummer auswählen kann.
5. Er muss nun seine Eingaben bestätigen.

Abb. 2.39 SAP*phone*

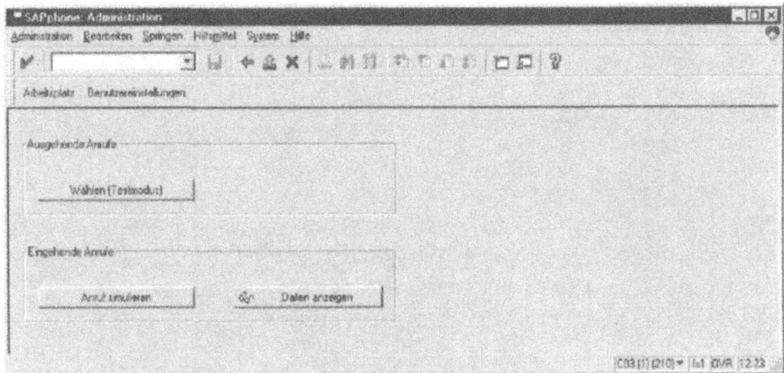

Vorgehensweise beim Versenden eines Anrufs

1. Der Benutzer muss in einer SAP*office*-Mappe ein Dokument anlegen, oder er wählt ein bestehendes zum Ändern aus. **Alternativ** kann er den Anruf direkt versenden, indem er den Typ ***OBJ*** angibt und das Objekt *SAPphone: Telefonanruf* auswählt.
2. Der Benutzer wählt *Dokument* ⇨ *Anlage Anlegen* ⇨ *Verweis* auf *Business Objekt.* Er erhält eine Liste mit Objekttypen, die ihm für die Anlage zur Verfügung stehen. Nun wählt er den Eintrag *SAPphone: Telefonanruf* aus.

„Dokument mit Rueckruf.scm“

3. Er erhält ein Fenster, auf dem er die Telefonnummer und das Länderkennzeichen des anzurufenden Partners eingeben kann.
4. Zum Schluss muss er *Senden* wählen, auf dem Sendebildschirm die Empfänger angeben und nochmals *Senden* wählen.

Anrufbeantworter

SAP*phone* benutzt diese Funktionen selbst, wenn der Teilnehmer nicht erreichbar ist. D. h. SAP*phone* benachrichtigt den Benutzer über nicht angenommene Anrufe. Entsprechende Nachrichten müssen in der Benutzereinstellung eingestellt werden.

2.8 SAP*forms*

Mit SAP*forms* bietet SAP eine Möglichkeit wiederkehrende Geschäftsvorfälle bzw. Tätigkeiten durch Ausfüllen von Formularen zu erledigen. Diese speziell auf die jeweiligen Bedürfnisse zugeschnittene Formulare nehmen dann an Geschäftsprozessen im SAP-System teil. Sie erleichtern Mitarbeitern und Kunden die Bedienung des R/3-Systems, auch wenn es Benutzer sind, die zuvor noch nicht mit SAP konfrontiert wurden.

Bestimmte Formulare können zunächst auch offline bearbeitet werden. Eine Verbindung zum R/3-System gilt somit nicht als Voraussetzung. In diesem Fall benötigt man jedoch ein E-Mail-System (z. B. Microsoft Exchange). Besteht danach eine Verbindung zum R/3-System, so wird das Formular mit den Daten an das System übertragen.

Funktionsumfang

Ursprünglich wurde SAP*forms* lediglich entwickelt, um zwei bestimmte Funktionen im SAP Business Workflow mit Hilfe von Formularen auszuführen:

- Eine Aufgabe kann durch das Ausführen eines Formulars gestartet und dabei mit den im Formular erfassten Daten versorgt werden.
- Ein Workitem kann als Formular ausgeführt werden. Im Formular stehen die Daten aus dem Workitem-Container zur Anzeige und zur Bearbeitung zur Verfügung.

Abb. 2.40
SAP*forms*

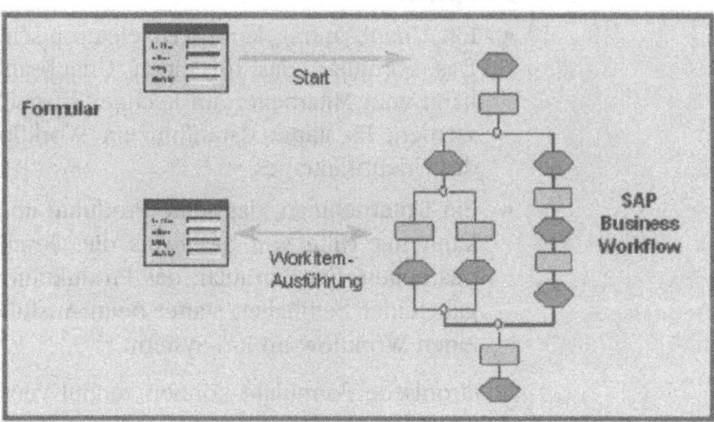

Mittlerweile ist der Funktionsumfang umfangreicher:

- ein Formular kann ein IDoc erzeugen und die Eingangsverarbeitung dafür ausführen;
- ein Formular ruft einen R/3-Funktionsbaustein auf.

2.8.1 Definition von Formularen

Ein Formular im R/3-System ist eine Nachbildung eines Papierformulars mit Feldern zur Dateneingabe und Datenanzeige, das elektronisch (online oder offline) für die allgemeine Nutzung zur Verfügung gestellt und am Computer bearbeitet wird.

Formulararten

Es gibt zwei Arten von Formularen:

- **Web-Formulare** für die Anzeige und Bearbeitung mit einem Internet-Browser;
- **Elektronische Formulare**, die mit Visual Basic erstellt werden.

Verwendung

Die elektronischen Formulare werden:

- für die strukturierte Anzeige von Informationen aus dem R/3-System und
- für die Eingabe von Daten (die im R/3-System verwendet und ausgewertet werden) genutzt.

Sie werden außerhalb des R/3-Systems auf Servern oder auf lokalen Plattformen zur Verfügung gestellt. Sie sind den Ansprüchen des Unternehmens angepasst und individuell gestaltet.

Beispiele:

- Ein Urlaubsantrag kann jetzt elektronisch bearbeitet werden. Das Formular, das für einen Urlaubsantrag benötigt wird, kann vom Mitarbeiter am Rechner ausgefüllt und abgeschickt werden. Es startet daraufhin ein Workflow zur Bearbeitung des Urlaubsantrages.
- Ein Unternehmen, das seine Produkte im Internet präsentiert, kann mit Hilfe von SAPforms die Geschäftsprozesse besser bearbeiten. Ein Formular, das Produktinformationen und Eingabefelder beinhaltet, startet beim Ausfüllen und Abschicken einen Workflow im R/3-System.

Elektronische Formulare können zentral verwaltet und administriert werden. Änderungen sind daher einfach vorzunehmen und somit immer in aktueller und gültiger Version vorhanden.

Es entfallen auch die vielen Kosten für Kopien veralteter Versionen im Papierformat weg.

Zum Formular kann eine Auswahl von möglichen Eingaben oder Hilfetexten angeboten und eine automatische Prüfung der Eingaben durchgeführt werden. Diese Hilfsmittel beugen Eingabefehlern vor oder zeigen bzw. erleichtern das Ausfüllen von Formularen.

Die Informationen werden auf elektronischem Weg verarbeitet. Dadurch wird Transportzeit eingespart und die Nachvollziehbarkeit der Bearbeitungsschritte gewährleistet. Formulare können nicht mehr verloren gehen.

2.8.2 Integration von Formularen

Man unterscheidet prinzipiell zwei Arten von Formularen: die ***Web-Formulare***, die über einen Webbrowser mit Daten gefüllt werden können und die ***elektronischen Formulare,*** die direkt an das R/3-System geschickt werden können.

Zur Erstellung von Web-Formularen wird das ***SAP@Web Studio*** als Entwicklungsumgebung benötigt, zur Erstellung von elektronischen Formularen der ***SAPforms Designer***.

2.8.2.1 Web-Formulare

Um ein Web-Formular so zu erzeugen, damit es eine Standardaufgabe im R/3-System starten kann, muss eine bestimmte Voraussetzungen erfüllt sein: im ***Customizing*** müssen ***Namensraumschablonen*** und **Entwicklungsklassen** festgelegt werden. Im ***Customizing*** muss die Aktivität *Namensraumpflege für internetfähige Formulartransaktionen* ausgeführt werden.

Ablauf:

„Forms1.scm"

Es wird das **Workflow-Muster** oder die **Standardaufgabe** definiert bzw. ein Web-Formular gestartet. Wenn Elemente des Aufgaben-Containers mit Werten aus dem Formular gefüllt werden sollen, müssen diese:

- als **Importelement** gekennzeichnet sein und
- mit einer Datentypreferenz auf ein **DDIC-Feld** definiert sein.

Mehrzeilige Elemente oder Elemente mit Objekt- oder Strukturreferenz werden derzeit noch nicht unterstützt.

Aus der Aufgabe lässt sich vom System eine **Web-Transaktion** generieren, die es ihrem Benutzer erlaubt, die Importelemente des Aufgaben-Containers zu füllen und die Aufgabe zu starten. Eine Web-Transaktion ist eine R/3-Transaktion, die einige spezielle Anforderungen bezüglich ihrer Dynpro-Gestaltung erfüllen muss, so dass sie von einer HTML-Seite aus aufgerufen werden kann. Der Name dieser Transaktion wird generiert und setzt sich im Wesentlichen zusammen aus der Namensraumschablone, die im Customizing voreingestellt wurde und aus der Kennung der Aufgabe.

Vorgehensweise

Im Anschluss daran wird im *SAP@Web Studio* die Transaktion eines **ITS-Service** entwickelt. Ein ITS-Service besteht aus einer ITS-Servicebeschreibung, HTML-Schablonen (eine für jedes Dynpro der R/3-Transaktion), Dateien zur Sprachunterstützung und anderen Objekten. Das Studio ist ein mit dem R/3-System verbundenes Entwicklungswerkzeug, das auf dem PC läuft. Das Studio setzt voraus, dass die ABAP-Transaktion bereits existiert.

Abb. 2.41
Formularsteuerung

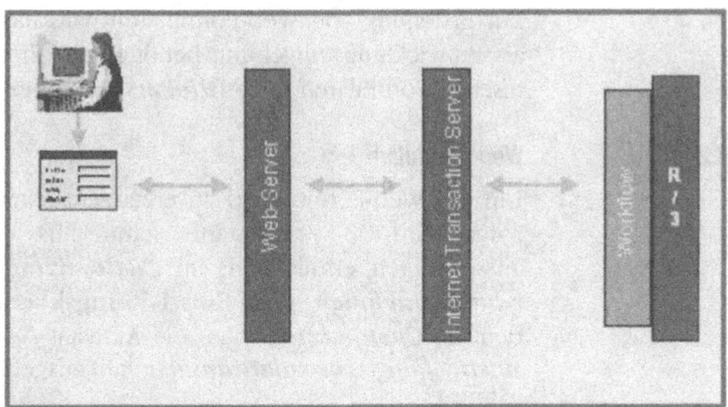

Um die vorgesehene Aufgabe durch das Formular zu starten, geht man folgendermaßen vor:

1. Öffnen des Internet Browsers;
2. ITS-Service aufrufen; die URL muss dazu wie folgt aufgebaut sein:

   http://<ITS-Server>/scripts/wgate.exe?~service=<Transaktion>&WEB_FLAG=X&~OkCode=CONT

   <ITS-Server> ist durch den Namen des Internet Transaction Servers zu ersetzen. Das Formular mit den Feldern zur Anzeige und Eingabe wird angezeigt.

3. Bearbeitung des Formulars.
4. Übergabe des Formulars mit der dafür vorgesehenen Funktion (i. d. R. realisiert durch eine Drucktaste) an das R/3-System.

Eine Erfolgsmeldung informiert dann, mit welcher Workitem-Nummer die Aufgabe gestartet wurde.

2.8.2.2 Elektronische Formulare

Aufgabe definieren

Zunächst sollte eine Aufgabe definiert werden, die das Formular starten soll. Das **formularspezifische** dieser Aufgaben-Definition liegt in der Erweiterung der Container-Definition um die Elemente, die als Felder auf dem Formular gefüllt werden sollen:

Voraussetzungen und Einstellungen im R/3 System

- **Workflow-Customizing**
  Diese Funktionen zur Konsistenzprüfung und zum Auto-Customizing ist im Bereichsmenü *SAP Business Workflow (Entwicklung)* über

  Hilfsmittel ⇨ Konsistenzprüfung ⇨ Customizing

  in der Aktivität *Standardeinstellungen für SAP Business Workflow* zu pflegen.
- **Auto-Customizing**
  Um das Customizing für den SAP Business Workflow so einfach wie möglich zu halten, wurde das „Auto-Customizing" entwickelt. Auf einen Knopfdruck werden mit dieser Funktionalität alle erforderlichen Customizing-Aktivitäten vorgehalten, die die **technischen Grundeinstellungen** betreffen.
- **System-Administration überprüfen**
  Das R/3-System muss so konfiguriert werden, dass Internet-Mails verschickt und empfangen werden können.
- **Formular mit Visual Basic erstellen**
  Sie haben ein Formular mit Hilfe der Entwicklungsumgebung der Formularanwendung Visual Basic entworfen. Sie haben damit die gewünschten Felder (Formularsteuerelemente) auf dem Formular platziert und benannt. Das Ergebnis dieses Schrittes ist ein Visual Basic Projekt.
- **Mit SAPforms Designer das Formular definieren**
  Der SAPforms Designer fügt einige Programmzeilen in das Formular ein, die die Datenfluss-Definition zur Laufzeit auswerten und die Kommunikation mit dem R/3-System durchführen:

- In **einfacheren Fällen**, wenn der generierte Code korrekt ist, braucht man sich um diese Objekte nicht zu kümmern.
- Bei **komplexeren Formularen** müssen u. U. mit zusätzlichem Code diese Objekte bearbeitet werden. Das kann z. B. vorkommen, wenn Steuerelementtypen im Formular verwendet werden, die nicht von SAP*forms* unterstützt werden oder wenn die Abbildung zwischen Formular- und Datenfeldern nicht im Verhältnis 1:1 ist.

2.8.3 Bearbeiten von Workitems durch Formulare

Ein Formular besitzt mehrere Elemente, die sowohl als Import und Export gekennzeichnet sein können. Diese Elemente in einem Formular (Container) können wiederum als Workitems ausgeführt werden.

„**Ausführen des Workitems**" bedeutet hier,

- dass die **Exportelemente** aus dem Container dieser Aufgabe im Formular bearbeitet werden können;
- dass die **Importelemente** des Aufgaben-Containers angezeigt werden.

Ein Container-Element, das sowohl als Import- wie als Exportelement gekennzeichnet ist, wird mit seinem Wert in einem eingabebereiten Feld angezeigt.

Der Container der Formularaufgabe bzw. der Web-Formularaufgabe muss immer noch um die Elemente erweitert werden, die auf dem Formular angezeigt bzw. bearbeitet werden sollen. Es sind nur Elemente mit Feldreferenz, nicht mit Objektreferenz zulässig. Darüber hinaus können in Verbindung mit Web-Formularen nur einzeilige Container-Elemente verwendet werden.

Ausführen von Funktionsbausteine

Das Ausführen von Funktionsbausteinen lässt sich nur durch elektronische Formulare realisieren. Daher muss bei der Erstellung eines Formulars der Ablauf eines elektronischen Formulars beachtet werden, dies gilt auch für die Systemeinstellung.

Es können beliebige RFC-fähige Funktionsbausteine im R/3-System über Formulare aufgerufen werden. Genauso wie beim Arbeiten mit dem Workflow-Container, kann ein Datenfluss zwischen Formularfeldern und Parametern der Schnittstelle des Funktionsbausteins definiert werden.

Wenn das Formular abgesendet wird, werden die Importparameter des Funktionsbausteins mit den Formularfeldern gefüllt. Der Funktionsbaustein wird synchron ausgeführt. Die Exportparameter werden in den entsprechenden Formularfeldern angezeigt.

2.8.4 SAP*forms* Designer

Um den Umgang mit Formularen zu gewährleisten, müssen zuerst Formulare erstellt werden. Dazu eignet sich insbesondere der „***SAPforms Designer***".

Definition

Der *SAPforms Designer* ist ein generisches Werkzeug, um elektronische Formulare so zu bearbeiten, dass sie mit der SAP-Umgebung kommunizieren können. Es handelt sich hier also um ein Werkzeug das elektronische Formulare erstellt. Bei *Web-Formularen* sollte man das ***SAP@Web Studio*** verwenden.

Durch die Bearbeitung eines Formulars, das zuvor mit Visual Basic erstellt wurde, durch den SAPforms Designer kann das Formular mit dem R/3-System kommunizieren.

Der Designer erhält einerseits die Formularinformationen und holt andererseits die Informationen über die SAP-Datenstruktur aus dem R/3-System. Der *SAPforms Designer* ermöglicht die Definition des Datenflusses zwischen den Steuerelementen auf einem elektronischen Formular und den Elementen einer bestimmten Schnittstelle im R/3-System. Die entstandene Datenfluss-Definition wird im Formular unsichtbar gespeichert.

Bei der Ausführung des Formulars werden gemäß dieser Datenfluss-Definition die Elemente der Schnittstelle durch die Steuerelemente des Formulars angezeigt oder geändert. Der *SAPforms Designer* fügt außerdem einige wenige Programmzeilen in das Formular ein, die die Datenfluss-Definition zur Laufzeit auswerten und die Kommunikation mit dem R/3-System durchführen, also um das Formular mit R/3-Daten zu füllen und umgekehrt. Diese Programmzeilen rufen Methoden von OLE-Automationsobjekten auf, die Bestandteil von *SAPforms* sind.

Der *SAPforms Designer* wird meist verwendet, wenn ein Formular mit Visual Basic erstellt wird. Deshalb soll der *Designer* als Add-In in Visual Basic integriert sein.

Der *Designer* wird als Add-In von Visual Basic gestartet, indem zunächst ein Formular in der Visual Basic-Entwicklungsumgebung geöffnet und dann

Add-Ins ⇨ SAPforms ⇨ Designer

gewählt werden.

Danach erscheint das Hauptfenster des *Designers*. Der *SAPforms Designer* kann aber auch als eigenständige Applikation aufgerufen werden, indem das Programm WDFR3FS.EXE vom Desktop aus gestartet wird. Dieser Weg funktioniert bei allen Formulartypen, auch bei solchen Formulartypen, deren Entwicklungsumgebung keinen Add-In-Mechanismus unterstützt.

2.8.5 Erzeugen eines IDocs (Intermediate Documents)

Mit dem *SAPforms Designer* können Formulare erstellt werden, um ein SAP Intermediate Document (IDoc) zu erzeugen und die entsprechende IDoc-Eingangsverarbeitung durchzuführen.

Definition eines IDocs

IDocs sind komplexe hierarchische Datenstrukturen. Ein *IDoc-Typ* (= Beschreibung eines IDocs) umfasst i. d. R. mehrere *Segmenttypen*, die hierarchisch angeordnet sind.

Segmenttypen

IDocs sind Instanzen (oder Ausprägungen) eines IDoc-Typs, dessen Segmentfelder mit Werten gefüllt sind. Dabei können Segmente eines Segmenttyps auch mehrfach in einem IDoc vorkommen.

In den meisten Fällen ist ein IDoc mit einer korrespondierenden Eingangsverarbeitung verbunden, die Business-Objekte aus dem IDoc erzeugt. Durch eine entsprechende Konfiguration im R/3 kann auch festgelegt werden, dass ein eingehendes IDoc eine Aufgabe startet.

Als Beispiel sei hier ein Auftrag genannt. Ein Auftrag besitzt z. B. mehrere Adressen (Lieferadresse und Rechnungsadresse). Wird ein Auftrag ausgefüllt und abgeschickt, so wird eine Bestellung aufgegeben.

Erläuterung der Begriffe:

- **IDocs-Typ**: Beschreibung des Dokuments z. B. Aufbau eines Auftragsformulars
- **IDocs** (Instanz): Ein ausgefülltes Objekt, z. B. ein ausgefülltes Auftragsformular (wird dann zum Auftrag und leitet somit die Bestellung ein)
- **Segmenttypen**: Beinhalten Segmentfelder, z. B. Adressenfelder

Erstellt man mit Hilfe von Visual Basic ein Formular und belegt dieses mit den gewünschten Feldern bzw. Formularsteuerelementen, dann resultiert daraus ein Visual Basic Projekt.

Über diese Formularfelder werden die Segmentfelder des IDocs gefüllt. Das IDocs wird an das R/3-System geschickt und durchläuft dort die vorgesehene Eingangsverarbeitung.

In der Regel werden nicht alle Segmentfelder unmittelbar aus den Eingaben in den Formularfeldern gefüllt. Ein Großteil der Segmentfelder wird im Hintergrund mit Initialwerten gefüllt. Dazu ist eine entsprechende Erweiterung im Coding des Elektronischen Formulars erforderlich.

3 Optische Archivierung

Die Situation in unserer Arbeitswelt ist heutzutage maßgeblich gekennzeichnet vom Streben nach immer größerer Effizienz, höherer Produktivität und schnellerem Agieren auf internationalen Märkten. Bei betrieblichen Entscheidungsprozessen bestimmt die Geschwindigkeit hauptsächlich den Erfolg eines Unternehmens, nicht die Größe. Die optische Archivierung sämtlicher Business-Dokumente eines Unternehmens kann die Geschäftsprozesse hierbei erheblich steigern. Optimal ist die kombinierte Lösung von Business Workflow und digitalem Archivierungsprogramm, da auf alle Informationen schneller und deshalb effizienter Zugriff besteht.

Heutzutage werden Unternehmen mit ständig wachsenden Daten- und Dokumentenmengen konfrontiert, die für ihre Geschäftsprozesse von entscheidender Bedeutung sind. Die Business-Dokumente sind längst nicht mehr nur eingescannte Papier-Unterlagen, sie können in verschiedensten Formaten vorliegen und reichen von E-mail, Fax, Grafiken, Bildern, Web-Seiten, Textverarbeitungs-Dokumenten sowie Tabellenkalkulationen über CAD-Zeichnungen bis zu Video- und Audioclips.

Abb. 3.1 Dokumenten-Management

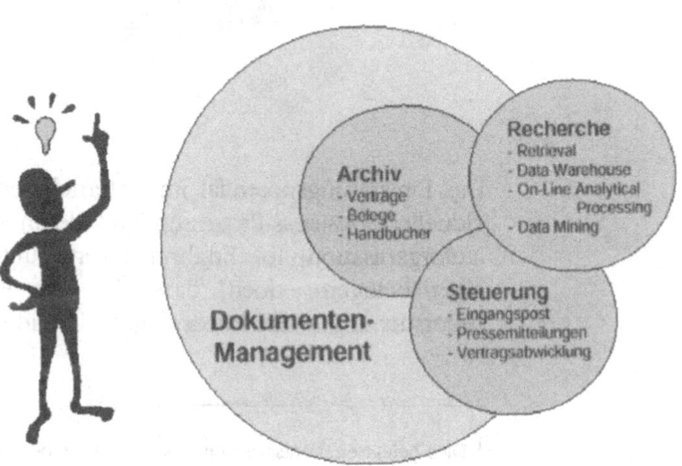

Mit der optischen Archivierung verfügen die Mitarbeiter eines Unternehmens direkt und standortunabhängig über alle relevanten Informationen und schaffen somit die Voraussetzung für Workflow-Lösungen von morgen. Die Produktivität eines Unternehmens kann dadurch drastisch gesteigert werden.

Gerade im Hinblick auf die Einbindung der optischen Archivierung in das R/3-System kann zusammenfassend von einer effektiven Produktivitätssteigerung und einer zeitgerechten, da beschleunigten Geschäftsentscheidung ausgegangen werden.

Elektronische Archivsysteme bergen ein immenses Rationalisierungspotential und somit effektive Einsparungsmöglichkeiten für den Betrieb in sich.

Einsparungspotential durch elektronische Archivierungssysteme:[1]

- 10 – 75 % Steigerung der Produktivität
- 10 – 35 % Reduzierung des Sachbearbeitungspersonals
- 50 – 90 % Reduzierung der Bearbeitungszeit

Abb. 3.2 Steigender Informationsbedarf

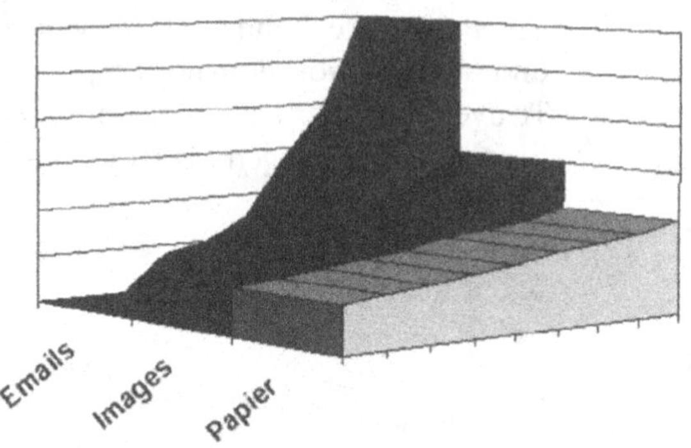

Das Einsparungspotential im Unternehmen hängt von den individuellen Business-Prozessen und deren Integration in die Ablauforganisation ab. Erfahrungswerte unterschiedlichster Branchen belegen jedoch, dass sich die Ergebnisse der AWV-Untersuchung in der Praxis allgemein widerspiegeln.

[1] Dies belegt eine entsprechende Studie des Arbeitsverbandes für wirtschaftliche Verwaltung, bei der die Kennzahlen ermittelt wurden.

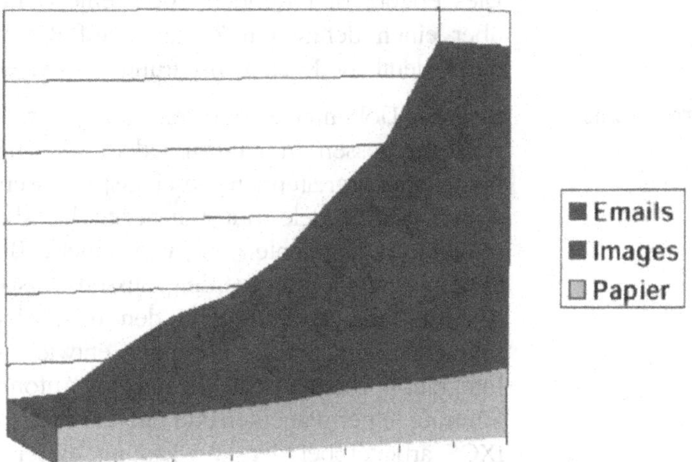

Abb. 3.3 Einsparungspotentiale

Internet und Intranet entwickeln sich zu Standardmethoden für die Verteilung von und den Zugang zu Informationen innerhalb von Unternehmen und über Unternehmensgrenzen hinaus. Dies führt zu einer zunehmenden Vernetzung von Anwendern wie Mitarbeitern, Kunden, Lieferanten und Geschäftspartnern, die einen verbesserten weltweiten Zugriff der Business-Dokumente benötigen.

Damit verbindet die optische Archivierung Business-Dokumente und externe Daten mit dem System R/3 und versorgt somit die Mitarbeiter mit den erforderlichen Informationen, um die Produktivität zu steigern und fundierte Geschäftsentscheidungen zeitgerecht zu ermöglichen.

3.1 Grundlage von R/3

Die optische Archivierung wurde speziell für die nahtlose Integration von Business-Dokumenten in die SAP-Geschäftsprozesse entwickelt. R/3-Systeme werden typischerweise in einem stufenweisen Prozess implementiert. Oft wird ein bestehendes Altsystem parallel zum R/3-System betrieben oder das Altsystem wird im Rahmen einer Migrationstrategie durch das R/3-System ersetzt.

Das sog. **DocuLink** der IXOS AG ist ein **Add-In-Modul** zu der optischen Archivierung, das die Kunden beim Übergang vom bestehenden System zu R/3 unterstützt. DocuLink macht Daten und Dokumente des Altsystems innerhalb von R/3 zugänglich. Diese Business Dokumente stehen auch nach einem möglichen Abschalten des Altsystems vollständig zur Verfügung.

Dies erlaubt den Kunden, Altsysteme ohne Informationsverlust über einen definierten Zeitraum auf R/3 umzustellen und dadurch deutliche Kosteneinsparungen zu erreichen.

Branchenlösung

Business-Dokumente sind ein integraler Bestandteil von Geschäftsprozessen in nahezu jedem Industriezweig. Neben den branchenübergreifenden Geschäftsprozessen wie dem Personalwesen gibt es viele industriespezifische Abläufe und damit verbundene Dokumente, die von einem Business-Dokumenten-System berücksichtig werden müssen. Ausgehend von der langjährigen Projekterfahrung in den unterschiedlichsten Industriesegmenten sind hierfür Lösungen entwickelt worden, bspw. die Integration von EDI Nachrichten im Automobilbereich oder die Führung einer Patientenakte im Gesundheitswesen. Die Firma IXOS arbeitet bei der Entwicklung dieser industriespezifischen Lösungen eng mit den branchenorientierten Geschäftseinheiten der SAP (IBU) zusammen und ist als strategischer Softwarepartner teil der SAP Solution Maps.

Leistungsfähigkeit

Die Server Komponente der Fa. IXOS AG, München, **IXOS-ARCHIVE** (s. Kap. 3.5) gewährt unmittelbaren Zugang zu häufig genutzten Dokumenten, auf die routinemäßig als Teil eines Geschäftsprozesses zugegriffen wird. Sie enthält anspruchsvolle Caching- und intelligente Pre-Fetching-Mechanismen, die für einen schnellen Zugriff auf Business-Dokumente sorgen.

Jedes Dokument, das von der optischen Archivierung verwaltet wird, ist über eine weltweit eindeutige Index-Information gekennzeichnet. Dokumente können so eindeutig innerhalb des Unternehmens bereitgestellt werden und bleiben es bspw. auch nach einem Firmenzusammenschluss.

Die Speicherverwaltung koordiniert die Speicherung und das Wiederauffinden von Business-Dokumenten auf CD oder WORM-Jukeboxen oder Magnetplatten.

Das Tool der optischen Archivierung von IXOS unterstützt die von führenden Herstellern produzierten Jukeboxen und verfügt außerdem über intelligente Caching-Mechanismen, um Dokumentenzugriffszeiten weiter zu reduzieren. Optische Jukeboxen ermöglichen es das Dokumentenaufkommen größter Unternehmen sicher und schnell zu verwalten.

Die Verwaltungs- und Überwachungs-Komponente gestattet es dem Systemadministrator, alle kritischen Prozesse des Business-Dokumenten-Systems von einem einzigen Ort aus zu überwachen. Diese Software läuft unter jedem Betriebssystem, welches die Java Virtual Machine unterstützt.

Das Business-Dokumenten-System der Firma IXOS unterstützt die R/3-Geschäftsprozesse und wird dadurch Teil des „Mission Critical" Systems. Das Tool bietet verschiedenste Ausfallsicherheitsmechanismen, die sicherstellen, dass von allen Business-Dokumenten regelmäßig Sicherungskopien erstellt werden und im Falle eines Serverausfalls mit minimalen Unterbrechungen wiederhergestellt werden können. Das Hochverfügbarkeitskonzept reicht vom einfachen Medien-Backup bis hin zu fehlertoleranten automatischen Fail-Over Szenarien.

3.2 Archivierung von geschäftlichen Daten

Geschäftsdaten, wie z. B. Rechnungen, Aufträge oder sonstige Belege, müssen nach Gesetz eine bestimmte Zeit aufbewahrt werden. Dies ist im Handelsgesetzbuch (HGB) und in der Abgabenordnung (AO) so geregelt.

Gesetzliche Archivierungspflicht

Dabei gilt die **Aufbewahrungsfrist von 10 Jahre** für Handelsbücher und Jahresabschlüsse und für Buchungsbelege aller Art.

Neben diesen gesetzlichen Bestimmungen ist es aber auch aus anderen Gründen für ein Unternehmen nötig und sinnvoll, Belege und andere schriftliche Unterlagen aufzubewahren.

Archivierung fürs Rechnungswesen

Ohne archivierte Daten würde z. B. kein geregeltes Rechnungswesen möglich sein; denn zur Erstellung von Bilanz und Jahresabschluss müssen alle Buchungsbelege einer Rechnungsperiode verfügbar sein.

Freiwillige Archivierung

Darüber hinaus kann auch die betriebliche Statistik, die z. B. die geschäftliche Entwicklung über einen längeren Zeitraum mitverfolgen muss, nicht ohne archivierte Daten vergangener Jahre auskommen.

Schließlich sind Buchungsbelege oder andere Unterlagen wichtige **juristische Beweismittel**, wenn es z. B. nach einer Reklamation eines Kunden zu einem Prozess kommt und das Unternehmen den Geschäftsvorgang offen legen muss.

Früher wurden geschäftliche Daten vorwiegend in **Papierarchiven**, d. h. in Aktenordnern oder Mappen und teilweise auch in **Mikrofilmarchiven** aufbewahrt. Dies hatte zur Folge, dass sich über die Jahre das Archiv immer mehr ausdehnte und einen beträchtlichen Platz beanspruchte.

Ein weiterer **Nachteil der Papierarchive** war die schlechte Verfügbarkeit der Daten. Es war nur mit großem zeitlichen Aufwand möglich, einen bestimmten Beleg aus einer früheren Rechnungsperiode wiederzufinden.

Heutzutage gehen die Unternehmen immer mehr zur Archivierung in **elektronischen Archiven** über. Dies können entweder magnetische Speichermedien, wie z. B. Festplatten oder Streamer sein, oder man benutzt optische Speichermedien, wie z. B. CD-ROM oder MO-Platten.

Workflow-Konzept

Dies führt zu einer Einbindung der Archivierung in das Konzept des Workflows, also der Optimierung von Geschäftsprozessen durch EDV-gestützte Systeme, denn durch die elektronische Archivierung ist ebenso eine elektronische Bearbeitung, Weiterleitung und Ausgabe der Dokumente möglich.

Optische Speicher

Optische Speicher sind **digitale Massenspeicher** (siehe Abb. 3.4), die beim Lesen und Schreiben von einem Laserstrahl abgetastet werden. Anders als bei magnetischen Speichermedien erfolgt der Schreib-/Lesevorgang also berührungsfrei.

Abb. 3.4
Digitaler Massenspeicher

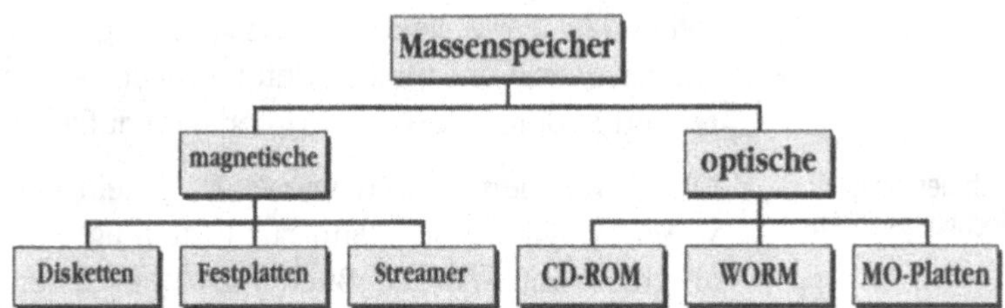

Vorteile von optischen Speichermedien

Optische Speicher haben gegenüber Papierarchiven und auch magnetischen Speichermedien folgende wichtige Vorteile:

- die Archivierung ist sehr kostengünstig;
- es sind in Zukunft bedeutend höhere Speicherkapazitäten möglich, während bei magnetischem Speichern die Kapazitätsgrenze bald erreicht sein dürfte;
- optische Datenträger sind unempfindlich (die Beständigkeit der Daten wird auf bis zu 50 Jahren geschätzt, während nach neueren Untersuchungen die Beständigkeit auf magnetischen Speichern lediglich bei 10-15 Jahren liegt).

Nachteile optischer Speicher

Auf der anderen Seite gibt es aber auch gewisse Nachteile, so z. B. die hohen Kosten, die durch die sehr aufwendige Technik der optischen Speicher verursacht werden. Besonders mittelständische Unternehmen werden es sich gründlich überlegen, ob der Übergang zur optischen Archivierung überhaupt wirtschaftlich und rentabel ist.

3.3 Schnittstelle ArchiveLink

ArchiveLink ist Bestandteil des Systems R/3 und stellt eine Schnittstelle zwischen R/3 und optischen Archivsystemen dar. Der Begriff „Archivsystem" umfasst den Archivserver, das Scan-System und das optische Speichermedium.

ArchiveLink sorgt dafür, dass der Datenaustausch zwischen den R/3-Anwendungen und dem optischen Archivsystem reibungslos abläuft. ArchiveLink bietet sowohl dem R/3-Anwender als auch dem Hersteller von optischen Archivsystemen viele Vorteile.

Einheitliche Konfiguration und Bedienung

Der Anwender steuert die Archivierung und die Anzeige bereits archivierter Daten komplett von seiner jeweiligen R/3-Anwendung, z. B. FI oder SD. Somit besitzt ArchiveLink keine eigene Oberfläche und passt sich der R/3-Oberfläche nahtlos an. Dadurch ist die Konfiguration und Bedienung für den Anwender einheitlich.

Abb. 3.5 Kommunikationsschnittstelle ArchiveLink

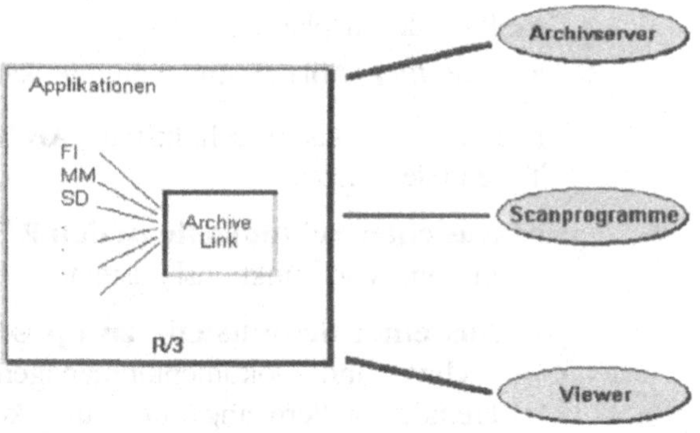

Anpassung erfolgt durch ArchiveLink

Für den Hersteller von Archivsystemen besitzt ArchiveLink den Vorteil, dass das Archivsystem nicht speziell auf R/3 zugeschnitten sein muss. Der Hersteller kann also ein beliebiges, marktübliches Archivsystem anbieten, und die Anpassung ans R/3-System wird komplett von ArchiveLink übernommen.

Einbindung von ArchiveLink in R/3

ArchiveLink ist vollständig ins R/3-System eingebunden und stellt die Verbindung her zwischen Archivserver, Scan-System, optischer Platte und weiteren Bestandteilen des Archiv-Systems (siehe Abb. 3.6).

Abb. 3.6
Systemarchitektur

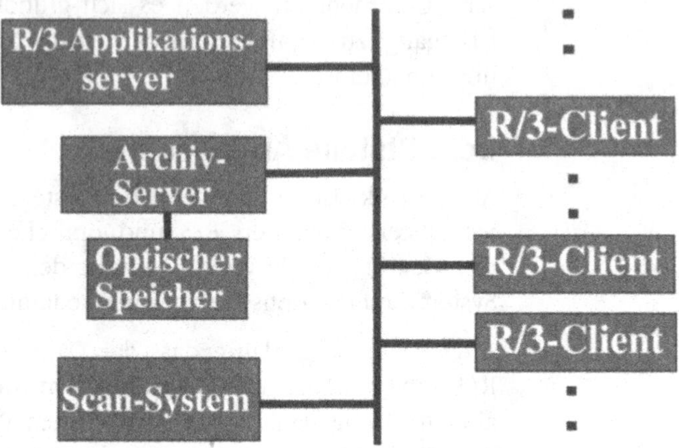

Unterstützung durch die meisten R/3-Module

Die Archivierung von Daten über ArchiveLink wird durch die folgenden Module des R/3-Systems unterstützt:

- Finanzbuchhaltung (FI)
- Vertrieb (SD)
- Personalwirtschaft (HR)
- Materialwirtschaft (MM)
- Produktionsplanung (PP)
- SAP*office* (Ablage- und Kommunikationssystem in R/3)

Die Kommunikationsschnittstelle **ArchiveLink** besteht aus drei Teilen (siehe Abb. 3.5):

- **Aus einer Schnittstelle zu den R/3-Anwendungen:** Dies ist in Form von Funktionsbausteinen (APIs) realisiert.
- **Aus einer Schnittstelle zu optischen Archiven:** Optische Archive und Dokumentenmanagementsysteme werden von Fremdherstellern angeboten und können über diese Schnittstelle angebunden werden. Die Archivanbieter müssen ihre Systeme allerdings von SAP zertifizieren lassen. Die Schnittstelle erlaubt den Anschluss von Dokumentview- bzw. Scanprogrammen und den eigentlichen Archivservern. Die ersten beiden Komponenten können auch über eine OLE-Automation angeschlossen werden, womit der Trend zur Anlehnung an Industriestandards zu erkennen ist.
- **Aus einer Benutzeroberfläche:** Sie ermöglicht eine einheitliche Bedienung beim Ablegen, Anzeigen, Löschen, Weiterbearbeiten usw. der archivierten Objekte.

3.4 Datenarchivierung

R/3 teilt die Dokumente, die archiviert werden, in zwei Hauptgruppen ein, in „NCI-Dokumente" und „CI-Dokumente".

Archivierung von eingescannten Belegen

„NCI" steht für **„Non Coded Information"** und meint Papierbelege wie Rechnungen oder Aufträge, die eingescannt und anschließend im optischen Speicher abgelegt werden.

Diese Dokumente liegen daher als Bitmaps vor und enthalten keine feste Struktur. Daher lassen sie sich auch nicht elektronisch weiterverarbeiten. Lediglich die Anzeige und Ausgabe ist hier möglich.

Archivierung von im Rechner erzeugten Daten

„CI" steht für **„Coded Information"** und steht für im System erzeugte Dokumente, wobei diese Daten entweder aus R/3 oder aus anderen Windows-Anwendungen stammen können. Diese Daten liegen daher strukturiert vor und lassen sich direkt weiterverarbeiten. Oft sind sie auch intern mit anderen, logisch zugehörigen Daten verknüpft. Dokumente aus anderen Windows-Anwendungen können entweder über OLE/DDE-Funktionen oder über die Zwischenablage ins R/3 übernommen und dann von dort aus archiviert werden.

Die Archivierung von Dokumenten kann **synchron** oder **asynchron** erfolgen.

Synchrone Archivierung

Synchrone Archivierung bedeutet, dass ArchiveLink wartet, bis der Archivierungsvorgang abgeschlossen ist und dann erst den Vorgang an R/3 übergibt. Auf diese Weise werden z. B. eingescannte Belege, also NCI-Dokumente, archiviert. Dabei ist die teilweise erhebliche Verzögerung, bis der Anwender weiterarbeiten kann, sehr nachteilig.

Asynchrone Archivierung

Bei der asynchronen Archivierung dagegen erteilt ArchiveLink dem Archivsystem den Auftrag zur Archivierung der Dokumente und übergibt dann sofort die Kontrolle wieder an R/3. Diese Art der Archivierung wird bei im Rechner erzeugten Dokumenten, also CI-Dokumenten, verwendet und hat den Vorteil, dass der Anwender sofort weiterarbeiten kann. Jedoch sind die Daten nicht sofort auf dem Archiv verfügbar.

Erfassung von Dokumenten

Mit Erfassung ist nicht nur das Einscannen der Dokumente gemeint, sondern der gesamte Vorgang vom Einscannen über die Verarbeitung der Daten durch ArchiveLink bis zur Ablage im optischen Speicher.

Das **Einscannen von Papierbelegen** erfolgt über ein externes Scan-System, das nicht Bestandteil von ArchiveLink ist. Beim gesamten Vorgang der Erfassung verursacht der Scan-Vorgang die höchsten Kosten. Außerdem ist das Einscannen eine wichtige und vertrauensvolle Aufgabe, da davon später die korrekte Weiterverarbeitung der Daten abhängt.

Beim Einscannen von Papierbelegen, wie z. B. Rechnungen, sind verschiedene Tätigkeiten durchzuführen:

- Vorbereitung des Dokuments (Sortieren nach Fachbereich und Papierformat, Entfernen von Klammern, Glätten des Papiers usw.).
- Dokumentenprüfung (Überprüfen, ob die Daten nach Auflösung, Kontrast und Helligkeit korrekt erfasst wurden).
- Korrektur/Nachbearbeitung bei fehlerhaftem Scan-Vorgang.
- Trennung der Dokumente in logisch zusammengehörende Einheiten, z. B. alle Belege, die zu einem Geschäftsvorgang gehören.

Dokumenttyp und -identifikation

Jedem erfassten Dokument wird von ArchiveLink ein bestimmter Typ zugewiesen, der dieses Dokument grob kennzeichnet.

Mögliche **Typen** sind z. B.:

- **„FAX"** (für Faksimile)
  (eingescannte Dokumente, die als Bitmaps vorliegen)
- **„OTF"** (für Output Text Format)
  (ausgehende Dokumente)
- **„ALF"**
  (z. B. in R/3 erzeugte Drucklisten)
- **„SAP*script*"**
  (mit der R/3-internen Textverarbeitung SAP*script* erzeugte Dokumente)

Der Dokumenttyp wird mit dem Dokument im Archiv abgelegt und bestimmt z. B. bei der erneuten Anzeige der Daten, welches Anzeigemodul gestartet wird und welche Operationen mit dem Dokument möglich sind (objektorientierte Methode).

DOC_ID zum Wiederfinden der Daten im Archiv

Mit Hilfe der **Dokumentenidentifikation (DOC_ID)** kann ein Dokument auf einfache Art und Weise im Archiv wiedergefunden werden. Sie besteht aus **Dokumentenkennung** und **Archivkennung**. Somit ist die Verteilung eines Dokumentes auf mehrere gleiche oder unterschiedliche Archive möglich.

Wird ein Dokument von einer R/3-Anwendung an eine andere übergeben, so werden nicht die Daten selbst, sondern nur die Dokumentenidentifikation übergeben, was die Übergabe erheblich beschleunigt und vereinfacht.

3.5 Das Produkt „IXOS-ARCHIVE“

Die optische Archivierung der Fa. IXOS AG, München, ist eine standardisierte Client/Server-Softwarelösung, die als Stand-Alone-Lösung (IXOS-Universal-Archive) oder als SAP R/3-Lösung (IXOS-ARCHIVE für R/3) erhältlich ist.

Das unternehmensweite Business-Dokumenten-System IXOS-ARCHIVE für R/3 sorgt für die vollständige Integration aller Arten von Dokumenten in die R/3-Geschäftsvorgänge. Es verwaltet unternehmensweit große Dokumenten- und Datenmengen und ermöglicht den globalen Zugriff sowohl für die eigenen Niederlassungen als auch für externe Geschäftspartner. Die optische Archivierung von IXOS wurde speziell für die nahtlose Integration von Business-Dokumenten in die SAP-Geschäftsprozesse entwickelt. Anwender von R/3 können mit Hilfe von IXOS-ARCHIVE den gesamten Geschäftsprozess und alle verbundenen Business-Dokumente an ihrem Computerarbeitsplatz einsehen.

IXOS-ARCHIVE wird weltweit durch 28 Vertriebs- und Kundendienstbüros und über ausgesuchte Geschäftspartner vertrieben und unterstützt. Die derzeit mehr als 1000 Kunden mit Standorten in über 20 Ländern decken ein weites Branchenspektrum ab, wie Technologie, Kommunikation, produzierendes Gewerbe, Automobil, Pharmazie, Konsumgüter und Finanzdienstleistungen. Zu den Kunden von IXOS zählen Braun, Mercedes-Benz Leasing, Siemens, Motorola, ABB u.v.a.

Die optische Archivierung von Business Dokumenten wird durch verschiedene Dienstleistungen wie Beratung, Training und individuelle Projektlösungen abgerundet.

Zusatzmodule

Durch Standardkomponenten und Zusatzmodule kann IXOS-ARCHIVE auf individuelle Anforderungen angepasst werden.

Einbindung von Altsystemen

Die optische Archivierung von IXOS ist unternehmensweit skalierbar, kann mehrere tausend Anwender unterstützen und täglich zehntausende von eingehenden Dokumenten speichern. Es ist außerdem die Übernahme von Daten aus Altsystemen (legacy systems) in das R/3-System möglich.

COLD-Datenarchivierung

Die COLD-Lösung geht weit über die Funktionalität marktüblicher COLD-Programme hinaus und ermöglicht auch den Zugriff auf Nicht-R/3-Massendaten wie:

- R/3-Drucklisten, optional mit Hyperlinks zu Originaldokumenten,
- R/3-Ausgangsbelege, wahlweise mit Formularüberlagerung,
- Fremddaten (z. B. R/2) optional mit Verknüpfung zu R/3-Objekten und Hyperlinks zum Originaldokument.

3.5.1 Systemübersicht von IXOS-ARCHIVE

IXOS-ARCHIVE ist ein elektronisches Archivierungssystem, das auf einer Client-Server-Architektur basiert. Das Archivierungssystem kann in einer UNIX-Umgebung, einer Windows-NT-Umgebung oder einer heterogenen Umgebung aus UNIX und Windows-NT arbeiten. Das Kernstück des Systems bildet der Archivserver, der die Archivierung und den Abruf von Dokumenten managt (siehe Abb. 3.7). Über einen zusätzlichen Server für optische Medien steuert er die WORM- und CD-Jukeboxen, auf denen sich die optischen Archivdatenträger befinden.

Abb. 3.7 Systemübersicht von IXOS-ARCHIVE

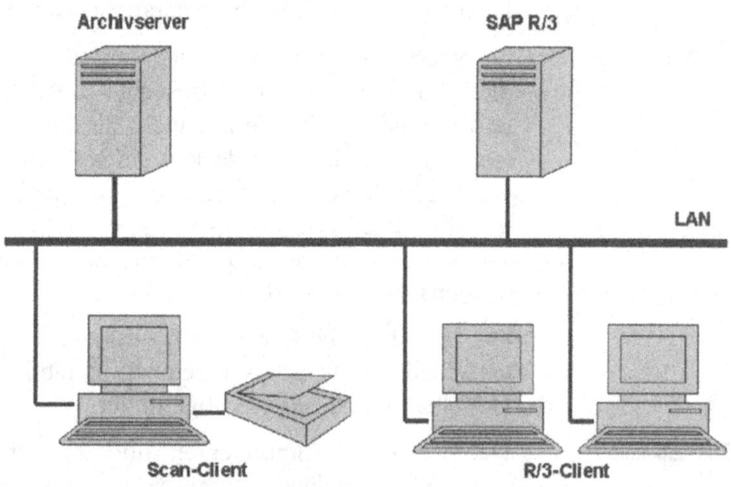

Installation von IXOS-ARCHIVE für R/3

IXOS-ARCHIVE ist ein optisches Archivierungssystem, das einen Archivserver und Archiv-Datenbank, WORM- oder CD-Jukeboxen und Scan-Clients zum Scannen von Dokumenten enthält. In R/3 kann IXOS-ARCHIVE sowohl gescannte Dokumente, als auch Dokumente, die von R/3 erstellt wurden, archivieren. Der Archivierungsvorgang kann vom Scan-Client oder von der R/3-

Anwendung aus initiiert werden. Die Komponenten zur Archivierung sind bei einer Client-Server-Konfiguration auf mehrere Rechner verteilt und werden sowohl von UNIX, wie auch Windows NT oder einer Kombination dieser Systeme unterstützt.

Abb. 3.8 Komponenten von IXOS-ARCHIVE

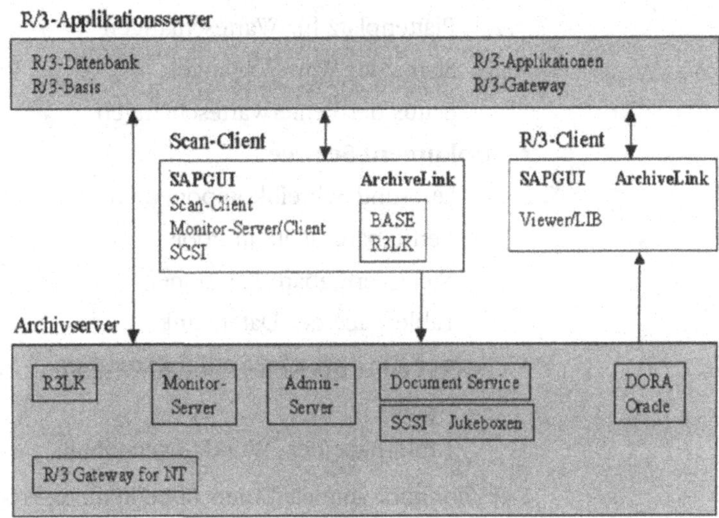

3.5.2 Komponenten von IXOS-ARCHIVE

Archivserver

Der Archivserver bildet den Hauptbestandteil von IXOS-ARCHIVE. Die einzelnen Komponenten decken alle Bereiche der Archivierungs-, Abruf- und Überwachungsfunktionen ab.

Abb. 3.9 Aufbau des Archivservers

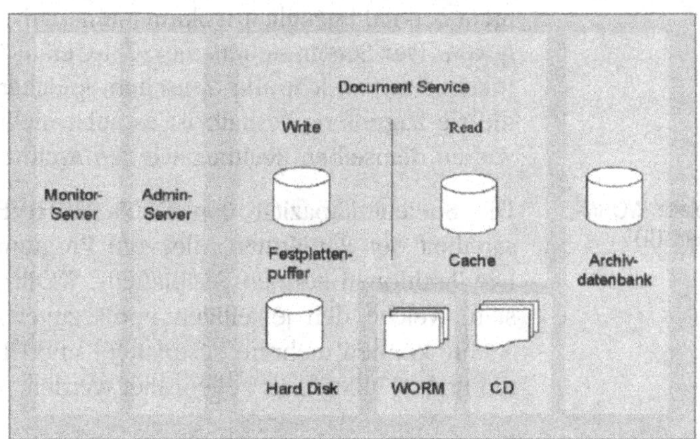

Monitor-Server

Der Monitor hilft beim Auffinden von Problemen in IXOS-ARCHIVE. Beim Booten des Systems wird der Monitor gestartet.

Es werden folgende **Komponenten** überwacht:

- **Document-Pipeline**
  - DocTools
  - Plattenplatz für Warteschlangen
  - Status der Warteschlangen
  - Status der Fehlerwarteschlangen
- **Dokument-Service**
  - Lese-und Schreibkomponenten
  - Verfügbarer Platz in Pools
  - Nicht verfügbare Partitionen
  - Tablespace der Datenbank
- **Server für optische Speichermedien**
  - Status
  - Tablespace der WORM-Datenbank

Der Monitor sammelt Daten über Remote Procedure Calls, SQL-Abfragen oder Betriebssystem-Aufrufe dieser Komponenten.

Administrations-Server

Beim Administrations-Server handelt es sich um die Komponente, die für die Administration des Archivsystems verantwortlich ist. Mit Hilfe des Administrations-Client ist die Konfiguration und Administration des Archivsystems über das Netzwerk möglich.

Server für CD- und WORM-Medien

Der Server für CD- und WORM-Medien ist verantwortlich für die optische Speicherung. Er nimmt die Anforderungen des Dokument-Service bezüglich Dokumentenarchivierung und -abruf entgegen. Der Server steuert die SCSI-Geräte (Einzellaufwerke oder Jukeboxen), welche die optischen Speicherplatten enthalten, auf die sie zugreifen. Deshalb ist es auch nicht notwendig, den Server auf demselben Rechner wie den Archivserver zu installieren.

Festplatte, WORM-Medium, CD

Die Speicherkapazität von IXOS-ARCHIVE entspricht der Gesamtheit der Partitionen, die vom Programm verwaltet werden. Die Partitionen können Festplatten-, WORM- oder CD-Partitionen sein, welche den jeweiligen Pools zugewiesen werden. Einem Archiv können mehrere Festplatten- und CD-Pools oder Festplatten und WORM-Pools zugeordnet werden.

Archiv-Datenbank

Als Datenbank für das Archiv können ORACLE-, INFORMIX- oder SQL-Server eingesetzt werden. Die Archiv-Datenbank enthält Informationen über:

- die archivierten Dokumente und deren Speicherort,
- die den Pools zugehörigen Partitionen, den verfügbaren Speicherplatz jeder Partition, Verfügbarkeit der Partitionen sowie den Zugriffspfad.

Alle Datenbankeinträge, die sich auf archivierte Dokumente beziehen, werden zusätzlich aufgezeichnet. Somit ist es möglich, das Archiv vollständig aus den Archivmedien zu rekonstruieren.

Dokument-Service

Alle Funktionen zum Archivieren und Abrufen von Dokumenten werden vom Dokument-Service gesteuert. Dabei erfolgt ein direkter Zugriff auf die jeweilige Festplatten-Partition. Für den Zugriff auf optische Partitionen kommuniziert der Dokument-Service mit dem Server für optische Speichermedien. Der Server regelt dann den Zugriff auf die entsprechenden WORM- oder CD-Jukeboxen.

Der Dokument-Service ist Bestandteil des Archivservers und führt den eigentlichen Archivierungsvorgang aus. Das zu archivierende Dokument erhält eine Dokument-ID und wird im Plattenpuffer oder auf eine Festplatten-Partition geschrieben, später erst wird es in das optische Archiv übertragen. Dazu muss der Dokument-Service auf demselben Rechner installiert sein wie der Administrations-Server. Weiter speichert der Dokument-Service den Speicherort und die Dokument-ID in der Archiv-Datenbank. Zum Abruf archivierter Dokumente benötigt der Dokument-Service nur die Dokument-ID.

Kommunikation mit dem Dokument-Service

Der **Dokument-Service** enthält:

1. **Lesekomponente**
   Sie stellt die angeforderten Dokumente zur Verfügung und verwaltet den Lese-Cache.
2. **Schreibkomponente**
   Sie weist die Dokument-ID zu, nimmt Dokumente für einen Archivierungs-Pool entgegen, speichert das Dokument auf der Festplatte und gibt Schreibanforderung für WORM- und CD-Medien aus.
3. **Dokument-Service-Document-Pipeline**
   Sie ist ausschließlich für die Funktionen des Dokument-Service zuständig.

Nachdem ein Dokument zum Archivieren vorbereitet worden ist, wird es an den Dokument-Service weitergegeben. Die Übertragung läuft immer gleich ab:

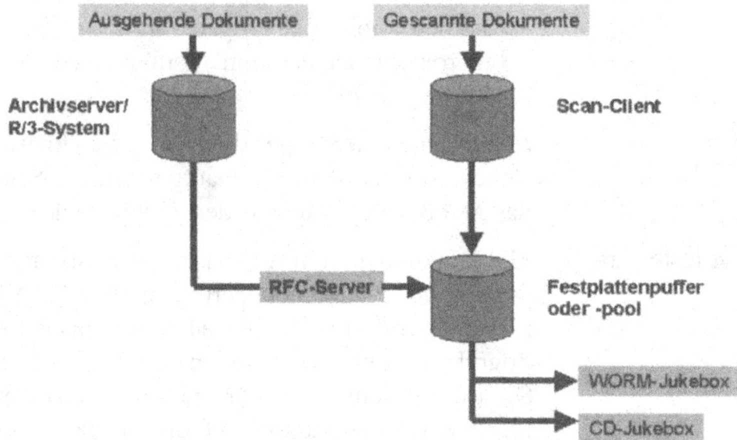

Abb. 3.10 Übertragung der Dokumente an den Dokument-Service

Unabhängig, um welche Art von Dokument es sich handelt:

- wird das Dokument mit Remote Procedure Calls (RPC) an den Dokument Service gesendet. Der RPC geht vom RFC-Server aus (für R/3-Drucklisten geht der RPC vom DocTool der Document-Pipeline aus);
- erhält der Dokument-Service Informationen darüber, welchem Pool die Dokument-Komponenten zugewiesen sind.

Wenn die Dokumente beim Dokument-Service eintreffen, werden sie bearbeitet. Die durchgeführten Schritte zur Archivierung eines Dokuments sind für alle Dokumenttypen gleich.

Monitor-Client

Beim Monitor-Client handelt es sich um die Anzeige-Komponente von IXOS-ARCHIVE. Die Anzahl der installierten Clients sollte jedoch begrenzt werden, damit es zu keiner Überlastung des Netzwerkes kommt. Der Monitor-Client erhält vom Monitor-Server regelmäßig Informationen über die überwachten Archiv-Komponenten.

Administrations-Client

Der Administrations-Client dient zur Verwaltung des Administrations-Servers. Verschiedene Konfigurationen sind dabei möglich:

- Installieren und Entfernen von Geräten,
- Hinzufügen und Entfernen von WORM- oder CD-Partitionen,
- Partitionen aktivieren oder deaktivieren,
- Partitionen einem Archiv-Pool zuweisen,

- Archiv-Pools definieren,
- Schreibvorgang auf CD- und WORM-Medien planen,
- Administration der Datensicherung.

Doc-Tools

Ein Doc-Tool führt einen einzelnen Arbeitsschritt mit allen Dokumenten aus, die ihm übergeben werden. Es gibt mehrere Doc-Tools, jedes davon hat eine festgelegte Aufgabe für die Archivierung der Dokumente. Die Gruppe der Doc-Tools, die zum Bearbeiten eines Documents erforderlich ist, ist je nach Dokumentenart unterschiedlich zusammengesetzt. Bspw. wird ein gescanntes Dokument anders bearbeitet als eine R/3-Druckliste. Welches Doc-Tool (siehe hierzu Tab. 3.1) erforderlich ist sowie die Reihenfolge für die Bearbeitung, legt die Document-Pipeline fest.

Tab. 3.1 Beschreibung einiger Doc-Tools

Doc-Tool	Funktion
Ixscan	Vergabe einer Dokument-ID und Übergabe eines Dokuments an den Document-Pipeline.
doctods	Übergabe des Dokuments an den Dokument-Service, Archivierung des Dokuments und Zuweisung der durch *ixscan* vergebenen Dokument-ID, Zugriff auf das Dokument von externen Geräten ist jetzt möglich.
Cfbx	Meldung an das R/3-System, dass das Dokument erfolgreich archiviert wurde, enthält Barcode-Informationen und die Dokument-ID.
Docrm	Löscht das Dokument aus der Document-Pipeline.

Document-Pipeline

Eine Document-Pipeline definiert eine Reihe von Doc-Tools, welche ein Dokument nacheinander bearbeiten. Dokumente zur Archivierung werden in die Document-Pipeline gestellt. Falls eine Störung eintritt, befinden sich die Dokumente immer in der Document-Pipeline und können nach der Störung weiterbearbeitet werden.

Für jede Art der Bearbeitung von Dokumenten gibt es eine Document-Pipeline für:

- Frühes Archivieren
- Spätes Archivieren mit Barcode
- Drucklisten aus R/3 (Drucklisten sind maschinenlesbar)
- Abruf von Dokumenten aus IXOS-ARCHIVE

Die Erstellung und Verwaltung der einzelnen Document-Pipelines erfolgt durch den Document-Pipeliner (siehe Abb. 3.11). Der Document-Pipeliner soll die Datenübertragung vom Scan-Client beschleunigen.

Abb. 3.11
Zusammenspiel von DocTools, Document-Pipeline und Document-Pipeliner

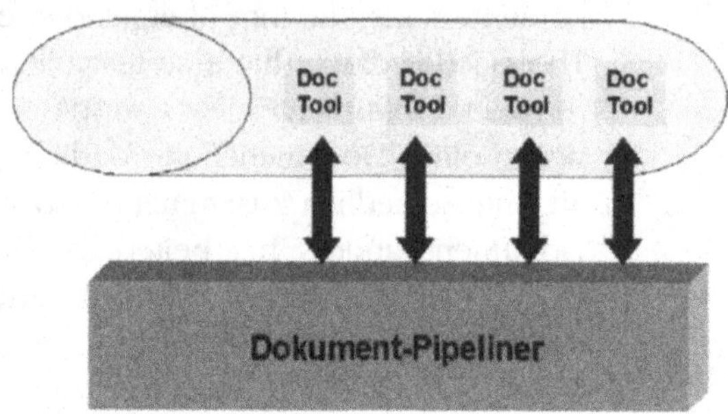

Dienstprogramm Document-Pipeline Info

Mit dem Dienstprogramm *Document-Pipeline Info* wird der Fortschritt einzelner Pipelines und deren Archivierungsprozesse, der Doc-Tools, überwacht. Im Fenster des Dienstprogramms *Document-Pipeline Info* kann man Prozesse anhalten, Pipelines leeren, neu starten und Jobs erneut übergeben.

Die Document-Pipeline Info ist ein Dienstprogramm, mit dem man einzelne Document-Pipeline überwachen sowie gegebenenfalls einzelne Doc-Tools sperren und wieder freigeben kann. Das Hauptfenster der Anwendung sieht geöffnet wie folgt aus:

Abb. 3.12
Document Pipeline Info-Programm

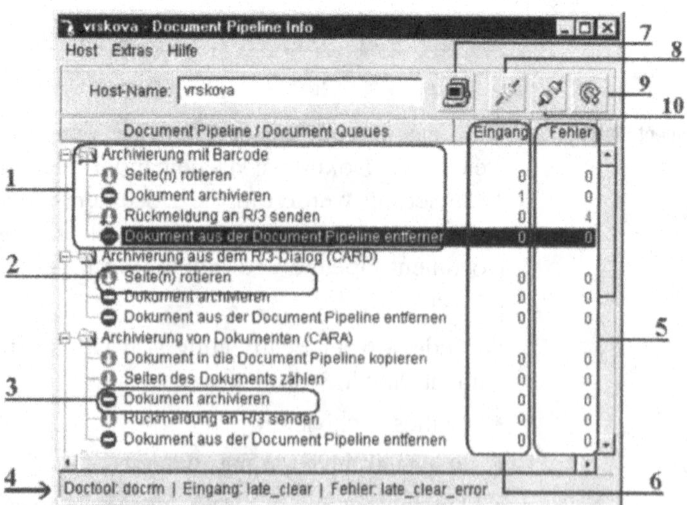

Im Folgenden werden die Details dieses Fensters beschrieben:

1. **Document-Pipeline mit Warteschlangen**
   Jede Document-Pipeline entspricht einer konkreten Verfahrensweise der Archivierung von Dokumenten, die in der Aufeinanderfolge der Doc-Tools zum Ausdruck kommt. Die Warteschlangen sind in der Document-Pipeline in der Reihenfolge angeordnet, in der die Dokumente durch die Warteschlangen laufen. Jeder Verarbeitungsschritt hat seine eigene Warteschlange.
2. **Freigegebene Warteschlange**
   Eine Warteschlange muss freigegeben sein, damit die Dokumente in ihr verarbeitet werden können. Die Warteschlangen enthalten die Dokumente, die auf die Verarbeitung durch das entsprechende Doc-Tool warten.
3. **Gesperrte Warteschlange**
   Wenn eine Warteschlange gesperrt ist, können die Dokumente in ihr nicht verarbeitet werden.
4. **Doc-Tool**
   Der technische Name des ausgewählten Doc-Tools wird hier angezeigt. Ein Doc-Tool ist ein Programm, das die Dokumente einer Warteschlange verarbeitet. Es kann mehreren Warteschlangen zugeordnet sein.
5. **Spalte Fehler**
   Zeigt an, wie viele Dokumente aufgrund irgendeines Fehlers nicht verarbeitet werden konnten.
6. **Spalte Eingang**
   Die Anzahl der Dokumente, die auf ihre Verarbeitung warten. Da die Verarbeitungszeiten normalerweise sehr kurz sind, fließen die Dokumente sehr schnell durch die Pipeline und diese Zahl ist in der Regel gleich Null.
7. **Schaltfläche Hosts**
   Hier klickt man, um das Dialogfeld Hosts anzuzeigen. Es enthält eine Liste von Hosts, mit denen die Document-Pipeline Info bereits verbunden war.
8. **Schaltfläche Verbinden**
   Hier klickt man, um die Anwendung Document Pipeline Info mit dem Host zu verbinden, der im Feld *Host-Name* angezeigt wird.

9. Schaltfläche Aktualisieren
Hier klickt man, um alle angezeigten Werte sofort zu aktualisieren. Automatisch wird die Statusanzeige in bestimmten Intervallen aktualisiert.

10. Schaltfläche Trennen
Hier klickt man, um die Verbindung zum Host zu beenden.

Vorteile von IXOS-ARCHIVE

Zusammengefasst sind folgende Vorteile von IXOS-ARCHIVE zu nennen:

- offene Client-Server-Architektur,
- Langzeit-Archivierung auf optischen Jukeboxen,
- sämtliche Business-Dokumente werden in den Workflow des R/3-Systems integriert,
- volle Unterstützung des SAP Business Workflow,
- Akzeptanz des Gesamtsystems erhöht sich,
- hohes Einsparungs- und Rationalisierungspotential,
- schnellerer Zugriff auf alle Daten und Dokumente, allerorts auch über das Internet,
- schnellere Entscheidungsprozesse aufgrund einheitlicher Informationsbasis,
- zusätzlicher Schulungsaufwand wird minimiert aufgrund einheitlicher Benutzeroberfläche,
- Anpassung an individuelle Anforderungen durch Standardkomponenten und Zusatzmodule (DocuLink und COLD-Datenarchivierung).

3.6 Erfassen und Archivieren mit IXOS-ARCHIVE

3.6.1 Aufgaben und Begriffe

Aufgaben

Im folgenden Kapitel wird die eigentliche Benutzerschnittstelle zum IXOS-ARCHIVE, der Scan-Client vorgestellt. Hierbei wird ein Überblick über die wichtigsten Aufgaben des Benutzers am Scan-Client gegeben und wichtige Begriffe rund um die Anwendung werden erklärt.

Die Benutzerschnittstelle im IXOS-ARCHIVE bildet der Scan-Client. Zu den Aufgaben im Scan-Client gehören:

Aufgaben im Scan-Client

- **Konfigurieren des Scan-Profils**
  Im IXOS-ARCHIVE können verschiede Scan-Profile angelegt und abgespeichert werden. Ein Scan-Profil beschreibt die Schritte, die beim Scannen eins Dokumentes durchlaufen werden. Dazu gehören u. a. die Auswahl des Erfassungsgerätes (z. B. Scanner), Datei-Import bzw. externe Ablage, Drehen, Filtern, Entfernen und Trennen von bestimmten Seiten, Zielort des Dokumentenstapels speichern.
- **Einscannen der Seiten oder Einlesen von Dateien**
  Hier werden die Seiten oder Dateien eingescannt oder aus externen Ablagen eingelesen und durchlaufen die im Scan-Profil festgelegten Schritte.
- **Zusammenfassen der Seiten zu Dokumenten**
  Hier werden die einzelnen Seiten zu Dokumenten zusammengefasst. Anschließend können sie indiziert werden oder, falls mit Barcodes gearbeitet wird, die mit Barcode versehene Seite als erste Seite des Dokumentes festgelegt werden.
- **Archivierung der Dokumente**
  Hier stehen drei Verfahren zur Auswahl: Archivieren mit Document-Pipeline, Archivieren direkt zum IXOS-ARCHIVE oder Weiterschicken zur externen Ablage (kein Archivieren).
- **Anzeigen der Dokumente**
  Das Anzeigen der Dokumente findet im IXOS-Viewer statt. Hier können neben der Qualitätsprüfung Kommentare angebracht werden, das Dokument gedruckt oder per E-Mail verschickt werden.

Zu den wichtigsten Begriffe rund um den Scan-Client zählen:

Wichtige Begriffe

- **Scannen**
  Damit ist nicht nur das Einscannen von Papierseiten gemeint, sondern ebenfalls das Importieren von unbehandelten TIFF-Dateien sowie das Einlesen bereits eingescannter und möglicherweise bearbeiteten Dokumenten aus externen Ablagen.
- **Dokument**
  Ein Dokument bildet eine Gruppe von Seiten, die zusammengefasst und mit einem Index versehen werden.
- **Gruppe**
  Dokumente mit gleichen Eigenschaften können zu Dokumentengruppen zusammengefasst werden.

- **Stapel**
  Die Dokumente und Dokumentengruppen werden durch ein Scan-Profil zu einem gemeinsamen Dokumentenstapel geleitet.

3.6.2 Konfiguration des Scan-Profils

Ein Scan-Profil beinhaltet die optimale Anpassung der Einstellungen an die Papierdokumente, die regelmäßig eingescannt werden. Diese Anpassung gemäß einer bestimmten Papierdokumentenart gewährleistet, dass ein optimales elektronisches Ergebnis erzielt wird. Danach muss lediglich das entsprechende Scan-Profil für den zu scannenden Dokumentenstapel ausgewählt werden. Auf diese Weise wird der Vorgang der Erfassung von Dokumenten, sei es durch Einscannen oder aus externen Ablagen, vollständig automatisiert und der jeweiligen Dokumentenart angepasst.

Die Konfiguration eines Scan-Profils findet im Dialog unter: *Extras ⇨ Scannen konfigurieren* statt.

Erfassungsgerät

Den ersten Schritt bildet das Auswählen eines Erfassungsgerätes. Hier wird die Quelle, von der aus Seiten eingescannt oder Dateien importiert werden sollen, festgelegt.

Abb. 3.13 Erfassungsgerät auswählen

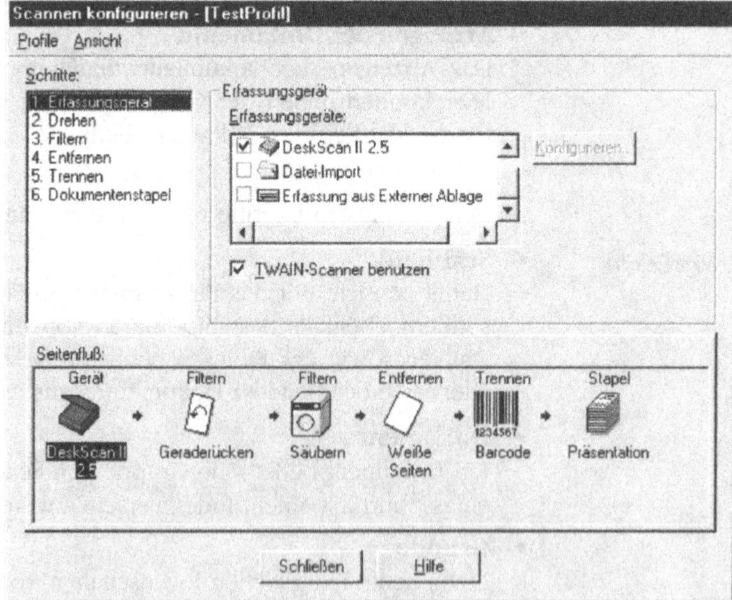

Zur Auswahl stehen:

- der/die installierten und mit dem Scan-Client verbundenen **Scanner**;
- **Datei-Import**;
  hier wird der Pfad des Verzeichnisses festgelegt, in dem sich die zu importierende TIFF-Dateien befinden. Es sind noch nicht bearbeitete elektronische Seiten, wie z. B. Telefaxe;
- **Erfassung aus externen Ablage**;
  hier können bereits registrierte externe Ablagen angezeigt und bearbeitet werden sowie neue Ablagen registriert werden. In externen Ablagen befinden sich bereits bearbeitete und indizierte Dokumente oder Dokumentengruppen, die im Zuge der Archivierung hierher weitergeleitet wurden.

Drehen

Manchmal kann es sinnvoll sein, die Seiten nach dem Einscannen zu drehen. Hier können die entsprechenden Einstellungen vorgenommen werden (vgl. Abb. 3.14):

Abb. 3.14
Seiten drehen

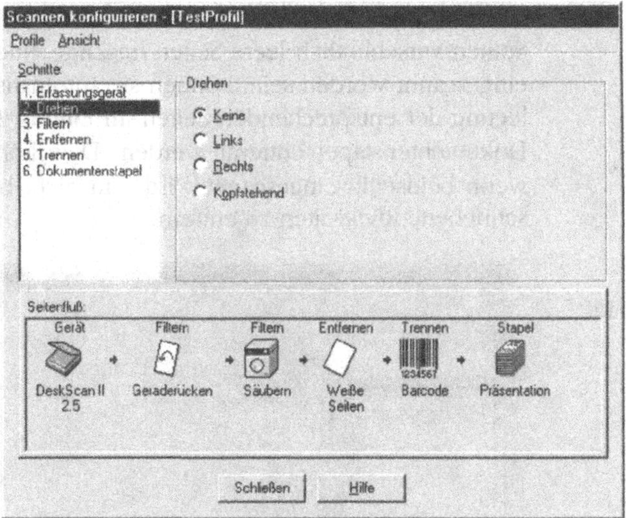

Filtern

Um die Qualität der eingescannten Seiten zu verbessern, können die folgenden zwei Optionen unter dem Eintrag **Filtern** ausgewählt werden:

- **Geraderücken**
  Hier können schief eingescannte Seiten wieder gerade gerückt werden.

- **Säubern**
  Hier werden einzelne schwarze oder weiße Pixel von der elektronischen Seite entfernt.

Abb. 3.15
Seiten filtern

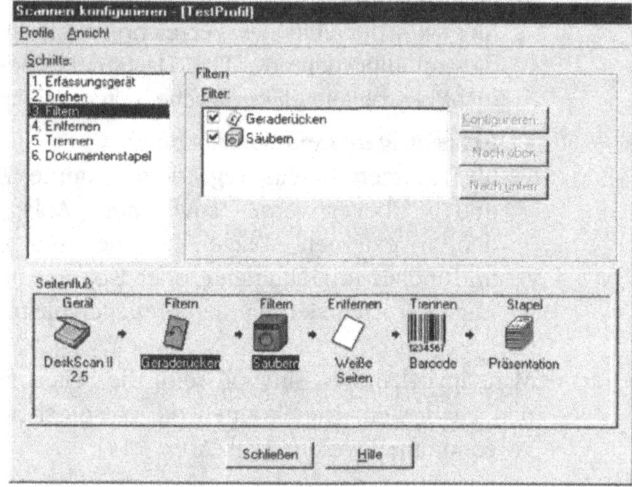

Entfernen

Sollten versehentlich leere Seiten im Zuge eines Massenscannens eingescannt worden sein, können sie automatisch durch die Festlegung der entsprechenden Seiten im Eintrag *Entfernen* aus dem Dokumentenstapel entfernt werden. Dies könnte nützlich sein, wenn beidseitig eingescannt wird, um nicht bedruckte oder beschriebene Rückseiten zu entfernen.

Abb. 3.16
Seiten entfernen

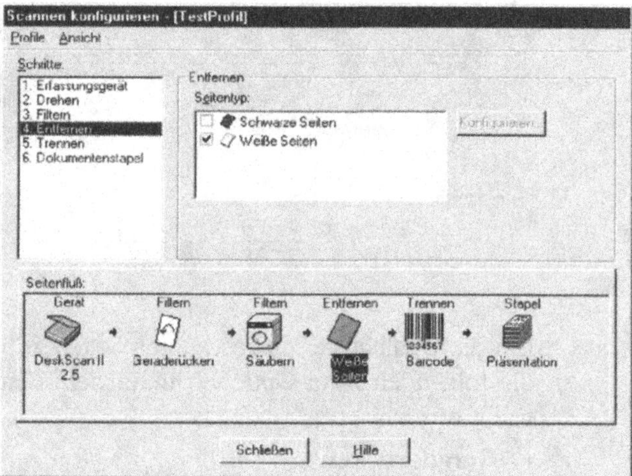

Trennen

Um beim Scannen eines größeren Stapels Papierdokumente das Ende eines Dokumentes und den Beginn des neuen zu kennzeichnen, können dem Stapel vor dem Scannen Trennseiten hinzugefügt werden. Diese werden vom System erkannt, sofern die entsprechenden Einstellungen unter dem Eintrag *Trennen* gemacht worden sind.

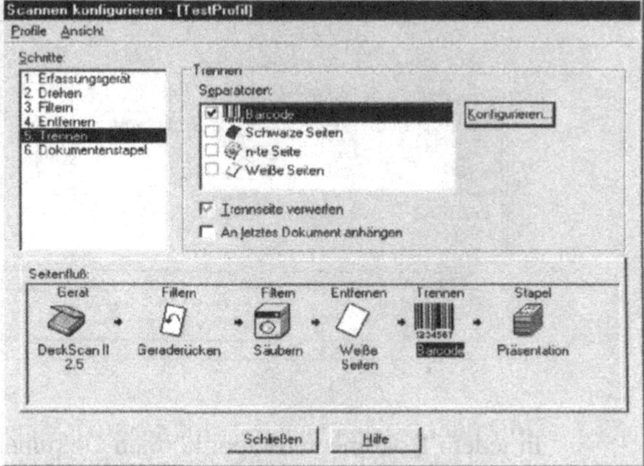

Abb. 3.17 Dokumente trennen

Die Trennseiten können auf folgende Arten gekennzeichnet werden:

- eine Seite mit Barcode kann als Trennseite festgelegt werden. Wie bereits erwähnt, werden bei der Verwendung von Barcodes die gekennzeichneten Seiten als erste Seite eines Dokumentes festgelegt;
- ebenso können alle schwarzen oder weißen Seiten als Trennseiten festgelegt werden;
- es besteht ebenfalls die Möglichkeit, jede n-te Seite als Trennseite zu wählen.

Dokumentenstapel

Unter dem Eintrag Dokumentenstapel werden vorhandene Dokumentenstapel angezeigt und können ausgewählt werden. Hier können ebenfalls neue Dokumentenstapel angelegt werden und die Eigenschaften vorhandener Stapel eingesehen und verändert werden.

Abb. 3.18
Dokumentenstapel festlegen

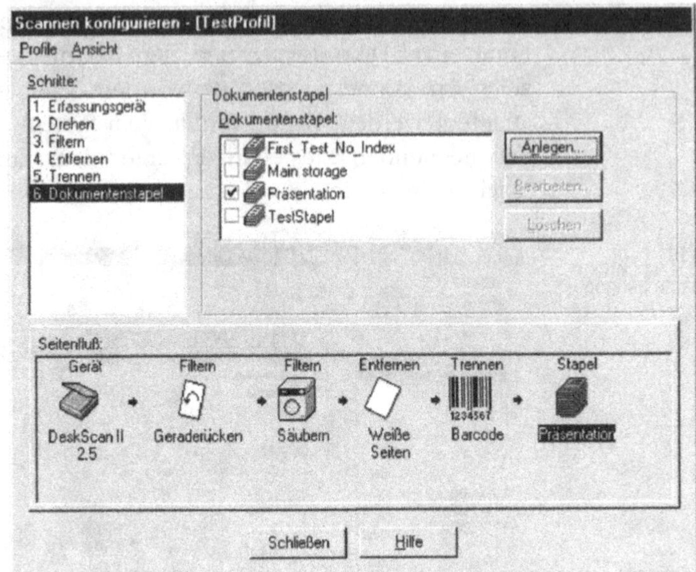

In jedem Dokumentenstapel können Dokumentengruppen angelegt, bearbeitet und gelöscht werden. Dazu muss unter den Eigenschaften des Stapels festgelegt werden, ob für diesen Dokumentenstapel Dokumentengruppen verwendet werden sollen. Wird der Eintrag gemacht, können neue Dokumentengruppen im Hauptmenü angelegt werden.

3.6.3 Scannen

Der eigentliche Vorgang des Scannens von Papierdokumenten, bzw. des Importierens von Dateien wird durch die oben beschriebene Festlegung von Scan-Profilen automatisiert und vereinfacht. Es fallen aber trotzdem Tätigkeiten an, die im Scan-Profil nicht festzulegen sind oder absichtlich nicht festgelegt werden, weil teilweise unterschiedliche Vorgehensweisen verlangt werden.

Aufbau des Scan-Clients

Den besten Überblick über die gesamte Arbeitsumgebung bekommt man mit der hierarchischen Ansicht. Die folgende Abb. 3.19 zeigt den Aufbau der Arbeitsumgebung eines IXOS-Scan-Clients.

Abb. 3.19
Hauptansicht

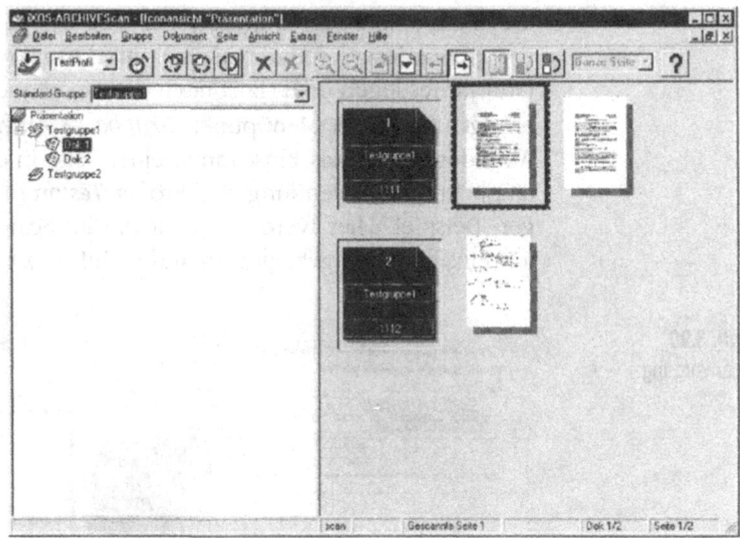

Die Hauptansicht gliedert sich in drei Teile:

1. **Menüleiste**: Von hier aus erfolgt der Zugriff auf alle Funktionen des Scan-Clients, sei es durch Menüeinträge oder aber durch Symbolschaltflächen. Hier kann man u. a. das gewünschte Scan-Profil auswählen, z. B. *TestProfil*.

2. Das linke Teilfenster beinhaltet die baumartige Verzeichnisstruktur eines **Dokumentenstapels**. Im Beispiel heißt der Dokumentenstapel *Präsentation*. Dieser enthält zwei Dokumentengruppen *Testgruppe1* und *Testgruppe2*, wobei *Testgruppe1* zwei Dokumente beinhaltet. Hier wird auch die gerade ausgewählte Standard-Dokumentengruppe angezeigt (*Testgruppe1*).

3. Im rechten Teilfenster sieht man die in der ausgewählten Gruppe beinhalteten **Dokumente**. Die blaue Seite stellt dabei das Symbolbild für ein Dokument dar mit der laufenden Nummer, dem Gruppennamen und dem Index oder Barcode. Anschließend folgen die in dem Dokument enthaltenen Seiten.

Seiten scannen

Alle Aufgaben, die mit dem Scannen bzw. Einlesen von Papierdokumenten und Dateien zusammenhängen, werden im Scan-Profil festgelegt und automatisch erledigt.

Will man jedoch ein Dokument in eine bestimmte Dokumentengruppe einlesen, muss man sie im Hauptfenster als Standard-Gruppe festlegen oder, falls noch nicht vorhanden, anlegen. Dies erfolgt unter dem Menüpunkt *Gruppe ⇨ Anlegen*. Die folgende Abbildung zeigt das Einscannen einer Seite in den Stapel Präsentation unter Verwendung des Profils *Testprofil* aus dem vorherigen Beispiel. Hier werden erneut die im Scan-Profil ausgewählten Einstellungen gezeigt (umrandete Infobox):

Abb. 3.20
Scanvorgang

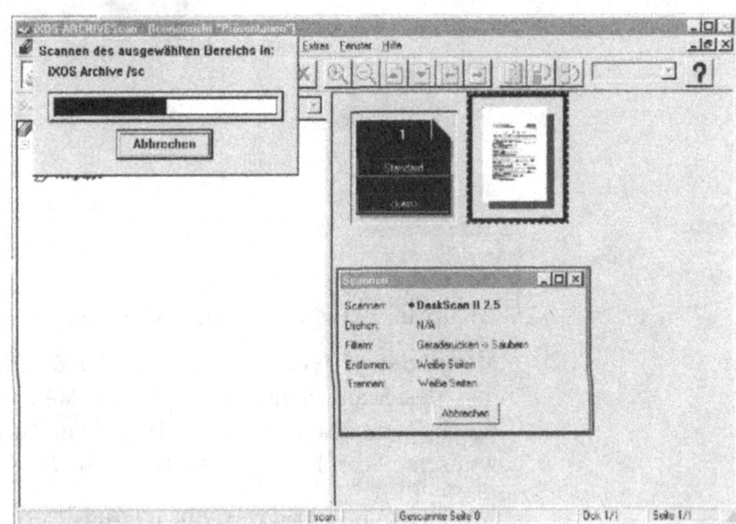

Seiten zu Dokumenten zusammenfassen

Falls nicht im Scan-Profil festgelegt, können eingescannte Seiten oder importierte Dateien auch nachträglich zu Dokumenten zusammengefasst werden. Hier stehen dem Benutzer alle bei der Konfiguration des Scan-Profils vorgestellten Funktionen, wie z. B. Trennen anhand eines Barcodes oder Trennen nach jeder n-ten Seite, zur Verfügung. Daneben hat der Benutzer auch die Möglichkeit, ein neues Dokument nach der markierten Seite zu beginnen. Ferner lassen sich die Seiten innerhalb eines Dokumentes verschieben, genauso wie es möglich ist, ganze Dokumente innerhalb eines Dokumentenstapels zu verschieben.

Dokumente indizieren

Bevor ein Dokument archiviert werden kann, muss es meistens indiziert werden. Dieser vorläufige Index wird nach der Archivierung durch die Dokument-ID ersetzt. Die Dokument-ID ist dann mit dem dazugehörigen R/3-Beleg verbunden und bildet die R/3-Belegnummer des Workflow-Objektes eines Dokumentes.

Beim Indizieren können zwei Situationen vorliegen:

- Es werden Barcodes eingesetzt. In diesem Fall sollte der Barcode auf der ersten Seite eines Dokumentes vom System erkannt werden. Dies muss durch eine Qualitätskontrolle geprüft werden.
- Wenn keine Barcodes verwendet werden, muss manuell indiziert werden. Dies kann im Hauptmenü unter dem Eintrag *Dokument ⇨ Index* oder durch einen Doppelklick auf die *Indexbezeichnung* eines Dokumentes ausgeführt werden. Wenn noch kein Index vergeben wurde, lautet die Indexbezeichnung *kein*.

3.6.4 Archivieren der Dokumente

Nachdem die Papierseiten eingescannt bzw. elektronische Seiten eingelesen, zu Dokumenten und Dokumentengruppen zusammengefasst und indiziert worden sind, können sie archiviert werden.

Hierbei unterscheidet man zwei Formen der Archivierung. Sollen die Dokumente **vor** der Bearbeitung im SAP*Office* archiviert werden, bezeichnet man dies als **Frühes Archivieren**. Hierbei werden die Dokumente vom R/3-System aus archiviert und durchlaufen den Office-Workflow als elektronische Dokumente. Wenn die Dokumente **nach** der Bearbeitung im Office archiviert werden, spricht man vom **Späten Archivieren**. Hierbei durchlaufen die Dokumente den Workflow erst in Papierform und werden dann anschließend für spätere Zugriffe archiviert.

3.6.4.1 Frühes Archivieren

Die Methode des frühen Archivierens verwirklicht am besten die Idee des papierlosen Büros und das Konzept des Workflow. Hier werden die Dokumente vor der Bearbeitung im Office erfasst und archiviert. Sie durchlaufen dann den gesamten Workflow als elektronische Dokumente. Die Dokumente gelangen kostengünstig, schnell und sicher zu den zuständigen Bearbeitern.

Die folgende Abbildung verdeutlicht die **Vorgehensweise beim Frühen Archivieren** von der R/3-Applikation heraus:

Abb. 3.21
Ablauf:
Frühes Archivieren

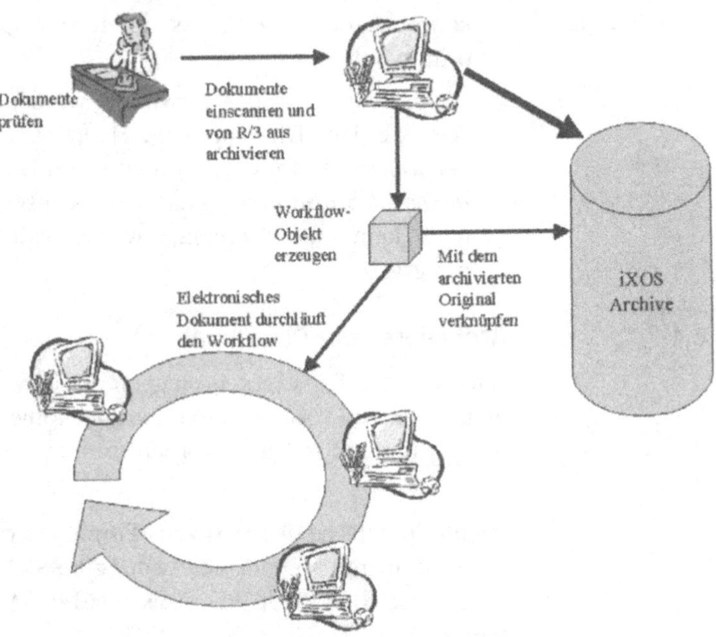

Bei dieser Archivierungsmethode werden die Dokumente vom R/3-System aus archiviert. Das Archivieren initiiert den Workflow für die bestimmte Dokumentenart, indem für das Dokument ein Workflow-Objekt erzeugt wird; die einzelnen **Arbeitsschritte** sind:

1. Erfassen der Dokumente mit dem geeigneten Scan-Profil. Wenn Barcodes benutzt werden, sollten diese automatisch vom IXOS-System erkannt werden. Ansonsten müssen die Dokumente entsprechend indiziert werden.

2. Festlegen, welches Dokument des aktuellen Stapels von R/3 archiviert werden soll, das erste oder das aktuelle Dokument. Hier wird ebenfalls bestimmt, ob der Index des Dokumentes an R/3 zurückgeschickt werden soll. Diese Eingaben werden unter dem Menüpunkt *Extras ⇨ Archivierung*, im Dialogabschnitt *Frühes Archivieren mit R/3* gemacht (siehe Abb. 3.22).

Abb. 3.22
Einstellungen: Frühes Archivieren mit R/3

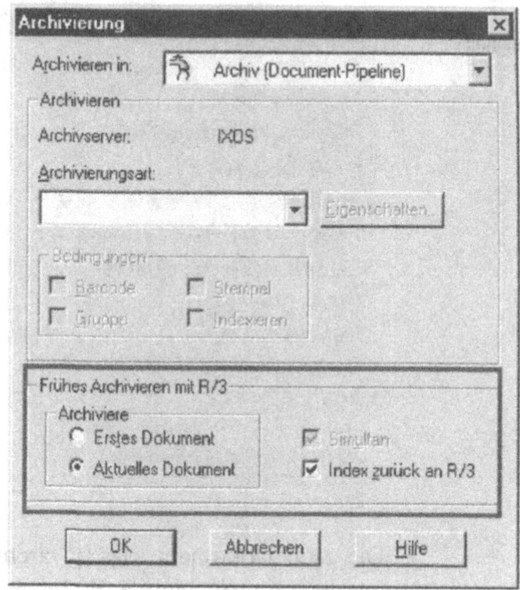

3. In R/3-System wird der Eintrag *Frühes Archivieren* unter dem Menüpunkt *Büro ⇨ Opt. Archivierung* gewählt.

Abb. 3.23
Einstieg: Frühes Archivieren mit R/3

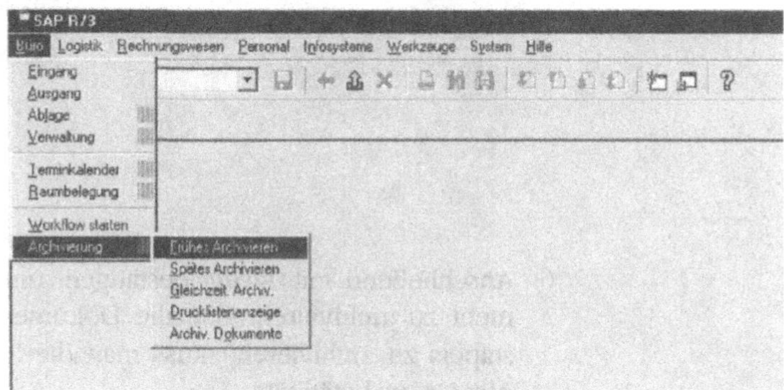

4. Den gewünschten, für die zu archivierenden Dokumente zuständigen Geschäftsbereich auswählen, z. B. *Human Resources*.

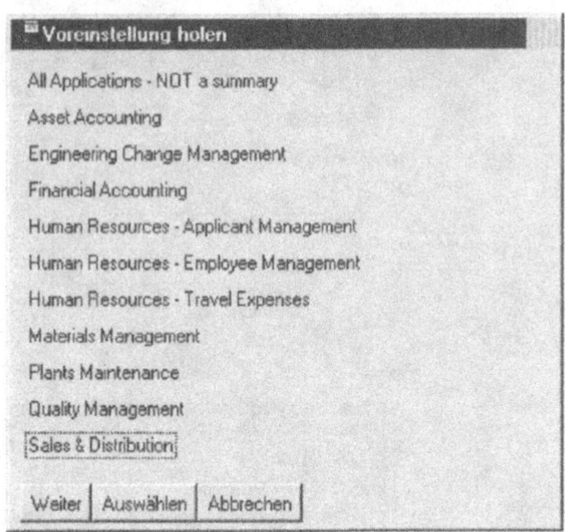

Abb. 3.24 Organisationseinheit auswählen

5. Die zum Dokument, das zu archivieren ist, passende Dokumentenart auswählen, z. B. *Lebenslauf Bewerber*.

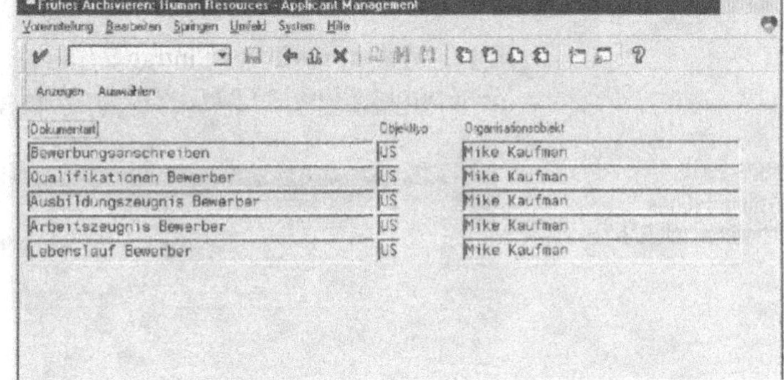

Abb. 3.25 Dokumentenart auswählen

6. Anschließend mit *Weiter* bestätigen, um ein einzelnes Dokument zu archivieren. Um alle Dokumente des Dokumentenstapels zu archivieren, muss man die Schaltfläche *Massenarchivierung* betätigen.

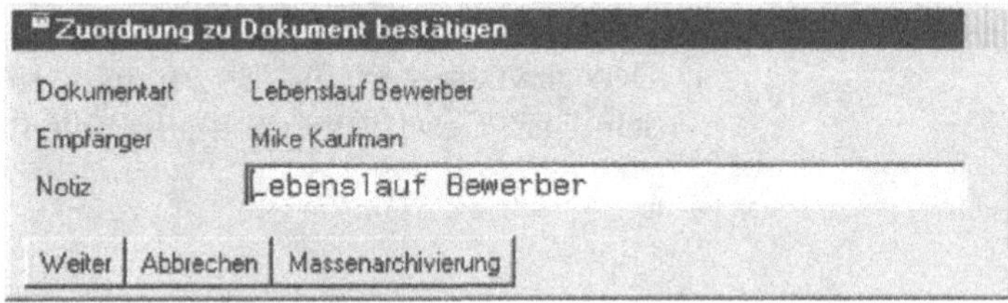

Abb. 3.26 Zuordnung zu Dokument bestätigen

7. Jetzt wird die ausgewählte Dokumentenart den zu archivierenden Dokumenten zugeordnet. Ein Workflow-Objekt wird erstellt und an die gewünschte Organisationseinheit geschickt. Anschließend wird das Dokument archiviert.

Workflow für das Frühe Archivieren

Der Ablauf vor dem Anstoßen des „Workflows für Frühe Archivierung" ist nahezu identisch mit der bisher üblichen Verarbeitung von eingehenden Nachrichten. Erst mit dem Scannen der Dokumente ändert sich die Vorgehensweise entschieden. Hier wird der Workflow angestoßen.

Alle Nachrichten kommen im Posteingang an. Dies können Briefe, Faxe in Papierform oder bereits in elektronischer Form sowie alle erdenklichen elektronischen Nachrichten sein.

Abb. 3.27 Vorbereitung für den Workflow

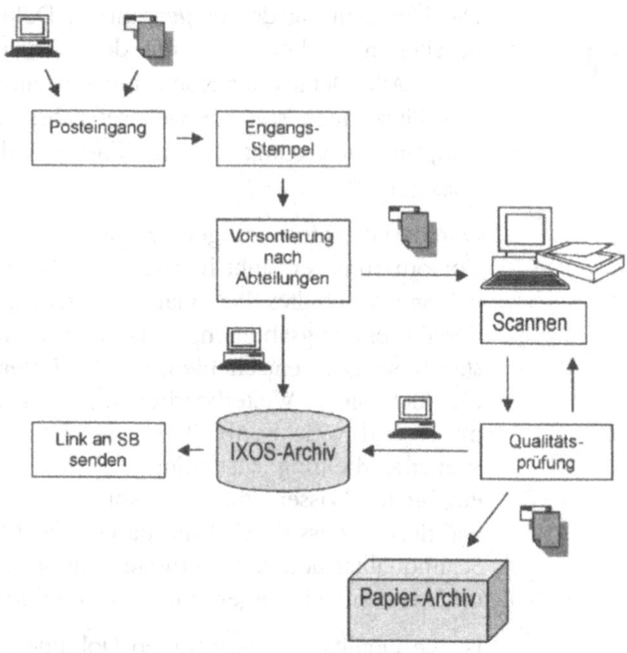

Alle eingehenden Nachrichten werden zuerst mit einem Eingangsstempel versehen. Bei in elektronischer Form vorliegenden Dokumenten wird dieser als Information zu den Dokumenten gespeichert, bei allen anderen kommt hier der herkömmliche Eingangsstempel zum Einsatz.

Es folgt eine Vorsortierung der Post nach Abteilungen oder gleich nach zuständigen Sacharbeitern.

Jetzt werden die noch nicht in elektronischer Form vorliegenden Dokumente eingescannt. Nach einer folgenden Qualitätsprüfung wird das Original im Papierarchiv abgelegt bzw. nicht mehr benötigte Papiere werden vernichtet.

In Zukunft sollte an dieser Stelle keine Papierarchivierung mehr vollzogen werden, um zum „papierlosen Büro" überzugehen. Durch unklare rechtliche Bestimmungen wird man es jedoch in absehbarer Zukunft nicht vermeidbar sein, wie bisher die Originale für einige Zeit in Papierform zu archivieren.

Die Qualitätskontrolle muss sehr gewissenhaft durchgeführt werden, da ansonsten keine lückenlose Weiterverarbeitung des Dokuments ohne Zugriff auf das im Papier-Archiv liegende Original gewährleistet ist.

Die Überprüfung des eingescannten Dokumentes muss manuell geschehen, wobei direkt mit dem Original verglichen werden sollte. Alle Details der Kopie müssen einwandfrei zu lesen sein. Das Einscannen soll ein weiterer Schritt zum papierlosen Büro sein, und muss somit ein Zugriff auf das abgelegte Original überflüssig machen.

Durch die Anforderungen an die Qualitätskontrolle sowie der Vorsortierung, entsteht hier ein Arbeitsplatz, der nur durch fachlich gut geschultes Personal zu besetzen ist. Die Mitarbeiter in der Posteingangsabteilung müssen zum einen jederzeit dazu imstande sein, zu entscheiden, welche Daten eines Dokuments für die lückenlose Weiterbearbeitung nötig sind, was lesbar sein muss, und welche Abteilung, welcher Sachbearbeiter für eine Weiterbearbeitung zuständig ist. Dafür benötigt der Mitarbeiter ein breites Wissen über alle Abläufe im Betrieb. Nur so ist gewährleistet, dass durch Unlesbarkeit des Originals bzw. schlechte Scannqualität nötige Änderungen am Scanndokument sinngemäß und verständlich vorgenommen werden können.

Ist die Qualität des gescannten Dokuments in Ordnung, so wird es im IXOS-ARCHIVE abgelegt. Hat der Datenbestand im IXOS-ARCHIVE, auf der Festplatte, eine bestimmte Größe erreicht, so wird ein Brennvorgang eingeleitet, der alle Daten auf eine CD-ROM brennt. Diese CD-Rom steht dem System dann als Medium in einer Jukebox zur Verfügung.

Mit dem Versenden des Links an den zuständigen Mitarbeiter wird nun der Workflow gestartet. An dieser Stelle wird vom System überprüft, ob der zuständige Mitarbeiter momentan verfügbar ist. Dies setzt voraus, dass Informationen dieser Art zuvor in das System eingepflegt wurden ständig aktualisiert werden.

Abb. 3.28
Workflow für Frühes Archivieren

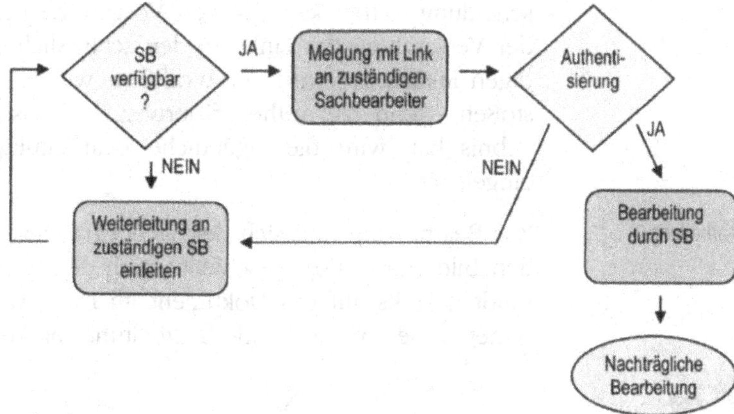

Das System hat jetzt den Status der Verfügbarkeit, wie z. B. Krankheit oder Urlaub sowie die Daten des Stellvertreters zur Verfügung, in Form einer E-Mail-Weiterleitung oder namentlichen Nennung.

Wenn ein Mitarbeiter nicht verfügbar ist, so wird der Link an den sodann ermittelten Sacharbeiter weitergeleitet. Der Link wird ihm per E-Mail geschickt und somit der Workflow neu gestartet.

Hat das System keinerlei Kenntnis über die Verfügbarkeit der Mitarbeiter, so muss die soeben beschriebene Aktion wieder manuell eingeleitet werden.

Authentifizierung

Die Authentifizierung ist ein Schritt im Workflow, der nach heutigen Möglichkeiten noch nicht automatisch durch das System zu realisieren ist. Hier muss der angemailte Sachbearbeiter noch selbst überprüfen, ob er für die Bearbeitung des Dokuments zuständig ist.

Die im Posteingang ankommenden Dokumente sind in ihrer Form unterschiedlichst strukturiert. Sie unterscheiden sich durch Briefkopf oder Formulargliederung, sodass man nicht eindeutig bestimmen kann, in welchem Bereich beispielsweise der Absender oder die Rechnungsnummer zu lokalisieren sind. Durch diese großen Unterschiede der eingegangenen Schreiben, ist es nicht möglich eine automatische und zudem eindeutige Zuweisung zu Abteilungen oder gar Sacharbeitern vorzunehmen.

Hier muss eine manuelle Zuweisung erfolgen. Dadurch ist dieser Vorgang aber auch prädestiniert für mögliche Fehlerquellen.

Ist der Sacharbeiter nicht zuständig, muss er den Link an den zuständigen Sachbearbeiter schicken. Ist ihm dieser nicht bekannt, muss er den Link an einen Mitarbeiter senden, der diese Entscheidung treffen kann, seinen Vorgesetzten beispielsweise. Mit der Versendung des Links an den schließlich ermittelten zuständigen Mitarbeiter wird der Workflow wieder von Neuem angestoßen. Wenn die Authentifizierung eine Zuständigkeit zum Ergebnis hat, wird die eigentliche Bearbeitung des Dokuments eingeleitet.

Bearbeitung

Zur Bearbeitung holt sich der Sachbearbeiter das Dokument auf den Bildschirm. Dies geschieht durch den Aufruf des ihm zugesandten Links auf das Dokument im IXOS-ARCHIVE. Zeitgleich öffnet er die entsprechende Bearbeitungsmaske in R/3.

Abb. 3.29
Bearbeitung durch Sachbearbeiter

Es folgt die Eingabe der Daten sowie eine Bearbeitung des Vorgangs in R/3.

Sollte keine „nachträgliche Bearbeitung“ durch eine weitere Stelle im Betrieb nötig sein, so wird der Vorgang, der auch den Link auf das elektronische Dokument im IXOS-ARCHIVE enthält, in die SAP-Systemdatenbank abgelegt. Das elektronische Dokument ist jetzt fest mit dem SAP-Vorgang verbunden und kann im Falle einer Weiterbearbeitung des oder Einsicht in den Vorgang quasi jederzeit per Mausklick eingesehen werden.

Nachträgliche Bearbeitung

Im Falle einer nötigen Nachbearbeitung wird jedoch ein Link auf den Vorgang an den für die Nachbearbeitung zuständigen Sachbearbeiter gesendet. Hat dieser die Bearbeitung abgeschlossen, so sendet er eine E-Mail zurück und der Vorgang wird sodann vom ursprünglichen Bearbeiter in der Systemdatenbank abgelegt.

Somit ist jederzeit gewährleistet, dass kein Vorgang verloren werden kann oder einfach für längere Zeit „auf Halde“ liegt. Ein fest definierter Mitarbeiter zeichnet sich im gesamten Ablauf eines Vorgangs für diesen verantwortlich.

Die **Vorteile** des Frühen Archivierens sind u. a.:

Vorteile des Frühen Archivierens

- Durch das Prinzip der Frühen Archivierung ist jedes Dokument vom Posteingang an im gesamten Unternehmen verfügbar. Es ist also jederzeit für alle zuständigen Sachbearbeiter abrufbereit im IXOS-ARCHIVE.
- Überflüssige Papierströme werden vermindert. Durch die oben angeführte Verfügbarkeit müssen beispielsweise keine Fotokopien mehr gemacht werden, die sonst immer in der Firma kursieren müssten.
- Langsame und kostenintensive Dokumentanforderungen entfallen. Die Verfügbarkeit der Dokumente ist nicht mehr auf nur einen Standort der Firma begrenzt. Jedes Dokument ist durch seine elektronische Form je nach Ausstattung der Firma quasi weltweit verfügbar. Langwierige Postwege, sei es innerhalb des Standortes (Hauspost) oder durch öffentlichen Briefverkehr, entfallen.
- Das frühe Archivieren ermöglicht zudem eine vielseitige Recherche. Es kann z. B. von Anfang an registriert werden, wann und wie lange ein Mitarbeiter an dem mit dem Dokument verbundenen Vorgang gearbeitet hat oder welche Kostenstellen an der Bearbeitung des Dokuments beteiligt waren.
- Durch die fest im System verankerte Auftragsvergabe zu dem Dokument und die Eindeutigkeit dieser Vergabe bis zum Abschluss des Vorgangs kann bereits während der Bearbeitung jederzeit der zuständige Sachbearbeiter aus dem System ermittelt werden.
- Die Wiedervorlage von Dokumenten kann leicht automatisiert werden. Am entscheidenden Termin ist das Dokument mit der Meldung sofort verfügbar. Termine können somit nicht mehr verpasst werden.

Auch wenn die Vorteile des Frühen Archivierens überwiegen mögen, so sind doch die **Nachteile** nicht zu verbergen. Auf einige sei durch die folgenden Punkte hingewiesen:

Nachteile des Frühen Archivierens

- Ein Nachteil liegt darin, dass vor der Realisierung des Workflows für sämtliche Vorgänge, die mit ihm automatisiert werden sollen, eine eindeutige Vorgangsverarbeitung definiert werden muss. Dies bedeutet, dass eine genaue Ausarbeitung erstellt werden muss, die alle Eventualitäten berücksichtigt. Der Nachteil besteht aber lediglich im Zeitaufwand einer solchen Ausarbeitung.
- Das Personal muss auf die Vorgangsabwicklung hin neu geschult werden. Dies kann unter Umständen kostenaufwendig sein.
- Durch die Qualitätskontrolle nach dem Scannen entsteht ein neuer Arbeitsplatz, der nur mit gut geschulten Personal besetzt werden kann. Hier sind Umschulungen bereits vorhandenen Personals oder sogar Einstellungen neuer Mitarbeiter und deren Einarbeitung notwendig.

Sieht man von dem zeitlich auf eine Einführungsphase beschränkten finanziellen Aufwand ab, so bergen oben angeführten Nachteile doch wieder Vorteile in sich. So ermöglichen sie doch nach Einführung des Workflows eine schnellere und zuverlässigere Bearbeitung von Dokumenten.

3.6.4.2 Spätes Archivieren

Bei der Späten Archivierung werden die Dokumente in Papierform bearbeitet und weitergeleitet. Dabei wird zunächst auf die erste Seite eines Dokumentes der Barcode-Aufkleber angebracht und im R/3-System erfasst und verbucht.

In einer R/3-Anwendung wird das eingegangene Dokument bearbeitet und ein Business Objekt erzeugt. Erst nach der Bearbeitung werden die Dokumente im IXOS-ARCHIVE archiviert. Dabei wird das Dokument über den Barcode indiziert und automatisch dem entsprechenden Business-Objekte zugeordnet.

Der Vorgang wird anhand der folgenden Abbildung 3.30 verdeutlicht:

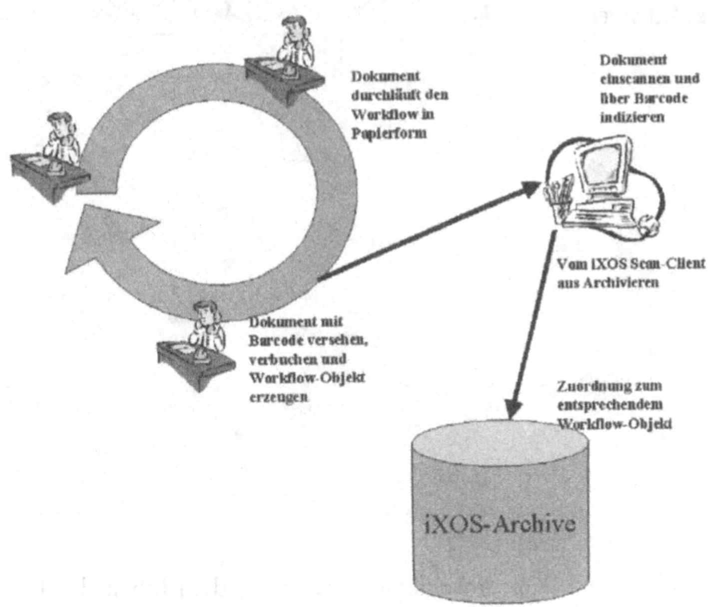

Abb. 3.30
Ablauf:
Spätes Archivieren

Das Späte Archivieren wird direkt vom Scan-Client aus durchgeführt. Im Folgenden werden die wichtigsten Schritte vorgestellt:

Einstellungen für das Späte Archivieren

1. Das entsprechende Scan-Profil mit dem Dokumentenstapel in dem sich das zu archivierende Dokument befindet auswählen.

2. Die Details der Archivierung festlegen unter *Extras* ⇨ *Archivierung*. Die Dokumente können entweder asynchron mit *Document-Pipeline*, was vor allem bei größeren Mengen von Dokumenten von Vorteil ist oder *direkt*, also synchron zum Archivserver geleitet werden. Die Auswahlmöglichkeit *Externe Ablage* wird in Kapitel 3.6.4.3 kurz vorgestellt.

Abb. 3.31
Spätes Archivieren

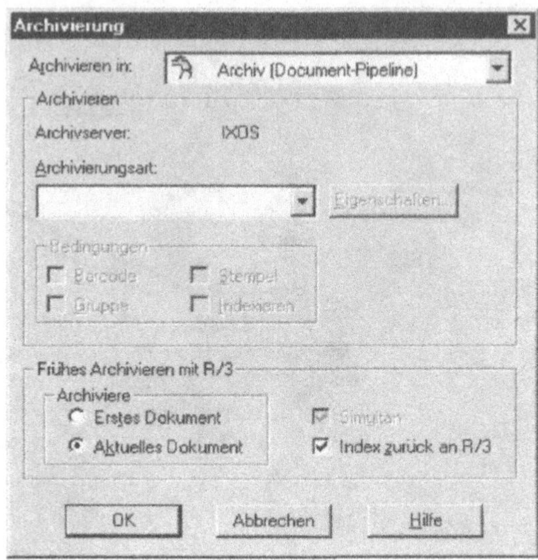

3. Anschließend wird die dem Inhalt des Dokumentes zugeordnete Archivierungsart ausgewählt. Anhand dieser Archivierungsart wird das Dokument der entsprechenden Organisationseinheit im R/3 System zugeordnet.

4. Nachdem die Voreinstellungen gemacht sind, kann das Dokument archiviert werden. Dazu wählt man im Menüpunkt Dokument den Eintrag *Archivieren in...* Dieser Eintrag ist von der vorher gemachten Einstellungen abhängig.

Abb. 3.32
Gruppenweise Archivieren

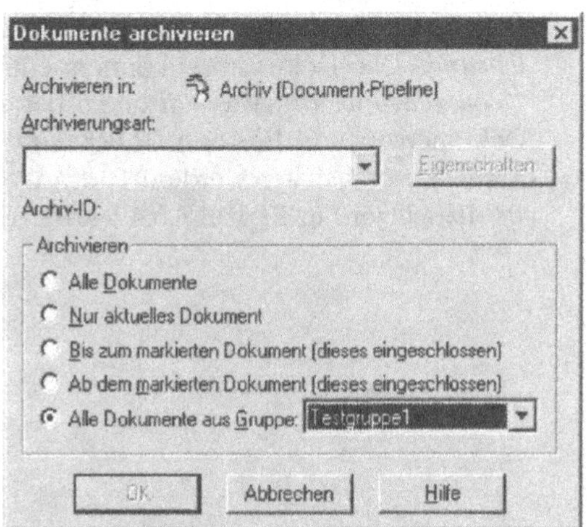

5. In diesem Dialog wird die Archivierung ausgeführt. Hier hat man noch mal die Möglichkeit, die Eigenschaften der Archivierungsart zu überprüfen und ggf. eine andere Archivierungsart zu wählen.
6. An dieser Stelle sollte noch eingegeben werden, ob alle Dokumente oder nur das aktuelle Dokument archiviert werden soll. Es ist ebenfalls möglich alle Dokumente einer bestimmten Dokumentengruppe zu archivieren.

Die Vorteile des Späten Archivieren sind:

Vorteile des Späten Archivierens

- Notizen können direkt auf dem Originaldokument gemacht werden, ohne dabei auf elektronische Hilfsmittel zurückgreifen zu müssen. Das händische Notieren ist oftmals – auf jeden Fall in einer Einarbeitungsphase – schneller als der elektronische Weg. Allerdings kann die handschriftliche Notiz auch als Nachteil betrachtet werden, nämlich in den vielen Fällen, bei denen die Handschrift eines Sachbearbeiters von einem Dritten nicht mehr entziffert werden konnte.
- Bei der Einführung des Späten Archivierens müssen die bisherigen Verarbeitungsvorgänge nicht geändert werden, da das Scannen erst nach der Bearbeitung des Dokuments erfolgt. Mögliche Änderungen des Verarbeitungsablaufes sind nur bei der nachträglichen Suche notwendig. Dieser Vorgang soll an dieser Stelle nicht genauer betrachtet werden. Das Fortfahren ohne jegliche Änderungen, das hier als Vorteil dargestellt wird, ist andererseits auch kausal für viele der im nächsten Unterpunkt aufgeführten Nachteile des Späten Archivierens.
- Aufgrund dessen, dass beim Späten Archivieren der Verarbeitungsvorgang weiterhin mit dem Originaldokument durchgeführt wird, kann wie bisher eine Echtheitszertifizierung am Originaldokument durchgeführt werden, ohne den Workflow zu ändern.
- Herkömmlicher Arbeitsablauf für den Bearbeiter.
- Prüfung und Abzeichnung durch den Vorgesetzten vor der Archivierung möglich.

Nachteile des Späten Archivierens

Die Nachteile sind u. a.:

- Beim Späten Archivieren sind die Dokumente nach wie vor nicht von Beginn der Bearbeitung ubiquitär im Unternehmen verfügbar. Das bedeutet, dass der Fortschritt der Verarbeitung sowie der derzeitige Aufenthaltsort des Dokuments nicht ohne weiteres bestimmt werden kann.

- Da das Scannen weiterhin nach der Bearbeitung durchgeführt wird, werden aufwendige Papierströme durch das Unternehmen geschleust. Dadurch bleiben nicht nur die Aktenberge auf den Schreibtischen bestehen, sondern auch der aufwendige Papiertransport. Durch den Transport der Dokumente mit der Hauspost entstehen vermeidbare Kosten, die zudem noch lange Transportzeiten mit sich bringen.
- Durch die eben beschriebene „Papierverarbeitung" werden beim Späten Archivieren auch weiterhin unnötige Kopien angefertigt, da oftmals jeder, der mit dem Dokument einen Verarbeitungsschritt durchgeführt hat, eine Kopie anfertigt. Das ist eine durchaus häufig anzutreffendes Vorgehensweise.
- Des Weiteren werden die Akten unnötig bis zur Archivierung angehäuft. Folglich sind sie nicht nur, wie im ersten Punkt als nachteilig beschrieben, bei der Bearbeitung nicht im gesamten Unternehmen verfügbar, sondern auch nach der Bearbeitung bis zum Scannen. Zudem ist die Gefahr eines Dokumentenverlustes bei großen Papierstapeln größer.
- Zudem besteht die Gefahr das Originaldokument während der Bearbeitung zu verlieren, wenn auch nicht endgültig, dann oftmals temporär (bspw., wenn das Dokument vom Schreibtisch fällt oder unter einem Aktenberg begraben ist).
- Ein Nachteil, der das Scannen allgemein betrifft, ist die Qualitätskontrolle des eingescannten Dokumentes, das einen zusätzlichen Verarbeitungsschritt darstellt.
- Keine elektronische Weiterleitung und Bearbeitung, somit kein Workflow.
- Gefahr der Beschädigung oder Verlust der Papierunterlagen.

3.6.4.3 Externe Ablage

Im Scan-Client von IXOS hat der Benutzer die Möglichkeit, Dokumente zu einer externen Ablage zu leiten. Hierbei werden die Dokumente noch nicht auf dem Archivserver, sondern auf der lokalen Festplatte des Arbeitsplatzes abgelegt und können später eingelesen und bearbeitet werden, bevor sie endgültig archiviert werden.

Die Einstellungen hierfür werden ebenfalls unter dem Eintrag *Extras ⇨ Archivierung* gemacht.

Abb. 3.33
Archivieren in externe Ablage

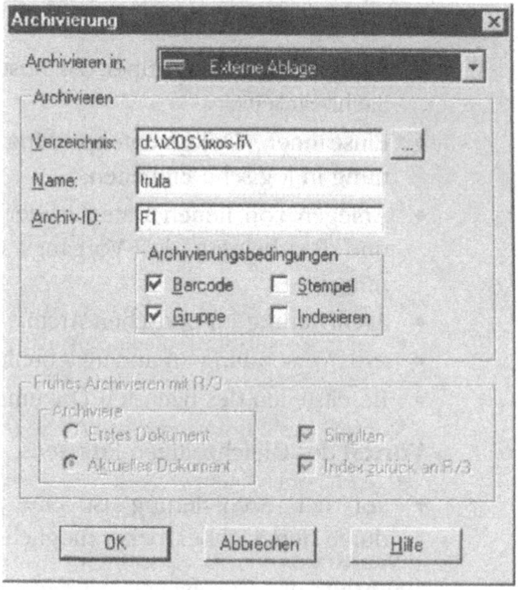

Hierbei muss das Verzeichnis ausgewählt und der Name und die Archiv-ID, welche mit der Dokumentengruppe bzw. mit dem Archivnamen, in welchem die Dokumente archiviert werden, übereinstimmen sollte.

Um den Vorgang abzuschließen, wird wie beim Archivieren der Eintrag *Archivieren in externe Ablage* unter dem Menüpunkt *Dokument* ausgewählt. Die Dokumente werden jetzt zur externen Ablage transferiert.

Um die Dokumente aus der externen Ablage zu holen, muss dies im Scan-Profil unter dem Eintrag Erfassungsgerät entsprechend ausgewählt werden (siehe Kapitel 3.6.2, Konfiguration des Scan-Profils).

3.6.4.4 Gleichzeitiges Erfassen

Erfassung und Bearbeitung durch Sachbearbeiter

Hier erfolgt die Archivierung aus der R/3-Anwendung heraus vom Sachbearbeiter, der die Daten dann anschließend sofort bearbeiten kann. Im R/3-System wird die Gleichzeitige Erfassung (während der Bearbeitung) direkt aus dem jeweiligen Modul (z. B. FI oder SD) aktiviert. Die Erfassung des Dokumentes und des Business-Objekts läuft gleichzeitig ab.

Ablauf des Gleichzeitigen Erfassens:

- Papierbeleg gelangt über die Postverteilung zum zuständigen Sachbearbeiter;
- Einscannen, Dokumentenprüfung und evtl. Korrektur, Trennung in logische Einheiten;
- Anlegen von neuen Daten in der jeweiligen R/3-Anwendung und Bearbeitung des Vorgangs (z. B. Buchen einer Rechnung);
- Archivierung im optischen Archiv;
- evtl. Versendung an andere Abteilungen über SAP*mail*;
- Bereitstellen des nächsten Dokuments.

Vorteil des Gleichzeitigen Erfassens:

- vor der Archivierung ist eine Korrektur/Nachbearbeitung durch den Sachbearbeiter möglich.

Nachteile des Gleichzeitigen Erfassens:

- hochwertige Hardware (Scan-System, hochauflösender Monitor) am Bearbeitungsplatz nötig;
- ständiger Wechsel zwischen Erfassung und Bearbeitung stört den Arbeitsablauf;
- nicht geeignet für die Massenarchivierung.

Resümee

Die Mitarbeiter verfügen mit der optischen Archivierung direkt und standortunabhängig über alle relevanten Informationen - das komplette Gedächtnis des Unternehmens steht ihnen zur Verfügung.

Der Benutzer hat unmittelbaren Zugriff auf alle geschäftlichen Informationen, die für eine fundierte Geschäftsentscheidung notwendig sind. Der schnellere Zugriff auf Business-Dokumente steigert die Produktivität des Unternehmens, verbessert die Koordination zwischen Mitarbeitern und verkürzt die Bearbeitungszeiten von Kundenanfragen.

3.7 Exkurs: Archivieren mit der Transaktion „SARA“

Aktive Business Dokumente

Unter R/3 eingescannte bzw. archivierte Dokumente werden als Aktive Business Dokumente bezeichnet. Durch ArchiveLink, das die Verbindung zwischen R/3 und IXOS-Archive darstellt, besteht die Möglichkeit, die Dokumente nachträglich zu gestalten.

Hierbei ist die Einbindung interaktiver Elemente nicht ausgeschlossen. Folgende Elemente zur Einbindung stehen zur Verfügung (siehe Abb. 3.34):

Abb. 3.34 Aktive Business Dokumente

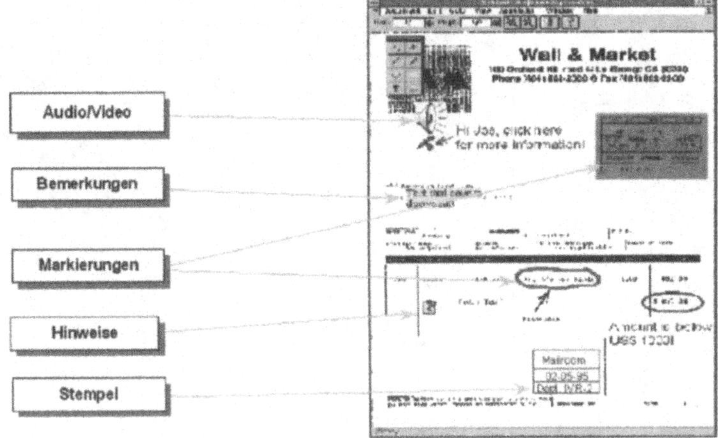

Generelle Beschreibung

Die Transaktion SARA ist das grundsätzliche Tool, um Applikations-Daten zu archivieren. Das Erscheinungsbild dieser Transaktion kann explizit für jeden Dokumententyp unter der Transaktion AOBJ gecustomized und somit weitgehend auf die eigenen Bedürfnisse (um-) gestaltet werden. Neben der Archivierungsmöglichkeit bietet die Transaktion SARA noch weitere Funktionen an:

- Archivierung von Daten
- Löschen von Daten
- Management der archivierten Daten
- Datenanalyse
- Wiederherstellung von Dokumenten etc.

Nach der Ausführung der Transaktion SARA öffnet sich der folgende Bildschirm:

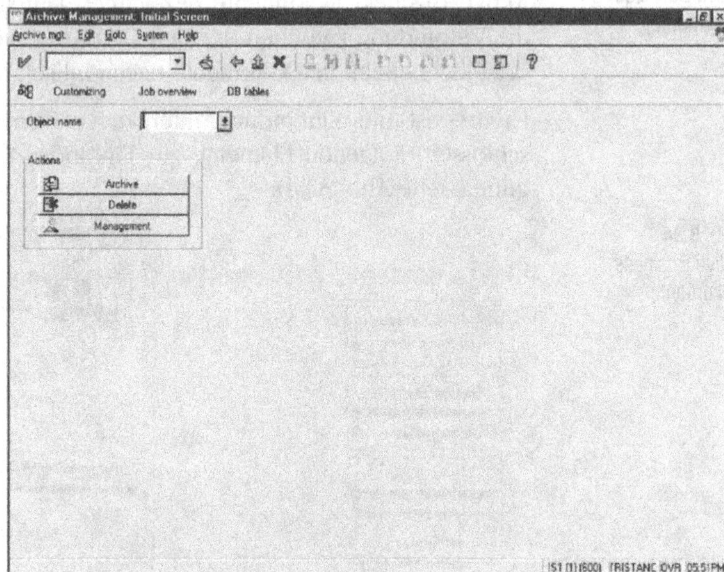

Abb. 3.35
Hauptbildschirm der Transaktion SARA

An dieser Stelle besteht nun für den Benutzer die Möglichkeit, das zu archivierende Objekt in dem Feld *Objektname* einzugeben und somit die spezifisch für das Objekt modifizierte Maske zu öffnen.

In diesem Fall konzentrieren wir uns auf das FI_DOKUMENT-Objekt. Folgende Aktionen stehen zur Verfügung:

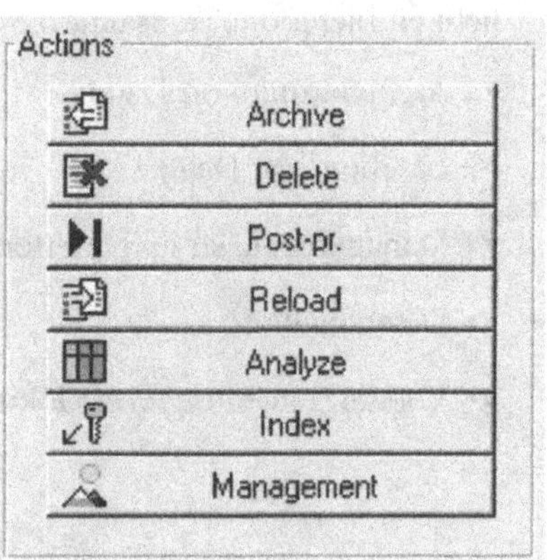

Abb. 3.36
Grundfunktionalität

Mit der Transaktion SARA und dem im Folgenden angegebenen Dateityp wird der festgelegte Workflow, individuell für jeden Dateityp, gestartet.

Im folgenden Bildschirm wird der Benutzername – die archivierende Person – angegeben. Des Weiteren wird die Variante des Dokuments angegeben.

Bevor eine alte Variante benutzt wird, müssen alte Jobs, die für diese Variante benutzt werden, gelöscht werden. Dies geschieht über den Button *Job overview* und über Menüs *delete option.*

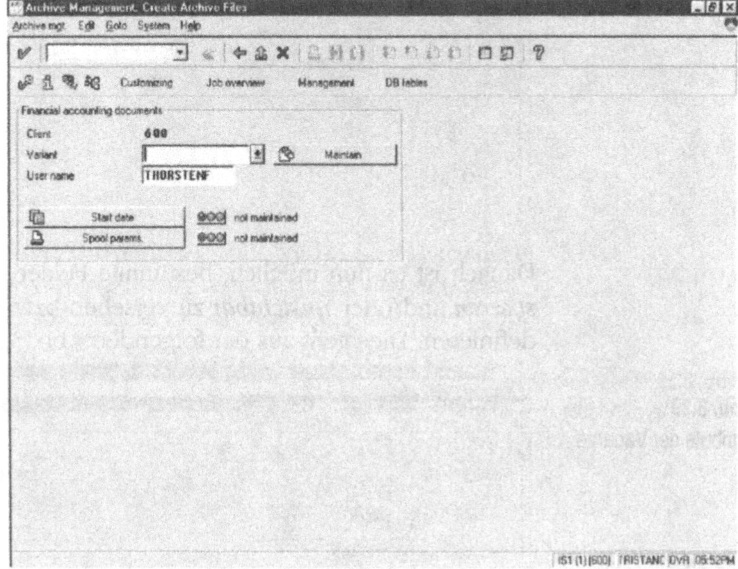

Abb. 3.37 Archivierungsbildschirm

Im Folgenden muss die Variante mit Daten gefüllt werden.

In den meisten (aber nicht allen) Varianten der zu archivierenden Objekte kann zwischen Testlauf und Produktionslauf gewählt werden.

Das Pflegen der Archivbezeichnung ist an dieser Stelle essentiell, da dies potentiellen Benutzern erlaubt, zu einem späteren Zeitpunkt die Archivierungs-Session zu identifizieren.

Abb. 3.38
Pflege der Variante

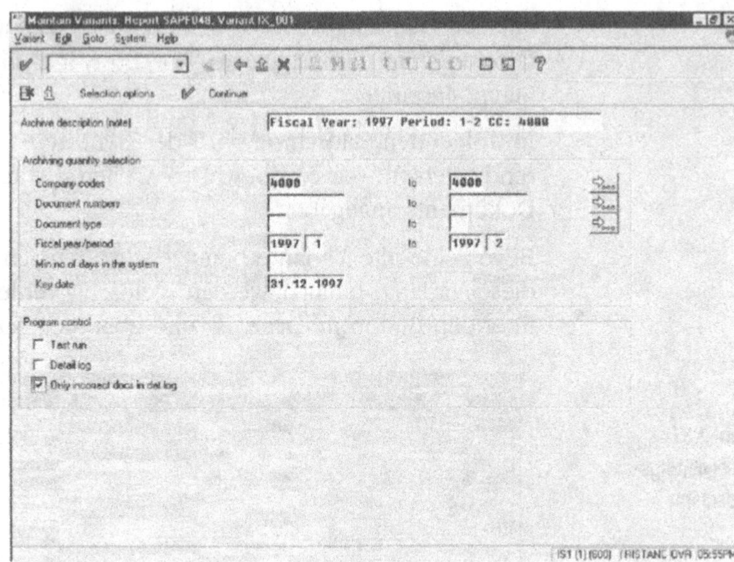

Danach ist es nun möglich, bestimmte Felder mit den Attributen *sperren* und/oder *unsichtbar* zu versehen bzw. sie als variable zu definieren. Dies geht aus der folgenden Abb. 3.39 hervor:

Abb. 3.39
Attribute der Variante

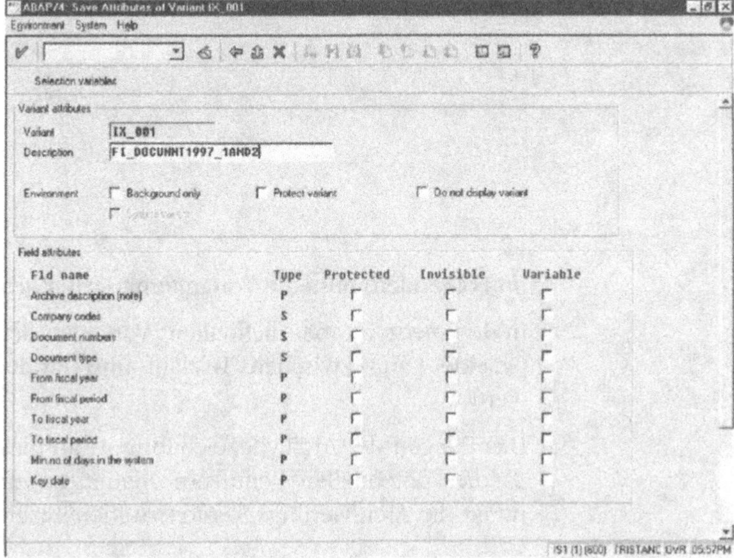

Unter der Transaktion **SE38** kann man sich das Ergebnis nun anschauen.

Zuletzt muss noch ein Drucker zur Ausgabe des Session-Reports sowie ein Startzeitpunkt definiert werden, zu dem die Session archiviert bzw. der Report gedruckt werden soll.

Im Betriebsablauf sollte ein geeigneter Zeitpunkt ausgewählt werden, um andere Mitarbeiter durch Systembelastungen nicht zu behindern. In der Praxis empfiehlt es sich also, diese Jobs über Nacht durchzuführen.

Es ist wichtig, den Erfolg der Archivierungs-Session zu überprüfen. Über den Button *Job overview* unter der Transaktion SARA ist dies möglich. Die Jobs können durch die Attribute *Datum* und *Zeit* identifiziert werden und den einzelnen Sessions zugeordnet werden. Durch einen Doppelklick auf eine einzelne Linie (auf einen einzelnen Job) mit der Extension *WRI* und *DEL* erhält man detailliertere Informationen.

Eine weitere Möglichkeit mehr Information über einen Job zu erfahren, besteht darin, den Cursor auf dem Job zu platzieren und den Knopf *spool list* zu drücken.

Abb. 3.40
Prüfung des Erfolges eines Session-Jobs

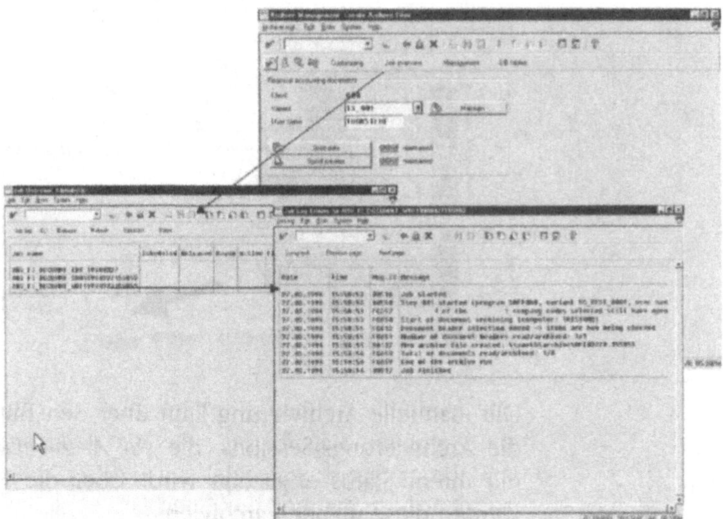

Management archivierter Sessions

Die Management-Funktion archivierter Sessions dient:

- der Informationssammlung über eine Archivierungs-Session und deren Status;
- dem Auffinden einer Archivierungs-Session auf dem optischen Laufwerk;
- dem manuellen Senden einer Archivierungs-Session zum optischen Laufwerk;
- der Veränderung des Standorts einer bereits archivierten Session.

Über den Button *Management* in der Transaktion SARA gelangt man in eine Baumstruktur, die die Archivierungs-Sessions anzeigt. Von hieraus können die Sessions bearbeitet werden.

Abb. 3.41 Management der Archivierungs-Session

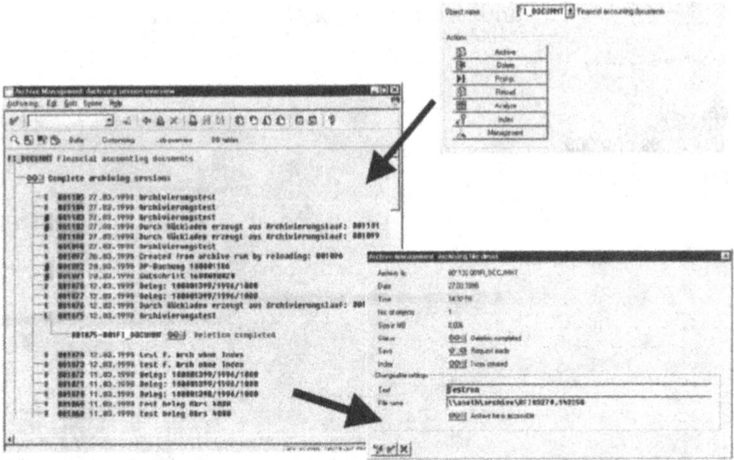

Die manuelle Archivierung läuft über den Button *Buffer*, worauf die Archivierungs-Sessions, die via *ArchiveLink* erfolgen sollen, mit ihrem Status angezeigt wird. Über die Funktion *Save Files* werden diese manuell archiviert.

Sobald dieser Vorgang abgeschlossen ist, wird es möglich diese über die gleiche Option wieder herzustellen, indem die Funktion *Retrieve Files* gewählt wird.

Abb. 3.42
Manuelles Speichern und Wiederherstellen von Archivierungs-Session

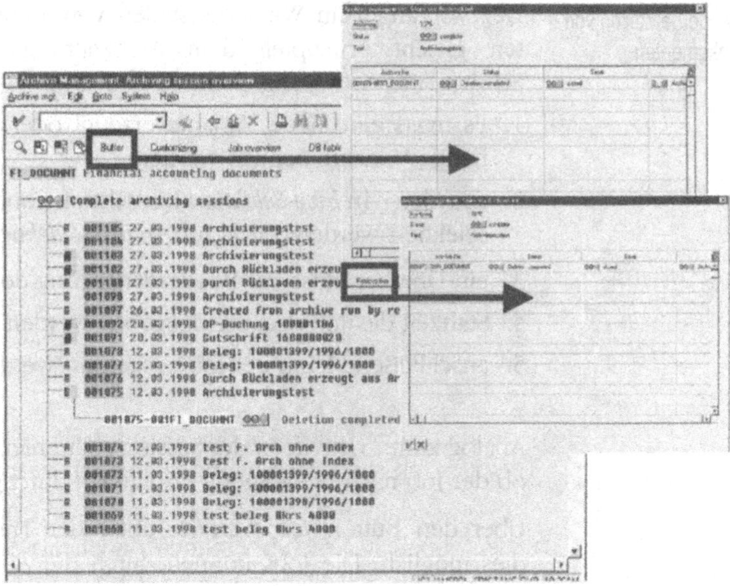

Analyse archivierter Sessions

Archivierte Dokumente können durch den Einsatz von Reports analysiert werden bspw. mit Hilfe des Standardreports ***RFBELJ00***, der ein kompaktes Dokumenten-Journal erstellt.

Die Analyse von Sessions erfolgt über den Button *Analyse*. Nach der Selektion des Archivs wird die Analyse gestartet und ein Bericht generiert (siehe Abb. 3.43).

Es besteht die Möglichkeit, die Analyse im Background oder im Dialogmodus durchzuführen. Zur Analyse großer Datenmengen empfiehlt sich die Durchführung im Hintergrund.

Falls die Analyse im Hintergrund gestartet werden soll, ist es notwendig, den Startzeitpunkt und den Drucker zu spezifizieren. Der daraus resultierende Bericht kann ebenfalls in dem Archiv optisch als Druckliste beigelegt werden.

Abb. 3.43
Analyse von Archiv-Sessions

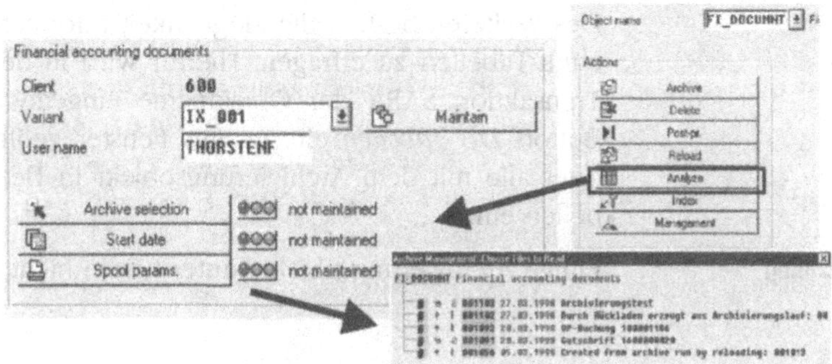

Wiederherstellen von Dokumenten

Der Vorgang zum Wiederherstellen von archivierten Dokumenten gleicht prinzipiell dem Archivierungsvorgang. Folgende Schritte sind notwendig (siehe Abb. 3.43):

1. Es muss eine neue Variante erzeugt oder eine bereits bestehende Variante benutzt werden;
2. aus den *Archive-Selektion*-Bildschirm können mehrere Runs selektiert werden; Klick auf *Archive-Selektion;*
3. ein Drucker muss zur Wiederherstellung definiert werden;
4. Startzeit des Jobs muss eingegeben werden und
5. anschließend kann der Job ausgeführt werden.

Analog zum Archivieren der Session sollte hier überprüft werden, ob der Job nach Beendigung erfolgreich durchgeführt wurde.

Über den Button *Job overview* unter der Transaktion SARA ist dies möglich. Die Jobs können durch die Attribute *Datum* und *Zeit* identifiziert und den einzelnen Sessions zugeordnet werden. Durch einen Doppelklick auf einen einzelnen Job mit der Extension ***WRI*** und ***DEL*** erhält man weitere Informationen.

Um mehr Informationen über einen Job zu erhalten, ist der Cursor auf einem Job zu platzieren und den Knopf *spool list* zu drücken.

Zusätzliche Funktionen

Abhängig von dem Archivierungsobjekt müssen manche Daten zur Archivierung präpariert werden, so z. B. *Material Masters*. Sie bestehen aus **verschiedenen Sichten** (Financial Accounting, Verkauf, Warenhausmanagement etc.). Unter Umständen besteht die Notwendigkeit, Indizes manuell zu löschen oder zu vergeben. Um eine Sicht zu löschen, ist es notwendig, einen Lösch-Indikator vor der Archivierung zu setzen. Generell sind Modifizierungen dieser Art immer notwendig, wenn Master-Daten archiviert werden sollen.

Des Weiteren besteht die Möglichkeit Informationen über Datenbank-Tabellen zu erfragen. Hierfür wird in der Hauptmaske der Transaktion SARA der Objektname eingetragen und über den Button *DB Tabellen* ein zweites Fenster geöffnet. Dieses Fester listet alle mit dem Archivierungsobjekt in Bezug stehenden Tabellen ein.

Achtung

Einige Archivierungsobjekte unterstützen nicht diese Funktion !

4 Internetanbindung – ITS

Firmen müssen sich heutzutage nicht mehr nur mit den regionalen bzw. nationalen Konkurrenzbetrieben messen lassen, sondern bekommen zunehmend auch internationale Konkurrenz. Um sich dieser Konkurrenz effizient zu stellen, müssen immer neue Vertriebswege bzw. Plattformen für Handel und Vertrieb gefunden werden.

Eine optimale Plattform bietet das seit einigen Jahren immer populärer werdende Internet. Kein anderes Medium hat es in so kurzer Zeit geschafft sich so großer Akzeptanz und daraus resultierenden Zuwachsraten zu erfreuen.

Viele Unternehmen erkennen ihre Chance, sich am Weltmarkt zu etablieren und neue Märkte zu erobern. Dabei spielt es keine Rolle wie groß ein Unternehmen ist, oder wo es sich geographisch befindet, da es durch das Internet für jeden 24 Stunden erreichbar ist. Produktkataloge oder Informationen können so aktuell wie nie zur Verfügung gestellt werden.

Aber nicht nur das Erobern neuer Märkte macht die Einbindung in das Internet so interessant. Auch Unternehmen mit vielen Außendienstmitarbeitern, die auf der ganzen Welt unterwegs sind, können sich durch die Einbindung von R/3 in das Internet Vorteile verschaffen. So kann sich der Mitarbeiter von jedem Ort der Welt aus mit einer Verbindung in das Internet ins R/3 einwählen und Informationen abfragen, Änderungen im Datenbestand durchführen oder auch nur seine Zeiterfassung im HR-Modul ausfüllen.

Mit dem Internet kann man sein Unternehmen der Welt öffnen.

4.1 Rahmenbedingungen

Das Internet unterstützt die Globalisierung der unternehmerischen Geschäftstätigkeit und schafft dabei die Möglichkeit, über große Entfernungen in Sekundenschnelle Geschäftsabwicklungen zu realisieren.

Internet im Unternehmen

Das Internet wird heutzutage in den meisten Unternehmen fast ausschließlich als Marketinginstrument genutzt, um Kunden mit den aktuellsten Daten und Produkten zu versorgen. Neben diesem Aspekt bietet es aber weitere wichtige Anwendungsgebiete, wie z. B. Verkauf und Vertrieb, Support, Service und Logistik.

Um diese Bereiche einzubinden, bedarf es allerdings einer höheren Integration bestehender Systeme und mehr Interaktion. Internet-Transaktionen beziehen sich nicht ausschließlich auf Daten einer Datenquelle, sondern basieren auf Daten unterschiedlichster Systeme, wie verteilten Systemen des Unternehmens, Partnersystemen, Laptops usw.

Die schnelle technische Entwicklung von Rechnernetzen hat rechtliche Aspekte lange Zeit außer Acht gelassen. Eine juristische Absicherung für Vertragsabschlüsse und Bezahlung über das Internet besteht so gut wie nicht. Um die verschiedensten Geschäftsprozesse via Internet legal abzuwickeln, bedarf es der Beachtung mehrerer Regeln und Grundsätze, wie der Rechtskräftigkeit, Copyright, Zensur der Inhalte usw.

Aber mit der wachsenden Bedeutung, die das Internet nun für die Allgemeinheit und insbesondere für den Kommerz erhält, muss eine klare rechtliche Grundlage geschaffen werden.

Logistikkette

Eine Logistikkette beschreibt den gesamten Warenfluss vom Erstzulieferer bis zum Endkonsument. Der Informations- und Warenfluss entlang der Logistikkette, z. B. für global operierende Unternehmen, wird anhand übergreifender Systeme, die den Transfer von Gütern und Dienstleistungen und den Zahlungsfluss regeln, abgestimmt. Diese Systeme sollten eine Optimierung der Logistikkette zum Ziel haben, um u. a. für maximale Kundenzufriedenheit zu sorgen. Es muss daher eine Koordination der verschiedenen Geschäftspartner stattfinden, um sich diesem Ziel bestmöglichst zu nähern. Die Internetfähigkeit einer betriebswirtschaftlichen Standardsoftware ermöglicht eine Erweiterung der Logistikkette. Die Erweiterung besteht hierbei aus der Möglichkeit des Electronic Commerce (E-Commerce).

Electronic Commerce

E-Commerce beschreibt die Verkaufsaktion von Waren und Dienstleistungen im Internet sowie die allgemeine ökonomische Verwendung des Internets. Das Spektrum der verschiedenen Möglichkeiten, die dem Benutzer jetzt schon geboten werden, reicht vom bequemen Online-Shopping über einfaches Homebanking bis hin zu Beratungen über das Netz.

Der Informations- und Datenaustausch zwischen Firmen fällt ebenfalls in den Bereich des E-Commerce.

Vorteile des E-Commerce

Die Vorteile des E-Commerce bestehen hauptsächlich aus der Aktualität der Daten, der beschleunigten Auftragsabwicklung, der Verlagerung der Sachbearbeitertätigkeit auf den Konsumenten, Verlängerung der Workflow-Verarbeitungskette bis auf Kundenebene und der Tatsache, dass das Internet keine Öffnungszeiten hat, auf die sich die Einkaufsmöglichkeiten beschränken müssen. Die Anwendungsfelder des E-Commerce verzweigen in zwei Teilbereiche:

- Vertriebs- und Marketingkonzepte
- Service- und Supportkonzepte

Vertriebs- und Marketingkonzepte

Das Internet wird heute von den meisten Unternehmen lediglich als Marketingplattform benutzt, da die Realisierung durch das Internet einfach und kostengünstig ist. Dabei kann es eine wertvolle Ergänzung zu den grundlegenden Marketingkonzepten spielen.

Im Bereich des Online-Verkaufs von Gütern und Dienstleistungen stellen derzeit noch die mangelnden Bezahlungs- und Abrechnungsverfahren ein gewisses Problem dar. Ohne diese Grundlage birgt eine Vertriebsabwicklung via Internet stets Gefahren. Dieser Aspekt und weitere fehlende Sicherheitsmaßnahmen verzögern die Entwicklung hin zum Online-Vertrieb der Unternehmen.

Support- und Servicekonzepte

Unter den gewinnbringenden Bereichen hat sich in letzter Zeit vor allem der Online-Support hervorgetan. Einige Unternehmen stellen zu ihren Produkten Anleitungen, Manuals, diverse andere Hilfsmittel oder eine Zusammenfassung der **FAQs** (Frequently Asked Questions) online zur Verfügung.

Im Dienstleistungsbereich findet man oft Vermittlungs- und Maklerdienste, da dort die Kosten für Anzeigen in Zeitungen wegfallen und lediglich die Kosten für die Online-Präsenz entstehen. Diese Dienste sind somit immer verfügbar, aktuell und überregional präsent.

Bezahlungsverfahren

Der Zahlungsverkehr im Internet ist ein zentrales, derzeit noch nicht vollständig gelöstes Problem. Hier treffen unterschiedliche Fachgebiete, wie die Computertechnik, Kreditwirtschaft, Politik, das Recht und die Kryptographie, aufeinander. Es entsteht ein unübersichtlicher Bereich mit einer Vielzahl von Anforderungen, Möglichkeiten und Randbedingungen. Hinzu kommt, dass bereits zahlreiche Zahlungssysteme mit völlig unterschiedlichen Grundkonzepten und Einsatzbereichen existieren.

Die Kommerzialisierung des Internets basiert auf funktionierenden und flächendeckenden Zahlungsverfahren. Eine gut ausgebaute Infrastruktur ist ebenfalls eine wesentliche Voraussetzung für den Electronic Commerce. Es müssen genügend leistungsfähige Verbindungen vorhanden sein, um gleichzeitig Millionen von Käufern Produktinformationen zur Verfügung stellen zu können. Diese Infrastruktur muss aber auch genutzt werden können, d. h. die Menschen müssen einfach und kostengünstig Zugang zu den Netzen erhalten.

Durch die wachsende Anzahl der ans Netz angeschlossenen Computer - auch im privaten Bereich - sind die Preise für Netzzugänge durchaus erschwinglich geworden. Der einsetzende Konkurrenzkampf am Telekommunikationsmarkt wird in den nächsten Jahren für weiter fallende Gebühren sorgen.

Um den Handel über das Internet populär zu machen, muss in erster Linie der Bezahlungsvorgang sicher gestaltet werden können. Dazu muss u. a. gewährleistet werden, dass vertrauliche Kunden- und Geschäftsdaten auch vertraulich behandelt und vor Eingriffen von außen geschützt werden. Außerdem muss die Anwendung einfach gestaltet werden. Das Bezahlungsverfahren sollte kompatibel, international und kostengünstig sein und die Anonymität sollte gewährleistet werden.

Die Bezahlungsverfahren können in folgende Rubriken eingeteilt werden:

Klassifizierung

- Kreditkarten
- Chipkarten
- Bargeld/E-Cash
- Schecks
- Kundenkonto

Kreditkarten

SET (Secure Electronic Transaction) ist ein offener Industriestandard für Kreditkartenzahlungen über das WorldWideWeb.

Ziele von SET sind:

- **verschlüsselte Übermittlung der Daten**, d. h. die Daten dürfen von einer dritten Partei nicht „angezapft" werden.

- **Authentifizierung der Transaktionsteilnehmer**: Alle Parteien müssen die Gewährleistung haben, dass ihr Gegenüber auch derjenige ist, für den er sich ausgibt.
- **Integritätssicherung der Daten**, d. h. es muss garantiert werden, dass die übermittelten Daten unverfälscht beim Empfänger ankommen.

Elektronische Schecks

Neben dem Kreditkartenverfahren sind die elektronischen Schecks zu nennen, die ebenfalls für große Geldbeträge geeignet sind. Der bedeutendste Vorteil liegt im sofortigen Abbuchung und der somit wegfallenden Gebühren. Der elektronische Scheck wird durch eine digitale Unterschrift gesichert.

Electronic Cash

Zur Bezahlung von Waren und Dienstleistungen werden beim Electronic Cash Speichermedien eingesetzt, auf denen elektronische Werteinheiten realisiert werden. Die Kontrolle und volkswirtschaftliche Sicherheit von Bargeld ist jedoch nicht gewährleistet, da das elektronische Geld leicht reproduzierbar ist. Daher müssen Methoden geschaffen werden, welche die doppelte Verwendung verhindern und damit die Sicherheit des E-Cash gewährleisten. Beispiele für E-Cash sind unter anderem DigiCash, CyberCash und SmartCards.

Kundenkonto

Die Abrechnung über Kundenkonten ist die bislang sicherste Methode der Bezahlungsverfahren im Internet. Dabei werden periodisch die anfallenden Kosten für in Anspruch genommene Leistungen abgerechnet. Auf diese Weise werden kleine Beträge angesammelt und kumuliert, um dann diesen Gesamtbetrag auf einmal zu buchen. Der Nachteil dieses Verfahrens ist die Tatsache, dass hierzu ein fester Kundenstamm anzulegen ist.

4.2 SAP-Internet-Strategie

Die SAP AG hat die strategische Bedeutung der Internet-Fähigkeit des Systems R/3 früh erkannt und entsprechende Lösungen bereitgestellt, die zum Teil alleine schon aus der offenen Struktur des R/3-Systems hervorgehen.

4.2.1 Die Entwicklung

Es folgt zunächst ein Rückblick, der einen Vergleich der Entwicklung des Internets und der Strategie von SAP beinhaltet:

Tab. 4.1
Rückblick

SAP AG	Jahr	Internet
	1958	Gründung des Advanced Research Projects Agency (ARPA) mit der ausdrücklichen Zielsetzung, neue und innovative Technologien zu entwickeln. Dies wird ohne eigene Forschungseinrichtungen, sondern im Verbund mit universitären und industriellen Vertragspartnern initialisiert. Erstmalige Vernetzung von neuen Knotenpunkten mittels des packet-switching Konzepts.
Gründung von SAP	**1972**	Vernetzung der ARPA-Forschungseinrichtungen
Die intensive Zusammenarbeit mit IBM wird vertieft. Weiterhin kam es zu einer Verstärkte Anwendung von Datenbankkomponenten; Dialogsteuerungen werden entwickelt.	**1979**	Entwicklung des TCP/IP-Protokolles
Das Rechenzentrum von SAP besteht aus 3 vernetzten IBM-Rechnern und einem Rechner von Siemens.	**1985**	Weltweiter Siegeszug der Local Area Networks (LANs) auf Ethernet- oder Token-Ring-Basis.
SAP R/3 wird auf der CeBIT mit dem Client/Server-Prinzip präsentiert; Betrieb auf Hardware unterschiedlicher Produzenten angekündigt.	**1991**	Kapazitäten des ARPA-NET 1988 ausgelastet; Entstehung des Internets und 1990 Entwicklung des Hypertextsystems mit ersten Browsern.
SAP setzt mit Microsoft auf gemeinsame Internetstrategie. Über offene Schnittstellen sollen Internet-Anwendungen mit dem System SAP R/3 gekoppelt werden.	**1992-1996**	Explosionsartige Entwicklung des Internets; nicht nur B2C (Business to Customer), sondern auch erste B2B (Business to Business) Anwendungen werden entwickelt.

Aktuelle Entwicklungen

Die aktuellen Entwicklungen mit *mySAP.com* richten sich voll auf die Nutzung des Internets. Gerade noch rechtzeitig kommt es somit zu einer kompletten Neuausrichtung des Unternehmens. Es folgt eine Reorganisation der Vorstandsbereiche. Der Client/Server-Betrieb der Anwendungen wird als Standard betrachtet. Mit **e-SAP.de** wird die Gründung einer deutschen Internet-Tochter initialisiert.

Anfang des Jahres 2000 überschlagen sich die Meldungen von SAP zu ihrer Strategie zur Netz-Ausrichtung ihres Systems. Als Beispiel seien hier Meldungen vom März und April dargestellt. Aktuelle Informationen erhält man auf der Homepage von SAP unter *http://www.sap.de* oder *http://www.sap.com.*

Am 15.03.00 wird die Gründung von **SAPMarket** angekündigt. Diese Tochtergesellschaft soll die erfolgreiche Einführung von mySAP.com fortführen und die Entwicklung und den Ausbau weltweit vernetzter B2B-Marktplätze im Internet vorantreiben.

Die SAP Solutions GmbH, SAP-Sytems Integration GmbH und SRS werden zur SAP Systems Integration am 06.04.00 zusammengeführt. Diese soll den gesamten Lebenszyklus von IT-Lösungen in ihrer Entwicklung abdecken. Die Gesellschaft ist auf die Branchen Finanzdienstleister, Gesundheitswesen, Handel, Industrie, Medien, Öffentlicher Bereich, Telekommunikation sowie Ver- und Entsorger ausgerichtet.

Am 06.04.00 wird ebenfalls eine Initiative von SAP in Zusammenarbeit mit Hewlett-Packard und der Telekom-Tochter De-TeCSM initiiert. Neu gegründete Hochschulkompetenz-Zentren an den Universitäten in Passau, Münster und Magdeburg sollen für die angeschlossenen Hochschulen den Aufwand für die Systembetreuung und -administration minimieren und somit eine noch höhere Qualität des Lehr- und Forschungsbetriebs gewähren.

4.2.2 Die Techniken

Warum soll ein so mächtiges und umfangreiches System wie SAP R/3 ins Web? Warum solch ein Aufwand? Diese Fragen lassen sich recht einfach beantworten. Betrachten wir folgendes Szenario:

Szenario

Ein Unternehmen mit mehreren hundert PC-Arbeitsplätzen will auf R/3 umsteigen und investiert ins SAP-System. Neben einem Server müssen auf jedem Arbeitsplatz die entsprechenden Clients installiert und eingerichtet werden: bei der Anzahl der Arbeitsplätze ein großes und kostspieliges Unterfangen.

Angenommen aber, das R/3-System wird nur auf einem Server installiert (mit entsprechender Webanbindung) und die Arbeitsplätze müssen lediglich ihren Webbrowser, der inzwischen mit jedem Betriebssystem mitgeliefert wird, benutzen, stellt sich eine andere Kostensituation dar.

Das bedeutet, dass nicht nur die Kosten, sondern auch die Zeit, welche für die Arbeitsplätze nötig gewesen wäre, nicht mehr im ursprünglichen Maße anfallen. Es bleibt lediglich die Installation und Konfiguration des R/3-Servers und des dazugehörigem Webservers.

Konzept

Wie funktioniert nun diese einfache, aber geniale Idee?

Auf jedem Client ist ein gewöhnlicher Webbrowser installiert, der den HTML-Standard versteht (siehe Abb. 4.1).

Danach surft man über das WWW auf die entsprechende Intra-/Internetseite des R/3-Servers. Über eine Login-Prozedur ist man dann mit dem SAP-System verbunden und zwar genau bei der Transaktion, zu der man auch über die SAP-GUI gelangen würde. Dies ist aber nur eine vereinfachte Erklärung eines doch recht komplexen Ablaufs.

Abb. 4.1
Internet-Architektur von R/3

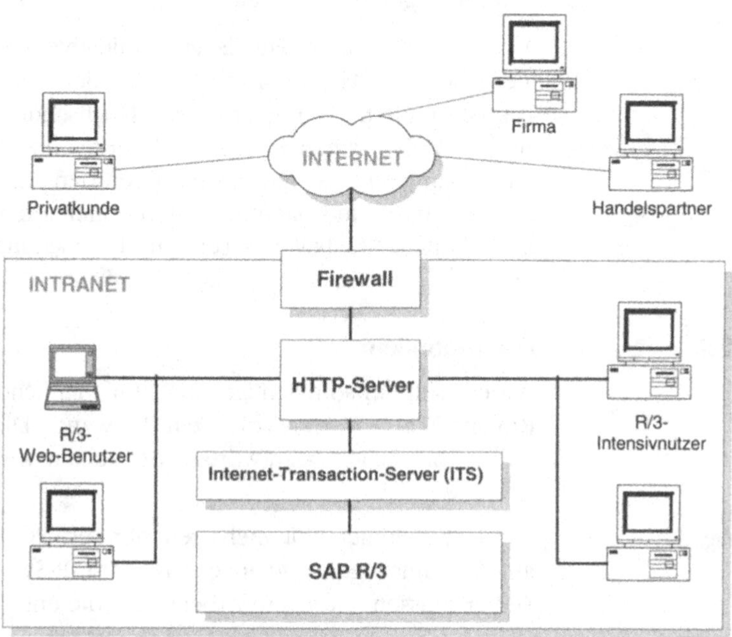

Funktionsweise

Hier soll die zuvor vereinfachte Darstellung des Systems näher betrachtet werden.

Der Webbenutzer surft im Web, indem er eine gültige Webadresse eingibt, von der er eine Webseite anschauen will. Diese Adresse muss im folgendem Format eingegeben werden, z. B. beim Internetzugang über die Fachhochschule Konstanz: *198.37.10.10* oder www.fh-konstanz.de.

Abb. 4.2
Allg. Web-Funktionsweise

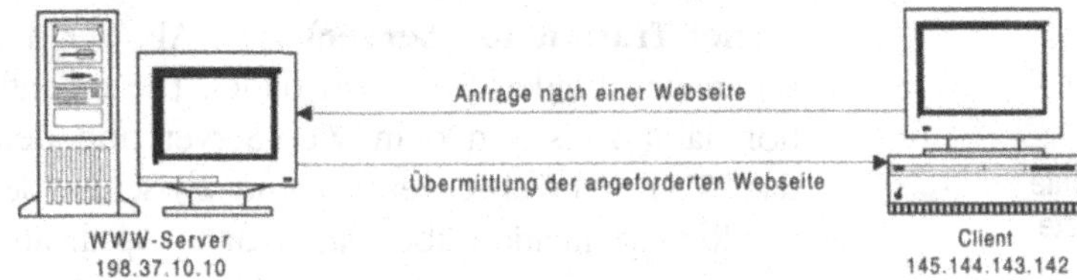

Über das Web wird nun der Server gesucht, zu dem die Adresse gehört, und die angefragte Webseite wird dem Webbenutzer zurückgesandt. Falls die Adresse nicht existiert, wird standardmäßig eine Fehlermeldung zurückgegeben. Die zurückgesandte Webseite ist meist eine statische HTML-Seite, die einmal geschrieben wurde und nicht mehr geändert wird (siehe Abb. 4.2).

Die Funktionsweise der Anbindung von R/3 an das Web ist etwas aufwendiger, da sich die einzelnen Seiten dynamisch aufbauen und vor allem noch ein voll funktionierendes R/3-System im Hintergrund arbeitet. In Abbildung 4.3 wird der grobe Ablauf der Vorgehensweise vom SAP-System im Web dargestellt. Zur Kommunikation sind mehrere Komponenten erforderlich:

Abb. 4.3
Anbindung von R/3 ans Web

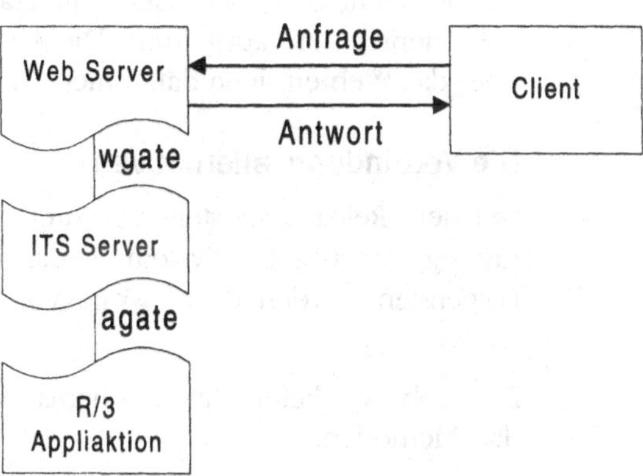

Der Client kommuniziert mit dem Web-Server (z. B. einem Apache-Server, Internet-Information-Server oder Netscape-Fast-Track-Server); er stellt eine Anfrage an diesen und erhält eine fertige Webseite zurück. Was hier neu ist, und was vor allem der Client gar nicht erfährt, ist die Kommunikation vom Web-Server über den ITS-Server hin zur R/3-Applikation. Damit der Web-Server die Kommunikation mit dem R/3-System starten kann, muss das Umfeld dementsprechend angepasst werden.

Ein wichtiger Bestandteil dieses Umfelds ist der **ITS-Server (Internet Transaction Server)** von SAP, der die Schnittstelle zwischen den beiden Systemen bildet. Die eigentliche Kommunikation läuft zwischen dem Web-Server und dem ITS-Server über das W-Gate (Web-Gateway) und zwischen dem ITS-Server und der R/3-Applikation über das A-Gate (Application-Gateway).

W-Gate
A-Gate

Auf die einzelnen Punkte der hier beschriebenen Technik wird im Kapitel 4.5 näher eingegangen.

Der Client/Browser stellt über Angabe einer Adresse *(http://pluto/scripts/wgate.dll?service=rf3)* eine Aktionsanfrage an das R/3-System. Zuerst jedoch landet diese Anfrage beim Web-Server, der die Zuordnung zum ITS durchführt. Die Anfrage wird über das W-Gate (wgate.dll) an den ITS weitergeleitet und von diesem wird überprüft, ob die Anfrage korrekt ist. Von hier aus geht diese Anfrage über das A-Gate (agate.dll) an das R/3-System. Das R/3-System verarbeitet nun diese Anfrage und gibt lediglich die Informationen zurück, die der ITS für das entsprechende HTML-Template benötigt. Das HTML-Template wird durch den ITS gefüllt und als fertige HTML-Seite an den Web-Server zurückgesandt, welcher wiederum diese fertige Seite an den wartenden Browser zurückliefert. Dieser Weg wird für jede Aktion, nicht zu verwechseln mit Transaktion, d. h. jeden Klick auf einen Button, ausgeführt. Die Abwicklung der Transaktionen über das Web erfolgen dabei nicht mit hoher Geschwindigkeit.

Die Verbindungsalternativen

Seit dem Release 3.1 stellt SAP drei verschiedene Wege zur Verfügung, um das R/3-System in das Internet zu integrieren. Im Folgenden werden diese Wege vorgestellt, verglichen und bewertet.

Die Abb. 4.4 liefert einen schematischen Überblick über diese drei Methoden:

Abb. 4.4
Alternative Wege

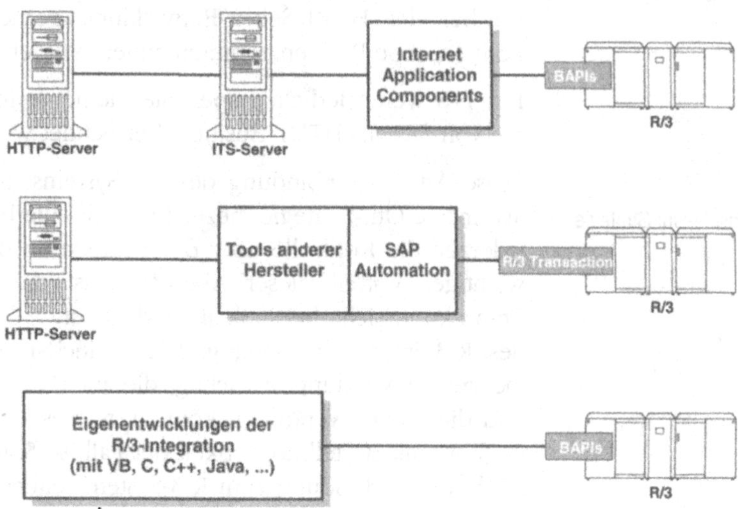

4.2.3.1 IACs (Internet-Application-Components)

Die erste Möglichkeit stellt den Zugang zur R/3-Funktionalität durch die IACs (Internet Application Components) mittels des Internet-Transaction-Servers (ITS) dar. Der ITS verbindet die IACs über den SAPGUI-Kommunikationskanal mit dem R/3-System. Der ITS simuliert gegenüber dem R/3-Applikationsserver den erwarteten SAPGUI, wobei der ITS gleichzeitig als Gateway zur Umsetzung von HTML dient und somit ebenso die Schnittstelle zum Web-Server darstellt.

Komponenten der IACs

Die Internet-Application-Components umfassen hierbei die Anwendungslogik innerhalb des R/3-Systems sowie die zugehörigen HTML-Bausteine auf dem Webserver. IACs beinhalten also den benötigten Transaktionsaufruf und die HTML-Templates, die beim Aufruf durch den Benutzer mittels Webbrowser zur Laufzeit vom ITS-Server interpretiert werden. Die bereits beim Installieren des ITS zur Verfügung stehenden IACs sind Anwendungen, wie z. B. das elektronische Telefonbuch einer Firma, Produktinformationen sowie ein Online-Store.

Das Besondere ist nun, dass die WWW-Seiten (HTML-Templates) der IACs vollständig von der Entwicklung der zugehörigen Anwendungslogik im R/3 getrennt sind, was dem Entwickler genügend Spielraum zur Optimierung der Benutzerführung bzw. Angleichung an das firmeneigene Corporate Identity gibt. Programmiersprachen-Elemente, wie Java-Script, Java oder ActiveX, wie sie bei der HTML-Seiten-Entwicklung gerne benutzt werden, können ohne Probleme implementiert werden.

Der ITS wertet lediglich spezielle Elemente im HTML-Code aus, die von SAP als HTML-Business bezeichnet werden.

Inside-Out-Strategie

Diese Art der Einbindung des R/3-Systems in das Internet wird als Inside-Out-Strategie bezeichnet, da hierbei das R/3-System jederzeit die Kontrolle über die Transaktion behält. Ein weiterer wichtiger Vorteil dieser Alternative ist die Bereitstellung der Transaktionssicherheit, Skalierbarkeit und des Zugriffsschutzes des R/3 im vollen Umfang. Diese Mechanismen sind bei den meisten Anwendungen wichtig, die auf Datenbestände zugreifen und diese auch verändern können, wie es z. B. bei einem Online-Store mit Bestellmöglichkeit der Fall ist. Sollte kurz vor Bestellende die Verbindung zum R/3-System seitens des Webbrowsers aufgrund eines Verbindungsverlusts oder durch vorzeitige Beendigung durch den Benutzer erfolgen, dann stellt der ITS sicher, dass das System den Produktbestand durch ein sogenanntes **Rollback** wieder auf den Anfangsbestand bringt und den SAP-GUI-Kommunikationskanal ordnungsgemäß beendet bzw. sich beim System abmeldet.

4.2.3.2 SAP Automation

Der mittlere Teil der Abb. 4.4 skizziert eine Anbindung über SAP Automation, die auch als **Intelligent Terminal** bezeichnet wird. Dieser Ansatz ermöglicht die direkte Kommunikation externer Anwendungen mit dem SAPGUI und stellt einen Vertreter des *Outside-In-Prinzips* dar. Alle Daten können dadurch mittels der SAPGUI-Schnittstelle der externen Anwendung verfügbar gemacht werden.

Outside-In-Strategie

SAP Automation entstand aus der allgemeinen Notwendigkeit heraus, dem Anwender neben dem SAPGUI andere Anwendungsoberflächen zur Verfügung zu stellen. Hintergrund war dabei der Bedarf an intuitiveren grafischen Benutzeroberflächen für untrainierte Anwender, was gerade im World Wide Web exzellent durch Hypertext-Technologie gelöst wurde und wesentlich zu seinem Erfolg beigetragen hat.

Ein Vorläufer von SAP Automation ist die nachstehend vorgestellte RFC-Schnittstelle, die über OLE Automation auf Desktop-PCs zugänglich gemacht werden kann. Dieses Verfahren weist aber gegenüber SAP Automation zwei besondere Nachteile auf:

Beurteilung der RFC-Schnittstelle

- Die dem R/3 zugrundeliegenden Business-Regeln sind nur über die direkte Interaktion mit dem SAPGUI in vollem Umfang zugänglich, nicht über API-Programmierschnittstellen.
- Bei RFC-Zugriffen muss der Anwender über ABAP/4-Kenntnisse verfügen, damit er auf die gewünschten Daten zugreifen kann.

Bei Verwendung von SAP Automation kann auf ABAP/4-Programmierkenntnisse sowie auf das interne Verständnis für die Business-Regeln verzichtet werden, da auf bestehende Anwendungen abstrakt zugegriffen und hauptsächlich eine neue Benutzerschnittstelle erzeugt wird. Die Bereitstellung dieser Benutzerschnittstelle im World Wide Web macht zusätzlich die Integrationswirkung von SAP Automation deutlich.

Nachteilig ist aber, dass nur auf bestehende Transaktionen zugegriffen werden kann. Mitunter ist es notwendig, zusätzliche Veränderungen in einem ABAP/4-Programm vorzunehmen, so dass dann der Abstraktionsvorteil verloren geht.

ABAP/4 und SAPGUI

SAP Automation ist deshalb als zusätzliches Verfahren zu verstehen, ABAP/4-Anwendungen über neue und vereinfachte Benutzerschnittstellen zur Verfügung zu stellen. Auf einem Windows-System besteht das SAPGUI normalerweise aus zwei einzelnen Komponenten: *SAPGUI.EXE* und *FRONT.EXE*.

Bei SAP Automation wird SAPGUI.EXE durch ITSGUI.DLL ersetzt. Über die Bibliothek MERLIN.DLL ist eine C-API-Schnittstelle gegeben, die den Bildschirminhalt über Datenstrukturen und Funktionsaufrufe verfügbar macht. Darüber hinaus zeigen sich zwei weitere Schnittstellen. Dies ist zum einen der OLE-Automation-Server, der von mit Visual Basic programmierten Windows-Clients benutzt wird und zum anderen ein Terminal-Server, der Verbindungen in heterogenen Systemlandschaften herstellt.

4.2.3.3 RFC (Remote Function Call)

Outside-In-Prinzip

Der dritte Weg der Anbindung des R/3-Systems in das Internet lehnt sich, wie die vorangegangene Variante, an das *Outside-In-Prinzip* an (siehe Abb.4.4). Dies bedeutet, dass aus einem externen, unabhängigen System gezielt über Systemaufrufe die Funktionalität eines geschlossenen Systems genutzt wird. In diesem Fall geschieht dies über RFC. Die Kontrolle behält dabei stets das externe System, welches den RFC ausgelöst hat.

Die RFC-Schnittstelle ermöglicht einen Funktionsaufruf über Rechner- oder Systemgrenzen hinweg. Dies kann zwischen zwei SAP-Systemen (R/3 oder R/2), aber auch zwischen einem SAP-System und einem Nicht-SAP-System geschehen. Um einen Funktionsbaustein über RFC aufrufen zu können, muss dieser in der Funktionsbibliothek speziell als RFC-fähig definiert werden. Die später noch genauer erläuterten BAPIs sind beispielsweise solche RFC-fähigen Funktionsbausteine.

RFC-Aufrufe

Die RFC-Schnittstelle bietet die Möglichkeit, innerhalb von ABAP/4-Programmen über „CALL FUNCTION...DESTINATION“ genauso auf die RFC-Bausteine zuzugreifen, wie mittels RFC-API von Nicht-SAP-Programmen aus. Das RFC-API ist eine bestimmte Programmierschnittstelle, die es bspw. externen C-Programmen erlaubt, RFC-Aufrufe zu verwenden. Über die RFC-API können aber auch R/2- oder R/3-Programme Funktionen externer Programme verwenden.

RFC ermöglicht somit beliebigen externen WWW-Applikationen die Kontaktaufnahme zur Funktionsbibliothek des zugrundeliegenden R/3-Systems. Die Kontaktaufnahme ist dabei einmalig und wird nicht über eine R/3-Session geführt, so wie es bei ALE/WEB der Fall ist. Die Mechanismen zur Transaktionssicherheit, Skalierbarkeit und zum Zugriffsschutz müssen folglich selbst implementiert werden.

Der Vorteil von RFC ist besonders dann gegeben, wenn diese Dienstleistungen des R/3 aufgrund der Art der Internet-Anwendung ohnehin keine besondere Verwendung finden. Dies ist vor allem dann der Fall, wenn relativ eigenständige Internet-Anwendungen gebraucht werden, die nur sporadische oder losgelöste Aktionen innerhalb des R/3 in Anspruch nehmen wollen. Anwendungsbeispiel könnte innerhalb einer Marketingstrategie die visuelle Bereitstellung von Produktinformationen sein, wobei es aber keine gekoppelte Bestellabwicklung innerhalb von R/3 geben sollte.

Sobald durch die RFC-Zugriffe die Transaktionssicherheit, die Skalierbarkeit oder der Zugriffsschutz des R/3-Systems nur ungenügend gewährleistet werden kann, sollte über Inside-Out-Verfahren nachgedacht werden, wenn keine zusätzliche Implementierung der Sicherheitsmechanismen stattfinden soll.

Vergleich der Internet-Anbindungsalternativen

Zusammenfassend kann man stichpunktartig folgende Vergleiche zielen:

IACs

- Design bleibt unabhängig von den Anwendungsbausteinen.
- Kontrolle bleibt beim R/3-System.
- Transaktionssicherheit, Skalierbarkeit und Zugriffsschutz durch ITS gewährleistet.

SAP Automation

- Abstraktion der R/3-Anwendung möglich.
- Sinnvoll, wenn bestehende Anwendungen komplett übernommen werden.

RFCs

- Können ohne weiteres in C/C++, Java oder VisualBasic implementiert werden.
- Mechanismen zur Transaktionssicherheit, Skalierbarkeit und Zugriffsschutz müssen vom Entwickler selbst implementiert werden.
- Entwickler müssen bei dieser Variante über fundierte ABAP/4-Kenntnisse verfügen.

Um die Kommunikation zwischen dem R/3-System und dem Web zu ermöglichen, existieren zwei verschiedene Ansätze, die nachfolgend kurz dargestellt werden.

4.2.4 Outside-In-Ansatz

Mit Hilfe von Outside-In ist theoretisch die Integration beliebiger außen vorliegender Applikationen mit dem R/3-System denkbar. Dies ergibt einen entsprechend großen Freiraum bei der Wahl neuer Anwendungen im Bereich der

- Laufzeitumgebung (Microsoft, IBM, HAHT ...);
- Entwicklungsumgebung (MS Visual Interdef, Visual Age, ...);
- Programmiersprache (C, C++, Delphi, Java, ...);
- Präsentationsplattform (Web, Kiosk ...).

Die Auswahl an Werkzeugen zur Entwicklung neuer Anwendungskomponenten ist dementsprechend groß und lässt sich mühelos erweitern. Einige der vielleicht bekannteren Tools in diesem Zusammenhang sind:

Tools

- MS-Visual Studio
- IBM Visual Age
- Netdynamics (mit WebExtend für R/3, integriert auch SAP Automation)
- Web Objekts (mit Advis Mantle)
- Borland Delphi / Connect für SAP

Die Vielfalt der zur Verfügung stehenden Möglichkeiten sowie die Aussicht, mit herkömmlichen Mitteln auf die R/3-Anwendungslogik zuzugreifen, ist zunächst sehr verführerisch. Die Art der Anwendungen kann dabei vollkommen auf die grafischen Elemente moderner Benutzeroberflächen zugeschnitten werden, die nichts mehr mit der für viele sporadische Anwender starr wirkenden SAP-GUI-Anwendungsschnittstelle gemeinsam haben.

Es muss aber beachtet werden, dass bei Anwendungen, die außerhalb des R/3-Systems liegen, die Transaktionsklammer nicht mehr greift, da in der Regel ein dedizierter **RFC-Funktionsaufruf** (im besten Fall über BAPIs) nur eine Momentaufnahme liefert. Soll beispielsweise ein Bestellkatalog realisiert werden, so kann durchaus der Katalog selbst aus dem R/3-System mit einem Funktionsaufruf dargestellt werden. Zur Laufzeit einer Anwendungssitzung finden naturgemäß sehr selten Änderungen des Kataloginhalts statt. Wird eine Bestellung ausgeführt, so muss darauf geachtet werden, dass der Bestellvorgang komplett ausgeführt wird und bei einer Störung automatisch annulliert werden kann (Rollback). Darüber hinaus ist es bei der Verwendung des Outside-In-Ansatzes nicht möglich, mehrere Benutzer gleichzeitig eine Verfügbarkeitsanfrage machen zu lassen, da zum Zeitpunkt der Bestellung der Warenbestand schon wieder verändert sein kann. Nur wenn über kontrollierte R/3-Transaktionen und dem damit verbundenen Session Management der Zugriff erfolgt, kann das R/3-System auf die Anfrage beliebig vieler Internet-Teilnehmer konsistent reagieren. Es kommt also sehr auf die Art der Anwendung und der damit verbundenen Komplexität an, ob über Outside-In oder Inside-Out verfahren werden soll.

Die Integration der **BAPIs** (siehe hierzu Kap. 4.3) wird letztlich über einen RFC-Aufruf erreicht und kann über verschiedene Konzepte bewerkstelligt werden. Die vielleicht wichtigste Komponente zur Integration von Windows-Plattformen ist COM/DCOM, mit der Fremdapplikation über *BAPI-Control* zur Steuerung der BAPI-Aufrufe integriert werden. Eine Weiterentwicklung davon ist der *DCOM Component Connector,* der im R/3-System selbst vorliegt.

Die BAPIs verbleiben in jedem Fall im R/3-System, lediglich die Definition erfolgt im externen Anwendungssystem. Zur Laufzeit wird das entsprechende BAPI dann direkt aus dem R/3-System heraus aufgerufen und transparent in die Anwendungslogik integriert.

Skalierung

Die Skalierung bei Outside-In erfolgt in erster Linie durch Duplizierung der Web-Server-Plattform, welche die Laufzeitumgebung der externen Anwendung enthält. Da das R/3-System nur sporadisch belastet wird und dort keine Sessions stattfinden, sondern lediglich einzelne Requests, z. B. in Form von BAPI-Aufrufen, wird hauptsächlich die externe Anwendungsplattform belastet. Darüber hinaus kann, falls nötig, das R/3-System skaliert werden.

Abb. 4.5 Beispiel zur Outside-In (Eigenentwicklung)

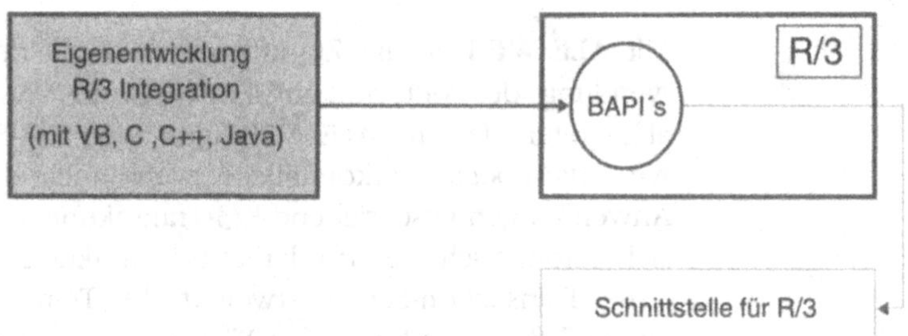

4.2.5 Inside-Out-Ansatz

Einer der beiden Ansätze, der in den Bereich Inside-Out fällt, wird durch den Internet Transaktion Server abgedeckt, da die gesamte Anwendungslogik im R/3-System verbleibt und lediglich die Präsentationsschicht außerhalb vorliegt. Den anderen Ansatz erreicht man mit der Verwendung des **JAVA-SAPGUI**, allerdings mit einer völlig anderen Zielsetzung. Die vollständige Kontrolle des Programmablaufs wird über die jeweils aktive Transaktion im R/3-System geregelt mit den damit verbundenen Mechanismen zur Absicherung der Transaktionssicherheit (Session Management, Rollback etc.).

Dreischichtige Architektur

Die dreischichtige Architektur von R/3 wird durch den R/3-Internet-Transaction-Server um eine weitere Schicht erweitert, die die technische Internet-Anbindung realisiert. Diese Erweiterung führt zur **Multi-Tier-Architektur**.

Die zuvor erwähnte mehrschichtige R/3-Internet-Architektur bietet die im Internet unbedingt notwendige Skalierbarkeit und ist von Anfang an für die Verarbeitung von vielen gleichzeitigen Internet-Transaktionen ausgelegt.

Vorteile

Besondere Vorteile dieser ab Release 3.1 integrierten Lösung sind die Unterstützung und Gewährleistung der bereits im System R/3 vorhandenen Mechanismen zur Transaktionssicherheit, Zugriffssicherheit, Sitzungsverwaltung und Skalierbarkeit.

Der Zugriff über das Internet erhöht ohnehin den Bedarf an diesen Mechanismen, da aufgrund einer teilweise unbekannten Benutzergruppe die Sicherheit gegen unberechtigtes Eindringen (Zugriffssicherheit), die Stabilität und Qualität einer Verbindung und die damit verbundene Integrität des Datenbestandes (Transaktionssicherheit) sowie die Antwortzeit bei einer unter Umständen unvorhersehbaren Anzahl an gleichzeitig zugreifenden Benutzern (Skalierbarkeit) ganz besonders garantiert werden müssen.

Mit **ALE/WEB** ist die Zugriffssicherheit mit der impliziten Verwendung des Berechtigungskonzepts des Systems R/3 bereits abgegolten. Da mit ALE/WEB über eine R/3-Sitzung gearbeitet wird, die ebenso herkömmliche, wenn auch eigens für Internet-Anwendungen geschriebene R/3-Transaktionen verwendet, ergibt sich automatisch die erforderliche Transaktionssicherheit. Der Internet-Transaktion-Server erweitert die Transaktionsklammer in einem R/3-System bis in den Web-Browser hinein. Nur so ist gewährleistet, dass Transaktionen über das Internet wie bei einem lokalen R/3-Arbeitsplatz komplett oder gar nicht (mittels Rollback) ausgeführt werden.

Die zu erwartende Nutzlast im Internet ist schwer abzuschätzen. Können aufgrund zu hoher Benutzerzahlen die Anfragen nicht bearbeitet werden, so ist nicht mit einem Verständnis des unzufriedenen Benutzers zu rechnen. Eventuell wird er sich schnell vom Anbieter abwenden oder als interner Anwender seine Akzeptanz verweigern. Das bereits für hohe Benutzerzahlen ausgelegte Konzept der Skalierbarkeit des Systems R/3 kommt im Internet vollständig zum Einsatz.

Skalierung

Darüber hinaus ist es durch die Verwendung mehrerer Webserver möglich, die Skalierbarkeit auch auf der Internet-Seite zu ermöglichen.

Ein weiterer Vorteil ergibt sich dadurch, dass dem Anwendungsentwickler die gesamte (bisher gewohnte) SAP-Entwicklungsumgebung zur Verfügung steht.

Bewertung

Für Anwendungen im World Wide Web ist SAP Automation vor allem dann tauglich, wenn bestehende Anwendungen mit einer vereinfachten Benutzerschnittstelle dargestellt, aber nicht in großem Umfang modifiziert werden sollen. Gegenüber RFC besteht der Vorteil, dass nicht bis auf Funktionsbausteinebene heruntergebrochen werden muss, sondern auf der API-Ebene des SAP-GUI geblieben werden kann. SAP Automation lohnt sich dann, wenn ein gesamtheitlicher Outside-In-Ansatz gewählt wird, der bspw. eigenständige World Wide Web-Entwicklungsumgebungen mit Elementen aus R/3-Anwendungen anreichert, ohne RFC benutzen zu müssen.

4.3 BAPI (Business Application Programming Interface)

Alle im obigen Teil angesprochenen Alternativen können über **offene BAPI-Schnittstellen** auf standardisierte Geschäftsvorfälle zugreifen, die allerdings für das jeweilige Anwendungsproblem bereits vorliegen müssen. BAPIs nehmen eine zentrale Rolle bei Internet-Applikationen ein, da mit Hilfe dieser Schnittstellen keine Änderungen am R/3-Kern vorgenommen werden müssen. Der Oberbegriff für diese Technologie lautet ALE/WEB (Application Link Enabling). Die integrierte ALE-Technologie besteht in dieser Form erst seit dem Release 3.1 und wird in Zukunft noch mehr von der SAP-AG favorisiert werden.

ALE/WEB-Technologie

BAPIs sind technisch als RFC-fähige Funktionsbausteine realisiert. Anders als bei den RFCs müssen bei der Verwendung von BAPIs keine fundierten Kenntnisse in ABAP/4 vorhanden sein, da lediglich durch Aufrufen von definierten Methoden auf betriebswirtschaftliche Prozesse und Daten eines R/3-Systems zugegriffen wird. Dieses Konzept trägt dazu bei, dass die Komplexität für den Entwickler erheblich reduziert wird. Auch unerfahrene Anwendungsentwickler bekommen mit dem neuen Angebot von Funktionen die Möglichkeit, anspruchsvolle Business-Applikationen zu entwickeln.

Folgende formale Definitionen unterscheiden einen BAPI von einem Funktionsbaustein (RFC):

- Der Funktionsumfang ist fest definiert (er umfasst in der Regel einen Geschäftsvorfall).
- Es existiert eine fest definierte Schnittstelle der Input-/Output-Parameter.
- Der Baustein ist funktionsorientiert und in der Regel zustandslos.
- Die Schnittstelle ist über Versionswechsel hinweg konstant.

Das Coding der BAPIs kann in der Funktionsbibliothek der ABAP/4 Development Workbench mit der Transaktion *SE37* aufgelistet und angesehen werden.

Grundsätzlich können zwei Arten von BAPIs unterschieden werden:

Arten von BAPIs

- **Nur lesend:**
  Diese BAPIs verursachen keine Änderung der Datenbankinhalte. Hier werden lediglich Informationen abgerufen oder Prüfergebnisse abgefragt.
- **Nur schreibend:**
  Schreibende Methoden führen die konsistente Datenbankänderungen durch. In dieser Form können auf einfache und sichere Art Kundenaufträge oder Serviceaufträge in einer Anwendung angelegt werden.

Man kann dies auch als den Ansatz zur objektorientierten Programmierung von SAP sehen. BAPIs werden in eigener Verantwortung ausschließlich von der SAP-AG implementiert, gepflegt und weiterentwickelt. Das Konzept der BAPIs wurde als Standard für Business-Systeme bei der Internet Engeneering Task Force (IETF) eingereicht und vorgeschlagen. Des Weiteren arbeitet die SAP-AG im Rahmen des Standardisierungsprozesses mit Microsoft zusammen und hat ihre Vorschläge auch in der Open Application Group (OAG) eingebracht.

Standardisierte Schnittstelle

Eine solche standardisierte Schnittstelle bietet folgende Vorteile:

- Es gibt einen Standard, innerhalb dessen sich unterschiedliche Business-Systeme „unterhalten“ können.
- Systeme unterschiedlicher Hersteller, die diesem Standard gerecht werden, können problemlos ihre Daten im Rahmen dieser Standards austauschen.

- Ein gegenseitiges Anstoßen von Vorgängen und Prozessen kooperierender Rechner in einem Systemverbund wäre ohne größeren Aufwand möglich.
- Verteiltes Business Computing über proprietäre Grenzen hinweg wäre mit diesem Standard möglich.

Dedizierte grafische Bedienungsschnittstellen, wie die WWW-Anbindung des R/3, wären auch in anderen Umgebungen als dem World Wide Web einfach zu realisieren. Es könnten einzelne Geschäftsvorfälle auf Windows, OSF-Motif, Mac, Linux oder sonstigen Oberflächen abgebildet werden, ohne einen kompletten SAPGUI betreiben zu müssen. Wie auch bereits in den IACs realisiert, könnten die abgebildeten Geschäftsvorfälle einfacher und ansprechender im Layout gestaltet werden. Damit stünden die Anwendungen einem größeren Anwenderkreis zur Verfügung.

Die **SAP-Business-Objekte** sind Kernbestandteil des Business Framework und Vorbedingung für die Interoperabilität. Sie decken eine breite Palette von betriebswirtschaftlichen R/3-Daten und Prozessen ab. Der Zugriff auf die SAP-Business-Objekte erfolgt über stabile, standardisierte Methoden, die **BAPIs** (**B**usiness **A**pplication **P**rogramming **I**nterfaces). Die SAP-Business-Objekte und ihre BAPIs bieten eine objektorientierte Sicht der betriebswirtschaftlichen Funktionalität des Systems R/3.

BAPIs in Verbindung mit SAP-Business-Objekten enthalten folgende Möglichkeiten:

- Integration von Fremdanbieteranwendungen mit einem R/3-System;
- Integration vorhandener betriebswirtschaftlicher Anwendungen mit einem R/3-System;
- Alternative Front-End-Schnittstellen zu einem R/3-System. Diese Front-Ends könnten als Windows-basierende Client-Anwendungen eingeführt werden, wie z. B. Makros (Microsoft Excel oder Access), die in Visual Basic geschrieben werden oder als Anwendungen in Visual Basic oder C++ realisiert werden;
- Web-basierter Zugriff auf ein R/3-System durch Internet- oder Intranet-Anwendungen.

Durch die zur Verfügungstellung der R/3-Prozesse und -Daten in Form von SAP-Business-Objekten hat die SAP AG die objektorientierte Technologie im R/3-System eingeführt.

4.3.1 SAP-Business-Objekte

Reale Objekte, wie z. B. ein Mitarbeiter oder ein Kundenauftrag, werden in betriebswirtschaftlichen Anwendungssystemen als **Business-Objekte** bezeichnet.

Man kann sich die SAP-Business-Objekte als „black boxes" vorstellen, die R/3-Daten und Geschäftsprozesse **kapseln** und auf diese Weise die Struktur- und Implementierungsdetails der zugrundeliegenden Daten verbergen.

Schichten der SAP-Business-Objekte

SAP-Business-Objekte sind aus mehreren Schichten angelegt:

1. Die innerste Schicht des SAP-Business-Objekts ist der **Kern**, der die eigentlichen Daten des Objekts darstellt.
2. Die zweite Schicht, die **Integritätsschicht**, stellt die betriebswirtschaftliche Logik des Objekts dar. Sie umfasst Geschäftsregeln und Einschränkungen („Constraints"), die für die Business-Objekte gelten.
3. Die dritte Schicht, die **Schnittstellenschicht**, beschreibt die Implementierung und die Struktur des SAP-Business-Objekts und definiert die Schnittstelle des Objekts zur Außenwelt.
4. Die vierte und äußerste Schicht eines Business-Objekts ist die **Zugriffsschicht**. Sie definiert die Technologien, mit denen ein externer Zugriff auf die Objektdaten möglich ist, z. B. COM/DCOM (Component Object Model/Distributed Component Object Model).

Zugriff auf Business-Objekte

Die Schnittstellenschicht trennt die Daten eines Business-Objekts von den Anwendungen, mit denen auf diese Daten zugegriffen wird (siehe Abb. 4.6). Nach außen hin sind nur die Schnittstellen der SAP-Business-Objekte, die aus einer Reihe **Methoden** bestehen, sichtbar. Der Zugriff auf die Daten des Business-Objekts kann somit nur über dessen Methoden erfolgen.

Ein Anwendungsprogramm, das ein SAP-Business-Objekt und seine Daten nutzen möchte, benötigt nur die Informationen zur Ausführung der Objektmethoden. Auf diese Weise kann ein Anwendungsprogrammierer mit den SAP-Business-Objekten arbeiten und ihre Methoden aktivieren, ohne die zugrundeliegenden Implementierungsdetails des Objekts zu kennen oder in Betracht ziehen zu müssen.

Die Methoden, die einem Business-Objekt zugeordnet sind, stellen das **Verhalten** des Objekts dar. Wird eine Methode mit einem Business-Objekt ausgeführt, kann sie den internen **Status** des Objekts, d. h. die Daten des Objekts, ändern.

Ein Beispiel für eine Methode, die für das Business-Objekt *Mitarbeiter* ausgeführt werden kann ist die Methode *Existenz des Mitarbeiters prüfen.*

4.3.1.1 Objekttypen

Jedes einzelne Business-Objekt gehört, abhängig von der Art und den allgemeinen Merkmalen des Objekts, zu einer spezifischen Objektklasse. Diese Objektklassen werden als **Objekttypen** bezeichnet. So zählen bspw. die einzelnen Mitarbeiter in einem Unternehmen alle zum Objekttyp *Employee.*

Die Objekttypen sind Beschreibungen der tatsächlichen SAP-Business-Objekte. Jedes einzelne SAP-Business-Objekt ist eine spezifische Darstellung oder Instanz seines Objekttyps. So ist bspw. der Mitarbeiter mit dem Namen *Karl Müller* und der Mitarbeiternummer *1234* eine Instanz des Objekttyps *Employee.*

Wenn eine Instanz eines Business-Objekts von einem Anwendungsprogramm verwendet wird, spricht die Objektinstanz nur auf die Merkmale und Methoden an, die für ihren eigenen Objekttyp definiert wurden.

Die SAP-Business-Objekttypen werden durch folgende Eigenschaften definiert:

- **Objekttyp**
  Dieser beschreibt die Merkmale, die alle Instanzen dieses Objekttyps gemeinsam haben. Hierzu gehören Informationen, wie z. B. der eindeutige Name des Objekttyps, seine Klassifizierung und das Datenmodell.
- **Schlüsselfelder**
  Die Schlüsselfelder eines Objekttyps bestimmen die Struktur eines Kennzeichnungsschlüssels, der einer Anwendung einen eindeutigen Zugriff auf eine spezifische Instanz des Objekttyps gewährt. Der Objekttyp *Employee* und das Schlüsselfeld *Employee.Number* sind Beispiele eines „Objekttyps“ und eines entsprechenden Schlüsselfelds.
- **Methoden**
  Eine Methode ist eine Operation, die mit einem Business-Objekt ausgeführt werden kann und Zugriff auf die Objektdaten ermöglicht. Eine Methode ist durch einen Namen und eine Reihe von Parametern und Ausnahmen definiert, die zur Nutzung der Methode vom aufrufenden Programm bereitgestellt werden können oder müssen. BAPIs sind Beispiele für derartige Methoden.

- **Attribute**
  Ein Attribut enthält Daten über ein Business-Objekt und beschreibt daher ein bestimmtes Objektmerkmal. *Employee.Name* ist beispielsweise ein Attribut des Objekttyps *Employee.*
- **Ereignisse**
  Ein Ereignis meldet das Auftreten einer Statusänderung in einem Business-Objekt.
- **Schnittstellen (Interfaces)**
  Die Schnittstellen sind Gruppen verwandter Methoden, die einem Objekttyp zugeordnet sind.

Abb. 4.6
Schichten des SAP-Business-Objekts

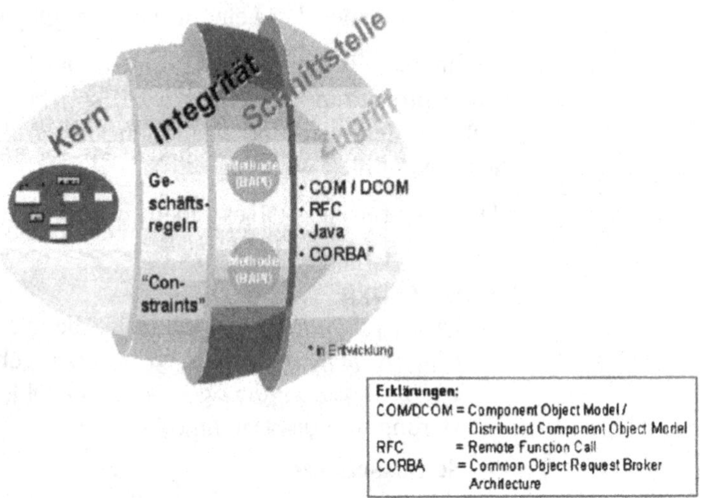

Innerhalb des Systems R/3 sind alle SAP-Business-Objekttypen und ihre Methoden im Business Object Repository (BOR) gekennzeichnet und beschrieben.

4.3.1.2 Das Business Object Repository

Alle SAP-Business-Objekttypen und ihre Methoden werden im R/3 Business Object Repository (BOR) identifiziert und beschrieben.

Das BOR enthält zwei Kategorien von Objekttypen:

- **Business-Objekttypen**: Dies sind die SAP-Business-Objekte, die zuvor bereits beschrieben wurden. Innerhalb des BOR sind die SAP-Business-Objekttypen in einer hierarchischen Struktur angeordnet, basierend auf den R/3-Anwendungskomponenten, wie z. B. Vertrieb, Materialwirtschaft etc.
- **Technische Objekttypen**: Hierbei handelt es sich z. B. um Texte, Workitems, archivierte Dokumente sowie um Entwicklungs- und Modellierungsobjekte. Das BOR ist für externe Anwendungen der zentrale Zugriffspunkt auf die SAP-Business-Objekte und ihre BAPIs.

In diesem Kontext erfüllt das BOR folgende Aufgaben: Es identifiziert und beschreibt die verfügbaren SAP-Business-Objekttypen und ihre BAPIs. Wenn ein Anwendungsprogramm entwickelt wird, sind dem BOR Informationen zu den SAP-Business-Objekttypen, ihren Schlüsselfeldern und den BAPI-Methoden zu entnehmen. Das BOR enthält alle Informationen, die benötigt werden, um die richtigen Objekttypdefinitionen und BAPI-Aufrufe in das Anwendungsprogramm zu integrieren.

4.3.2 Charakteristika der BAPIs

BAPIs sind standardisierte Methoden der SAP-Business-Objekte, die Kunden und Fremdanbietern die Integration ihrer Softwarekomponenten mit dem R/3-System und dem Business Framework ermöglichen. Der folgende Abschnitt erläutert einige Vorteile durch die Nutzung der BAPIs für den Zugriff auf die SAP-Business-Objekte:

Vorteile durch die Nutzung von BAPIs

- **Betriebswirtschaftlicher Standard**
  Die Business-Objekte der SAP und ihre BAPIs sind nicht als Standard für die technische Interoperabilität gedacht, sondern vielmehr als Standard für den betriebswirtschaftlichen Inhalt. Sie ermöglichen die Integration des Systems R/3 und anderer Softwarekomponenten auf einer betriebswirtschaftlichen Ebene und nicht auf technischer Ebene.
- **Konformität mit Standards**
  Die Entwicklung der BAPIs ist Bestandteil einer gemeinsamen Initiative der SAP mit Kunden, Partnern und führenden Normenorganisationen. BAPIs entwickeln sich zu einem Kommunikationsstandard zwischen betriebswirtschaftlichen Systemen. Die SAP-Business-Objekte sind konform mit den Richtlinien der Object Application Group (OAG) u.v.m.

- **Stabilität und Abwärtskompatibilität**
  Nach Einführung und Freigabe eines BAPIs von der SAP bleiben die Schnittstellendefinition und Parameter langfristig stabil. Auf diese Weise wird sichergestellt, dass das Anwendungsprogramm von Änderungen der zugrundeliegenden R/3-Software und -Daten nicht beeinflusst wird. Sollten Erweiterungen der BAPIs erforderlich werden, z. B. durch Hinzufügen weiterer wahlfreier Parameter, können diese von der SAP vorgenommen werden, ohne die Stabilität vorhandener Anwendungen zu beeinträchtigen. Gleichzeitig können neue Anwendungen von der erweiterten Funktionalität profitieren.
- **Objektorientierung**
  BAPIs bieten den Zugriff auf R/3-Daten und -Prozesse nach den Richtlinien objektorientierter Programmierungsmodelle und können mit Hilfe objektorientierter Schnittstellentechnologien, wie z. B. COM/DCOM, aufgerufen werden. Auf diese Weise ermöglichen sie eine freie Interaktion der Softwarekomponenten von SAP und anderen Anbietern.
- **Offenheit**
  Auf BAPIs kann von allen Entwicklungsplattformen zugegriffen werden, die das SAP-Protokoll Remote Function Call (RFC) unterstützen.

4.3.3 BAPIs in Anwendungsprogrammen

In diesem Kapitel wird angenommen, dass die selbst entwickelte Anwendung u. a. die betriebswirtschaftlichen Daten oder Prozesse nutzen soll, die im R/3-System als SAP-Business-Objekte abgelegt sind und dass der Zugriff auf diese Daten durch den Aufruf von einem oder mehreren BAPIs erfolgen soll.

BAPIs sind als Methoden der SAP-Business-Objekte im Business Object Repository (BOR) definiert. Es stehen zwei Ansätze zur Verfügung, über die man auf BAPIs zugreifen kann:

- BAPI im BOR aufrufen oder
- RFC-Aufrufe an den Funktionsbaustein ausgeben, auf dem das BAPI basiert.

Objektorientierter Zugriff

Der objektorientierte Zugriff auf ein BAPI im BOR ist von zahlreichen Programmierplattformen möglich:

- In Windows 95 und Windows NT können die BAPI-Methoden mit BAPI ActiveX Control der SAP aufgerufen werden. BAPI ActiveX Control ermöglicht externen Client-Anwendungen den Zugriff auf die SAP-Business-Objekte im BOR, indem die BAPIs via OLE Automation aufgerufen werden.
- In Windows 95 und Windows NT können die BAPIs auch mit Hilfe der BAPI C++ Klassenbibliothek der SAP aufgerufen werden.

Zugriff auf Funktionsbausteine

Man kann direkte RFC-Aufrufe an den Funktionsbaustein richten, auf dem das BAPI basiert. Dies kann von ABAP oder von externen Entwicklungsplattformen erfolgen, bspw. unter Verwendung der C/C++ RFC-Klassenbibliotheken.

Zur Integration sucht man das benötigte SAP-Business-Objekt und das BAPI, ermittelt die Parameterinformationen zur Schnittstelle des BAPIs, integriert den BAPI-Aufruf oder Funktionsaufruf und die Parameterdeklarationen in das Anwendungsprogramm.

Zugriff auf BAPIs mit BAPI ActiveX Control

Wenn man eine Client-Anwendung in einer Windows 95- oder Windows NT-Entwicklungsumgebung entwickelt, kann die BAPI ActiveX Control für den Aufruf der BAPIs vom Anwendungsprogramm verwendet werden.

BAPI ActiveX Control funktioniert als OLE Automation-Server, indem sie die SAP-Business-Objekte im Business Object Repository als OLE-Objekte verfügbar macht, die im Anwendungsprogramm integriert werden können.

Während der Laufzeit greift die Client-Anwendung auf die SAP-Business-Objekte und die BAPIs zu, indem sie OLE Automation-Anforderungen an die BAPI ActiveX Control übergibt. Die folgende Abbildung zeigt den Zugriffsprozess auf SAP-Business-Objekte und ihre BAPIs.

Abb. 4.7 Kommunikation zwischen R/3 und externem System

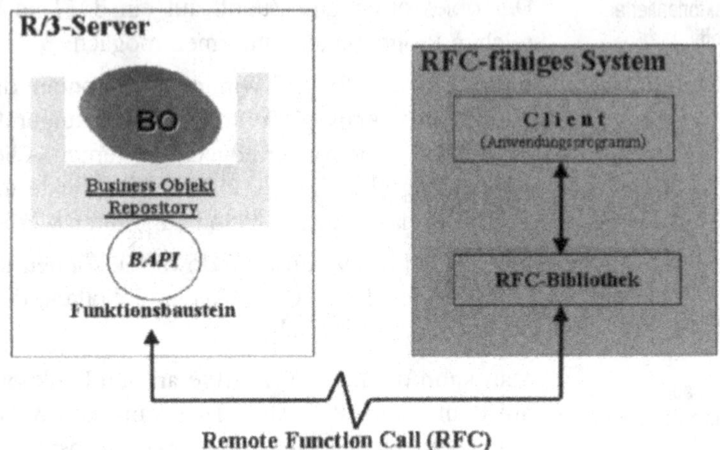

Zugriff mit RFC-Aufruf auf BAPIs

Bei Nicht-Windows-Plattformen, die keinen direkten, objektorientierten Zugriff auf die SAP-Business-Objekte anbieten, wie dies z. B. durch BAPI ActiveX Control möglich ist, kann man auf ein BAPI zugreifen, indem Remote Function Calls (RFCs) an den Funktionsbaustein übergeben werden, auf dem das BAPI basiert.

Diese Methode kann auf allen Entwicklungsplattformen verwendet werden, auf denen das RFC-Protokoll unterstützt wird. Sie ist als systemnahe Lösung gedacht, um Client-Programmen den Zugriff auf die SAP-Business-Objekte zu ermöglichen, bis ABAP objektorientierte Middleware und direkte Methodenaufrufe an die SAP-Business-Objekte vollständig unterstützt.

Während der Laufzeit verwendet das Anwendungsprogramm die RFC-Bibliothek oder C/C++ RFC-Klassenbibliothek, um den korrekten RFC-Aufruf an den Funktionsbaustein zu übergeben, auf dem das BAPI basiert. Die Bibliothek übersetzt Client-Aufrufe gemäß dem RFC-Protokoll in gültige Kommunikationsschritte. Die Client-Anforderungen werden auf diese Weise an den richtigen Funktionsbaustein im R/3-Server-System weitergeleitet.

Der Zugriff auf Daten der SAP-Business-Objekte wird derzeit in der „Metasprache" XML (eXtensible Markup Language) verwirklicht. Im folgenden Kapitel wird XML vorgestellt.

4.4 XML (Extensible Markup Language)

XML ermöglicht es, Entwicklern einfach strukturierte Daten von jeder Applikation in einen Standard zu beschreiben. Dabei ersetzt XML nicht Hyper Text Markup Language (HTML), sondern ergänzt es vielmehr.

Was ist XML?

eXtensible Markup Language (XML) ist eine vom W3C herausgegebene Empfehlung für ein Dateiformat, durch das einfach und billig elektronische Dokumente im WWW verteilt werden können. Diese erweiterbare Meta-Sprache ist plattform-, applikations-, sprachen- und domainunabhängig.

Abb. 4.8 Metasprachen

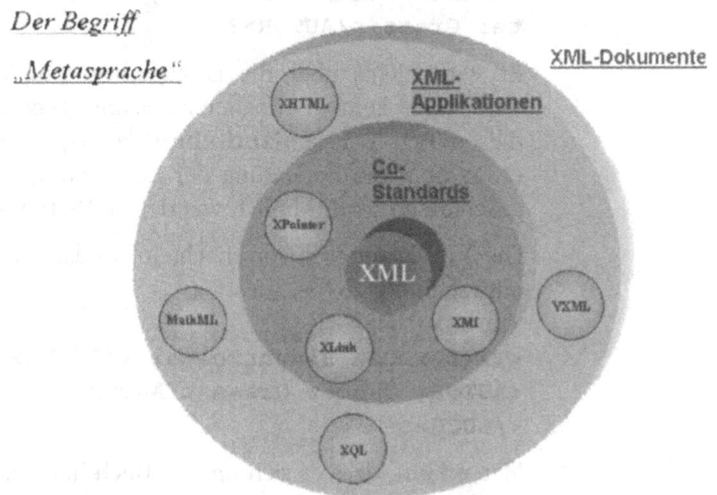

Datenverarbeitungsroutinen können in einer beliebigen Sprache geschrieben werden. Damit Daten in einem XML-Dokument richtig „interpretiert" werden, müssen die „Markierungen" (markups) lediglich „wohlgeformt" (well-formed) sein. XML ist also keine Programmiersprache. Für den Zugriff auf XML-Dokumente sind Skripts oder Programme notwendig. Des Weiteren müssen Browser, mit denen man XML-Dokumente visualisieren möchte, XML-fähig sein.

Semantische Tags

Vereinfacht ausgedrückt geht es bei XML darum, dass eine neue Sorte von Tags eingeführt wird. Neu sind diese Tags zumindest für User, die bisher nur HTML-Tags kannten. Wer sich mit SGML (Standard Generalized Markup Language) auskennt, bewegt sich beim Umgang mit XML auf vertrautem Gebiet; denn XML ist ein Subset von SGML.

Im Rahmen von HTML unterscheidet man vor allem zwei Arten von Tags: Es gibt solche, mit denen angegeben wird, welchen Platz ein Element innerhalb der Struktur des Dokuments hat. Sie werden **logische Tags** genannt. (Beispiel: in <H1>Zeichenfolge</H1> sagt die Markierung, dass *Zeichenfolge* eine Überschrift erster Stufe ist.)

Weiterhin gibt es **prozedurale Tags**, mit denen sich Formatierungsanweisungen geben lassen.
(Beispiel: In <B> Zeichenfolge</B> sagt die Markierung, dass *Zeichenfolge* im Fettdruck dargestellt werden soll.)

Wie aber verhält es sich mit Tags dieser Sorte: **<AUTOR> Günter Grass </AUTOR>?**

Es wird nichts über die Dokumentstruktur angemerkt, und es wird auch keine Formatieranweisung gegeben. Man kann bei diesen Tags von **semantischen Tags** sprechen, denn sie sagen etwas über die Bedeutung der Zeichenfolge, die von ihnen eingeschlossen wird. Ähnlich wie der <H1> Tag in HTML.

Die Tags lassen sich verschachteln, so dass komplexere Aussagen entstehen:

```
<BUCH>
<TITEL> Die Blechtrommel </TITEL>
<AUTOR> Günter Grass </AUTOR>
</BUCH>
```

Man erfährt, dass es sich um ein Buch handelt mit dem Titel „Die Blechtrommel“ des Autors „Günter Grass“. Tags dieser Art sind eine ungemein simple Angelegenheit, sodass sie auch Maschinen zugemutet werden können. Wenn ein Browser an einen **<B>-Tag** gerät, kann er für Fettdruck-Formatierung sorgen. Wenn er an einen Tag gerät, der die Dokument-Struktur markiert, wird eine bestimmte Formatierung gewählt.

Was aber macht der Browser mit semantischen Tags? Bisher überhaupt nichts. Schon bald aber werden Browser und andere XML-fähige Programme in der Lage sein, semantische Tags mit Hilfe von Stylesheets zu verarbeiten.

Wozu XML?

Das WWW als Medium der einfachen Zugänglichkeit von Information beruht nicht nur auf HTML-Seiten, sondern auch, um die Möglichkeiten und Benutzerfreundlichkeit (Search Engines, Online-Banking uvm.) zu steigern, aus Datenbanken, auf die Benutzer zugreifen können.

Da HTML nicht über den nötigen „Informations-IQ" verfügt, können viele wünschenswerte Applikationen mit HTML nicht realisiert werden. Mit XML entsteht jedoch eine Metasprache, die universelles, datenbankbezogenes Webpublishing mit voller Fern-Zugriffsmöglichkeit möglich macht. Somit ergeben sich noch bessere Möglichkeiten auf im Web gespeicherte Information zuzugreifen. So sollen sog. „Agenten" alle für ein Dokument benötigten Daten aus mehreren heterogenen Datenbanken sammeln können.

Unstrukturierte Daten

Wenn in einem HTML-Dokument Texte geliefert werden, muss man von unstrukturierten Daten sprechen. Es führt schwer zu überzeugenden Ergebnissen, wenn man Programme auf solche Daten ansetzt. Das Programm wird nur Abfolgen von Zeichen finden, mit denen sich nicht viel anfangen lässt.

Das ändert sich, wenn ein Dokument ausgiebig mit semantischen Tags versehen wird. Solche Tags sind die „Griffe", an denen verarbeitende Programme die Daten packen können.

Strukturierte Daten

Die strukturierten Daten, die mit XML-Dokumenten geliefert werden, stehen von ihrer Strukturiertheit her zwischen den (üblicherweise in hohem Maße strukturierten) Datenbank-Daten einerseits und den unstrukturierten Textdaten andererseits.

In einer Datenbank hat jeder Datenbank-Inhalt seinen festen Platz. Wenn gefragt wird: „Wo taucht in der Datenbank der Begriff *Wien* auf?", dann lautet die Antwort möglicherweise: „Der Begriff taucht in der Kunden-Tabelle im *Datensatz 1023* im Feld *Wohnort* auf."

In XML-Dokumenten gibt es Entsprechungen zu den Feldern der Datenbanken. Das *Wohnort-Feld* einer Datenbank findet seine Entsprechung in dem **<WOHNORT>**-Element eines XML-Dokuments. Das hat praktische Bedeutung, denn XML-Datenformate sollen u. a. eingesetzt werden, um Daten, die aus Datenbanken stammen, zu den Web-Clients zu transportieren.

Style Sheet

Da bei XML eine Trennung zwischen dem Inhalt eines Dokuments und dessen Aussehen (Design) erfolgt, müssen Style Sheets die Designaufgabe erfüllen. Auch in XML selbstgeschaffene Tags können mittels Style Sheets Formatierungen zugewiesen werden. Durch das Zusammenspiel von selbstgeschaffenen Tags mit selbstverfassten Style Sheets entsteht für den Web-Designer zusätzlicher Freiraum für Kreativität.

Durch das Aufkommen von XML gibt es neuen Auftrieb für die Idee, dass man auf Formatierungs-Tags verzichten kann. Und da XML von Anfang an zusammen mit Style Sheets eingesetzt werden kann, ist es vorstellbar, dass sich die Web-Designer tatsächlich immer mehr auf die Formatierung mit Style Sheets verlegen werden.

Die Angaben, die in Style Sheets für semantische Tags gemacht werden, unterscheiden sich nicht von den Angaben für die Tags, mit denen Struktureinheiten gekennzeichnet werden. Man kann in einem Style Sheet angeben, dass alle Überschriften dritter Stufe im Fettdruck dargestellt werden sollen. In gleicher Weise lässt sich auch angeben, dass der Inhalt von allen **<AUTOR>**-Elementen im Fettdruck erscheinen soll.

Es gibt einige Technologien, die ursprünglich mit Blick auf HTML entwickelt wurden, sich aber auch im Zusammenhang mit XML bewähren. Zu diesen Technologien gehören die Cascading Style Sheets (CSS), das Dynamische HTML und die Objekt-Modelle, mit denen die Grundlage geliefert wird, dass Scripts auf die Elemente der Dokumente zugreifen können. Man entwickelt beim W3C bereits einen Style-Sheet-Mechanismus für XML, der den Namen eXtensible Style Sheet Language (XSL) trägt.

Die Vorteile von XML im Überblick:

- flexibler als HTML;
- weniger optionale Eigenschaften als SGML (somit einfacher implementierbar);
- basierend auf dem 10646/Unicode Codesatz;
- standardisierte „style sheet" Steuerung;
- kann einfach aus Datenbanken heraus generiert werden.

4.4.1 Verfassen von XML-Elementen

Was ist ein XML-Element?

XML ist eine „Markup"-Sprache. Ein XML-Element besteht aus einem Anfangs-Tag und einem Ende-Tag mit dazwischen liegenden Daten. Das Anfangs- und Ende-Tag beschreibt die Daten zwischen den Tags. Die Daten innerhalb der Tags werden als Wert des Element bezeichnet. Z. B. ist das XML-Element unterhalb ein *Regisseur-Element* mit dem Wert *Ed Wood*:

```
<Regisseur>Ed Wood</Regisseur>
```

Der Elementname *Regisseur* ermöglicht es, den Wert *Ed Wood* semantisch zu markieren, so dass man einzelne Datenbits von ähnlichen Datenbits unterscheiden kann. Z. B. kann es vorkommen, dass es noch ein Element mit dem Wert „Ed Wood" gibt.

```
<Schauspieler>Ed Wood</Schauspieler>
```

Da jedes Element einen unterschiedlichen Tag-Namen hat, kann einfach festgestellt werden, dass das eine Element sich auf *Ed Wood* als Regisseur von Jail Bait bezieht, während sich das andere *Ed Wood* als Hauptdarsteller von Glen or Glenda versteht. Wenn man die Daten mit gleichen Wert semantisch nicht markieren kann, würde es zu Konfusionen kommen.

Da XML eine äußerst strukturierte Sprache ist, ist es wichtig, dass alle XMLs wohlgeformt sind. D. h., XML muss **beides**, nämlich ein Anfangs- und ein End-Tag haben.

4.4.2 Verfassen von XML-Dokumenten

Was ist ein XML-Dokument?

Ein grundlegendes XML-Dokument ist ein XML-Element, das verschachtelte XML-Elemente enthalten kann.

Z. B. ist das untenstehende XML Element „buecher" ein gültiges XML-Dokument.

```
<buecher>
  <buch isbn="0345374827">
    <titel>The Great Shark Hunt</titel>
    <autor>Hunter S. Thompson</autor>
  </buch>
</buecher>
```

Erstellungsrichtlinien für ein XML-Dokument

Am Anfang eines gültigen XML-Dokuments (also eines Dokuments mit einer DTD) steht wie bei einem gültigen SGML-Dokument eine „Dokument-Typ-Deklaration" (eine Angabe über den Dokument-Typ), die mit einem `<!doctype ..>` Element geliefert wird. Zusätzlich kann es in dem Dokument vor der Dokument-Typ-Deklaration eine Angabe geben, mit der die verwendete XML-Version genannt wird, aber diese Angabe ist nicht unbedingt nötig. Wenn vorhanden, dann muss sie diese Form haben:

```
<?XML Version="1.0"?>
```

(wobei 1.0 als Platzhalter durch die jeweils zutreffende Angabe ersetzt werden muss.)

Die DTD muss lokal vorhanden oder über das Netz verfügbar sein. Im zweiten Fall muss die Angabe über die XML-Version die URL der DTD nennen. Es gibt neben der DTD drei Grundsätze, die bei der Erstellung eines XML-Dokuments zu beachten sind:

- Auf jeden Start-Tag muss ein Ende-Tag folgen, da im Gegensatz zu HTML, wo der Browser es mit einer überschaulichen Anzahl von Tags zu tun hat, und ein fehlendes Tag bei der nächsten Formatierungsänderung vom Browser interpretiert werden konnte, dies bei XML nicht möglich ist. Der Grund liegt in der Verwendung semantischer und vorher nicht definierter Tags.

  Sonderfall: „leere Elemente". Ein **leeres Element** ist ein Element, zu dem es keinen Ende-Tag gibt, weil keine Zeichenfolge existiert, die durch die beiden Tags eingeschlossen würde, z. B.
, <HR> oder <IMG>.
- Alle Elemente müssen sauber ineinander verschachtelt sein (überlappende Elemente sind nicht zulässig).
- Alle Attributwerte müssen mit Anführungszeichen gekennzeichnet werden.

4.4.3 Verfassen von XML-Dateninseln

Was ist eine XML-Dateninsel?

Eine „Dateninsel" ist ein XML-Code, der innerhalb einer HTML-Seite existiert. Eine Dateninsel macht es also möglich, XML in HTML- Seiten zu integrieren ohne XML durch ein Skript oder ein **<OBJECT>** Tag laden zu müssen. Alles, was in einem richtig geformten („well-formed") XML-Dokument enthalten sein kann, kann auch in einer Dateninsel existieren. Dies inkludiert Verarbeitungsinstruktionen, DOCTYPE Deklarationen und interne Untermengen.

Das XML für eine Dateninsel kann entweder selbst enthalten sein, wie z. B.:

```
<XML ID="XMLID">
  <kunde>
    <name>Herbert Hanley</name>
    <kundenID>81422</kundenID>
  </kunde>
</XML>
```

oder durch eine SRC-Attribut auf das XML-Tag referenziert werden, wie z. B.:

```
<XML ID="XMLID" SRC="customer.xml"></XML>
```

Erstellungsrichtlinien

Zunächst ist ein XML zu verfassen. Das XML platziert man innerhalb eines XML-Elements und gibt diesem XML-Element eine Identifikation („ID").

Beispiel:

Wenn man dem oben angeführten XML-Dokument eine Dateninsel-ID „XYZ-ID" hinzufügt, würde dies folgendermaßen im Quellcode ausschauen:

```
<HTML> <HEAD> <TITLE>HTML Dokument mit Daten-
  insel</TITLE> </HEAD> <BODY>
<XML ID='XYZ-ID'>
<XML ID="XMLID" >
<customer>
<name>Herbert Hanley</name>
<custID>81422</custID>
</customer>
</XML>
</XML>
</BODY> </HTML>
```

4.4.4 Zugriff auf eine XML-Dateninsel als ein XML-Dokumentobjekt

Was ist ein XML-Dokumentobjekt?

Unter einem XML-Dokumentenobjekt ist ein Objekt zu verstehen, das ein XML-Dokument repräsentiert. Wenn eine XML-Dateninsel geladen und analysiert wird, so wird vom Parser (XML-Prozessor) ein XML-Dokumentenobjekt erzeugt. Dieses Objekt hat Eigenschaften und Methoden, die es möglich machen, auf ein XML-Dokument zuzugreifen und es zu manipulieren.

Wie greift man auf eine XML-Dateninsel zu?

Eine HTML-Seite mit einer Dateninsel wird nachfolgend angeführt:

```
<HTML>
<HEAD>
<TITLE>HTML mit XML Dateninsel</TITLE>
</HEAD>
<BODY>
<P>Innerhalb dieses Dokuments befindet
        sich eine XML-Dateninsel.</P>
<XML ID="resortXML">
  <resorts>
    <resort>Calinda Cabo Baja</resort>
```

```
    <resort>Na Balam Resort</resort>
  </resorts>
</XML>
</BODY>
</HTML>
```

Man kann auf Dateninseln anhand der ID zugreifen. Von dort aus kann man auf den „root"-Knoten und in weiterer Folge auf die Unterknoten zugreifen.

Der folgende Code gibt den String *Na Balam Resort* zurück:

```
resortXML.documentElement.childNodes.item(1).text
```

4.4.5 Anwendung des XML-Objekten-Modells

Beim XML-Objektenmodell handelt es sich um eine von Microsoft spezifizierte XML-Funktion.

Was ist ein XML-Objekten-Modell?

Der XML-Parser (XML-Prozessor) im MS-Internet Explorer 5 stellt ein XML-Objektenmodell zur Verfügung, das es ermöglicht, auf Knoten innerhalb eines *xmlDokuments* zuzugreifen und es zu manipulieren.

Wenn z. B. der Parser eine Dateninsel lädt und analysiert, so wird eine Baum-Datenstruktur aus der Dateninsel generiert. Diese „Baumstruktur" ist mit Knoten bestückt, auf welche mit Skripts zugegriffen werden kann.

Wenn z. B. der Parser die untenstehende Dateninsel geladen und analysiert hat, wird ein Dokumentenobjekt generiert. Dieses kann mit der Dateninsel-ID (XML-Document), ein Objekt, das den „root"-Knoten repräsentiert und Objekte, die die übrigen Knoten in der Baumstruktur repräsentieren, angesprochen werden.

Wie wird auf **Knoten der Baumstruktur** zugegriffen?

Zugriff auf die Knoten der Baumstruktur

```
<XML ID="xmlDocument">
  <klasse>
    <student studentID="13429">
      <name>Jane Smith</name>
      <note>4</note>
    </student>
  </klasse>
</XML>
```

Zugriffsbefehle für obiges XML-Dokument

XML-Dokumentobjekt selbst:

```
xmlDocument
```

Element „**Klasse**“:

```
xmlDocument.documentElement
```

Attribut des Knotens „**studentID**“:

```
xmlDocu-
ment.documentElement.childNodes.item(0).getAt-
tribute('studentID')
```

Inhalt des Unterknotens („**name**“) von „**student**“:

```
xmlDocu-
ment.documentElement.childNodes.item(0).child-
Nodes.item(0).text
```

Inhalt des Unterknotens („**name**“) von „**note**“:

```
xmlDocu-
ment.documentElement.childNodes.item(0).child-
Nodes.item(1).text
```

usw.

Browser-Kompatibilität

Die XML-Fähigkeit der derzeit gängigen Browser ist für die kommenden Versionen geplant. Microsoft bietet bereits in der Betaversion des „MS Internet Explorer 5“ XML-Fähigkeit an.

Ausschau

Viele Firmen arbeiten daran, XML-fähige Produkte zu entwickeln und auf den Markt zu bringen. Darunter findet man nicht nur Microsoft, sondern auch andere renommierte Softwarehersteller. XML ist also keineswegs nur eine Vision, sondern vielmehr schon Realität.

XML wird mittlerweile bei SAP, wie die folgende Graphik zeigt, intensiv eingesetzt.

Abb. 4.9
Einsatzgebiete von XML im R/3-System

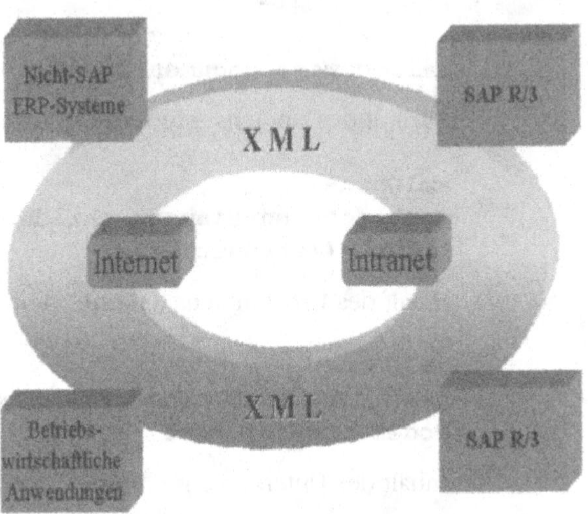

4.5 Aufbau des Internet Transaction Servers

Der Internet Transaction Server, im Folgenden ITS genannt, dient zur Anbindung von R/3-Systemen an das Internet. Er ist sozusagen die Brücke zwischen der Internet- und R/3-Technologie. Derzeit ist der ITS unter Windows NT 4.0 verfügbar. Er stellt die technische Voraussetzung für die Verwendung von Internet Application Components (IACs) dar.

Die Ansteuerung erfolgt über einen HTTP-Server, z. B. Microsoft Internet Information Server (IIS) und setzt die R/3-Transaktionen in WWW-Transaktionen um. Dies geschieht durch den Aufruf der entsprechenden IACs. Mit dem ITS wird die Transaktionsklammer bis in den Browser hinein erweitert, dies ist eine wichtige Voraussetzung um Transaktionen über das Internet von einem lokalen R/3-Arbeitsplatz aus vollständig und konsistent ausführen zu können.

Transaktions-klammer

Anfragen aus dem World Wide Web werden vom ITS an das R/3-System weitergeleitet. Dabei muss der ITS einige Managemetaufgaben wahrnehmen, z. B. Sitzungsmanagement, Login-Management. Schließlich liefert er dem Anfragenden eine HTML-Seite zurück, die mit Hilfe von bereits vorhandenen HTML-Templates generiert wurde.

Hierbei wurden für die entsprechenden Platzhalter die durch die Transaktion beschafften Daten eingesetzt. Diese Templates ermöglichen eine Unabhängigkeit vom Design und der eigentlichen Anwendungslogik.

Die ABAP/4-Anwendungen werden zwar unter Verwendung von Dynpros geschrieben, diese haben aber keinen Einfluss auf die Gestaltung der endgültigen HTML-Seite.

Subscreens

Es wird vielmehr das logische Design durch Definieren der verschiedenen Bildschirmbereiche (Subscreens) sowie der notwendigen Ein- und Ausgabefelder (Dynpro-Felder) festgelegt.

Abb. 4.10
ITS Aufbau

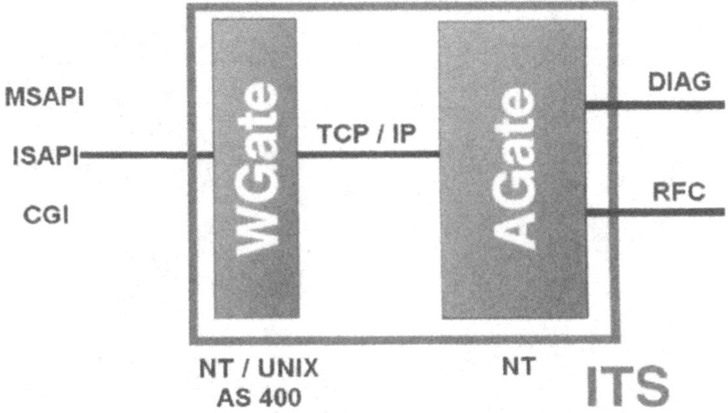

Die HTML-Templates sind reguläre HTML-Dateien, die mit speziellen Befehlen (HTML-Business) so erweitert werden, dass der ITS die Anweisungen herauslesen kann. Die Interpretation von HTML-Business-Befehlen und Makros sorgt für das dynamische Einbinden von R/3-Dynpro-Feldern in ein entsprechend vorbereitetes HTML-Template.

Der ITS ist das Gateway zwischen einem R/3-System und einem Webserver. Er teilt sich auf in zwei trennbare Hauptkomponenten, das **AGate** und das **WGate**. Beide kommunizieren über das TCP/IP-Protokoll miteinander. Der AGate-Prozess (Application Gateway) steht mit dem R/3-System über den RFC-Kanal des DIAG-Protokolls (Dynamisches Informations- und Aktions-Gateway) in Verbindung. Da auch ein normales SAPGUI gegenüber dem Applikationsserver das DIAG-Protokoll verwendet, stellt sich der ITS gegenüber einem R/3-System als normales SAPGUI-Frontend dar und hat deshalb auch das gleiche Zugriffsspektrum.

Der ITS übernimmt zusätzlich zum eigentlichen Datenaustausch eine Reihe von administrativen Aufgaben, wie z. B. das Sitzungsmanagement (Session Management) mit der Verwaltung verschiedener Systemressourcen sowie das damit verbundene Login Management.

Abb. 4.11
ITS-Anforderung

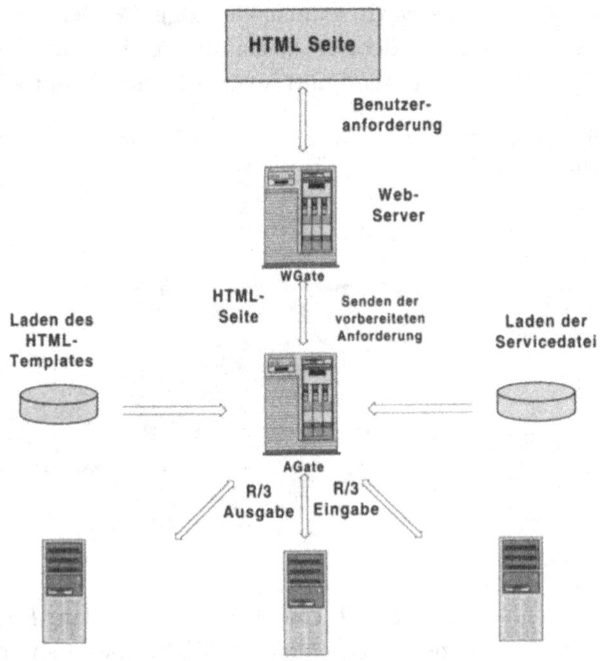

Der ITS setzt sich aus zwei trennbaren Komponenten zusammen, die auch auf unterschiedlichen Rechnern laufen können: Dem **A-Gate (Application Gateway)** und dem **W-Gate (Web Gateway**); zwischen beiden muß eine TCP/IP-Verbindung existieren. Das W-Gate bildet die Schnittstelle zum Webserver und kann als dynamische Komponente zur Laufzeit geladen werden (Dynamic Link Libary, DLL). Diese DLL´s (Wgate.dll) sind für Windows NT ab Version 4.0 nur für den Netscape Server und den Microsoft Information Server vorhanden. Allerdings ermöglicht eine vorbereitete CGI-Schnittstelle die Kommunikation mit beliebigen Webservern. In der Regel weisen aber auch CGI-Programme gegenüber dynamischen Bibliotheken schlechtere Performance-Werte auf. Für spezielle UNIX-Plattformen werden auch spezielle W-gates angeboten.

4.5.1 WGate (Web-Gate)

Um sich die beiden Komponenten besser vorstellen zu können, zunächst eine kurzer Überblick, wie eine Anfrage aus dem WWW an ein R/3-System mit Hilfe des ITS realisiert wird.

Abb. 4.11 Ablauf einer Anfrage aus dem Web

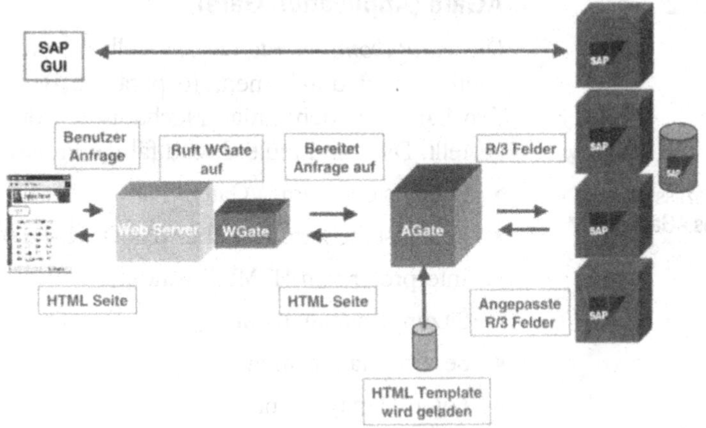

Das WGate ist das Verbindungsstück zwischen dem Webserver auf der einen und dem AGate auf der anderen Seite. Dieses Modul ist bei Verwendung von unterschiedlichen Webservern leicht austauschbar und unterstützt folgende Schnittstellen auf der HTTP-Seite:

- ISAPI (Microsoft Information Server API)
- NSAPI (Netscape Server API)
- CGI

Somit hat das WGate zwei wichtige Aufgaben:

- Schnittstelle zum HTTP-Server über eine API-Schnittstelle.
- Aufbereitung der Eingabedaten mit anschließender Weiterleitung an das AGate.

wgate.dll

Die WGate-Bibliothek wird vom verwendeten Web-Server beim Start oder beim ersten Aufruf aus einer HTML-Seite geladen. Einmal im Webserver eingebunden, leistet diese DLL (wgate.dll) den bidirektionalen Datenaustausch zwischen AGate und Web-Server. Die vom AGate zu reinen HTML-Seiten aufbereiteten Templates werden durch diese Schnittstelle zum Web-Server und von dort aus zu dem anfragenden Browser geleitet. Umgekehrt werden die ausgefüllten Dynpromasken vom Browser über den Web-Server und das WGate zum AGate geleitet.

Für jeden neu angestoßenen Service wird eine neue ITS-Sitzung erzeugt. Dies ist Aufgabe des im Folgenden beschriebenen AGate-Prozesses.

4.5.2 AGate (Application Gate)

Die *Hauptkomponente des ITS* stellt das AGate dar. Damit der sichere Zugriff durch mehrere parallele Benutzer ermöglicht werden kann, werden einige Mechanismen durch das AGate bereitgestellt. Dies sind multi-thread-fähige Prozesse (siehe Abb. 4.12):

Prozesse des AGate

- Schnittstelle zum WGate
- Schnittstelle zum R/3 über das DIAG-Protokoll
- Interpreter von HTML-Business
- Sitzungsmanagement
- Service-Management
- Login-Management
- Caching
- Administration

Abb. 4.12 Ablauf einer Anfrage aus dem Web (Thomas J. Ryan SAP Labs, Inc.)

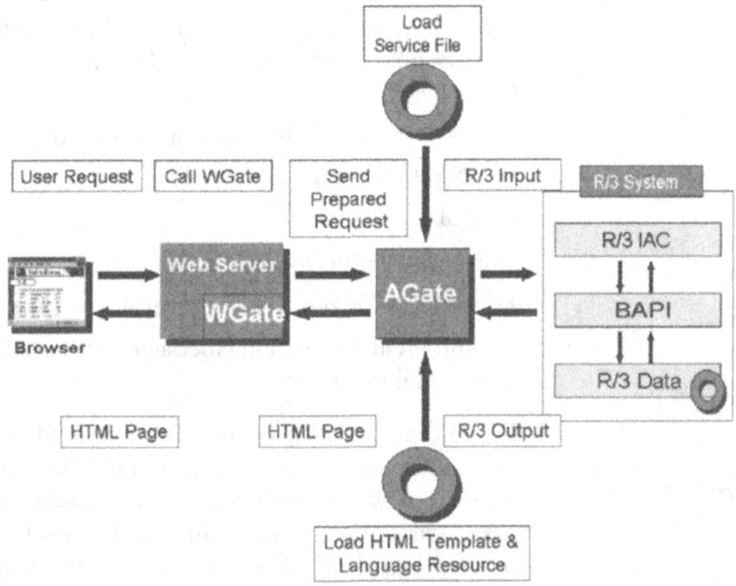

Das A-Gate (AGate.exe) bildet über das DIAG-Protokoll die Schnittstelle zum R/3-Applikationsserver und ist nur für Windows NT ab Version 4.0 verfügbar. A-Gate und W-Gate kommunizieren untereinander über das TCP/IP-Protokoll und können daher auch auf unterschiedlichen Hardwareplattformen eingesetzt werden. Dies kann insbesondere dann notwendig werden, wenn Sicherheitsmechanismen (Firewalls) eingeführt werden sollen, der Webserver auf Unix laufen soll oder aber aus Gründen der Skalierbarkeit eine Verteilung notwendig wird.

Bedeutung von HTML-Templates

Neben der eigentlichen ABAP-Transaktion bilden die zugehörigen HTML-Templates die wesentlichen Bestandteile der Internet Application Components. Fertige HTML-Dateien, so wie sie dem Anwender letztendlich präsentiert werden, wurden aus vorgefertigten HTML-Templates aufgebaut. Zur Laufzeit werden an die Stelle bestimmter Platzhalter die aktuellen Daten der R/3-Transaktion eingefügt. Zur Beschreibung dieser Platzhalter wird eine eigene Sprache verwendet, die vom ITS interpretiert werden kann und auch nur für diesen geeignet ist: **HTML**[Business]. Diese Sprache ist allerdings nur zum Einmischen von Online-Daten aus R/3 in Templates gedacht und dient nicht zur Implementierung von Applikationslogik. Die Applikationslogik verbleibt konsequent im R/3-System.

Das A-Gate interpretiert zur Laufzeit die entsprechenden Ausdrücke in den HTML-Dateien, die durch sog. Backticks (`) oder `<Server>`-Tags für ihn erkennbar werden und diese HTML-Business-Anweisungen umschließen. Diese Anweisungen sind gezielt an entsprechende Dynpros der Anwendung gerichtet, deren Daten aus den dort vorhandenen Feldern abgerufen werden. Es existiert genau eine HTML-Seite pro definiertem Dynpro bzw. seinen untergeordneten Subscreens. Das Dynpro dient sozusagen als Transportschnittstelle und dessen optische Gestaltung ist völlig belanglos. Nach dem Interpretieren wird eine fertige HTML-Seite an den Webserver zurückgeschickt.

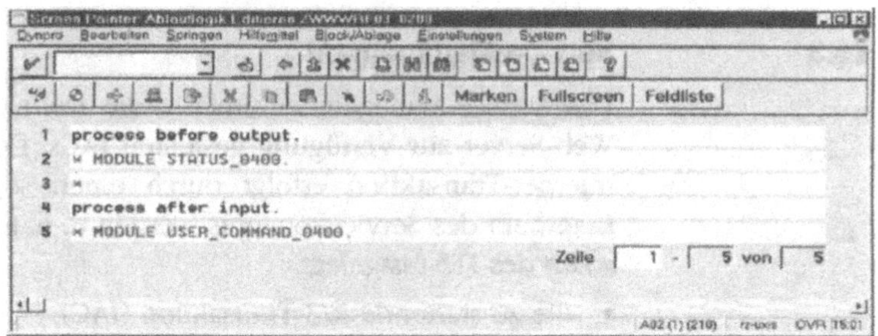

Abb. 4.13 Modifikation per Dynpro-Quellcode

Durch die Trennung der Templates auf der HTML-Seite von der eigentlichen Anwendungslogik im R/3-System, ergibt sich eine Unabhängigkeit zwischen Präsentations- und Anwendungslogik. Mit HTML-Business werden lediglich die Ein- und Ausgabefelder und deren Anordnung festgelegt. Die Bedienung der Felder verbleibt jedoch in der R/3-Transaktion.

Zur Gestaltung der Präsentation der HTML-Seite können alle bekannten Methoden zur HTML-Programmierung verwendet werden und ein sehr individuelles Erscheinungsbild ergeben.

Die Architektur des ITS zeigt einige Vorteile gegenüber anderen Vorgehensweisen der Internet-Integration des R/3-Systems:

Vorteile der ITS-Architektur

Mit dem ITS wird erstmals eine direkte Öffnung für R/3-Transaktionen zum Ablauf im Internet möglich. Obwohl Internet-Anwendungskomponenten in der Regel neu geschrieben werden müssen, nutzen sie jedoch die bewahrte und einheitliche Entwicklungsumgebung (Implementierung, Test, Debugging) des R/3-Systems. Auch die Mehrsprachigkeit des R/3-Systems kann automatisch genutzt werden.

Es findet kein bloßer Datenaustausch in eine externe Anwendung statt, da die Anwendung nach wie vor im R/3-System läuft. Dadurch ergeben sich für eine Internet-Anwendung die gleichen Qualitäten wie für eine normale R/3-Anwendung. Ein integrierter Rollback garantiert z. B. die ordnungsgemäße Ausführung oder Annullierung eines Auftrages, wenn bspw. die Übertragung gestört wurde.

Durch den direkten Zugriff auf Live-Daten des R/3-Systems sind abgefragte Daten zu jeder Zeit **aktuell**.

Das R/3-System wurde mit einigen **Sicherheitsmechanismen** zum Schutz eines unberechtigten Zugriffs auf Daten ausgestattet. Dazu gehören z. B. die Benutzerverwaltung und deren Zugriffsrechte. Diese Mechanismen stehen der Internet-Anwendung gleichermaßen zur Verfügung.

4.5.3 Service-Management

Das Service-Management umfasst die Definition der auf einem Web-Server zur Verfügung gestellten IACs. Der Aufruf einer R/3-Internet-Transaktion erfolgt durch einen sogenannten Service. Innerhalb des Servicekonzepts werden u. a. folgende Systemvariablen des ITS festgelegt:

- die zu startende R/3-Transaktion (IAC);

Systemvariablen

- R/3-System, das die Transaktion starten soll;
- Anmelde-Mandant;
- Anmeldenamen;
- Passwort;
- Sprache;
- Timeout;
- Theme.

Unter dem **Theme-Parameter** können unterschiedliche visuelle Ausprägungen von IACs verwaltet werden.

Sprachkennung

Die Sprachkennung steuert die Sprache des Dialogs mit dem Endanwender. Bei einer Internet-Anwendung müssen zusätzlich zu den HTML-Templates die dazugehörigen Sprachressourcen auf der ITS-Seite gepflegt werden oder die zur Transaktion gehörenden Templates in den betreffenden Sprachen jeweils einmal vorhanden sein.

Die Angabe des R/3-Systems sowie des Transaktionscodes ist zwingend erforderlich, da der ITS sonst den Service mit einer Fehlermeldung beendet.

Parameter der Services

Das AGate kennt globale und servicespezifische Parameter. Die globalen Parameter werden grundsätzlich von den servicespezifischen überschrieben. Die Parameter der Services werden in Dateien mit der Endung SRVC gespeichert. Der Aufruf *http://www.webserver.de/scripts/wgate.dll?Service=WW10* verwendet die in der Datei *WW10.SRVC* angegebene Internet Application Component.

Login-Management

Wurden die Serviceparameter Mandant, Anmeldename und Passwort definiert, führt das AGate automatisch den am R/3-System notwendigen Anmeldevorgang aus. Fehlt einer oder mehrere der genannten Parameter, so wird im Web-Browser ein Anmeldebildschirm gezeigt, der zur Eingabe der fehlenden Information auffordert.

Sitzungs-Management

Mit Hilfe des Sitzungs-Managements (Session-Management) wird die Transaktionsklammer bis in den Web-Browser gelegt. Zu Beginn einer ITS-Sitzung wird vom AGate-Prozess ein **Cookie** an den Web-Browser gesendet, der es ermöglicht, eine zwischendurch unterbrochene Sitzung wiederzuerkennen. Da der Cookie nur im flüchtigen Speicher gehalten wird, ist nach der Beendigung des Web-Browsers die Internet-Sitzung unwiderruflich verloren.

Erfolgt in einer vorher durch den Timeout-Parameter festgelegten Zeit keine Benutzeraktion, wird die offene R/3- und ITS-Sitzung ebenfalls beendet.

Caching

Um das Antwortverhalten des ITS zu verbessern, werden vorverarbeitete Templates und Servicedateien im Arbeitsspeicher des AGate vorgehalten. Bei einem Service-Aufruf müssen die erforderlichen Daten nicht erst von der Festplatte gelesen werden. Der Vorgang wird Server-Side-Caching genannt. Die Cache-Grösse kann bei Windows NT-Systemen in der Registry eingestellt werden.

Wie aus Abbildung 4.14 zu entnehmen ist, kommuniziert der Client mit dem Webserver über das sichere HTTP-Secure. Die Verbindung Webserver/Wgate erfolgt entweder über spezielle **APIs** oder über das weit verbreitete **CGI** (Common Gateway Interface).

Abb. 4.14 Protokolle (Yan Sun, Thomas J. Ryan, SAP Labs, Inc.)

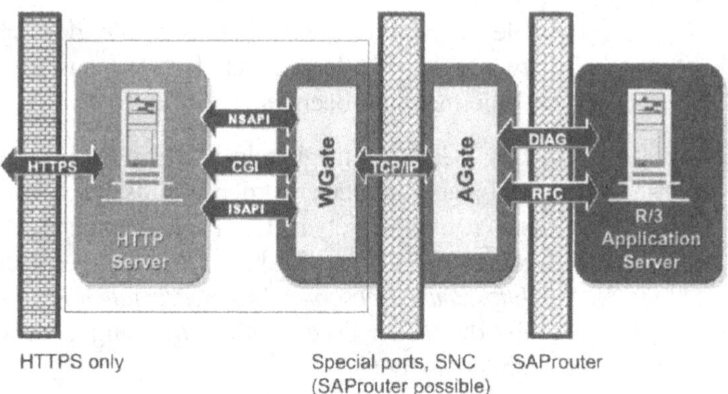

Durch das **TCP/IP-Protokoll** zwischen W-Gate und A-Gate ist es leicht möglich die beiden Komponenten auf verschiedenen Rechnern zu installieren. Das AGate setzt schließlich das DIAG-Protokoll ein, um Informationen vom R/3-System zu erhalten.

Administration

Die während einer Internet-Sitzung verwendeten Threads und benötigten Systemressourcen müssen erzeugt, beendet und überwacht werden. Es wird somit eine zentrale Administrationsfunktion benötigt, um bei dieser Art von komplexen dynamischen Aufgaben jederzeit die Lauffähigkeit zu gewährleisten.

Interpreter von HTML-Business

Eine der Hauptaufgaben des AGate besteht darin, die Daten des R/3-Systems in das HTML-Format zu konvertieren. Umgekehrt müssen die Daten aus dem WWW vom HTML-Format in das R/3-System mit Hilfe des DIAG-Protokolls eingespeist werden. Der HTML-Business-Befehlssatz ist ein proprietärer Befehlssatz, der keinem Standard entspricht. Die HTML-Business-Kommandos in den Templates dienen ausschliesslich dem AGate-Prozess zur Identifikation der Daten, sie werden weder in das WWW noch in das R/3-System weitergeleitet.

4.5.4 Sicherheitsaspekte

Neben der Datensicherheit (Schutz vor Datenverlust) wird im Internet besonders die Zugriffsicherheit und der Schutz vor Einbruch in externe Netze vorangestellt. Mit der Öffnung des R/3-Systems zum Internet ergibt sich selbstverständlich ein erhöhtes Risiko, wenn nicht entsprechende Maßnahmen ergriffen werden. Durch die vollständige Verwendung des R/3-Systems können auch im Internet alle Mechanismen zum Schutze vor unerlaubtem Zugriff übernommen werden, die das R/3-System ohnehin bietet. Dazu zählt insbesondere das User- und Login-Management. Dazu kommen weitere Mechanismen zum expliziten Schutz vor Eindringlingen aus dem Internet in interne Netze.

Dafür sind **Firewalls** vorgesehen. Für die Vertraulichkeit unternehmenskritischer Daten, die über öffentliche Netze gehen, ist der Einsatz spezieller Verschlüsselungen empfehlenswert.

Durch die Architektur des ITS können an zwei besonderen Stellen Firewalls eingesetzt werden. Dies bedingt eine getrennte Installation von A-Gate und W-Gate auf zwei unterschiedlichen Plattformen. Aus Sicherheitsgründen sollte die Installation immer getrennt erfolgen. Dies bringt auch Vorteile in der nachträglichen Skalierungsmöglichkeit.

Abb. 4.15 Web-Server-Sicherheit und Netzwerksicherheit

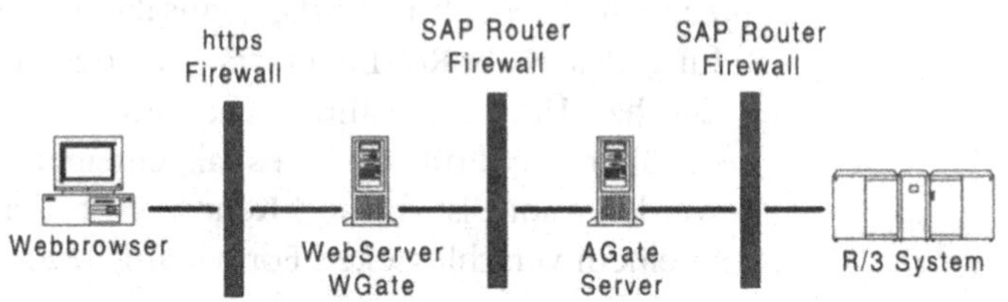

Die erste Firewall wird direkt vor dem Webserver eingestellt, so dass nur Anfragen über den zugeordneten HTTP-Port des Web-Servers aufgenommen werden können.

Eine zweite Firewall schützt den Datenverkehr zwischen W-Gate und A-Gate. Sie wird so konfiguriert, dass nur die Protokolle zwischen beiden Prozessen verkehren dürfen. Die Service-Beschreibungen müssen ganz besonders vor unkontrolliertem Zugriff geschützt werden, da sie zahlreiche Systeminformationen enthalten.

Die Übertragung von vertraulichen Daten über das öffentliche Internet verläuft über unbekannte Wege und Knotenpunkte, die nicht kontrollierbar sind. Ein „Mithören" ist dort theoretisch möglich. Zur Unterbindung empfiehlt sich die Verschlüsselung der Übertragung zwischen dem Web-Browser und dem Web-Server über das SSL-Protokoll (Secure Socket Layer). Das Protokoll sorgt für die eigentliche Verschlüsselung der Daten und überwacht auch die Korrektheit der überbrachten Daten; außerdem bietet es die Möglichkeit zur Authentifizierung.

Die Authentifizierung wird über verteilte Zertifikate gelöst, die von Zertifizierungsstellen ausgegeben werden. Nur mit solch einem Zertifikat kann das SSL-Protokoll eingesetzt werden.

4.5.5 Benutzerauthentisierung und Berechtigungen

Der Internet Transaction Server unterstützt die Authentisierung von Benutzern sowohl auf der Ebene des R/3-Systems als auch auf Anwendungsebene.

Auf Anwendungsebene unterstützt der SAP ITS die Authentisierung von Benutzerinformationen, wie z. B. bei einem Einkaufsvorgang durch Prüfung von Kreditkarte und Adresse des Karteninhabers in einem „Consumer to Business"-Szenario. Damit der Benutzer hier ohne persönlichen Benutzernamen und Kennwort auf die Transaktion im R/3-System zugreifen kann, kann der SAP ITS Standard-Anmeldeinformationen auf dem A-Gate in einer globalen Servicedatei speichern. Jeder, der versucht diesen Service zu benutzen, kann zwar auf die entsprechenden Funktionen zugreifen, jedoch nicht die Transaktion abschließen, bis die Prüfung des Nicht-R/3-Benutzers und dessen Kennwort stattgefunden hat. Um zu gewährleisten, dass nur auf den speziellen Service über die Prüfung eines allgemeinen Benutzers zugegriffen werden kann, ist das R/3-Kennwort in der globalen Servicedatei in einem verschlüsselten Format abgelegt.

Es wird somit verhindert, dass bei gefährdeter Sicherheit der globalen Servicedatei die Anmeldeinformationen anderswo verwendet werden. Der SAP ITS speichert keine dieser Dateien auf dem Web-Server, da dieser über wenige Sicherheitsmechanismen verfügt als das System, auf dem das A-Gate ausgeführt wird.

In Szenarien wie „SAP Employee Self-Service", E-Commerce-Lösung, „SAP Business-to-Business Procurement" und „SAP Online Store" verwendet die SAP nicht nur den R/3-Benutzer und das Kennwort für eine sichere Authentisierung, sondern bietet auch funktionsspezifische Berechtigungen, um unerlaubten Zugriff auf sensible Transaktionen zu verhindern.

Die Berechtigungsobjekte sind in den Internet-Anwendungskomponenten eingebettet, so dass alle Benutzer, die versuchen eine spezielle Funktion auszuführen, in der Berechtigungsprüfung mit ihrem Benutzerprofil verglichen werden. Der Vorteil des Standard-Berechtigungssystems von R/3 besteht darin, dass jeder Zugriff auf Daten und Geschäftsprozesse des R/3-Systems zentral über die R/3-Benutzerprofile koordiniert werden kann.

Ab R/3-Release 4.5 unterstützt der SAP ITS auch X.509-Zertifikate. Ein auf dem Browser installiertes X.509-Zertifikat prüft die Identität eines Benutzers, der dann nicht aufgefordert werden muss, einen SAP-Benutzernamen oder ein Kennwort einzugeben. Durch dieses Verfahren wird die Zuordnung von SAP-Benutzernamen und Kennwörtern überflüssig.

4.5.6 Skalierbarkeit und Skalierung

Für den erfolgreichen Einsatz des ITS ist die Erhaltung der Performanz des bestehenden R/3-Systems von entscheidender Bedeutung. Das R/3-System wird durch die neuen Applikationen zusätzlich belastet und darf weder beim normalen Betrieb noch bei den neuen Anwendungen zu unzufriedenstellenden Antwortzeiten führen. Daher ist es besonders wichtig, schon frühzeitig an das zu erwartende Datenaufkommen zu denken und Maßnahmen zur Skalierung bereitzuhalten, um reibungslos die Kapazität des Gesamtsystems erweitern zu können. Unter der Verwendung des ITS bietet die Multi-Thread-Architektur des R/3-Systems eine gute Grundlage zur Skalierung der einzelnen Systemkomponenten an.

Durch die Multi-Thread-Architektur kann das R/3-System sowie auch der ITS sehr variabel skaliert werden, um sich den Systemanforderungen möglichst gut anzupassen.

Abb. 4.16
ITS-Skalierung

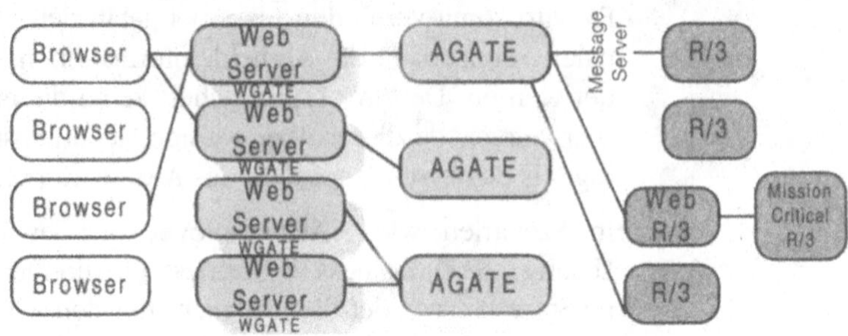

Die herkömmlichen Möglichkeiten zur Skalierung eines R/3-Systems können nun um weitere Verfahren zur Skalierung der ITS-Umgebung ergänzt werden. Web-Server, W-Gate, A-Gate und R/3-System sind die Systemeinheiten, die bei der Skalierung zur Verfügung stehen. Durch die Kombination dieser Elemente kann theoretisch beliebig skaliert werden. Die HTML-Links zum Startaufruf von verschiedenen Transaktionen können innerhalb einer HTML-Seite auf verschiedene Server zeigen und damit die Auslastung der Web-Server und des A-Gate verteilen. Grundlage für eine gute Skalierbarkeit des ITS ist die Verwendung des DIAG-Kommunikationskanal. Dadurch verhält sich ein A-Gate zum R/3-System wie ein SAPGUI und es wird die Skalierbarkeit des R/3-System vollständig für den ITS-Einsatz nutzbar.

4.5.7 Installation des Internet Transaction Servers

Die hier besprochene Installation bezieht sich auf die Version 2.2 oder höher des Internet Transaction Servers (ITS). Als Installationsplattform dient Microsoft Windows NT 4.0 (ab Service Pack 3) mit dem Internet Information Server, kurz IIS (ab Version 3.0) als Web-Server. Für die Verbindung zu einem R/3-System muss ein Release Version 3.0D oder höher installiert sein.

Vorraussetzungen für eine Installation

Für eine Installation sind nachfolgende Hard- und Softwareanforderungen zu berücksichtigen:

- Prozessor: ab Pentium 133, PII/PIII empfohlen
- Plattenplatz: ca. 1 GB
- RAM: ab 64 MB
- System: Windows NT 4.0 Server
- UserAccounts: Admin und Benutzer für ITS
- WebServer: MS IIS V. 3.0, NS Enterprise oder ein anderer Webserver, der CGI beherrscht.

Vorbereiten der Installation

Folgende Punkte müssen **vor der Installation** der ITS-Software unbedingt erfüllt werden:

- Im R/3-System muss ein Mandant sowie ein Benutzer vorhanden sein.
- Der Web-Server muss einen Benutzer haben, der Gastrechte besitzt (nicht Administrator!).
- Anlegen eines ITS Administrator Accounts unter Windows NT. Als Username kommt *itsadmin* in Frage, ist aber nicht zwingend notwendig.
- Außerdem muss noch eine ITS User Group angelegt werden. Diese sollte eine globale Gruppe sein. Als Gruppenname wird *itsusers* empfohlen, dies ist aber ebenfalls nicht zwingend.

Danach sind noch Benutzer zu der ITS User Group hinzuzufügen.

Installation

Abhängig von den Anforderungen an das zukünftige System kann man bereits am Anfang der Installation festlegen, ob man eine *Single-Host-* oder *Dual-Host-*Installation durchführen will.

Die **Single-Host-Installation** ist eigentlich für Testzwecke und Entwicklungsumgebungen gedacht, da man hierbei alle Komponenten des ITS auf dem Rechner installiert, auf dem bereits der Web-Server läuft. Diese Installation ist weniger sicher als eine Dual-Host-Installation, da hierbei keine Firewall zwischen AGate und WGate installiert werden kann. Für sehr kleine und weniger sensible Anwendungen kommt sie aber dennoch in Frage, da man nicht zwei Rechner für das System benötigt.

Die **Dual-Host-Installation** hingegen ist zweigeteilt: Man installiert auf einem Rechner das AGate zur Anbindung an das R/3-System und auf einem anderen Rechner das WGate, das auf den dort befindlichen Web-Server zugreift und die Anbindung an das WWW sicherstellt.

Die Konfigurationseinstellungen bei beiden Installationsarten unterscheiden sich aber nur marginal. Im Folgenden wird auf einige Besonderheiten der Installation eingegangen:

- **Instanzen auswählen**

  Virtuelle Instanz

  Ab Version 2.0 des ITS ist es möglich, mehrere Internet Transaktion Server auf einem Rechner zu installieren und zu betreiben (virtuelle Instanz). Als Name jeder Instanz sollte der Name des R/3-Systems gewählt werden, z. B. *P30*. Dies gilt auch, wenn nur ein ITS und ein R/3-System vorhanden sind.

- **Web-Einstellungen**
  Bei den nächsten Installationsschritten werden einige Details zum Web-Server abgefragt. Hier legt man den verwendeten Server fest und gibt seine URL ein. Hier kann man auch den Port spezifizieren, den das HTTPS-Protokoll für sicheren Zugriff verwenden soll (Standard ist 443).

- **Software-Packages**
  Danach folgt die Auswahl der Software-Packages. Diese enthalten bereits vorgefertigte IACs, Templates etc. Es ist darauf zu achten, dass man das zum eingesetzten R/3-System passende Package auswählt. Weitere Packages mit zusätzlichen IACs kann man bei den SAP Labs (*www.saplabs.com*) beziehen und auch nachträglich noch hinzufügen.

- **R/3-Einstellungen**
  Bei der Konfiguration des R/3-Login muss darauf geachtet werden, dass der System-Name der gleiche ist, wie der, den man beim Einrichten der virtuellen Instanz vergeben hat. Für ein Entwicklungssystem oder eine kleine Anwendung reicht die Installation als *Single Application Server* aus. Wird bereits im R/3-System Load-Balancing genutzt, so lässt sich hier der entsprechende Message-Server eintragen. Der ITS benutzt dann diesen, um eine gleichmässige Lastverteilung auf allen R/3-Systemen zu erreichen, indem er den Zugriff auf mehrere Application Server verteilt. Als Message-Server trägt man den Hostnamen gemäss seinem DNS oder SAP Router-Eintrags ein. Der Port muss nur angegeben werden, wenn kein SAP Router installiert ist.

Abb. 4.17
ITS-Administrator und User Accounts

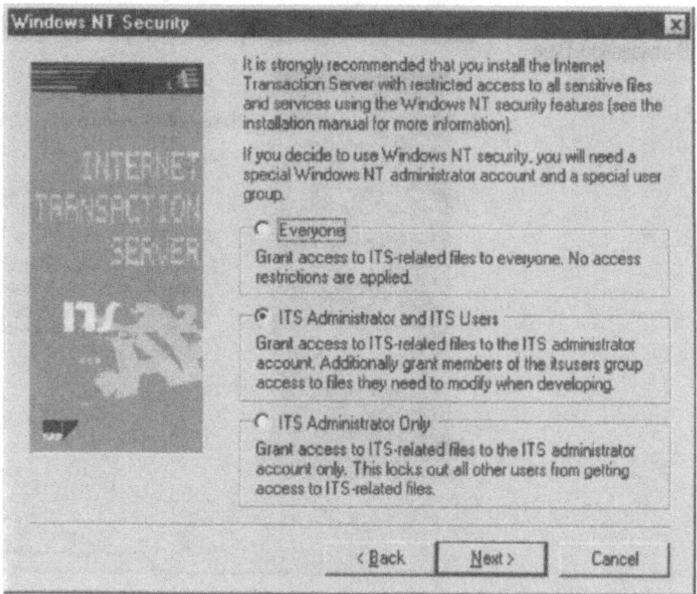

Danach folgen Einstellungen zur Zugriffsberechtigung und zum ITS Administrator Account. Bei letzterem ist darauf zu achten, dass der „Internet Benutzer", der zuvor unter dem Web-Server angelegt wurde, nur Gast- und keinesfalls Administratorrechte hat. Dieser Internet Benutzer wird als „Web Server Account" eingetragen.

- **Abschluss der Installation**
  Nachdem alle Einstellungen getroffen sind, installiert sich das ITS-Software-Packet als Windows NT Dienst.

4.5.8 ITS - Administration

Seit der Version 2.2 bietet der Internet Transaction Server ein HTML-basierende Administrationstool. Damit ist es erstmals möglich, alle anfallenden Arbeiten am ITS unter einer grafischen Oberfläche durchzuführen.

Abb. 4.18
ITS Installation-Type

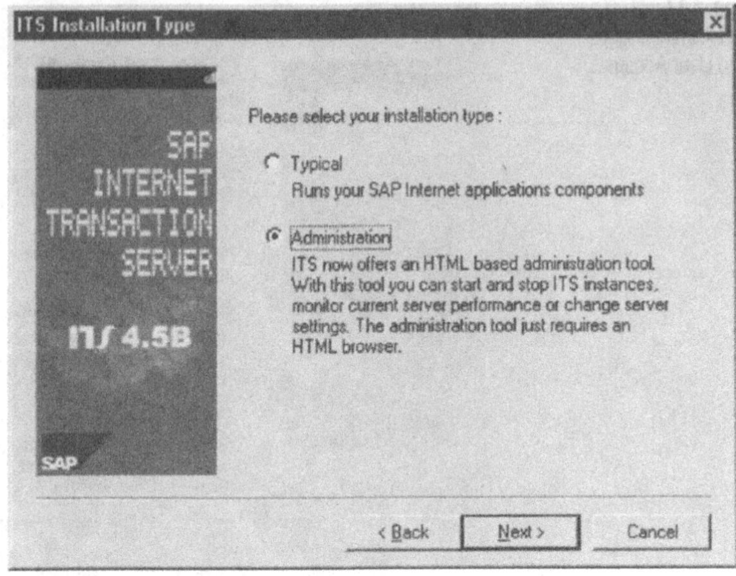

Installation

Um das Modul zu installieren (siehe Kap. 4.5.7), wird eine zusätzliche Instanz (Menüpunkt *Administration*) benötigt. Alle erforderlichen IAC's und Komponenten werden automatisch hinzugefügt.

Bisher wurde die Administration ausschließlich von der Kommandozeile aus durchgeführt; dazu zählen Kommandos, wie z. B.:

„C:\itsvcontrol /v ADM /c stop"

Starten der Administrationsumgebung

Der Aufruf der *Administrationsumgebung* erfolgt im Browser mit folgender Syntax:

http://its.fh-konstanz.de:1080/scripts/wgate.dll/admin/!

Jetzt gelangt man zur Startseite des Tools:

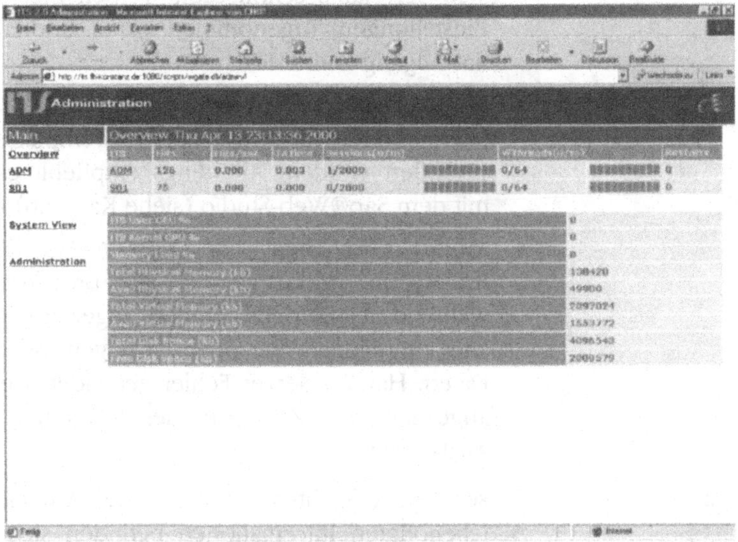

Abb. 4.19
Administrationsumgebung des ITS

Auf der Startseite werden alle installierten Instanzen aufgelistet (hier: ADM und S01). In der Administrationsumgebung kann man z. B. einzelne Instanzen anhalten oder neu starten, Speicherzuordnungen ändern, Zugriffsrechte einschränken oder erweitern und nützliche Informationen über den Server erhalten. Der Zugriff auf dieses Tool kann von überall aus geschehen (Intranet oder Internet). Die Logfiles können ebenso wie installierte Services oder Templates angezeigt werden.

Module

Im Folgenden werden die wichtigsten Module kurz angesprochen:

- **Modul „Control"**
  Alle Instanzen werden mit ihrem Status angezeigt. Der ITS kann hier gestartet, angehalten oder neu gestartet werden.
- **Modul „Performance"**
  Hier kann nichts verändert werden. Es werden lediglich Informationen über Zugriffe, Speicher- und CPU-Ausnutzung angezeigt.
- **Modul „Configuration"**
  Dies ist das wichtigste Modul des Administrationstools. Hier können alle relevanten Daten des R/3-Systems eingesehen und verändert werden (wie z. B. Adresse, Anmeldename oder Messageserver).

- **Modul „Security"**
  Wie der Name schon sagt, werden hier sicherheitsrelevante Einstellungen vorgenommen, wie z. B. die Zugriffsrechte (wer hat Zugang zum ITS?).
- **Modul „View Template"**
  Hier können die installierten Templates angesehen und verändert werden. Allerdings empfiehlt es sich, dies besser mit dem Sap@Web-Studio (siehe Kap. 4.6) zu machen.
- **Modul „View Logs"**
  Im letzten Modul werden alle protokollierten Daten, die während des Betriebs anfallen, angezeigt. Man kann entweder alle zugreifenen Personen anzeigen oder die abgerufenen Daten. Hat der Server Fehler gemeldet, werden diese ebenso angezeigt, wie Zeitpunkt des Starts und der Laufzeit und Auslastung.

Fazit

Dieses Tool erleichtert die Arbeit des Administrators ungemein. Alle benötigten Informationen befinden sich unter einer übersichtlichen Oberfläche. Ein weiterer Vorteil ist die Verfügbarkeit des Systems: Von überall aus (wenn nicht gesperrt!) kann man zugreifen. Fernwartungen sind daher sehr leicht möglich.

4.6 SAP@Web Studio

Für den SAP Internet Transaction Server stellt SAP das SAP@Web Studio zur Verfügung, das es erlaubt, wichtige Dateien für IACs auf einfache und übersichtliche Weise zu erstellen und zu verwalten.

Abb. 4.20 SAP@WebStudio

Das SAP@WebStudio im Überblick

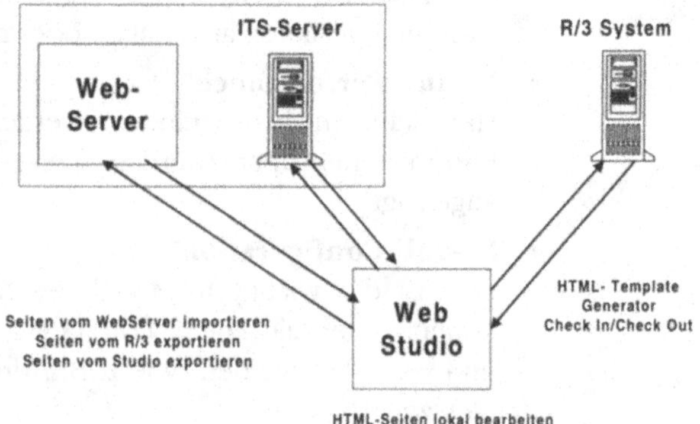

Diese Dateien werden außerhalb des R/3-System im Dateisystem auf dem Webserver oder einem per Netzwerk verbundenen Windows NT Rechner abgelegt. Nach der Erstellung und Modifizierung dieser Dateien kann sie das SAP@Web Studio in das R/3-System importieren. Dies hat den Vorteil, dass jeder Entwickler die neuesten Daten aus dem R/3-System in den Rechner importieren kann und er erkennt, welche Dateien gerade von anderen Entwicklern bearbeitet werden. Genauere Informationen sind in dem Kapitel 4.6.5 „Check In/Check Out-Funktion" zu finden. Für Entwickler ist das SAP@Web Studio unentbehrlich.

Aufgaben

Die Aufgaben des SAP@Web Studios bestehen hauptsächlich aus der **automatischen Generierung** von HTML-Templates durch einen Remoteaufruf einer R/3-Anwendung, von Services und der Überspielung der Webobjekte auf den Webserver. Die generierten Webobjekte können durch das SAP@Web Studio den jeweiligen Anforderungen angepasst werden.

4.6.1 Services

Der Begriff Service kennzeichnet eine Internet-Anwendung. Außerhalb des R/3-Systems werden Anwendungen nicht durch einen R/3-Transaktionscode, sondern durch einen Servicenamen bezeichnet. Dieser Name kann bis zu 14 Zeichen lang sein. Der Servicename dient auch innerhalb des R/3-Systems zur Identifikation der diversen Objekte einer Internet-Anwendung. Aus diesem Grund sind die SAP-Richtlinien zur Namensgebung zu berücksichtigen. In Kundensystemen müssen Servicenamen daher mit den Buchstaben Y oder Z beginnen.

Globale Servicebeschreibungen

Für die Anmeldung an einem R/3-System benötigt der ITS eine Reihe von Informationen, z. B. Name des SAP-Systems, Login-Daten. In der globalen Servicebeschreibung werden derartige Daten abgelegt, die unabhängig von einem speziellen Service sein sollen. Die globale Servicedatei wird bei der Installation des Web-Server erzeugt. Sie kann manuell geändert werden, das sollte dem Systemverwalter vorbehalten bleiben.

Individuelle Servicebeschreibungen

Für jede R/3-Anwendung, die über das Web aufgerufen werden soll, ist eine sog. Service-Beschreibung anzulegen. In dieser Datei stehen einige Parameter, die der ITS zum Aufruf des R/3-Transaktion benötigt. Eine Servicedatei ist unbedingt erforderlich, da nur in der Servicedatei der Name der aufzurufenden SAP-Transaktion steht. Parameter in dieser Datei überschreiben die Einstellungen in der globalen Servicedatei.

Eine Servicedatei wird vom Web-Studio immer dann angelegt, wenn mit dem Studio ein neuer Service erzeugt wird. Dabei werden die erforderlichen Einträge vom Nutzer erfragt oder automatisch ermittelt. Servicedateien können bei Bedarf vom Entwickler manuell überarbeitet werden.

4.6.2 Templates

System-Templates

System-Templates sind vorgefertigte HTML-Templates, die zur Ausgabe von:

- Fehlern in der Verarbeitung im R/3 System,
- Verbindungsfehlern und
- mangelhaften Angaben der Serviceinformationen

dienen. Es existieren zwei Sätze von System-Templates, von denen ein Satz unverändert bleiben muss. Der andere Satz kann vom Kunden in puncto Sprachen und Darstellung angepasst werden. Durch Parametereinstellung wird festgelegt, welche Templates genutzt werden sollen.

Anwendungs-Templates

Templates sind HTML-Seiten, die Aufschluss darüber geben, welche R/3-Daten an welcher Stelle des Dokuments eingepflegt werden sollen. Diese HTML-Seiten enthalten zusätzliche Angaben über die Positionierung der R/3 Daten. Jedes Template korrespondiert mit einen bestimmten Dynpro der entsprechenden R/3-Anwendung. In Anwendungs-Templates können auch Sprachressourcen oder Themes enthalten sein. Ein Anwendungs-Template gehört immer zu einem bestimmten Service und wird während der Entwicklung sehr häufig geändert.

Die generierten Anwendungs-Templates werden durch unterschiedlichen Methoden angepasst.

Themes

Durch Angabe eines Theme kann auf eine von mehreren Gestaltungsversionen eines Services Bezug genommen werden. Die Unterschiede sind dabei rein optischer Natur, die Funktionalität an sich ist mit dem Service festgelegt. Der Theme ist ein zweistelliger Bezeichner.

4.6.3 Anzeige unterschiedlicher Sprachen

Das R/3-System ermöglicht es, unterschiedliche Sprachversionen darzustellen. Diese Eigenschaft ist im Hinblick auf das Internet ein wichtiger Faktor. Das SAP@Web Studio bietet zwei Varianten an, wenn unterschiedliche Sprachversionen darzustellen sind.

Sprachenabhängige Templates

Sprachenabhängige Templates enthalten beliebige sprachenabhängige Objekte. Um die Templates einer Sprache zuordnen zu können, enthalten ihre Namen ein entsprechendes Sprachenkürzel. Derartige Templates werden von IST benutzt, wenn er keine Sprachressource vorfindet.

Sprachenunabhängige Templates

Templates sollen nach Möglichkeit sprachenabhängig sein. Das bedeutet, dass keine fest kodierten Texte oder URLs auf sprachenabhängige Objekte im Template enthalten sind. Alle von der Sprache abhängigen Objekte sind in entsprechende Sprachressourcen zu verlagern. Im Template befinden sich dann nur Platzhalter für die verschiedenen Objekte. Da diese Platzhalter vom ITS ersetzt werden, können sie für nahezu alle HTML-Objekte benutzt werden. Der ITS sucht bei der Ausführung einer Anwendung zunächst nach einer Sprachressource für die jeweilige Sprache. Findet er eine solche Ressource, so benutzt er im weiteren Verlauf sprachenabhängige Templates. Diese enthalten kein Sprachenkürzel im Namen. Nur wenn der IST keine passende Sprachressource findet, so erwartet er sprachenabhängige Templates.

Web-RFC

Als weitere Möglichkeit kann das SAP@Web Studio über den RFC-Kanal spezielle RFC-Funktionsbausteine im R/3-System aufrufen. Der ITS leitet die Daten aus dem RFC-Kanal direkt an den Webserver weiter. Die Funktionsbausteine müssen eine HTML-Seite oder ein Binärobjekt versenden, da der ITS die Daten aus diesem Kanal nicht bearbeitet.

Binärobjekte

Zu einer Web-Anwendung gehören auch Grafiken, Sound-Dateien und ggf. weitere Objekte. Diese Objekte haben keinen direkten Einfluss auf die Arbeit des ITS. Sie befinden sich auch nicht im ITS-Verzeichnis, sondern in einem Unterverzeichnis des Webservers. Da sie aber zumindest logisch zu einer Internet-Anwendung gehören und eigenen Anforderungen des ITS bezüglich der Abhängigkeit von einer Sprache oder einem Theme genügen müssen, werden auch diese Elemente durch Ablage in einem dafür vorgesehenen Verzeichnisbaum einer Internet-Anwendung zugeordnet. Innerhalb der Templates kann durch eine spezielle HTML-Business-Funktion die korrekte URL für eine Binärdatei bereitgestellt werden.

HTML Business

Datenaustausch zwischen Web und R/3

Die HTML-Templates enthalten zusätzliche Meta-Anweisungen. Diese Kommandos gehören nicht zum HTML-Standard und werden daher auch nicht von den Webbrowsern ausgewertet. Sie steuern lediglich die Arbeit des ITS. In den Seiten, die vom Server an den Browser geschickt werden, sind keine Meta-Anweisungen enthalten.

4.6.4 Source Control

Die Source Control ist ein weiterer wichtiger Bestandteil des SAP@Web Studios. Sie ist die Schnittstelle zur Kommunikation mit dem **Korrektur- und Transportwesen (KTW)** im R/3-System.

Abb. 4.21
Source Control

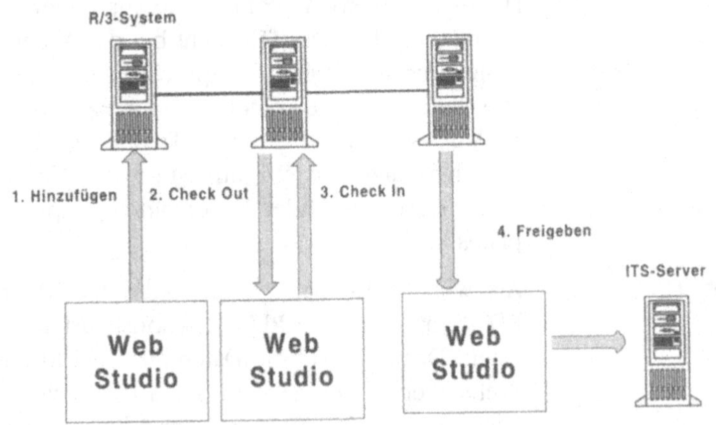

Durch die Source Control können Service, HTML-Templates und Sprachressourcen im R/3-System als Webobjekte gespeichert werden. Des Weiteren ist durch die Source Control eine Check In-/Check Out–Funktionalität für die Webobjekte möglich.

4.6.5 Check In-/Check Out-Funktion

Die Check In-/Check Out-Funktion ermöglicht es, Webobjekte vor der gleichzeitigen Bearbeitung durch unterschiedliche Entwickler zu schützen. Mit der Check Out-Funktion werden ein oder mehrere Webobjekte aus dem R/3-System geladen und durch einen Flag gesperrt. Nur der Entwickler, der die Check Out-Funktion angewendet hat, kann die Webobjekte bearbeiten. Nach der Bearbeitung werden, mit Hilfe der Check In-Funktion, die Webobjekte wieder zurück in das R/3-System geladen und dort gespeichert. Der Flag wird wieder zurückgesetzt, so können andere Entwickler diese Webobjekte bearbeiten.

Sperren von Webobjekten

Nur der Entwickler, der die Webobjekte gesperrt hat, kann sie auch wieder freigeben.

Neben dem Schutz vor Mehrfachbearbeitung ist der Anschluss an das Korrektur- und Transportwesen (KTW) zu realisieren. Alle vorhandenen Objekte, die aus dem R/3-System zur Bearbeitung auf einen lokalen Rechner geladen werden sollen, müssen auf einer offenen Korrektur oder Reparatur stehen. Bevor ein Check Out möglich ist, müssen die zu bearbeitenden Web-Objekte im R/3-System mit einer speziellen Transaktion (SMW0) auf eine offene Korrektur geschrieben werden. Falls keine existiert, wird sie durch diese Transaktion angelegt.

Während der Erstellung einer Anwendung werden einige Objekte außerhalb des R/3-Systems angelegt. Für diese Objekte existiert noch kein Original im R/3-System. Nach dem Test der Anwendung müssen diese Objekte in das R/3-System transportiert werden. Da diese Objekte noch nicht im R/3-System vorhanden sind, können sie ohne Vorbedingungen in das R3/-System geladen werden. Im R/3-System ist dann wieder die Transaktion SMW0 zur Pflege der Web-Objekte aufzurufen. Mit einer speziellen Menüfunktion werden alle neuen Objekte angezeigt, die dann ebenfalls auf eine Korrektur geschrieben werden müssen. Bei diesem Vorgang legt das KTW für jedes neue Objekt einen TADIR-Eintrag an. Nach dem Eintrag wird das Flag, das das neue Objekt kennzeichnet, zurückgesetzt. Neue Objekte können nach dem Check In auch wieder ausgecheckt werden, ohne dass sie auf einer offenen Korrektur stehen müssen.

4.6.6 Bedienungsoberfläche des SAP@Web Studios

Das Studio besteht aus drei Teilfenstern. Für das linke Fenster kann mittels dreier Tab-Reiter eine spezielle Sicht auf Projekte oder IACs eingestellt werden. In der Einstellung *IAC View* sieht man zum aktuellen Projekt gehörende Services sowie alle statischen Elemente dieser Projekte. Einen Überblick über alle Dateien, die zu einem Projekt gehören, gestattet der Reiter *FILE VIEW*. Er bildet die Verzeichnisstruktur des Unterverzeichnisses ab, in dem die zum Projekt gehörenden Dateien gespeichert sind. Der dritte Reiter *SOURCE CONTROL* zeigt alle Services an, die in einem R/3-System existieren und gestattet es, Dateien aus dem R/3-System zwecks Bearbeitung auszuchecken und nach der Bearbeitung wieder in R/3 einzuchecken. In diesem Fenster können Objekte mit einem Mausklick markiert werden. Mit einem Klick auf die rechte Maustaste wird ein Kontextmenü aufgerufen, das

Funktionen anbietet, die sich auf das vorher markierte Objekt beziehen.

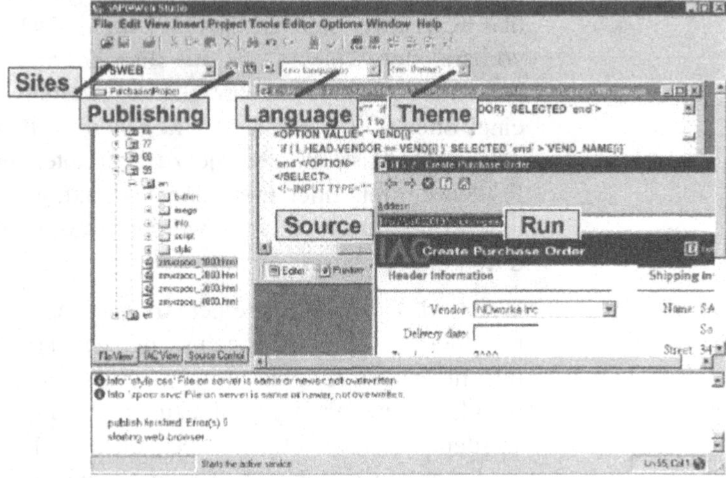

Abb. 4.22 Benutzeroberfläche des SAP@Web Studios

Das rechte Fenster des Studios stellt Dateiinhalte dar. In diesem Bereich können mehrere kleinere Fenster erscheinen, die jeweils den Zugriff auf eine Datei ermöglichen, wobei nur Service-Beschreibungen, Sprachressourcen und Templates bearbeitet werden können. Grafikdateien stellt das Studio zwar dar, ermöglicht aber keine Bearbeitung.

Im unteren, über die gesamte Breite des Hauptfensters reichenden, Bereich zeigt das Studio *Statusmeldungen* dar.

4.6.7 Arbeitsweise des SAP@Web Studios

Projektdefinition

Das Studio verwaltet alle Dateien, die zu einer Internetanwendung gehören, in Form von Projekten. Die entsprechenden Dateien werden in einem Projektverzeichnis abgelegt, das nicht mit dem ITS-Arbeitsverzeichnis identisch ist. Um die bearbeiteten Dateien testen zu können, ist das Übertragen dieser Dateien in das ITS-Verzeichnis erforderlich. Dieser Vorgang wird als **Publish** bezeichnet. Eine **Site-Definition** enthält technische Information für das Publish, insbes. die Namen der beteiligten Verzeichnisse. Somit gehört zu einem Projekt immer eine Site-Definition. Im praktischen Einsatz des Studios wird für jeden Webserver, mit dem gearbeitet wird, eine Site erforderlich. Sowohl für Sites als auch Projekte bietet das Studio Werkzeuge zur Definition.

Die zu einer Internetanwendung gehörenden Dateien können auf unterschiedliche Weise entstehen. Während der Entwicklung einer IAC können auf verschiedene Dateigeneratoren zurückgegriffen werden, die es dann ermöglichen, Service-Beschreibungen, Templates und Sprachressourcen zu generieren. Die erforderlichen Dateien können auch aus dem R/3-System exportiert werden. Dies ist vor allem dann der Fall, wenn eine existierende Anwendung modifiziert werden soll. Die dritte Variante besteht darin, diese Dateien ohne Hilfe des Studios mit anderen Werkzeugen zu erstellen und später mit dem Studio dem Projekt hinzuzufügen.

Alle Dateien einer Internetanwendung werden vom SAP@Web Studios verwaltet. Eine Internetanwendung wird in einem Projekt gespeichert. Für jedes Projekt müssen Einstellungsdaten über z. B. den verwendeten Web- und ITS-Server angegeben werden. Im Menü *Projekt* kann man im Punkt *Seitendefinition* diese Daten eingeben. Eine korrekte Eingabe dieser Daten ist zwingend, da ansonsten der ITS und das SAP@Web Studio nicht korrekt arbeiten können.

Ein Projekt kann mehrere Services besitzen; diese können nun wieder verschiedene Sprachressourcen, HTML-Templates und Themes beinhalten. Die einzelnen Dateien werden in einer Verzeichnisstruktur im linken Fenster angezeigt.
Das Bearbeiten der Dateien unterscheidet sich; bei Services und Sprachressourcen wird der Inhalt in einer Tabelle ausgegeben. Durch einfaches Anklicken mit der Maus kann man Einträge ändern oder hinzufügen. Bei HTML-Templates wird der Inhalt in einem einfachen Editor dargestellt.

Übertragen von neuen Webobjekten

Sind die neuen Webobjekte erstellt worden, so müssen sie in das R/3-System übertragen werden. Themes, HTML-Templates und Sprachressourcen sind immer einem Service zugeordnet. Zuerst muss der Service in das R/3-System übertragen werden. Die anderen Objekte werden im R/3-System diesem Service zugeordnet. Das SAP@Web Studio erlaubt es, alle Objekte in einem Arbeitsgang zu übertragen. Es transportiert automatisch die Objekte in der richtigen Reihenfolge in das R/3-System.

Nach dem Transportieren in das R/3-System kann man die Dateien mit der Funktion *publish* auf den Webserver bzw. ITS überspielen. Die Internetanwendung kann nun über den Browser getestet werden. Für das Modifizieren der Dateien muss man mit der Source Control die entsprechenden Dateien mit der Check Out-Funktion wieder aus dem R/3-System laden.

Nach der Bearbeitung werden die Daten mit der Check In-Funktion in das R/3-System transportiert. Während der Bearbeitung können die Dateien lokal gespeichert werden.

4.7 Programmierleitfaden am Beispiel „Webcalculator"

Am Anfang eines jeden Projektes muss man sich zunächst über die Anforderungen und die Programmarchitektur klar werden. Anschließend wird in ABAP/4 mit Hilfe der ABAP-Workbench der Programmier-Code geschrieben, generiert und getestet. Dies geschieht meistens auf einem parallel laufenden R/3-Testsystem. Beim Generieren werden die sogenannten Dynpros erstellt, die im Wesentlichen den Bildschirmaufbau und die damit verbundenen Interaktionen mit dem Benutzer darstellen.

Abb. 4.23 Programmierleitfaden

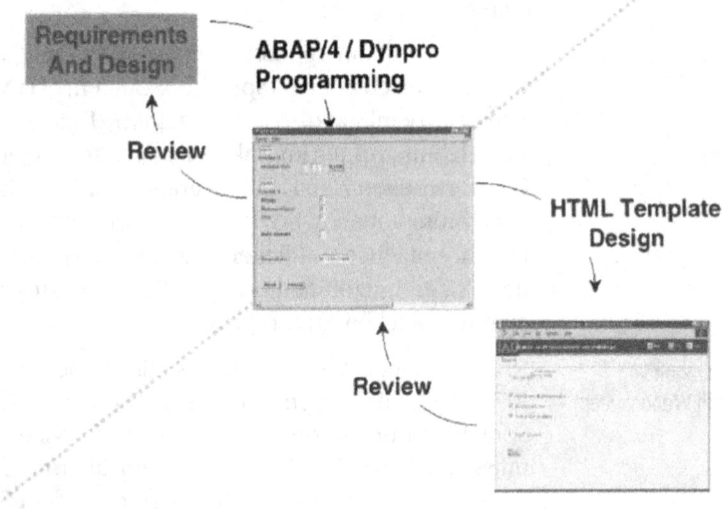

Funktioniert die erstellte Anwendung im gewünschten Umfang, kann sie anschließend dem ITS-Server bzw. SAP@Web Studio zur Verfügung gestellt werden. Dieser Vorgang wird allerdings erst später genauer erläutert.

4.7.1 Webcalculator (ABAP/4)

Dieses simple Beispiel erfordert nur wenige Tätigkeiten, die außerhalb des R/3-Systems auszuführen sind. Bei der Anwendung handelt es sich um einen einfachen Rechner, der zwei ganze Zahlen mittels der vier Grundrechenarten verknüpfen kann.

Im folgenden Screenshot, der einen Ausschnitt aus dem dazugehörigen ABAP/4-Code darstellt, erkennt man die Deklarationen der Variablen *op1* und *op2* sowie *operat*. Des Weiteren enthält er eine Case-Anweisung, in der die Operator-Eingaben erkannt und abgearbeitet werden und in die vierte Variable *ergebnis* abgespeichert werden.

Abb. 4.24
ABAP/4-Code

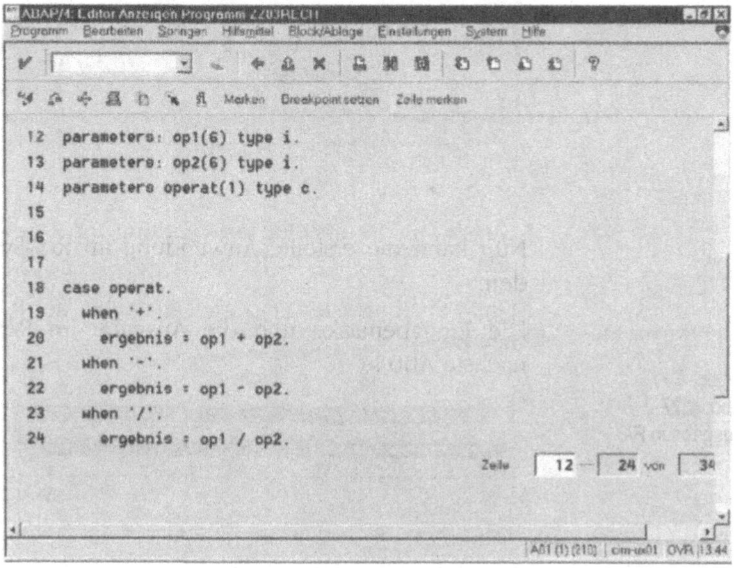

```
parameters: op1(6) type i.
parameters: op2(6) type i.
parameters operat(1) type c.



case operat.
  when '+'.
    ergebnis = op1 + op2.
  when '-'.
    ergebnis = op1 - op2.
  when '/'.
    ergebnis = op1 / op2.
```

Anschließend wird, wie oben bereits angesprochen, das ausführbare Programm generiert, das somit in der R/3-Umgebung getestet werden kann. Dabei werden die dazugehörigen Dynpros generiert, die für die Weiterverarbeitung im SAP@Web Studio von Bedeutung sind.

Der nachfolgende Screenshot (siehe Abb. 4.25) beschreibt den Dynpro-Code, wie ihn der ABAP/4-Compiler generiert. In Zeile 25 und in den darauffolgenden lassen sich die Eingabefelder erkennen, die zur Interaktion mit dem Benutzer dienen. Diese Fields benützt später auch das SAP@Web Studio, um die HTML-Templates mit den anwendungskonformen Eingabefeldern zu erzeugen.

Abb. 4.25
ABAP/4-Dynprocode

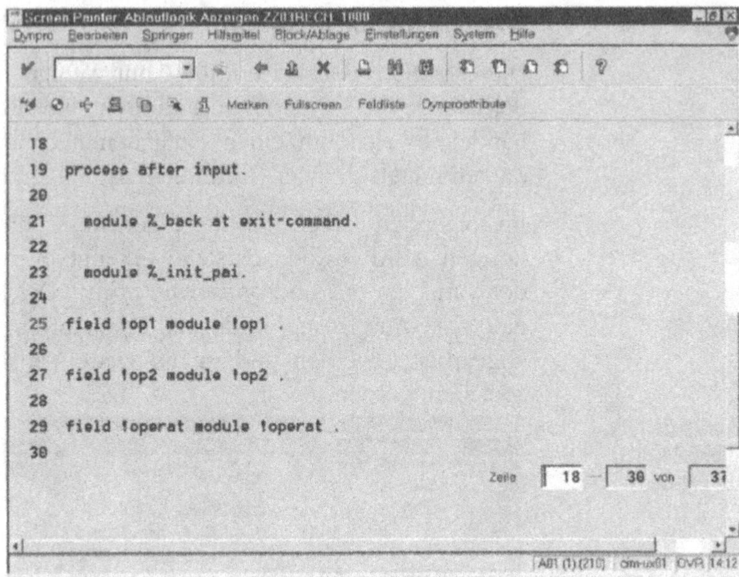

Nun kann die erstellte Anwendung im R/3-System getestet werden.

Die Eingabemaske und die Ausgabe im R/3-System zeigt die nächste Abb.:

Abb. 4.27
Ausgabe in R/3

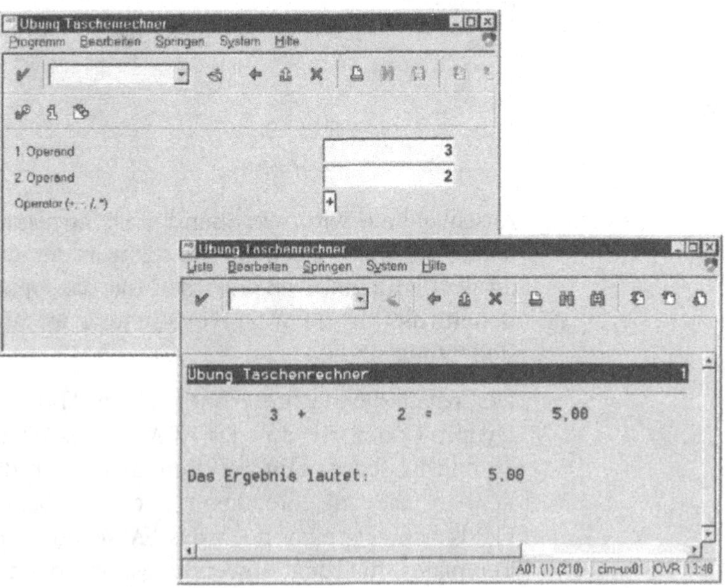

4.7.2 Erstellung der Internetanwendung

4.7.2.1 Anlegen eines ITS–Projektes

Der Taschenrechner wird in diesem Beispiel als neues ITS-Projekt angelegt. Im Menüpunkt *Dateien* kann man unter dem Auswahlpunkt *Neu* verschiedene Assistenten aufrufen. In diesem Fall wählt man unter *Projekte* das ITS-Projekt aus. Nach der Eingabe des Projektnamens wird das Projekt automatisch angelegt. Danach sollte man die allgemeinen Einstellungen des Projekts über den Menüpunkt *Projekte* und die darin enthaltene Funktion *Seitendefinition* überprüfen.

4.7.2.2 Anlegen eines Services

Im Menüpunkt *Dateien* wird über den Punkt *Neu* der Reiter *Dateiassistenten* ausgewählt. Der Entwickler hat drei Assistenten zur Auswahl, einen Serviceassistent, einen HTML-Template-Assistent und einen Sprachressourcen-Assistent. Der Serviceassistent fordert den Entwickler auf, den Servicenamen und das zugrundegelegte R/3-System einzugeben. Im nächsten Schritt kann der Entwickler zwischen einem allgemeinen oder nur für den Service gültigen Login in das R/3-System auswählen. Der Service benötigt nun die Eingabe eines Timeouts, so dass ein nicht benutzter Service sich aus dem R/3-System wieder abmeldet.

Internetanwendung WebRFC

Im nächsten Schritt muss die Auswahl zwischen einer Internetanwendung oder einem WebRFC erfolgen. In diesem Beispiel wählt man die Internetanwendung aus und gibt den Namen der R/3-Anwendung an. Nach der Eingabe der Daten erscheint im linken Fenster des SAP@Web Studios der angelegte Service.

4.7.2.3 Anlegen eines HTML-Templates

Ein HTML-Template kann wie ein Service durch einen Assistenten angelegt werden. Der erste Schritt ist die Angabe des R/3-Systems mit den Anmeldeparametern für dieses R/3-System, aus dessen Anwendungen das Template gebildet werden soll. Danach wird der Name der R/3-Anwendung, die verwendeten Bildschirmseiten, der Servicename und nach Bedarf ein Theme oder eine Sprache ausgewählt. Sind alle benötigten Informationen eingegeben, meldet sich das SAP@Web Studio beim R/3-System an und generiert das HTML-Template. Im linken Fenster erscheint nach der Generierung in der Dateiansicht ein neuer Ordner unter dem verwendeten Service. Dieser Ordner, benannt nach der Theme, beinhaltet das HTML-Template.

4.7.2.4 Transport eines Services und dessen HTML-Templates in das R/3-System

Nachdem das erstellte HTML-Template an das vorgesehene Design angepasst wurde, sollte der Entwickler den Service und die Dateien in das R/3-System transportieren. Im ersten Schritt wird der zu transportierende Service markiert. Im Menüpunkt *Projekt* wird der Service als aktiver Service eingetragen. Danach wird über den Menüpunkt *Werkzeuge* die *Source Control* mit dem passenden R/3-System verbunden.

Im linken Fenster wird jetzt der Reiter *Source Control* mit den gespeicherten Internetanwendungen des R/3-Systems angezeigt. Der Entwickler wechselt den Reiter auf die *Dateiansicht* und markiert wieder den Service. Mit der rechten Maustaste kann ein Menü eingeblendet werden. Dieses Menü beinhaltet die Funktion *Hinzufügen zur Source Control.* Nach dem Aktivieren dieser Funktion erscheint die Aufstellung der Dateien, die für den Transport ausgewählt wurden. Durch Bestätigen der Liste werden die Daten in das R/3-System übertragen.

4.7.2.5 Übermittlung der Dateien des Webcalulators an den Webserver

Publishing

Für die Übermittlung der Dateien an den Webserver stellt das SAP@Web Studio die Funktion *publish* zur Verfügung. Der Service wird mit der Maus markiert und über die rechte Maustaste wird die Funktion *publish* ausgewählt. Das SAP@Web Studio übermittelt nun alle Webobjekte des ausgewählten Services an den Webserver. Die für den ITS erforderliche Verzeichnisstruktur wird dabei automatisch auf dem Webserver angelegt.

Nach dem Bearbeiten der Taschenrechner-Anwendung im SAP@Web Studio und dem anschließenden benutzerfreundlicheren Customizing sieht das Beispiel „Webcalculator" wie folgt aus:

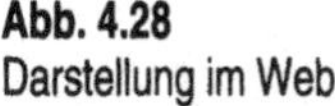

Abb. 4.28
Darstellung im Web

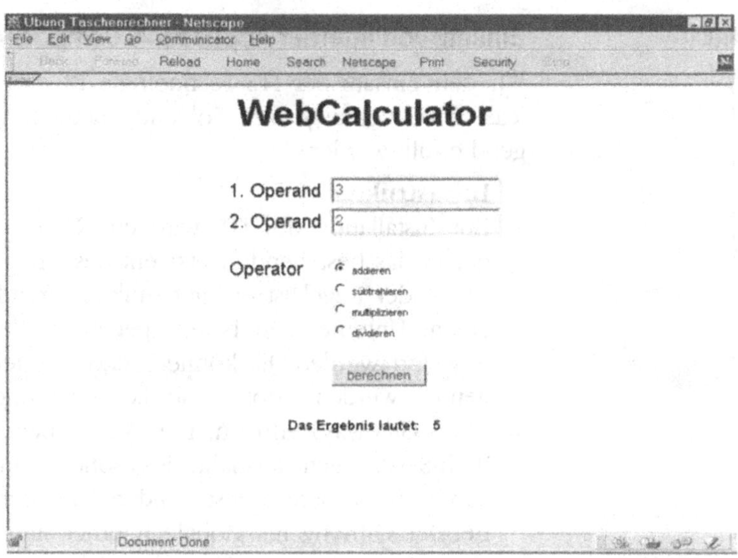

4.8 Internet Application Components (IAC)

Ein Internet Application Component (IAC) bezeichnet eine fertige Internet-Anwendung, die sich aus der Transaktion des R/3-Systems und den korrespondierenden HTML-Templates des AGate (Application Gateway) zusammensetzt. Zum Start eines IACs werden Service-Beschreibungen benötigt.

Um auf einen Web Browser ablaufen zu können, muss eine R/3-Transaktion bestimmte Anforderungen erfüllen. Eine speziell für das Internet ausgelegte R/3-Transaktion realisiert in der Regel den Zugriff auf betriebswirtschaftliche Prozesse (z. B. Auftrag einlegen) über BAPIs. Die Verwendung von BAPIs ist nicht zwingend, aber bezüglich der Wartung durch die Releaseunabhängigkeit der BAPI-Schnittstelle vorteilhaft. Auch herkömmliche Funktionsbausteine könnten verwendet werden.

Die IACs basieren auf HTML-Templates, die nur Standard-HTML-Anweisungen enthalten. Diese können aber mit Plug-Ins, Java, ActiveX, Java-Script beliebig erweitert werden.

Da der ITS mit dem R/3-System verbunden ist, können Informationen ausgetauscht werden, die als Felder und Feldwerte auf dem Dynpro vorliegen. Für jeden Dynpro existiert deswegen genau ein abgestimmtes HTML-Template, das über die gleichen Namen der angefügten Felder den Datenaustausch zwischen Dynpro und HTML-Template ermöglicht.

4.8.1 Einsatz von Internet Application Components

Für den Einsatz der ITS-Technologie ist ein R/3-System ab Release 3.1G vorausgesetzt. Folgende Bedingungen müssen zwingend erfüllt werden:

- **Infrastruktur**
  Zur Installation des ITS wird ein Web-Server vorausgesetzt, der in das bestehende Netzwerk des Unternehmens integriert ist. In der Regel ist ein gut funktionierendes TCP/IP-Netz in einem Unternehmen bereits gegeben oder muss ggf. noch erweitert werden. Es können schon bestehende Web-Server genutzt werden, insofern sie die Bedingungen für das WGate (Web Gateway) erfüllen. Das WGate beansprucht dabei den Web-Server nicht ausnahmslos, sondern integriert sich transparent in die bereits bestehenden Aufgaben des Web-Servers. Bei der Öffnung ins globale Internet sind entsprechende Sicherheitsmaßnahmen (Firewalls) nicht zu vergessen.

- **Know How**
  Zur Beherrschung und zum Verständnis der ITS-Technologie ist ein Mindestbestand an Know How erforderlich. Oft reicht schon ein Überblick über die Technologie aus, um die grundlegenden Konzepte und das anzuwendende Vorgehensprinzip zu beherrschen.

- **Benchmarking / Hardwareausstattung**
  Zum erfolgreichen Einsatz der Anwendungen muss eine richtige Dimensionierung der Hardware, die für den ITS bestimmt ist, durchgeführt werden. Hier müssen Lastaussagen getroffen und die notwendige Skalierung geplant werden. Die Ermittlung genauer Zahlen zur Bestimmung der richtigen Hardware für den ITS kann anhand der von der SAP AG bereitgestellten Standard-Benchmarks geschehen. Dabei ist weniger die Ausstattung der Plattform des Web-Servers inklusive WGate von Bedeutung, sondern die von AGate und des R/3-Applikationsservers.

- **Entwicklung von Internet-Anwendungskomponenten**
  Bevor die Entwicklung der eigenen Anwendungen angegangen wird, sollten die mit R/3 ausgelieferten Standard-IACs auf ihre Verwendbarkeit überprüft und falls notwendig an die eigenen Anforderungen angepasst werden. Sonst müssen neue, eigene IACs entwickelt werden.

4.8.2 Anpassung von Standard-IACs

Eine Veränderung der mitgelieferten IACs ist immer möglich. Durch besondere Anforderungen der Kunden können Veränderungen im:

- Design,
- in der Präsentationslogik
- und in der Anwendungslogik

notwendig werden. Der größte Aufwand ist bei der Veränderung der Anwendungslogik im ABAP-Programm zu erwarten. Dies ist, wenn möglich, zu vermeiden. Am einfachsten ist es, die Anordnung der Felder neu zu definieren oder Felder hinzuzufügen bzw. aus dem HTML-Template zu löschen. Neue Felder können allerdings nur dann ohne Veränderungen der Dynpro-Definition problemlos hinzugefügt werden, wenn diese bereits auf dem Dynpro vorhanden waren, aber nicht im ausgelieferten HTML-Template. Mit Hilfe von HTMLBusiness sowie HTML und seinen Erweiterungen können Veränderungen in der Präsentationslogik durchgeführt werden. Die Veränderungen der HTML-Templates und ihrer Präsentationslogik erfordern zwar bereits entsprechendes Wissen bezüglich HTML und HTML^{Business}, sind aber im Aufwand überschaubar.

Die einfachste Möglichkeit der Anpassung besteht im schlichten Austausch der bereitgestellten Grafiken, die in den ausgelieferten HTML-Templates integriert sind. Das ausgelieferte Design entspricht einigen Anforderungen, die es ohne Einsatz von professionellen Web-Grafikern erlauben, einfachste Veränderungen im Layout selbst vorzunehmen. Über die Definition eines neuen, eigenen Theme kann eine Kopie der ausgelieferten HTML-Templates mit eigenen Grafiken versorgt werden. Es können folgende grafische Grundelemente ausgetauscht werden:

- Hintergrundbilder
- Schaltflächen (z. B. Home, Hilfe, Titel und Logo)
- Überschriften (z. B. Farbe, Schriftstil und -größe)
- Bilder

Dazu werden im einfachsten Fall nicht einmal HTML-Templates verändert, sondern lediglich die neuen Grafiken unter dem bisherigen Namen der Grafiken, die ersetzt werden sollen, abgespeichert.

Oft ist der Austausch einzelner Grafiken nicht ausreichend, da eine individuelle Gestaltung benötigt wird, die auch eine Veränderung des gesamten Layouts zur Folge haben kann. In Abbildung 4.29 ist eine Gegenüberstellung verschiedener Präsentationen eines IACs zu sehen, das in seinem Design bereits umfangreich verändert worden ist. Der Aufwand für einen Web-Designer ist an dieser Stelle nicht zu unterschätzen!

Abb. 4.29
Grafische Anpassung von Standard-IACs

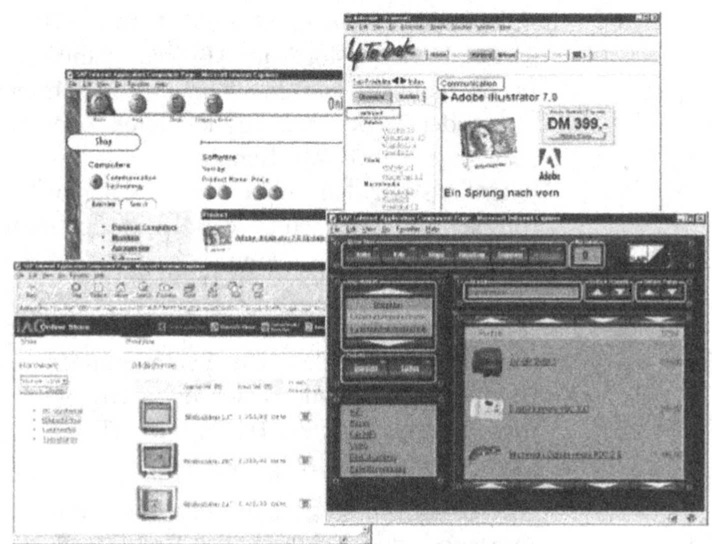

4.8.3 Entwicklung neuer IACs

Die Entwicklung von IACs findet im R/3-System statt. Hier können alle bekannten Methoden und Werkzeuge der Entwicklungsumgebung (Development Workbench) eingesetzt werden. Die Entwicklung und der Test der IACs werden vollständig im R/3-System ausgeführt. Durch die Trennung von Anwendungs- und Präsentationslogik findet die Definition der HTML-Templates außerhalb des R/3-Systems über die Verwendung von SAP@Web Studio statt. Hier werden Kenntnisse in der Programmierung von HTML und HTMLBusiness sowie in der allgemeinen Bedienung des SAP@Web Studios benötigt. Trotz der externen Bearbeitung der HTML-Templates können diese über Korrektur- und Transportwesen (KTW) des R/3-Systems mittels Check-In und Check-Out im R/3-System gepflegt und mitgeführt werden.

Die Programmierung der ABAP-Transaktionen sowie die Ausarbeitung der HTML-Templates sollten von derselben Person erfolgen. Nachdem das HTML-Template in seiner Rohform existiert, muss es von einer weiteren Person bezüglich der Realisierung erweitert werden. Dies ist i. d. R. ein Web-Designer, der die Grafiken zur Verfügung stellt, die der Anwendung das richtige Aussehen verleihen. Die fertiggestellte Grafiken sind an geeigneter Stelle im HTML-Template vom Designer einzufügen, wonach das Gesamtbild der neuen IACs von ihm zu kontrollieren ist.

Das Vorgehensmodell in Abbildung 4.30 deutet bereits auf einen iterativen Prozess hin. Bis zur ersten Iteration sollten bereits mindestens 80 % der Anwendungsentwicklung in ABAP/4 erfolgt sein. Die restlichen 20 % ergeben sich aus Veränderungen oder Erweiterungen, die sich bei der Entwicklung der HTML-Templates als notwendig erweisen und zunächst nicht absehbar waren.

Abb. 4.30
Vorgehensmodell der IAC-Entwicklung

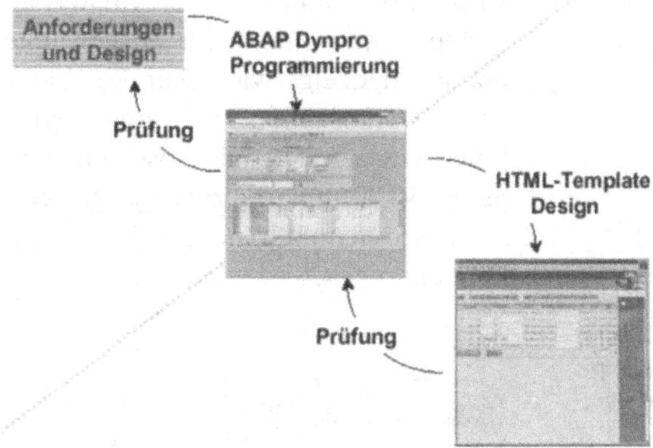

4.8.4 Anforderungen an R/3-Transaktionen

Transaktionen, die über den ITS im Internet ablauffähig sein sollen, müssen bestimmte Bedingungen erfüllen. Normale R/3-Transaktionen können in der Regel nicht ohne weiteres in ein IAC integriert werden.

Aufgrund der Eigenschaften des World Wide Webs können eine Reihe von Dynpro-Eigenschaften nicht unterstützt werden. Diese müssen deswegen bei der Anwendungsprogrammierung bereits ausgelassen werden. Dazu gehören:

- Menüleiste
- Werkzeugleiste

- Pop-ups (für Warnungen und Meldungen)
- F1 Help, F4-Auswahlhilfe bzw. Matchcodes
- Table Widget

Einige dieser Mängel können über spezifische Programmiertechniken aufgefangen werden. Die Nachbildung einer Auswahlhilfe ist z. B. mit speziellen Anweisungen zu realisieren. Die Simulation von Auswahlfeldern und Kippschaltern kann durch bestimmte HTML-Eingabefelder zwar bereitgestellt werden, muss aber in der Transaktion besonders aufgefangen werden. Die Pop-ups können grundsätzlich nicht angezeigt werden. Erscheinen sie doch während einer Anwendung, so werden sie automatisch vom ITS unterdrückt.

Je nach Anwendung kann die Verwendung von Frames die Bedienung vereinfachen, da ein besserer Überblick über den aktuellen Aufenthaltsort in der HTML-Anwendung erreicht werden kann. So können z. B. Auswahlmenüs in eigenen Frames verbleiben, während der ausgewählte Inhalt in einem weiteren Frame angezeigt wird. Zur Realisierung der Frames müssen in der R/3-Transaktion im Rahmen-Dynpro mehrere Subscreens definiert werden. Diesen Subscreens wird zur Laufzeit ein bestimmtes HTML-Templates zugewiesen, wobei für sich ändernde Subscreens dynamisch neue HTML-Templates nachgeladen werden können.

Abb. 4.31 Auswahlmenüs in eigenen Frames

4.9 R/3 Internet-Standardanwendungen

Bereits die R/3-Version 4.0 enthält 35 Internet-Standard-Anwendungen. Sie umfassen Anwendungen aus den Bereichen Logistik, Personalverwaltung und Finanzbuchhaltung. Der Kunde hat ein internetfähiges R/3-System, das sofort eingesetzt werden kann. Die verschiedene Anwendungen realisieren einen komfortablen und leicht zu bedienenden Web-Zugang für herkömmliche Transaktionen. Dabei wird bereits vorhandene Funktionalität vereinfacht und ansprechend präsentiert.

Die ausgelieferten Internet-Anwendungen decken bereits die Funktionalität ab, die am meisten für das Internet gefordert wird. Sie sollen allerdings als Basis verstanden werden und nach der Auslieferung verändert oder durch zusätzliche, selbst entwickelte Anwendungen erweitert werden können.

4.9.1 Electronic Commerce: Kontostandabfrage

Kunden, die von einem Unternehmen verschiedene Waren bezogen haben, können in kritischen Situationen bestimmte Auskünfte erfragen. Auf herkömmliche Weise waren dazu umfangreiche Telefonate oder Briefwechsel nötig. Über die Internet-Anwendung *Kontostandabfrage* stellt ein Unternehmen einen Service für Kunden zur Überprüfung der eigenen Daten zur Verfügung. In der Anwendung kann der Kunde Kontosalden, Einzelposten, offene Posten oder Stammdaten abrufen und überprüfen.

Hat ein Unternehmen z. B. eine Zahlung von einem Kunden erhalten, die jedoch keiner Rechnung zugewiesen werden kann, wird der Kunde aufgefordert, dies zu klären. Der Kunde informiert sich anhand dieser IAC über die einzelnen Posten und entnimmt dort die entsprechenden Informationen zur benötigten Rechnung. Die Rechnungsnummer kann er anschließend per E-Mail versenden. Ebenso kann bei fehlerhaften Zahlungseingängen recherchiert werden.

Diese Anwendung erlaubt lediglich die Darstellung von Informationen. Eine Eingabe wird nicht unterstützt. Bei falschen Angaben oder sonstigen Problemen kann sich der Anwender per E-Mail mit dem Unternehmen in Verbindung setzen.

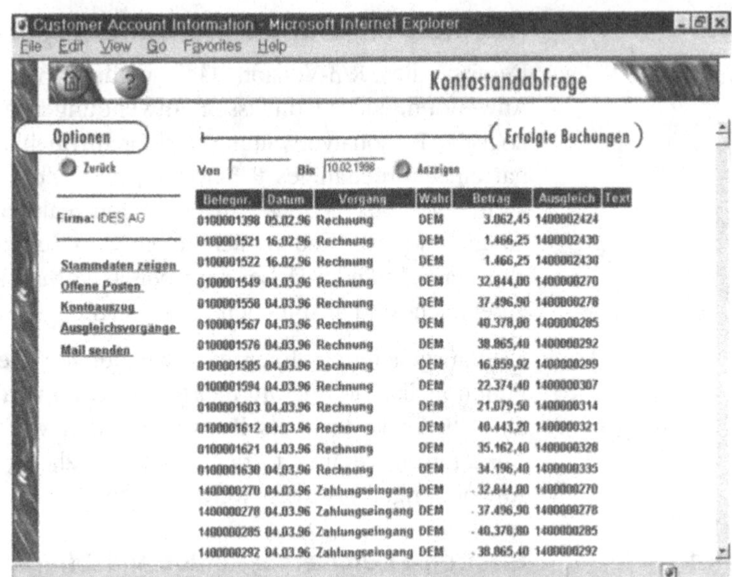

Abb. 4.32
IAC
Kontostandabfrage

Voraussetzung

Die Abfrage des Kontostands steht nur dem berechtigte Kunden zur Verfügung. Daher benötigt er eine Kundennummer und das zugehörige Passwort.

Voreinstellungen

Die Verfügbarkeit dieser Anwendung erfordert Eintragungen im Customizing des FI-Modus für den Kunden. Im ersten Schritt muss ein Benutzer für einen Sachbearbeiter angelegt werden. Im Customizing der Debitorenbuchhaltung wird anschließend ein Sachbearbeiterkürzel angelegt und der soeben angelegte Benutzer als SAP*office*-Benutzer eingetragen. Im Stammsatz des Kunden wird nun dieses Sachbearbeiterkürzel unter Korrespondenz eingetragen.

Berechtigungen

Für die zugrundeliegende R/3-Kennung sind keine weiteren Berechtigungen nötig.

4.9.2 Einkauf: Sammelfreigabe von Bestellanforderungen

Bestellanforderungen sind interne Belege, die einen Bedarf definieren und den Einkauf veranlassen, eine Bestellung zu erzeugen. Ein Bedarf kann bspw. aus einer Bedarfsanforderung eines Mitarbeiters erfolgen. Eine Bestellanforderung führt aber nicht automatisch zu einer Bestellung. Erfüllt sie bestimmte Bedingungen, wie z. B. einen Bestellwert von über 10.000 DM, so muss eine weitere Instanz diese Bestellung genehmigen. Der Vorgang der Genehmigung wird im R/3 durch ein Freigabeverfahren mit unterschiedlichen Freigabestrategien abgebildet. Jede in diesem Verfahren beteiligte Person muss dazu in einer Transaktion ihren Freigabecode eingeben. Erst dann kann ein Material bestellt werden.

Die Internet-Anwendung *Freigabe von Bestellanforderungen* ermöglicht diese Freigabe auf einfachste Weise. Dies ist besonders für den ungeübten R/3-Anwender von großem Vorteil, dessen Tagesgeschäft sich nicht hauptsächlich mit der Freigabe befasst.

Die IAC stellt automatisch eine Liste aller Bestellanforderungen zusammen, die von dem Anwender freizugeben ist. Der Anwender wählt einen Listeneintrag aus und gibt ihn direkt frei, ohne seinen Freigabecode zu kennen. Die gleichzeitige Freigabe aller Positionen ist aber nicht möglich. Eine erfolgte Freigabe kann wieder zurückgesetzt werden.

Abb. 4.33
IAC Sammelfreigabe Bestellanforderungen

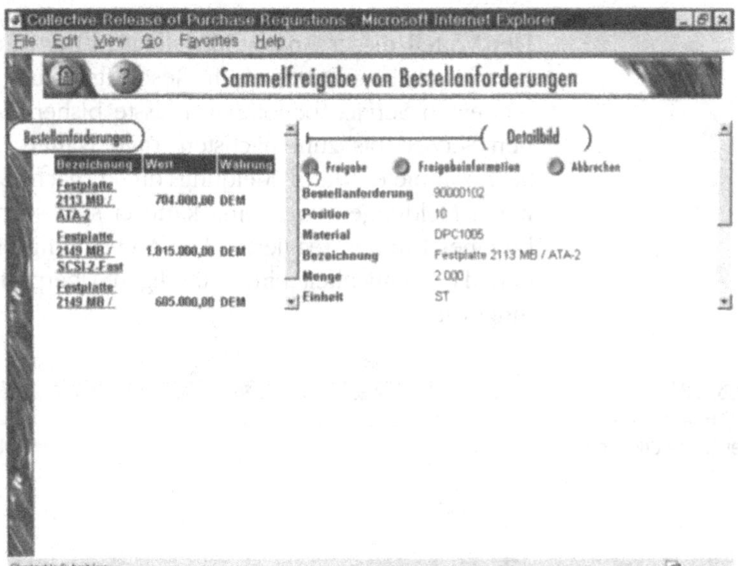

Voraussetzung

Diese IAC stellt, je nach angemeldetem R/3-Benutzer, eine individuelle Liste zusammen. Dazu benötigt der Anwender eine R/3-Kennung mit entsprechenden Berechtigungen und Benutzerfestwerten.

Voreinstellungen

Damit der Anwender nicht explizit seinen Freigabecode einzugeben hat, müssen folgende Benutzerfestwerte gesetzt werden:

- **FAB**: **Freigabecode**, mit dem der Benutzer arbeitet;
- **FGR**: **Freigabegruppe**, der der Freigabecode zugeordnet ist.

4.9.3 Kunden Service: Erfassung von Servicemeldungen

Beim Verkauf von Anlagen, wie z. B. einem Kopiergerät, werden Serviceverträge abgeschlossen, die jeder Fehlfunktion durch eine schnelle Serviceabwicklung eine kurze Ausfallzeit garantieren. Dies beinhaltet einen geringen Erfassungsaufwand von Servicemeldungen sowie den schnellen Aufbau eines Kontaktes zwischen dem Kunden und dem Serviceanbieter.

Einen ersten und wichtigen Schritt für eine schnelle und effiziente Abwicklung eines Serviceauftrages leistet die Internet-Anwendung *Erfassung von Servicemeldungen.* Mit dieser Anwendung kann ein Kunde über das Internet eine Servicemeldung im R/3-System des Serviceanbieters eingeben. Diese Meldung dient anschließend als Grundlage für Serviceaufträge, mit denen die einzelnen Leistungen detailliert geplant durchgeführt werden können.

Der Vorteil dieser Anwendung liegt in der ständigen Verfügbarkeit. Da Anlagen auch nach Geschäftsschluss des Serviceanbieters einen Service benötigen, musste bisher die Meldung für einen Service bis zum nächsten Tage warten. Zudem liegt dem Serviceanbieter diese Meldung direkt nach Erfassung im Pool neuer Meldungen vor. Somit kann er sehr schnell auf die Eingabe eines Kunden reagieren. Die Anwendung bietet für den Kunden die Möglichkeit einer ständigen Überprüfung des Bearbeitungsstatus.

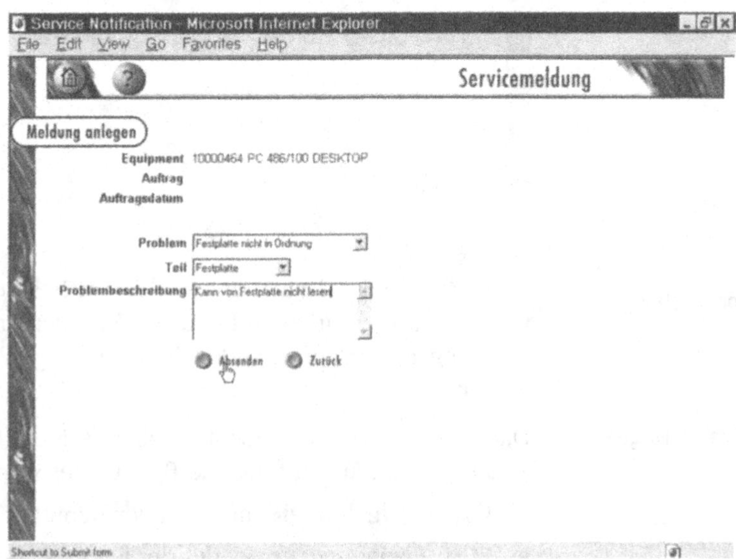

Abb. 4.34
IAC Erfassung von Servicemeldungen

Voraussetzung

Die Erfassung einer Meldung erfolgt über eine Person beim Kunden. Diese Person muss im R/3-System des Serviceanbieters im zugehörigen Kundenstammsatz hinterlegt sein. Für die Identifizierung bei der Erfassung einer Meldung wird die Nummer der Kontaktperson sowie ein Passwort benötigt.

Vorbelegungen

Für eine erfolgreiche Verarbeitung einer aufgegebenen Meldung in R/3 muss die Startmeldungsart für Transaktion IW51 (Servicemeldung erfassen) eingerichtet werden.

Berechtigungen

Die erfolgreiche Erfassung einer Servicemeldung ist nur über einen zugrunde liegenden R/3-Benutzer möglich, der über folgende Berechtigungen verfügt:

- **I_BEGRP: Berechtigungsgruppe**
- **I_IWERK: Instandhaltungswerk**

4.9.4 Mitarbeiter Self Service: Veranstaltungskalender

Ein Unternehmen, das Schulungen, Seminare oder allgemein Veranstaltungen den eigenen Mitarbeitern oder einem größeren Kreis anbietet, sollte diese Veranstaltungen so publizieren, dass alle wichtigen Informationen einem sehr großen Interessentenkreis zugänglich gemacht werden. Unter der Voraussetzung, dass im R/3-System dieses Unternehmens die Komponente Veranstaltungsmanagement vorhanden ist, kann die Verwaltung und Abwicklung dieser Veranstaltungen über das R/3-System vorgenommen werden.

Die Veröffentlichung solcher Informationen kann unter Einsatz der Internet-Anwendung *Veranstaltungskalender* erfolgen, die somit der ganzen Intranet-Internet-Gemeinde zur Verfügung steht. Hierzu dient ein nach Themengebieten untergliederter Veranstaltungskalender, der die Informationen zu Terminen, Inhalten, Referenten, freien Plätzen, Teilnahmegebühren bereitstellt und jederzeit verfügbar sowie aktuell ist. Diese Art der Präsentation von Informationen spart Druck- und Werbekosten.

Abb. 4.35
IAC Veranstaltungskalender

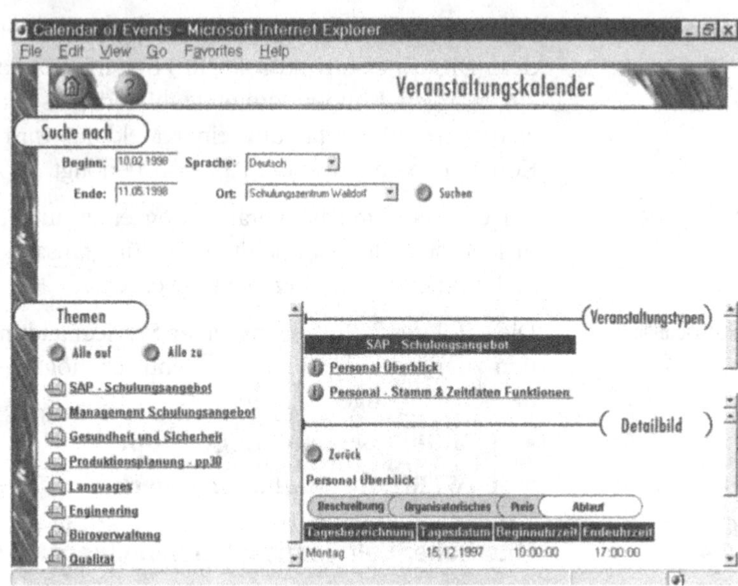

Voraussetzung

Jeder Interessent sollte diesen Service nutzen können. Deswegen sind keine Kennungen nötig.

Voreinstellungen

Für den Einsatz dieser Anwendung ist die R/3-Komponente *Veranstaltungsmanagement* notwendig. Weiterhin muss ein entsprechender Veranstaltungskalender mit Angeboten im R/3-System eingerichtet werden.

Berechtigungen

Für die Berechtigung der R/3-Kennung ist in der Benutzerpflege eine neue Aktivitätsgruppe anzulegen, die die Transaktion *PSV2* enthält. Aus dieser Gruppe kann dann das benötigte Berechtigungsprofil generiert werden.

4.9.5 Interne Services: Workflow-Status-Report

Neben der rein transaktionsorientierten Sicht der Internet-Anwendungen, liefert die SAP ausgewählte Teile des Workflow-Reportings aus. Sie werden unter der IAC *Workflow-Status-Report* zusammengefasst und basieren auf der Technik des Web-Reportings. Diese Reports beinhalten die Anzeige bereits erledigter oder mit bestimmten Objekten verknüpften Workitems. Ebenso werden solche Workitems angezeigt, die mit dem Objekttyp *Bestellanforderungen* verknüpft sind.

Es gibt im Wesentlichen zwei Workitem-Typen: Dialog-Workitem (Typ W) und Workflow (Typ F). **Dialog-Workitems** sind diejenigen, die in der Workitem-Liste angezeigt werden. Sie repräsentieren eine Einzelschrittaufgabe in einem Workflow, die einen Dialog mit dem Benutzer erfordert. Diese Dialogschritte werden terminüberwacht. Allen ausgewählten Mitarbeitern wird dieses Workitem in ihrem integrierten Eingangskorb im Status *Bereit* angezeigt. Sobald ein Bearbeiter ein Workitem bearbeitet, wird es automatisch aus den Eingangskörben der übrigen Bearbeiter entfernt. Die Bearbeitungsdauer eines Workitems beginnt mit dem Status *in Arbeit* und endet mit dem Status *beendet.*

Ein **Workflow** repräsentiert eine Mehrschrittaufgabe (Workflow-Aufgabe/Workflow-Muster). Jeder Start solch einer Mehrschrittaufgabe erzeugt einen Workflow. Im Gegensatz zu den Dialog-Workitems werden diese nicht in der Workitem-Liste dargestellt.

Abb. 4.36
IAC Workflow-Status-Report

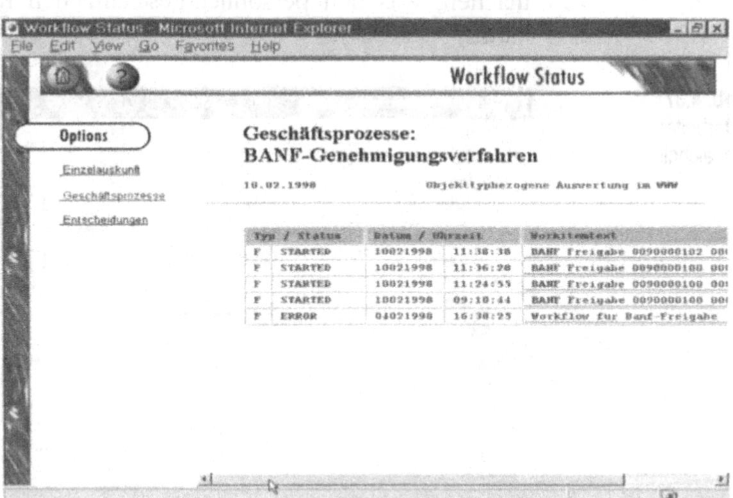

Voraussetzungen

Für das Ausführen von Reports benötigt der Anwender eine R/3-Kennung mit den zugehörigen Berechtigungen. Für Reports sind keine weiteren Voreinstellungen notwendig.

Berechtigungen

Die in dieser IAC verwendeten Reports sind jeweils einer Berechtigungsgruppe zugeordnet. Der Anwender benötigt zum Ausführen der Reports deswegen die Berechtigungen folgender Berechtigungsgruppen:

- **SWI_WLA**: erledigte Workitems;
- **SWI_OA**: Staus einer Bestellanforderung, Überblick Bestellanforderungen.

4.9.6 Szenario Mitarbeiterverzeichnis (Who is Who?)

Im folgenden Abschnitt wird ein Internetszenarium inklusive IAC-Anwendungen vorgestellt, in dem bereits das komplette IAC auf dem ITS-Server über das World Wide Web genutzt werden kann. Es handelt sich um ein elektronisches Mitarbeiterverzeichnis, das in R/3 mit dem Transaktionscode *PAW1* aufgerufen werden kann. In dieser Anwendung können über Suchoptionen, wie z. B. Name, Gebäudekomplex oder Kostenstelle, detaillierte Informationen über Mitarbeiter angezeigt werden. Die Anwendung kann sowohl im Intranet als auch im Internet Mitarbeitern oder auch Geschäftskunden zur Verfügung gestellt werden. Aktualität ist durch dynamisches Generieren der HTML-Seiten gewährleistet. Neben den blanken Informationen können selbstverständlich auch Fotos der jeweiligen Personen mit eingebaut werden, so kann sich der Suchende ein „Bild“ von der gesuchten Person machen, was den persönlich-geschäftlichen Kontakt auflockern kann.

dynamisch generiertes HTML

Abb. 4.37 Mitarbeiterverzeichnis

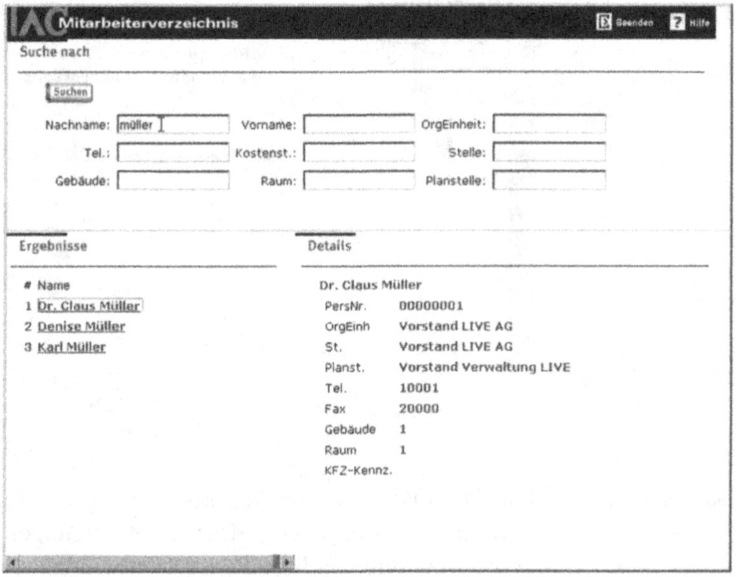

Abbildung 4.37 zeigt einen Screenshot der Mitarbeiterverzeichnis-HTML-Seite, nachdem über den Namen *Müller* eine bestimmte Person gesucht wurde.

Die HTML-Seite ist in mehreren Frames aufgebaut, so dass die Subscreens der R/3-Anwendung übernommen werden konnten.

Die Web-Seite ist, wie bei den IACs bereits angesprochen, jederzeit durch einfache HTML-Kenntnisse an das CI der Firma anpassbar. Schreitet die Internet-Telefonie weiterhin voran wie bisher, kann man sich auch vorstellen, über einen Button direkt über den PC mit dem Mitarbeiter verbunden zu werden.

4.9.7 Szenario Produktkatalog

Diese Anwendung ist ebenso bereits im R/3-System enthalten und wird mit dem Transaktionscode *WW10* gestartet. In diesem elektronischen Produktkatalog einer Firma kann der Benutzer sukzessive durch Anklicken der zur Verfügung stehenden Kataloge immer weiter in das Angebot des Unternehmens vorstoßen. Er kann sowohl detaillierte Produktspezifikationen mit Preis, als auch deren Verfügbarkeit online abrufen. Diesen IAC gibt es auch als erweiterte Version mit Online-Store zur direkten Möglichkeit des Einkaufs, was sich als E-Commerce-Anwendung hervorragend eignet und 24 Stunden zur Verfügung steht.

Online-Store

Die folgende Abbildung zeigt die Darstellung detaillierter Informationen zu einem Mountainbike:

Abb. 4.38 Produktkatalog

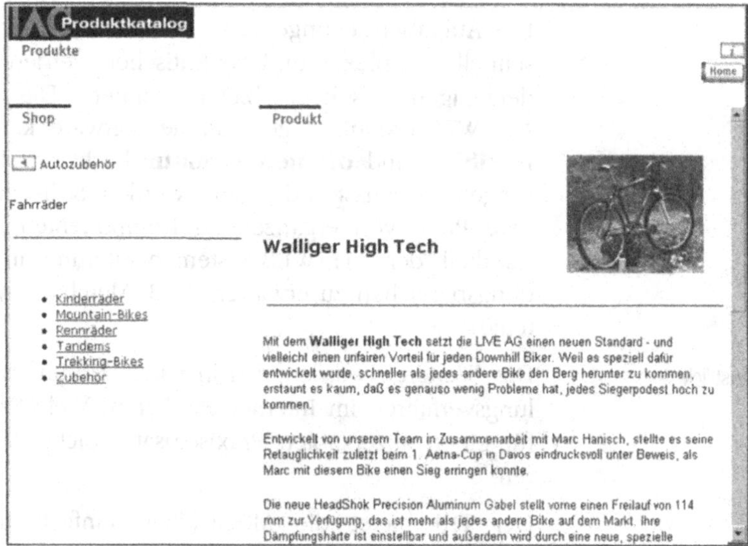

4.9.8 Beurteilung der ITS-Lösungen

Die angeführten IACs sowie die weiteren zur Verfügung stehenden Methoden, bilden eine gute Grundlage für den Start in den Electronic Commerce mit dem betriebswirtschaftlichen Standardsystem R/3 der SAP AG. Im Bereich der Intranet- und Internet-Anwendungen ist eine breit gefächerte Basis an Anwendungsbeispielen vorhanden. Nahezu alle Module sind in diesem Internet-Auftritt vertreten.

Electronic Commerce

Mit dem Umfang der IACs ist sicherlich ein guter Start ins Zeitalter des Electronic Commerce gelungen. Es zeichnen sich bereits jetzt weitere zum Standardauslieferungsprogramm gehörende Internet Application Components ab:

- **Intranet**, z. B. Reisekostenabrechnung, Zeiterfassung;
- **Internet**, z. B. Event-Management zur Verwaltung von Weiterbildungsangeboten.

R/3 hat sich den Anforderungen des E-commerce gestellt und bereits eine *solide Basis* an Grundfunktionalität geschaffen. Der mit dieser Software-Erweiterung betretene Bereich steckt in den Kinderschuhen und birgt mittelfristig sicherlich das größte Wachstumspotential.

Die Aufgabenstellungen an ein Internet-fähiges System können schnell komplexer und zeitkritischer werden als das, was die derzeitigen Lösungen bieten können. Die im Rahmen des ALE/WEB-Produktes geschaffene Software kann aufgrund ihrer **flexiblen** und **offenen Struktur** leicht an steigende Anforderungen angepasst und ergänzt werden. So ist zukünftig eine stärkere Rolle von ergänzenden Komponenten als integraler Bestandteil der ALE/WEB-Systemerweiterung in einigen Anwendungsbereichen zu erwarten, z. B. Merchant-Systeme, Archivsysteme.

Ausblick

Des Weiteren werden sich in naher Zukunft anerkannte Bezahlungsverfahren im Internet etablieren. Viele Szenarien erfordern für einen akzeptablen Praxiseinsatz solche Abrechnungsverfahren.

Der ITS bietet die Möglichkeit, einfach und schnell R/3-Funktionalität im Internet zur Verfügung zu stellen. Wie an dem obigen Beispiel gezeigt, bedarf es aber auch hier einiger Nachbesserungen bis das gewünschte Ergebnis erreicht ist.

Der größte Aufwand bei der Erstellung der IACs stellt die Einarbeitung in die doch recht komplexe Transaktion dar. Dies fällt weg, wenn die Entwickler der Transaktion auch den voreingestellten IAC entwerfen.

Die Entwicklung eines IACs als Kopie einer R/3-Transaktion hat aber den erheblichen Nachteil, dass der Wartungsaufwand verdoppelt wird. Dies haben wir am eigenen Leibe erfahren, als sich Schnittstellen von Funktionsbausteinen aufgrund eines Releasewechsels geändert haben. Eine Anpassung kann hier sehr mühsam sein, da die Weiterentwicklungen sich auf Erfordernisse im R/3 beziehen und die Auswirkungen auf den IAC nicht berücksichtigt werden.

Ein klarer Vorteil bei der ITS-Lösung liegt darin, dass die Templates mit allen Mitteln des WWW graphisch und funktionell auf den Internet-User zugeschnitten werden können. So ist es möglich, eine intuitivere und einfachere Bedienung gegenüber dem R/3 zu realisieren. Weiterhin kann durch die graphische Aufmachung der Internettransaktion ein positives Unternehmensbild im WWW geschaffen werden.

Unter Beachtung dieser Aspekte kann keine generelle Entscheidung für oder gegen die ITS-Lösung getroffen werden. Ob der ITS der richtige Weg für die Darstellung von SAP-Funktionalität im Internet ist oder aber andere Wege, wie das Java-SAP-GUI oder SAP Automation, muss in jedem Einzelfall neu entschieden werden.

Literaturverzeichnis

Bahmann, E./Wenzel, P.:
SAP Business Workflow zur Steuerung von Geschäftsprozessen. In: Wenzel, P. [Hrsg.]: Geschäftsprozeßoptimierung mit SAP-R/3, Vieweg-Verlag, Wiesbaden, 1995

Becker, J.; Vossen, G. [Hrsg.]:
Geschäftsprozeßmodellierung und Workflow-Management, Bonn, 1996

Buck-Emden, R./Galimow, J.:
Die Client/Server-Technologie des SAP-Systems R/3, Basis für betriebswirtschaftliche Standardanwendungen zum Rel. 3.x, 3. Aufl., Addison-Wesley-Verlag, Bonn, 1996

CDI [Hrsg.]:
SAP R/3 Einführung. Grundlagen, Anwendungen, Verlag Markt & Technik, München, 1996

CDI [Hrsg.]:
SAP R/3 Basissystem. Architektur, Administration, Verlag Markt & Technik, München, 1996

Gronau, N.:
Management von Produktion und Logistik mit SAP R/3, München/Wien/Oldenburg, 1996

Hantusch, Th./Matzke, B./Perez, M.:
SAP R/3 im Internet, Globale Plattform für Handel, Vertrieb und Informationsmanagement, Addison-Wesley-Verlag, 2. Aufl., Bonn, 1998

Köhler-Frost [Hrsg.]
ELECTRONIC OFFICE SYSTEME, Workflow- u. Groupware-Anwendungen in der Praxis, Erich Schmidt-Verlag, Berlin, 1998

Pérez, M./ Hildebrand, A./Matzke, B./Zencke, P.:
Geschäftsprozesse im Internet mit SAP R/3, 2. Aufl., Addison-Wesley-Longman Verlag, Bonn, 1998

Siemens Informationssysteme AG/Thome, R. [Hrsg]:
R/3 Modellfirma, LIVE Produktions- und Vertriebs AG, Version 4.5B, Dokumentation, (CD), Würzburg, 1999

Strobel-Vogt, U.:
SAP Business Workflow® in der Logistik. Strategie und Implementierung in der Praxis, Vieweg-Verlag, Reihe „Edition Business Computing“, Braunschweig/Wiesbaden, 1997

Strobel-Vogt, U.:
Erfolge mit SAP Business Workflow®. Strategie und Umsetzung in der konkreten Praxis, Vieweg-Verlag, Reihe „Edition Business Computing", Braunschweig/Wiesbaden, 1999

Wenzel, P. [Hrsg.]:
Betriebswirtschaftliche Anwendungen des integrierten Systems SAP R/3®, 3. Aufl., Vieweg-Verlag, Reihe „Edition Business Computing", Braunschweig/Wiesbaden, 1998

Wenzel, P. [Hrsg.]:
Business Computing mit SAP R/3®. Modellierung, Steuerung und Management betriebswirtschaftlich-integrierter Geschäftsprozesse, Vieweg-/Gabler-Verlag, Reihe „Edition Business Computing", Braunschweig/Wiesbaden, 1998

Wenzel, P. [Hrsg.]:
Geschäftsprozeßoptimierung mit SAP R/3®. Modellierung, Steuerung und Management betriebswirtschaftlich-integrierter Geschäftsprozesse, 2. Aufl., Vieweg-Verlag, Reihe „Edition Business Computing", Braunschweig/Wiesbaden, 1997

Wenzel, P. [Hrsg.]:
SAP® R/3®-Anwendungen in der Praxis. Anwendung und Steuerung betriebswirtschaftlich-integrierter Geschäftsprozesse mit ausgewählten R/3®-Modulen, Vieweg-Verlag, Reihe „Edition Business Computing", Braunschweig/Wiesbaden, 1997

Will, L./Hienger, Ch./Straßenburg, F./Himmer, R.:
Administration des SAP-Systems R/3, Leitfaden zur Systembetreuung und -optimierung, 2. Aufl., Addison-Wesley-Verlag, Bonn, 1996

Autorenverzeichnis

Die besondere Herausforderung im Studium, sich an ein Programmpaket der „Extraklasse" heranzuwagen, führte die **Studenten/innen des vierten und fünften Semesters Wirtschaftsinformatik** (Fachbereich Informatik) an der Fachhochschule Konstanz bis an die Grenze der Belastbarkeit. Neben ihrem 36-stündigen Wochenpensum an der FH „büffelten" viele von ihnen bis zu 50 Stunden zusätzlich für ihre Präsentationen und die schriftlichen Ausarbeitungen, die als Projekt-Vorlagen für dieses Buch dienten.

Von den Studierenden der Jahrgänge SS 1999 bis SS 2000 haben insgesamt 32 angehende Wirtschaftsinformatiker an den jeweiligen Kapiteln mitgewirkt:

1. Kapitel Vertriebssystem

Christian Braun
Peter Kremers
Oliver Lauffer
Dirk Salmen
Melanie Stahl
Stefan Tröndle

2. Kapitel SAP Business Workflow

Birgit Engler
Elenore Feser
Mark Frischknecht
Cong Hoang
Joachim Kaiser
Lioudmyla Namalgue
Volker Wohlleber

3. Kapitel Optische Archivierung

MICHAEL	EITENBICHLER
DITMAR	FREITAG
SIMON	GOLAS
SVEN	GOTTSCHALK
JOACHIM	HANTSCHEL
VOLKER	LINDENBACHER
CEMIL	ÖRÜM
OLIVER	SCHRAAG
JÜRGEN	SPEH

4. Kapitel Internetanbindung – ITS

HOLGER	BINDER
FATIH	CETIN
SEBASTIAN	CLÜVER
THURGAY	KUNDAN
STEFFEN	NESPER
DANA	POPOAIE
STEFEN	RIEDLE
ALEXANDER	RÖSNER
ARTJOM	TJURIN
JOCHEN	WIELAND

Stichwortverzeichnis

A

B

C

D

E

F

G

H

I

J

K

L

M

N

O

P

R

S

T

U

V

W

X

Z

Weitere Titel aus dem Programm

Dietmar Abts, Wilhelm Mülder

Grundkurs Wirtschaftsinformatik

Eine kompakte und praxisorientierte Einführung

2., überarb. Aufl. 1997. XII, 345 S. Br. DM 49,80 ISBN 3-528-15503-5

Rechnersysteme - Software - Lokale Rechnernetze - Datenfernübertragung - Datenbanken - Bürokommunikation - Software-Entwicklung - Betriebliche Informationssysteme - Informationsmanagement

Dietmar Abts, Wilhelm Mülder

Aufbaukurs Wirtschaftsinformatik

Der kompakte und praxisorientierte Weg zum Diplom

2000. XII, 421 S. mit 120 Abb. Br. DM 59,00 ISBN 3-528-05592-8

Architekturen betrieblicher Informationssysteme - Workflow- und Dokumentationsmanagement - Managementunterstützungssysteme - Internet - Elektronische Märkte - Telekooperation in der mobilen Informationsgesellschaft - Datenmodellierung und Datenbanksysteme - Objektorientierte Software-Entwicklung

Dietmar Abts

Grundkurs JAVA

Die Einführung in das objektorientierte Programmieren mit Beispielen und Übungsaufgaben

2., neubearb. u. erw. Aufl. 2000. XII, 334 S. Br. DM 42,00

ISBN 3-528-15711-9

Grundlagen der Sprache: Klassen, Objekte, Interfaces und Pakete - Ein- und Ausgabe - Thread-Programmierung - Grafische Oberflächen (JFC/Swing) - Applets - Datenbankzugriffe mit JDBC - Kommunikation im Netzwerk mit TCP/IP und HTTP